SÉSAMATH

Le Manuel 3e

avec ses compléments numériques

Génération 5

Un projet coopératif

Liste des auteurs, relecteurs et rédacteurs de compléments de la version 2008 et de la version 2012

Loïc Arsicaud
Laurent Charlemagne
Corinne Dupuich
Sébastien Hache
Isabelle Lemaître
Sabrina Roberjot
Jean-Philippe Vanroyen

Dominique Cambresy
Sébastien Dumoulard
Katia Hache
Laurent Hennequart
Emmanuel Ostenne
Christophe Roland
Nicolas Van Lancker
Gérard Vinot

Christophe Rindel

Noël Debarle
Arnaud Rommens
Wilfrid Tétard

Eric Elter
Alexis Lecomte
Marc Masson

Francine Dubreucq
Sandrine Le Saint

Denis Colin
Sébastien Daniel
Patricia Stin

Hervé Galliot

Nathalie Gendre
Marion Le Grognec
François Loric
Gwenaelle Clément

Daniel Dehaese

Fabien Bourg
Claire de Dreuille

Rafaël Lobato
Corinne Vilchair

Génération 5

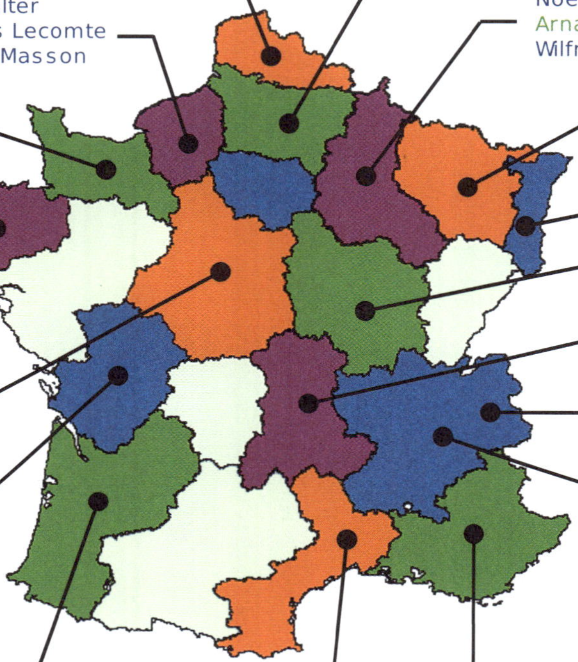

Hubert Herbiet

Gilles Bougon
Claire Coffy Saint Jalm
Yolande Garouste
Sébastien Jolivet
Liouba Leroux
Xavier Ouvrard Brunet
Sophie Pesnel Muller

Thomas Crespin
Jean-Marc Gachassin
José Marion
Yann Pozzar
Anne Svirmickas

Rémi Angot
Benjamin Clerc
Sébastien Cogez
Pierre-Yves Icard
Christian Payros
Yan Le Flem
Aline Meunier
Nicolas Moreau
Isabelle Vivien
Laurent Zamo

Sandrine Baglieri
Olivier Cros Mouret
Franck Gaye
Stéphane Kervella
Angelo Laplace
Stéphane Renouf

Julien Noël
-Coulibaly

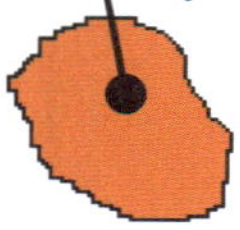

La Réunion

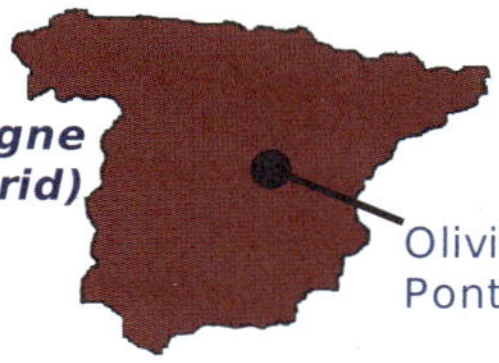

Espagne (Madrid)

Olivier
Pontini

Ile-de-France

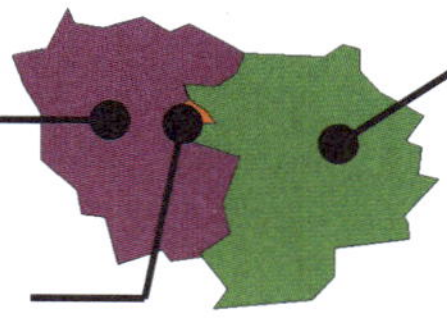

Bruno Lambert
Juliette Pelecq
Hélène Dutang

Yann Pradeau

Michèle Badri
Robert Corne
Rémi Deniaud
Audrey Dominique
Nicolas Lemoine
Marielle Traut-Massé

Muriel De Seze-
Petersen

Danemark (Copenhague)

Un merci particulier à Catherine Goldstein pour la double page sur l'histoire des Mathématiques.

Illustrations : Dominique Sénon, Fabrice Rousselot – Fabien Bourg (Sésamath)
Encyclopédie libre et gratuite Wikipedia : http://www.wikipedia.org

Sommaire

Travaux Numériques

Gestion de Données

Sommaire

TRAVAUX GÉOMÉTRIQUES

Le Manuel Sésamath 3e

Chaque chapitre de ce manuel comporte cinq rubriques.

Les pages « Activités »

Les activités font découvrir à l'élève de nouvelles notions sur le chapitre en cours. Elles s'appuient sur les savoirs des années précédentes et utilisent souvent les TICE (Technologies de l'Information et de la Communication pour l'Éducation).

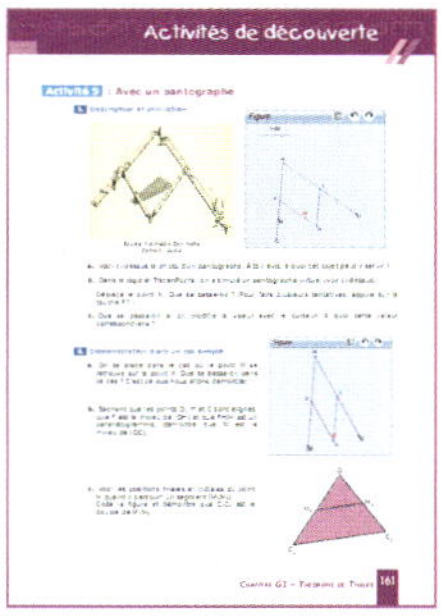

Les pages « Cours et Méthodes »

Dans cette rubrique, un cours présente les définitions et propriétés à connaître. Des exemples illustrent ces savoirs.

En fin de cours, des exercices d'application « À toi de jouer ! » permettent de vérifier la bonne compréhension du cours. Ils sont corrigés en fin de manuel, mais aussi par animation sur http://manuel.sesamath.net/.

Les pages « Exercices »

« S'entraîner » : Des exercices d'application, pour mettre en pratique les méthodes du cours, sont regroupés par séries.

« Approfondir » : Des exercices de réinvestissement plus complexes sont présentés dans des contextes variés.

Les exercices portant sur les thèmes de convergence se repèrent facilement grâce à un fond de couleur rose.

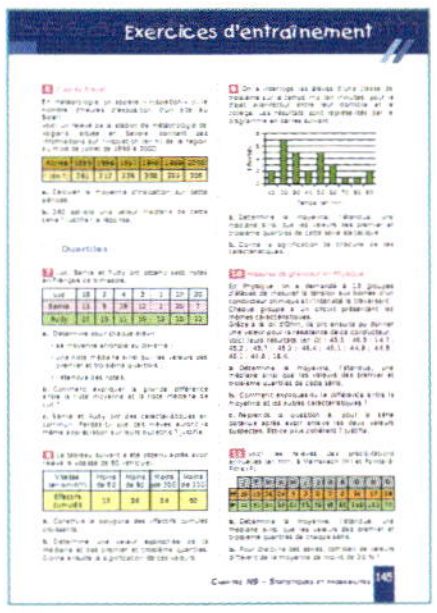

Les pages « Travailler en groupe »

Des travaux à faire en petits groupes sont proposés pour apprendre à travailler, réfléchir et s'organiser ensemble.

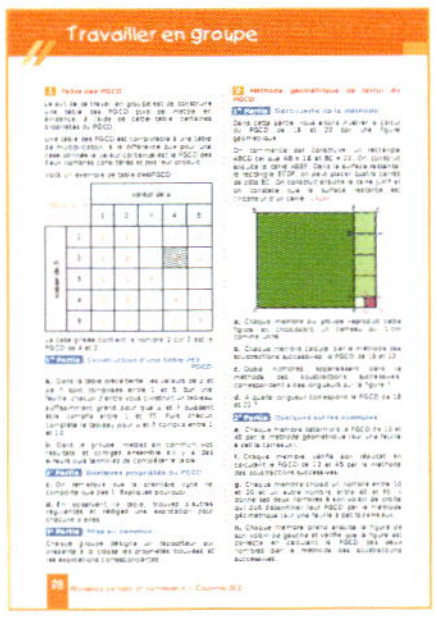

Les pages « La foire aux maths »

« Se tester avec le QCM » : Un questionnaire à choix multiples pour faire le point sur ses connaissances en fin de chapitre.

« Récréation mathématique » : Un problème ludique pour se distraire en utilisant les connaissances du chapitre.

« Pour aller plus loin » : Un problème plus complexe qui permet de faire le lien entre les connaissances du chapitre et des connaissances d'un niveau supérieur.

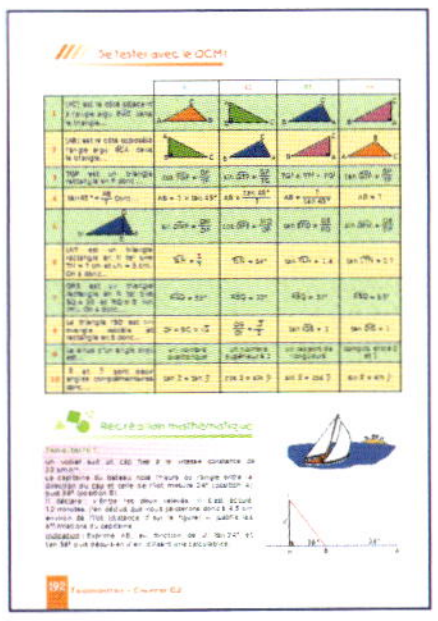

Le Manuel en ligne 3e

Le **Manuel Sésamath 3e** est intégralement et librement accessible à tous les élèves sur Internet :

http://manuel.sesamath.net/

Il complète le manuel papier grâce à :

- des aides animées,
- des exercices interactifs,
- des liens pour aller plus loin : prolongements culturels, historiques, etc.

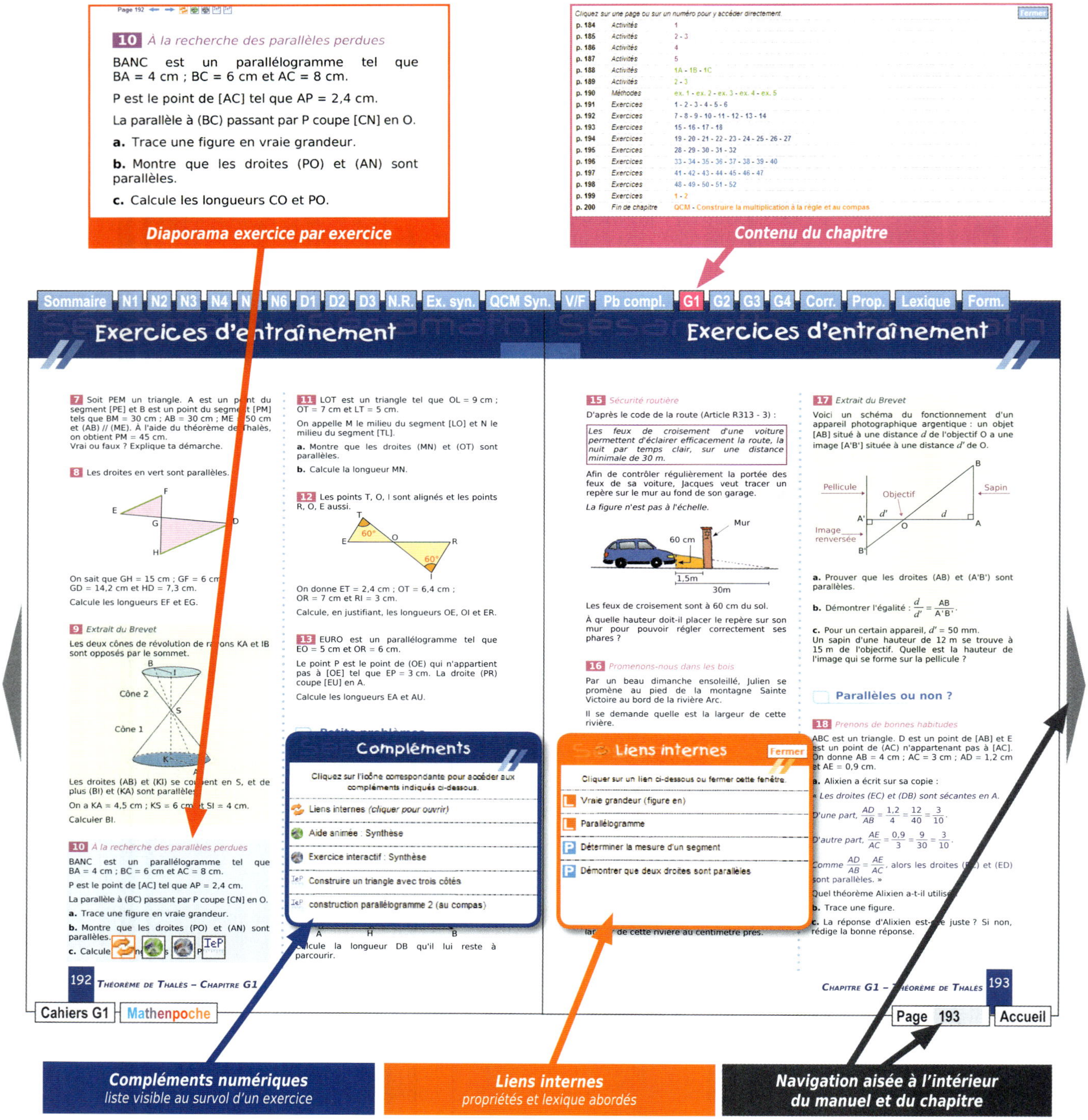

Les exercices d'entraînement et d'approfondissement

Au survol de chacun d'eux, une fenêtre "Compléments" répertorie tous les liens auxquels tu peux accéder !

>> **Des liens internes** permettent d'atteindre :

- les propriétés utiles pour l'exercice,
- l'explication du vocabulaire mathématique employé (ce lexique regroupe l'essentiel des notions de tous les manuels Sésamath).

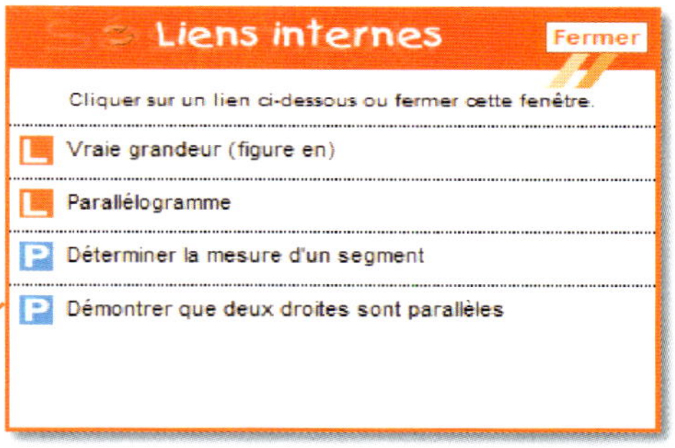

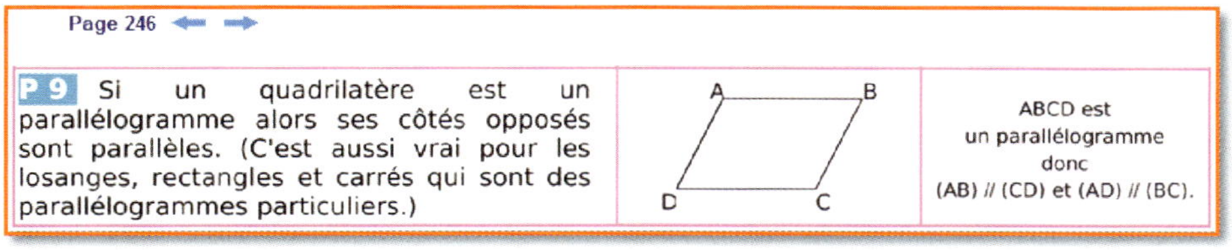

>> De nombreux exercices interactifs complémentaires

- Ces exercices d'entraînement visent à consolider tes connaissances.
- Leurs aides animées te permettent de rectifier ta réponse en cas d'erreur.

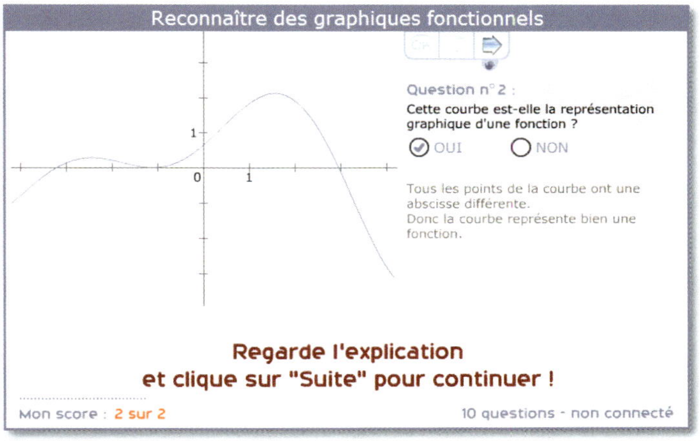

Se tester avec le QCM !

>> **Des QCM interactifs**, situés en fin de chapitre, permettent de tester tes connaissances :

- Pour chaque ligne, coche les réponses qui te paraissent justes.
- En bas du tableau, lance la vérification : l'ordinateur signale les erreurs et propose des corrections animées pour chaque question. Tu peux alors suivre les différentes étapes du raisonnement.

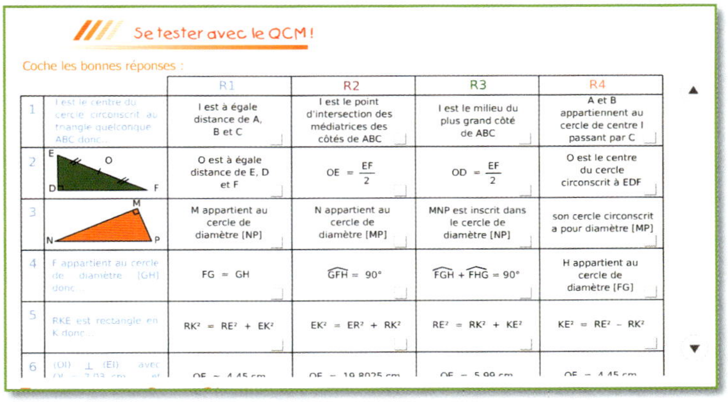

Les exercices "À toi de jouer !" sont corrigés par animation

Grâce à ces exercices, tu vérifies à la maison si tu as bien assimilé le cours.

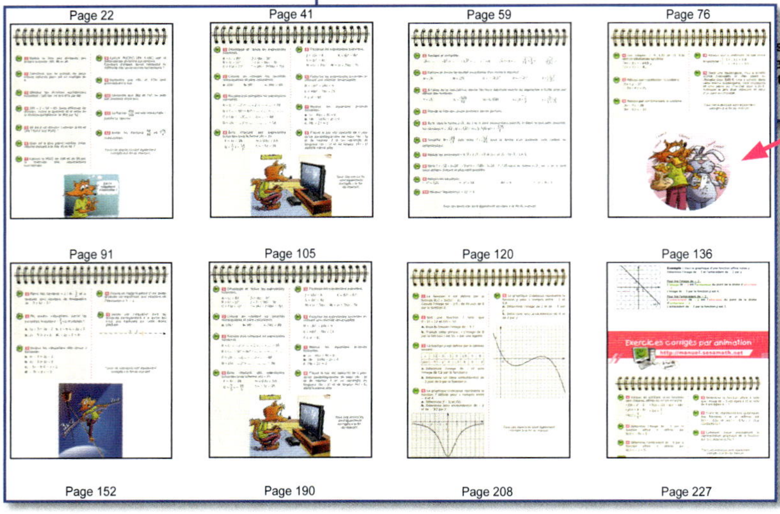

Une correction "simple" est disponible à la fin du manuel.

Toutefois, les corrigés animés te permettent de te concentrer plus facilement sur les différentes étapes du raisonnement.

Les liens pour aller plus loin...

Ces liens te proposent d'approfondir tes connaissances grâce à des prolongements historiques, culturels...

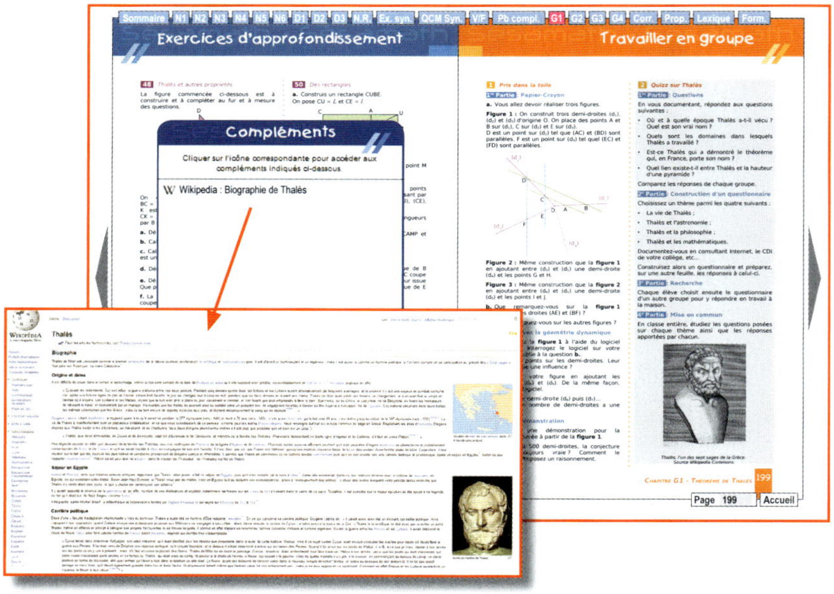

Mathenpoche

Grâce au site Mathenpoche, les élèves peuvent s'entraîner avec des centaines d'exercices interactifs **au collège ou à la maison**. Ce site est **librement accessible** à tous :

http://mathenpoche.net/

Cet espace de travail propose un très grand nombre de ressources de tous types :

- des éléments de cours,
- des exercices,
- des aides animées,
- des QCM,
- une préparation aux devoirs surveillés,
- un entraînement au calcul mental,
- des jeux logiques,

… et plein d'autres choses encore !

Je me souviens

Retrouve des aides, des méthodes et des exercices vus les années précédentes.

J'apprends et j'applique

Lis les méthodes et les aides et exerce-toi sur chaque thème de ce chapitre.

Je m'évalue

Évalue tes acquis sur ce chapitre pour te préparer aux contrôles en classe.

Prépare un devoir surveillé (DS) avec Mathenpoche !

Pour chaque chapitre, le site **Mathenpoche** propose un devoir surveillé. Attention, ce ne sont que des exemples parmi de très nombreux devoirs surveillés possibles !

Pour que ta préparation soit efficace, voici comment procéder :

1. Imprime l'énoncé du devoir.

2. Mets-toi dans les meilleures conditions :

- Donne-toi 50 minutes pour faire entièrement le devoir.
- Essaie de rédiger comme tu le ferais le jour du "vrai contrôle".

3. Quand le temps est écoulé et que tu as terminé ou fait de ton mieux (c'est important !), vérifie tes résultats à l'aide de la correction animée. Pour y accéder, clique sur le bouton Correction à côté de chaque exercice.

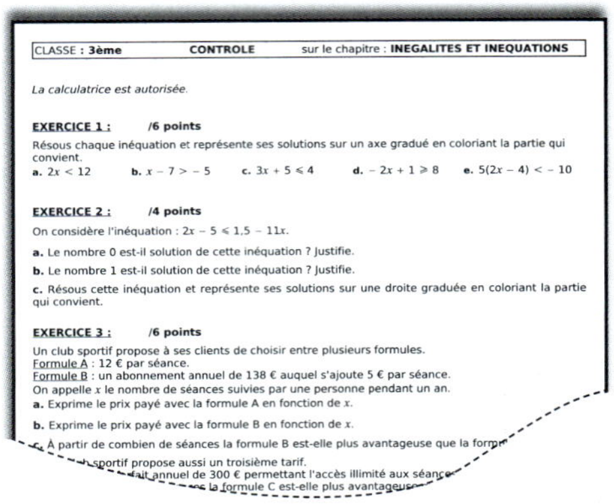
CLASSE : 3ème CONTROLE sur le chapitre : INEGALITES ET INEQUATIONS

La calculatrice est autorisée.

EXERCICE 1 : /6 points
Résous chaque inéquation et représente ses solutions sur un axe gradué en coloriant la partie qui convient.
a. $2x < 12$ b. $x - 7 > -5$ c. $3x + 5 \leqslant 4$ d. $-2x + 1 \geqslant 8$ e. $5(2x - 4) < -10$

EXERCICE 2 : /4 points
On considère l'inéquation : $2x - 5 \leqslant 1,5 - 11x$.
a. Le nombre 0 est-il solution de cette inéquation ? Justifie.
b. Le nombre 1 est-il solution de cette inéquation ? Justifie.
c. Résous cette inéquation et représente ses solutions sur une droite graduée en coloriant la partie qui convient.

EXERCICE 3 : /6 points
Un club sportif propose à ses clients de choisir entre plusieurs formules.
Formule A : 12 € par séance.
Formule B : un abonnement annuel de 138 € auquel s'ajoute 5 € par séance.
On appelle x le nombre de séances suivies par une personne pendant un an.
a. Exprime le prix payé avec la formule A en fonction de x.
b. Exprime le prix payé avec la formule B en fonction de x.
c. À partir de combien de séances la formule B est-elle plus avantageuse que la formule A ?
... sportif propose aussi un troisième tarif.
... annuel de 300 € permettant l'accès illimité aux séances.
... la formule C est-elle plus avantageuse ...

Exemple de DS :

Chapitre N5
Inégalités et inéquations

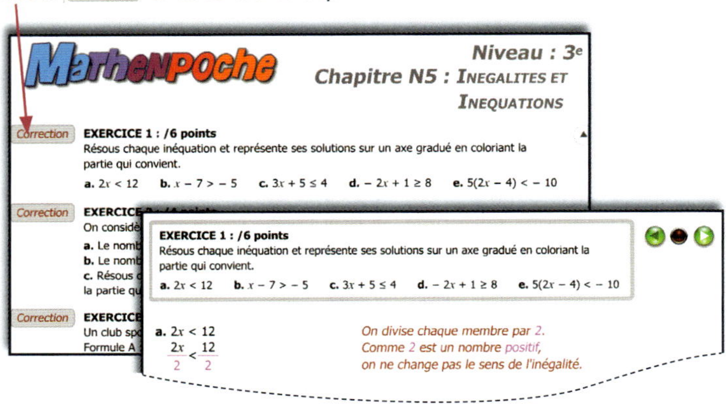

4. Si tu as des difficultés, retourne t'exercer avec les exercices Mathenpoche correspondants dans la partie "J'apprends et j'applique".

Si le contrôle prévu porte sur 2 chapitres différents, alors tu peux faire tout ou partie des devoirs correspondants dans Mathenpoche.

Progresse en t'amusant avec Mathenpoche !

Eh oui, on peut aussi faire des maths en s'amusant ! En voici deux exemples :

Passe tes ceintures de calcul mental !

Relève les défis de calcul mental de Mathenpoche !

Pour cela, il suffit de t'inscrire sur le site (inscription libre et gratuite)... et de jouer.

Les ceintures se passent l'une après l'autre en commençant par la ceinture blanche (puis jaune-blanche, jaune, jaune-orange, etc.).

Tu peux aussi relever des défis. La difficulté est croissante au fur et à mesure de leur déroulement : essaie d'aller le plus loin possible !

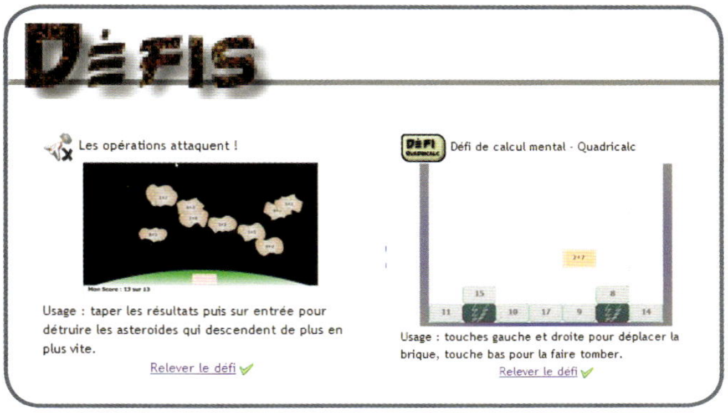

Réalise de belles constructions géométriques !

Construis des figures originales et enjolive-les au gré de ton inspiration.

Des aides animées te montrent comment effectuer, étape après étape, les constructions.

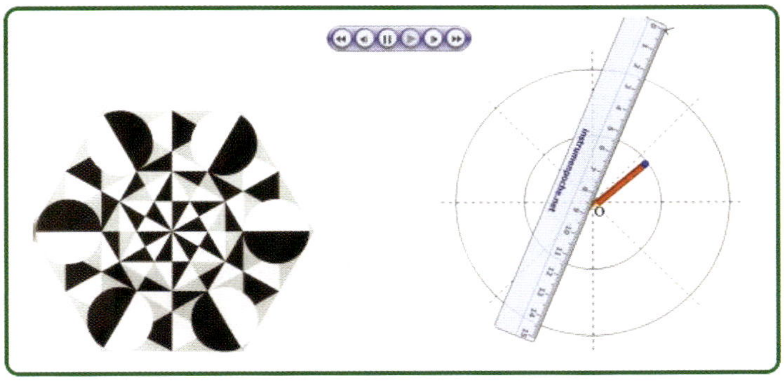

Des mathématiciens

Antiquité

Les plus anciens textes connus sont des comptes numériques. Les mathématiques sont aussi anciennes que l'écriture. Il y a 4 000 ans, sur les tablettes d'argile mésopotamiennes ou sur les papyri égyptiens, on trouve des calculs de surfaces et de volumes, des conversions d'unités et la solution de nombreux autres problèmes.

Al-Khwarizmi (9e s)

Mūḥammad ibn Mūsā al-Khwārizmī est un astronomone et mathématicien qui travaillait à Bagdad au IXe siècle. C'est de son nom que vient le mot « algorithme ». Son livre sur le « calcul indien » contient le système de numération que nous utilisons aujourd'hui.

Al-Khwārizmī est aussi l'auteur du plus ancien traité d'algèbre connu : il y classe et résout les équations du 2nd degré.

– 3 000 […] – 300 – 200 – 100 0 100 200 300 400 500 600 700 800 900

Euclide (3e s. av. J.-C.)

Les Éléments d'Euclide, composés à Alexandrie vers 300 avant J.-C., sont un des plus célèbres ouvrages de mathématiques. Ils ont été traduits dans des dizaines de langues de l'Antiquité à l'époque moderne (ici une version anglaise du 19e s. !). On y trouve de nombreux théorèmes et constructions de géométrie, comme le théorème de Pythagore ou les cas d'égalités des triangles. Mais aussi : la définition des nombres premiers et l'algorithme d'Euclide pour trouver le plus grand diviseur commun à deux nombres entiers !

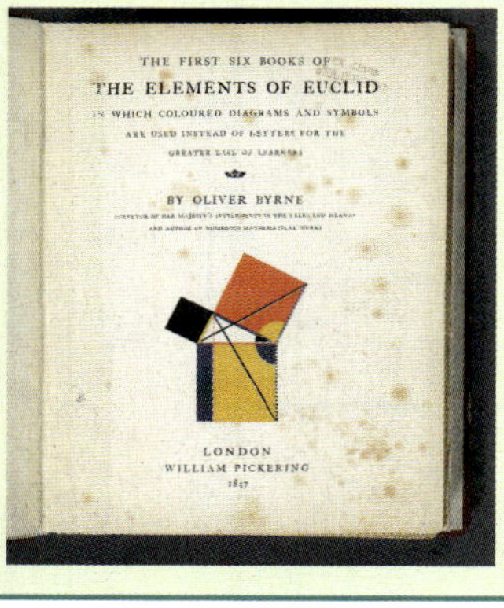

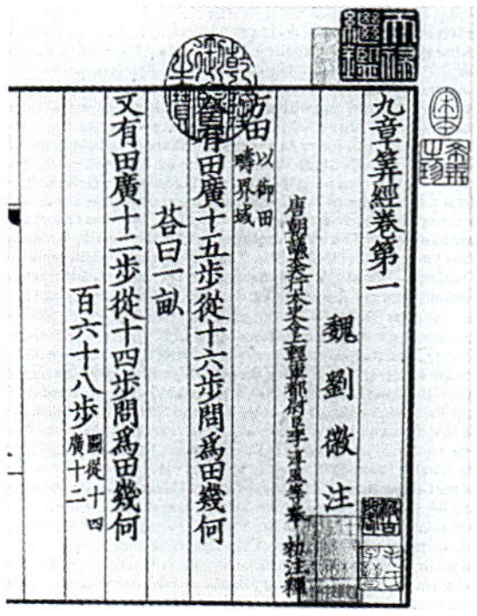

九章算經卷第一
魏 劉 徽 注
方田 以御田疇界域
今有田廣十五步從十六步問爲田幾何
荅曰一畝
又有田廣十二步從十四步問爲田幾何
荅曰一百六十八步

Les Neuf Chapitres sur l'art mathématique

Les neuf chapitres sur l'art mathématique (Jiǔzhāng Suànshù) est un ouvrage compilé en Chine entre le 2e s. avant notre ère et le 1er s. après. On ne connaît pas son ou ses auteurs mais il a été abondamment reproduit et commenté. Il contient des calculs de surfaces, des fractions, des extractions de racines carrées et cubiques, des proportions et des problèmes plus complexes à une ou plusieurs inconnues. Certaines des procédures de résolution utilisées ne furent connues que bien plus tard en Occident.

au travers des âges

Blaise Pascal (1623-1662)

Blaise Pascal, mathématicien et philosophe, inventa la machine à calculer et fit des expériences décisives pour prouver l'existence du vide. Il a aussi contribué à la naissance du calcul des probabilités et à la mise en place des premiers transports en commun à Paris : des carrosses collectifs.

Alan Turing (1912-1954)

Alan Turing, mathématicien britannique, est un des fondateurs de l'informatique. Il a en particulier défini la notion de programme.
Pendant la 2e guerre mondiale, il dirigea un groupe travaillant au déchiffrement des codes secrets ennemis. Il s'occupa ensuite de la programmation d'un des premiers ordinateurs et s'intéressa aussi aux mathématiques de la biologie et à l'intelligence artificielle. Le prix Turing est considéré comme un prix Nobel de l'informatique.

1400 1500 1600 1700 1800 1900 2000

François Viète (1540-1603)

Avocat, conseiller au Parlement de Rennes puis attaché au service de Henri III et de Henri IV, il a utilisé son talent mathématique pour déchiffrer des messages codés. Il a introduit l'idée d'utiliser des lettres en algèbre et de s'en servir pour résoudre de nombreux problèmes de géométrie. Il s'est aussi occupé de trigonométrie et d'astronomie.

Sophie Germain (1776-1831)

Sophie Germain a été la première femme à obtenir un Prix de l'Académie des sciences, en 1815, pour des recherches étudiant mathématiquement les vibrations des surfaces élastiques.
Elle a aussi travaillé en arithmétique et une famille de nombres premiers porte son nom (un nombre premier de Sophie Germain p est tel que 2p+1 est aussi un nombre premier ; par exemple 3 et 5 sont des premiers de Sophie Germain, mais pas 7).

XXIe siècle

À l'heure actuelle, il y a plus de 100 000 mathématiciennes et mathématiciens dans le monde. Entre 1990 et 2010, plus d'un million et demi d'articles de recherches en mathématiques ont été publiés (contre un peu plus de 200 000 entre 1870 et 1940 !). Ces résultats nouveaux peuvent être théoriques ou appliqués ; on utilise maintenant des mathématiques en télécommunications, pour la régulation des transports, en médecine, en aéronautique, et dans de nombreux autres domaines.

Utiliser le manuel à la maison

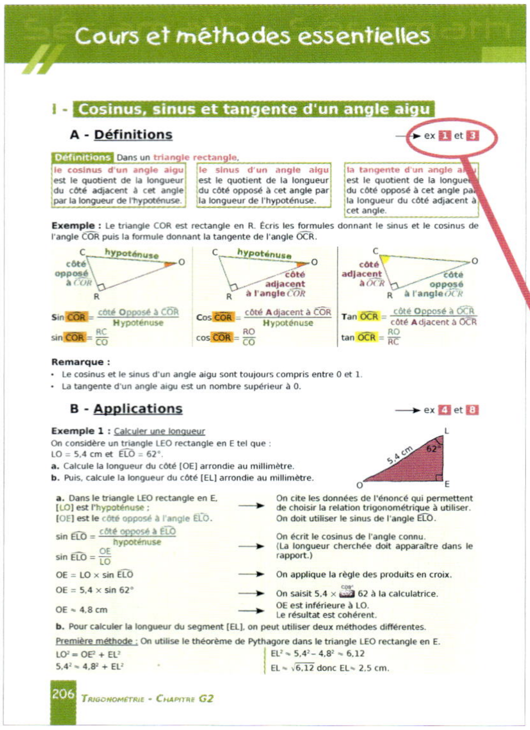

1 Je relis **le cours et les méthodes essentielles** pour rafraîchir mes connaissances ou revoir ce que je ne maîtrise pas.

2 Je m'entraîne avec les exercices « **À toi de jouer !** ». Leur correction figure à la fin du manuel (ils sont aussi corrigés par animation sur http://manuel.sesamath.net).

3 Je teste mes connaissances grâce aux **QCM** situés en fin de chapitre. (Une correction animée est disponible sur Internet.)

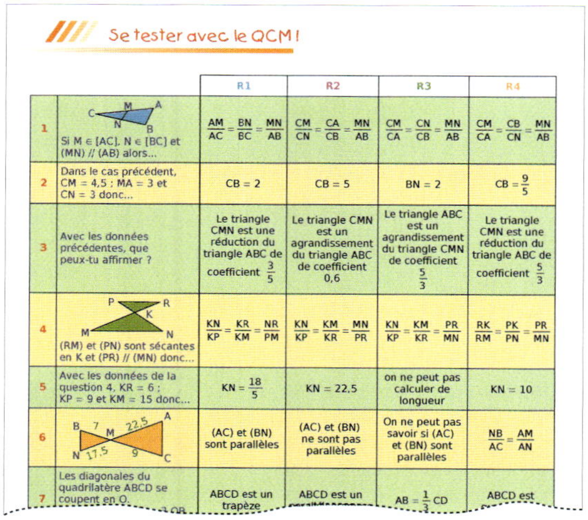

Nombres entiers et rationnels

N1

Activité 1 : Multiple, diviseur

1. Le jeu de Juniper-Green

Règle du jeu : Ce jeu se joue à deux (ou plus) avec les nombres entiers de 1 à 40.
Le premier joueur choisit un nombre entier.
Le deuxième joueur doit en choisir un autre qui doit être soit multiple, soit diviseur de ce premier nombre et toujours parmi les nombres entiers de 1 à 40.
Le joueur suivant en choisit encore un autre qui doit être soit multiple, soit diviseur du second nombre. Et ainsi de suite, chaque nombre ne pouvant servir qu'une seule fois !
Le dernier joueur qui a pu choisir un nombre a gagné !

a. Jouez à ce jeu, en alternant le premier joueur.

b. Le premier joueur prend 40 comme nombre de départ. Quelle est la liste des nombres possibles pour le second joueur ? Même question avec 17 ; 9 et 23.

c. Dans une partie à deux joueurs, quel nombre peut choisir le premier joueur pour être sûr de l'emporter (s'il joue bien !) ? Trouve toutes les possibilités.

2. Liste des diviseurs

Écris 54 comme un produit de deux entiers. Trouve toutes les possibilités.
Quelle est la liste des diviseurs de 54 ?
Trouve la liste des diviseurs de 720 (il y en a 30 !) et celle des diviseurs de 53.

3. Réponds aux questions suivantes en justifiant chaque réponse.
La somme de trois entiers consécutifs est-elle un multiple de 3 ?
Que peut-on dire de celle de cinq entiers consécutifs ?
La somme de n entiers consécutifs est-elle un multiple de n (n est un entier naturel) ?

Activité 2 : Division euclidienne

1. On veut partager équitablement un lot de 357 CD entre 12 personnes. Combien de CD aura chaque personne ? Combien de CD restera-t-il après le partage ?

2. Pose la division euclidienne de 631 par 17 puis écris 631 sous la forme $17 \times k + n$ où k et n sont des entiers naturels et $n < 17$.
Dans cette opération, comment s'appellent les nombres 631 ; 17 ; k et n ?

3. On considère l'égalité suivante : $983 = 45 \times 21 + 38$.
Utilise-la pour répondre aux questions suivantes, en justifiant et sans effectuer de division.

a. Quels sont le quotient et le reste de la division euclidienne de 983 par 45 ? Par 21 ?

b. Quels sont le quotient et le reste de la division euclidienne de 990 par 45 ? De 953 par 21 ?

4. Que peux-tu dire du reste de la division euclidienne d'un multiple de 32 par 32 ? Énonce une règle générale. La réciproque est-elle vraie ?

5. Histoires de restes, toujours...

a. Le reste dans la division euclidienne de m par 7 est 4 (m est un entier naturel). Quelles valeurs peut prendre m ? Quelle forme a-t-il ?

b. Explique pourquoi tout nombre entier naturel peut s'écrire sous la forme $13k + p$ où k et p sont des entiers avec p compris entre 0 et 12.

Activité 3 : Diviseurs communs, PGCD

1. On veut paver une surface rectangulaire avec des carrés dont la longueur du côté des carrés est un nombre entier de centimètres.

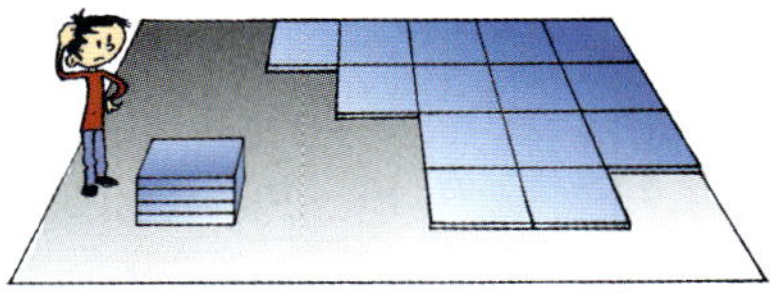

a. La surface rectangulaire mesure 12 cm par 18 cm. Quelle est la longueur du côté des carrés ? Y a-t-il plusieurs possibilités ? Que représentent ces nombres pour 12 et 18 ?
Mêmes questions lorsque la surface rectangulaire mesure 49 cm par 63 cm, puis 27 cm par 32 cm et enfin 21 cm par 84 cm.

b. Cherche les dimensions maximales d'un carré pouvant paver une surface rectangulaire de 108 cm par 196 cm.

2. Un challenge sportif regroupe 105 filles et 175 garçons. Les organisateurs souhaitent composer des équipes comportant toutes le même nombre de filles et le même nombre de garçons.
Comment peux-tu les aider pour qu'ils puissent constituer un nombre maximal d'équipes ?
Donne ensuite le nombre de filles et de garçons dans chaque équipe. Explique ta démarche.

3. PGCD

a. Dresse la liste des diviseurs de 117 et celle des diviseurs de 273.
Quel est le plus grand diviseur commun à ces deux nombres ?

On appelle ce nombre le PGCD de 117 et 273 et on le note : PGCD (117 ; 273) ou PGCD (273 ; 117).

b. Quel est le PGCD de 14 et 42 ? Que remarques-tu ? Essaie de formuler une règle à partir de ce que tu as observé.

Activité 4 : Vers la méthode des soustractions successives

1. Somme et différence de multiples

a. Sans faire de division, explique pourquoi 49 014 est un multiple de 7 et pourquoi 13 est un diviseur de 12 987.

b. Démontre la propriété suivante :

« Si d est un diviseur commun à deux entiers naturels a et b avec $a > b$ alors d est également un diviseur de $a + b$ et de $a - b$. ».

2. Vers la méthode des soustractions successives

a. Détermine le PGCD de 75 et 55 puis celui de 55 et 75 – 55.
Recommence avec celui de 91 et 130 et celui de 91 et 130 – 91.
Que peux-tu conjecturer ? Si cette conjecture est vraie, quel est son intérêt ?

b. La preuve
Soient a et b deux entiers naturels avec $a > b$. Soient d le PGCD de a et b et d' le PGCD de b et $a - b$.

- En utilisant la propriété vue au **1.**, explique pourquoi $d \leqslant d'$.
- Montre que d' est à la fois un diviseur de b, de $a - b$ et de a. Compare d et d'.
- Conclus.

c. Trouve le PGCD de 2 724 et 714 en utilisant plusieurs fois la propriété précédente.

Activité 5 : Vers une nouvelle méthode

1. Le plus grand diviseur commun à 2 208 et 216 en un minimum d'étapes

a. Calcule le PGCD de 2 208 et 216 avec la méthode des soustractions successives.

b. Combien de fois as-tu soustrait 216 ? Quel est le nombre obtenu après avoir fini de soustraire 216 ? Comment aurais-tu pu prévoir cela ?

c. Déduis-en que l'on peut trouver, à l'aide d'une seule opération, un entier naturel n tel que : PGCD (2 208 ; 216) = PGCD (216 ; n) avec $n < 216$.
Que représente alors n pour cette opération ?

d. Récris le calcul du PGCD de 2 208 et 216 en utilisant un minimum d'opérations.

2. Recopie et complète la propriété utilisée précédemment (cette propriété sera admise) :
« Soient a et b deux entiers naturels avec $a \geqslant b$.
Le PGCD de a et b est égal au PGCD de b et de r où r est ... . ».

3. Trouve le PGCD de 1 639 et 176 en utilisant plusieurs fois cette propriété.
Combien y a-t-il d'étapes en utilisant la méthode des soustractions successives ?

Activité 6 : PGCD de deux nombres avec un tableur

Introduction : Pourquoi les méthodes pour trouver un PGCD vues dans les activités précédentes peuvent-elles aussi prendre le nom d'**algorithmes** ?

1. Algorithme des différences

On veut programmer avec un tableur la recherche du PGCD de 672 et de 210 en utilisant la propriété :

	A	B	C
1	a	b	$a-b$
2	672	210	
3			

« a et b étant deux entiers naturels tels que $a \geqslant b$, on a PGCD (a ; b) = PGCD (b ; $a - b$). »

a. Quelle fonction du tableur doit-on utiliser pour obtenir en A3 le plus grand des deux nombres qui sont en B2 et C2 ? Quelle fonction du tableur doit-on utiliser pour obtenir cette fois-ci en B3 le plus petit des deux nombres qui sont en B2 et C2 ?

b. Poursuis la programmation et trouve ainsi le PGCD de 672 et de 210.
À partir de quel moment es-tu sûr d'avoir trouvé le PGCD ?

2. Algorithme d'Euclide

On veut maintenant programmer la recherche du PGCD de 672 et de 210 en utilisant la propriété :

	A	B	C
1	a	b	r
2	672	210	
3			

« a et b étant deux entiers naturels tels que $a \geqslant b$, r étant le reste de la division euclidienne de a par b, on a PGCD (a ; b) = PGCD (b ; r). »

a. Écris 672 sous la forme $210q + r$ où q et r sont des entiers naturels et $r < 210$.
Écris dans C2 la formule permettant de calculer r.

b. Poursuis la programmation et trouve ainsi le PGCD de 672 et de 210.
À partir de quel moment es-tu sûr d'avoir trouvé le PGCD ?

3. Copie les deux programmes précédents dans une même feuille de calcul, à côté l'un de l'autre et utilise-les simultanément pour déterminer le PGCD de 5 432 et de 3 894.
Quelle remarque peux-tu faire ?

Activité 7 : Simplification de fractions

1. Voici une liste de fractions :

$$\frac{130}{150} ; \frac{26}{30} ; \frac{42}{49} ; \frac{148}{164} ; \frac{91}{105} ; \frac{156}{180} ; \frac{39}{45} ; \frac{52}{60}.$$

a. Construis une nouvelle liste en enlevant les intrus. Explique ta démarche.

b. Quelle fraction, ayant un numérateur et un dénominateur les plus petits possibles, peut-on ajouter à cette nouvelle liste ?

c. Quel est le PGCD du numérateur et du dénominateur de la fraction trouvée dans la question **b.** ?
On dit que ces deux entiers sont **premiers entre eux** et que la fraction est **irréductible**.

d. Le numérateur et le dénominateur de chacune des fractions de la nouvelle liste sont-ils premiers entre eux ? Justifie ta réponse.

2. Pour simplifier la fraction $\frac{84}{126}$, Malik a remarqué que $84 = 2^2 \times 3 \times 7$.

a. Quelle particularité ont les facteurs 2, 3 et 7 entrant dans la décomposition de 84 ?

b. Décompose 126 suivant le même principe puis simplifie la fraction pour la rendre irréductible. Comment peux-tu être sûr d'avoir obtenu une fraction irréductible ?

c. Recopie et complète : $\frac{\ldots \times 5 \times 7 \times \ldots}{3^2 \times \ldots\ldots\ldots\ldots} = \frac{11}{35}$.

3. On donne les fractions suivantes : $\frac{256}{243} ; \frac{1\,020}{1\,989} ; \frac{382}{426} ; \frac{313}{255}$.

a. Quelles sont les fractions irréductibles ? Justifie.

b. Écris les autres fractions sous forme irréductible à l'aide d'une seule simplification.

c. Soient a et b deux entiers naturels et d leur PGCD.

- Démontre que $\frac{a}{d}$ et $\frac{b}{d}$ sont des entiers premiers entre eux.
- Déduis-en que $\frac{a \div d}{b \div d}$ est une fraction irréductible.

Activité 8 : Le point sur les nombres

Voici une liste de nombres :

$$-27{,}2 ; \frac{10\,371}{100} ; \frac{27}{13} ; \frac{3}{2} ; -\frac{21}{15} ; \pi ; -\frac{10}{5} ; \frac{47}{21} ; -15 ; -\frac{10}{3} ; 37.$$

a. Dans cette liste, quels sont les nombres entiers ? Quels sont les nombres décimaux ?

b. Y a-t-il des nombres qui ne peuvent pas s'écrire sous forme décimale ? Lesquels ?

c. Y a-t-il des nombres qui ne peuvent pas s'écrire sous forme fractionnaire ? Lesquels ?

I - Division euclidienne

A - Multiples et diviseurs

→ ex 1 et 2

Définition — a est un entier naturel et b est un entier naturel non nul

Si $a = b \times k$ (ou $a \div b = k$) où k est un entier naturel
alors **a est un multiple de b** ou **a est divisible par b** ou **b est un diviseur de a** ou **b divise a**.

Exemple : 1 274 est-il un multiple de 49 ? 1 974 est-il divisible par 84 ?

1 274 ÷ 49 = 26 donc 1 274 = 49 × 26.
1 274 est donc un multiple de 49 (et de 26).
On dit également que :
- **1 274 est divisible par 49** (et par 26) ;
- **49 est un diviseur de 1 274** (et 26 aussi) ;
- **49 divise 1 274** (26 divise aussi 1 274).

1 974 ÷ 84 = 23,5.
23,5 n'est pas un entier naturel donc 1 974 n'est pas divisible par 84.
On peut dire également que :
- 84 n'est pas un diviseur de 1 974 ;
- 1 974 n'est pas un multiple de 84.

B - Division euclidienne

→ ex 3 et 4

Définition — a est un entier naturel et b est un entier naturel non nul

a	b
r	q

Effectuer la division euclidienne de a par b, c'est trouver deux entiers naturels q et r tels que : $a = b \times q + r$ avec $r < b$ où q est le **quotient** (entier) et r le **reste** de la division euclidienne.

Exemple : a. Effectue la division euclidienne de 183 par 12.
b. 278 = 6 × 45 + 8 : quelle(s) division(s) euclidienne(s) cette égalité représente-t-elle ?

a.

183	12
63	15
3	

On peut donc écrire :
183 = **12** × **15** + **3**
avec **3** < **12**.

b. 8 < 45 mais 8 > 6 donc l'égalité représente la division euclidienne de 278 par 45 mais ne peut pas représenter celle de 278 par 6.

II - PGCD de deux entiers naturels

→ ex 5 à 8

Définition

Le **PGCD de deux entiers naturels non nuls** est leur Plus Grand Diviseur Commun.

Remarques :
- a et b étant des entiers naturels, si b divise a alors PGCD(a ; b) = b.
- a et b étant des entiers naturels, PGCD(a ; b) = PGCD(b ; a).

Théorème — a et b sont deux entiers naturels non nuls

Si $a \geqslant b$ alors PGCD(a ; b) = PGCD(b ; $a - b$).

Exemple 1 : Détermine PGCD(189 ; 693) par la **méthode des soustractions successives**.

- 693 > 189 et 693 − 189 = 504 donc PGCD(693 ; 189) = PGCD(189 ; 504).
- On cherche maintenant PGCD(189 ; 504) : on applique à nouveau la propriété.
504 > 189 et 504 − 189 = 315 donc PGCD(504 ; 189) = PGCD(189 ; 315).
- On poursuit avec 189 et 315 et ainsi de suite :
315 > 189 et 315 − 189 = 126 donc PGCD(315 ; 189) = PGCD(189 ; 126).
- 189 > 126 et 189 − 126 = 63 donc PGCD(189 ; 126) = PGCD(126 ; 63).
Or 63 est un diviseur de 126 (126 = 63 × 2) donc PGCD(126 ; 63) = **PGCD(189 ; 693) = 63**.

Théorème — a et b sont des entiers naturels non nuls

Si $a \geqslant b$ alors PGCD(a ; b) = PGCD(b ; r) où r est le reste de la division euclidienne de a par b.

Remarque : Dans cet algorithme, appelé aussi « algorithme d'Euclide », le PGCD est le dernier reste non nul.

Exemple 2 : Trouve le PGCD de 782 et de 136 par la **méthode des divisions successives**.

- On effectue la division euclidienne de 782 par 136 : 782 = 136 × 5 + 102.
Donc PGCD(782 ; 136) = PGCD(136 ; 102).
- On cherche maintenant PGCD(136 ; 102) : on applique à nouveau la propriété.
On effectue la division euclidienne de 136 par 102 : 136 = 102 × 1 + 34.
Donc PGCD(136 ; 102) = PGCD(102 ; 34).
- On continue avec PGCD(102 ; 34).
On effectue la division euclidienne de 102 par 34 : 102 = 34 × 3.
Le reste est égal à **0** donc **PGCD(782 ; 136) = 34** qui est le dernier reste non nul.

782	136
102	5
136	102
34	1
102	34
0	3

III - Fractions irréductibles

→ ex 9 à 12

Définition

Deux **entiers naturels non nuls sont premiers entre eux** lorsque leur PGCD est égal à 1.
Autrement dit, 1 est le seul diviseur commun à ces deux entiers naturels.

Exemple 1 : Démontre que 45 et 91 sont premiers entre eux.

- 45 = 1 × 45 = 3 × 15 = 5 × 9 — Les diviseurs de 45 sont : **1** ; 3 ; 5 ; 9 ; 15 et 45.
- 91 = 1 × 91 = 7 × 13 — Les diviseurs de 91 sont : **1** ; 7 ; 13 et 91.

1 est le seul diviseur commun à 45 et 91 ainsi le PGCD de 45 et 91 est égal à **1**.
On en déduit donc que **45 et 91 sont premiers entre eux**.

Exemple 2 : 426 et 568 sont-ils premiers entre eux ?

426 et 568 sont tous les deux **divisibles par 2**, ils ont donc un diviseur commun autre que 1 : leur **PGCD n'est pas égal à 1**. Ainsi **426 et 568 ne sont pas premiers entre eux**.

Définition

Une **fraction est irréductible** quand son numérateur et son dénominateur sont **premiers entre eux**.

Exemple 3 : Rends les fractions $\frac{75}{105}$; $\frac{396}{360}$ et $\frac{136}{782}$ irréductibles.

75 et 105 sont des multiples de 5 donc, on obtient :

$$\frac{75}{105} = \frac{15 \times \cancel{5}}{21 \times \cancel{5}} = \frac{15}{21}$$

15 et 21 sont des multiples de 3 donc, on obtient :

$$\frac{15}{21} = \frac{5 \times \cancel{3}}{7 \times \cancel{3}} = \frac{5}{7}$$

Ainsi $\frac{75}{105} = \frac{5}{7}$.

On écrit 396 et 360 sous la forme de produits de facteurs les plus petits possibles.

$396 = 2^2 \times 3^2 \times 11$

$360 = 2^3 \times 3^2 \times 5$ donc :

$$\frac{396}{360} = \frac{2^2 \times \cancel{3^2} \times 11}{2^3 \times \cancel{3^2} \times 5} = \frac{11}{2 \times 5}$$

Ainsi $\frac{396}{360} = \frac{11}{10}$.

Le PGCD de 136 et 782 est 34.

34 est donc le plus grand entier naturel qui divise à la fois 136 et 782.

Les quotients obtenus sont nécessairement premiers entre eux.

$$\frac{136}{782} = \frac{136 \div 34}{782 \div 34} = \frac{4}{23}$$

Ainsi $\frac{136}{782} = \frac{4}{23}$.

Exercices corrigés par animation

http://manuel.sesamath.fr

1 Établis la liste des diviseurs des entiers suivants : 60, 43 et 36.

2 Démontre que le produit de deux entiers naturels pairs est un multiple de 4.

3 Effectue les divisions euclidiennes suivantes : 345 par 74 et 6 675 par 89.

4 $325 = 5 \times 52 + 65$. Sans effectuer de division, donne le quotient et le reste de la division euclidienne de 325 par 52.

5 16 est-il un diviseur commun à 64 et 160 ? Est-il leur PGCD ?

6 Quel est le plus grand nombre entier naturel divisant à la fois 35 et 91 ?

7 Calcule le PGCD de 198 et de 54 par la méthode des soustractions successives.

8 Calcule PGCD (1 789 ; 1 492) par la méthode des divisions successives. Combien d'étapes aurait nécessité la méthode des soustractions successives ?

9 Démontre que 481 et 625 sont premiers entre eux.

10 Démontre que 360 et 741 ne sont pas premiers entre eux.

11 La fraction $\frac{456}{568}$ est-elle irréductible ? Justifie ta réponse.

12 Rends les fractions $\frac{48}{60}$ et $\frac{276}{161}$ irréductibles.

Tous ces exercices sont également corrigés à la fin du manuel.

Multiples, diviseurs

1 *Vocabulaire*

Réponds aux questions suivantes en justifiant.

a. 4 est-il un diviseur de 28 ?

b. 32 est-il un multiple de 6 ?

c. 4 divise-t-il 18 ?

d. 35 est-il divisible par 5 ?

2 Dans chaque cas, écris quatre phrases utilisant les nombres et l'un des mots suivants : diviseur, multiple, divisible, divise.

a. 70 et 210 **b.** 186 et 15 **c.** 192 et 48

3 *Critères de divisibilité*

Parmi les nombres : 12 ; 30 ; 27 ; 246 ; 325 ; 4 238 et 6 139, indique ceux qui sont divisibles :

a. par 2 **b.** par 3 **c.** par 5 **d.** par 9

4 On s'intéresse aux nombres de trois chiffres de la forme $\overline{65u}$ où u représente le chiffre des unités.
Quelles sont les valeurs possibles de u pour obtenir :

a. un multiple de 2 ?

b. un nombre divisible par 9 ?

5 *Liste*

a. Trouve tous les nombres divisibles par 7 compris entre 220 et 260.

b. Parmi ces nombres, quels sont ceux qui sont divisibles par 4 ?

6 *Énigme*

Trouve tous les nombres de trois chiffres divisibles à la fois par 3 et par 5 et dont le chiffre des centaines est 7.

7 Écris la liste de tous les diviseurs de :

a. 32 **b.** 67 **c.** 81 **d.** 144

8 *Pair*

Explique pourquoi le produit de deux entiers consécutifs est toujours pair.

9 *Séminaire*

Lors d'un séminaire, 324 personnes doivent se répartir dans divers ateliers. Tous les ateliers doivent avoir le même effectif, compris entre 30 et 60 personnes. Quelles sont les différentes possibilités ?

10 *Nombres parfaits*

a. Écris la liste de tous les diviseurs de 6.

b. Calcule la somme de tous ces diviseurs à l'exception de 6.

c. Que remarques-tu ?
On appelle nombre parfait tout entier qui a cette particularité.

d. Vérifie que 496 est un nombre parfait.

e. Trouve tous les nombres parfaits compris entre 20 et 30.

11 *Multiples de 18*

a. Donne une écriture littérale des multiples de 18.

b. Démontre que si un entier est multiple de 18 alors il est aussi multiple de 3 et de 6.

c. La réciproque est-elle vraie ? Justifie.

12 *Multiples de 15*

a. Démontre que si un entier est multiple de 15 alors il est aussi multiple de 3 et de 5.

b. La réciproque semble-t-elle vraie ?

Division euclidienne

13 *Posée, en ligne*

a. Donne le quotient et le reste de la division euclidienne de :

- 63 par 4 ;
- 218 par 12 ;
- 3 245 par 135 ;
- 32 par 50.

b. Dans chaque cas, écris l'égalité $a = bq + r$, où q et r sont des entiers naturels et $r < b$.

14 *À la recherche du reste*

Dans la division euclidienne de 2 654 par 12, le quotient est 221. Sans effectuer la division, détermine le reste.

15 *À la recherche du dividende*

Dans une division euclidienne, le diviseur est 14, le quotient est 18 et le reste est 5.
Quel est le dividende ?

16 On donne l'égalité : $168 = 15 \times 11 + 3$.

Sans faire de division, détermine le quotient et le reste de la division euclidienne de 168 par 15 puis de la division euclidienne de 168 par 11.

17 On donne l'égalité : $325 = 78 \times 4 + 13$.

a. Sans faire de division, détermine le quotient et le reste de la division euclidienne de 325 par 78 ?

b. 78 est-il le quotient de la division euclidienne de 325 par 4 ? Justifie.

18 *À la Bibliothèque*

Dans une bibliothèque, il y a 360 livres qu'il faut ranger sur des étagères contenant 22 livres chacune. Combien faut-il d'étagères pour ranger tous ces livres ?

19 *Le tour du monde*

Dans le roman de Jules Verne, Philéas Fogg doit faire le tour du monde en 80 jours. Combien cela représente-t-il de semaines ?
S'il part un jeudi, quel jour reviendra-t-il ?

Diviseurs communs, PGCD

20 *Liste des diviseurs communs et PGCD*

Dans chaque cas, écris la liste des diviseurs communs aux deux nombres et entoure leur PGCD.

a. 24 et 36
b. 20 et 63
c. 72 et 1
d. 434 et 98
e. 42 et 168
f. 124 et 0

21 *Nombre de joueurs*

Dans une partie de cartes, on doit répartir entre les joueurs 180 jetons noirs et 120 jetons blancs. Chaque joueur doit recevoir le même nombre de jetons noirs et le même nombre de jetons blancs.

a. Peut-il y avoir vingt joueurs ? Neuf joueurs ?

b. Combien peut-il y avoir de joueurs ? Donne toutes les possibilités.

22 *Chez le fleuriste*

Un fleuriste dispose de 30 marguerites et 24 tulipes. Il veut composer des bouquets contenant le même nombre de marguerites et le même nombres de tulipes, et utiliser toutes ses fleurs. On veut calculer le nombre maximum de bouquets qu'il peut faire.

a. Explique pourquoi le nombre de bouquets doit être un diviseur commun à 30 et 24. Lequel de ces diviseurs communs choisir ? Combien de bouquets peut-il réaliser au maximum ?

b. Quelle est alors la composition de chaque bouquet ?

23 *Méthode des soustractions successives*

En utilisant la méthode des soustractions successives, détermine le PGCD des deux nombres.

a. 76 et 21
b. 120 et 48
c. 182 et 78
d. 117 et 153

24 *Méthode des divisions successives*

En utilisant la méthode des divisions successives, détermine le PGCD des deux nombres.

a. 182 et 42
b. 534 et 235
c. 1 053 et 325
d. 1 980 et 2 340

25 *Comparaison*

a. Calcule le PGCD de 138 et 63 en utilisant la méthode des divisions successives.

b. Combien d'étapes nécessite la méthode des soustractions successives ?

26 *Au choix*

Détermine le PGCD des nombres en utilisant la méthode qui te semble la plus appropriée.

a. 682 et 352
b. 248 et 124
c. 140 et 84
d. 1 470 et 2 310

27 *Extrait du Brevet*

Un pâtissier dispose de 411 framboises et de 685 fraises. Afin de préparer des tartelettes, il désire répartir ces fruits en les utilisant tous et obtenir le maximum de tartelettes identiques.
Calculer le nombre de tartelettes et indiquer leur composition.

Exercices d'entraînement

28 *Tournage*

Lors du tournage d'un film, le réalisateur dispose de 651 figurants habillés en noir et de 465 habillés en rouge.
Il doit former des équipes constituées de la manière suivante : dans chaque groupe, il doit y avoir le même nombre de figurants vêtus de rouge et le même nombre de figurants vêtus de noir.
Le nombre d'équipes doit être maximal.
Quelle sera la composition d'une équipe ?

29 *Exposition*

Un photographe doit réaliser une exposition de ses œuvres et présenter sur des panneaux des paysages et des portraits.
Tous les panneaux doivent contenir autant de photos de chaque sorte.
Il veut exposer 224 paysages et 288 portraits.

a. Combien peut-il réaliser au maximum de panneaux en utilisant toutes ses photos ? Justifie.

b. Combien mettra-t-il alors de paysages et de portraits sur chaque panneau ?

30 *Nombres croisés*

Recopie et complète la grille avec les nombres que tu découvriras grâce aux définitions.

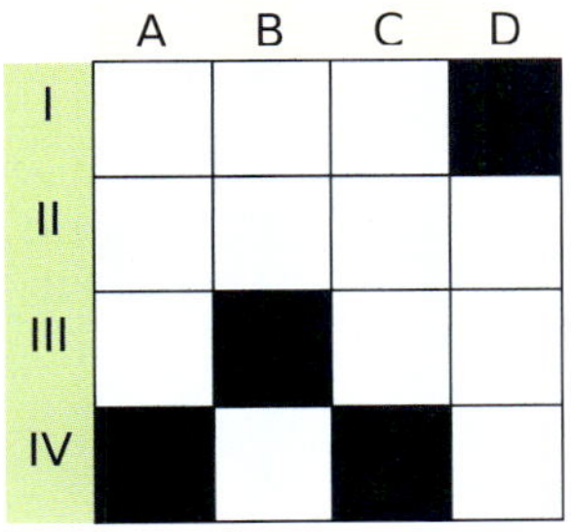

Horizontalement

I : PGCD (125 ; 250).
II : Ce nombre est un multiple de 9.
III : Le chiffre des unités d'un nombre divisible par 10. Ce nombre est divisible par 5.
IV : Le reste de la division euclidienne de 121 par 8. Le quotient dans celle de 245 par 112.

Verticalement

A : Le plus petit multiple de 24 à trois chiffres.
B : Le quotient de la division euclidienne de 274 par 10. Diviseur commun à tous les entiers.
C : PGCD (1 542 ; 3 598).
D : 3 est un diviseur de ce nombre.

31 *Carrelage*

Dans une salle de bain, on veut recouvrir le mur se trouvant au-dessus de la baignoire avec un nombre entier de carreaux de faïence de forme carrée dont le côté est un nombre entier de centimètres, le plus grand possible.
Détermine la longueur, en centimètres, du côté d'un carreau de faïence sachant que le mur mesure 210 cm de hauteur et 135 cm de largeur. Combien faudra-t-il alors de carreaux ?

Nombres premiers entre eux

32 *Définition*

a. Liste les diviseurs communs à 42 et 65.

b. Déduis-en que 42 et 65 sont premiers entre eux.

33 *Définition (bis)*

a. Calcule le PGCD de 195 et 364.

b. 195 et 364 sont-ils premiers entre eux ?

34 Dans chaque cas, sans calculer le PGCD, indique pourquoi les deux entiers donnés ne sont pas premiers entre eux.

a. 98 et 114 **b.** 125 et 75 **c.** 27 et 63

35 Ces nombres sont-ils premiers entre eux ?

a. 212 et 324
b. 837 et 1 085
c. 667 et 103
d. 645 et 1 375

36 *Listes*

a. Écris la liste des nombres entiers naturels inférieurs à 24 qui sont premiers avec 24.

b. Écris la liste des nombres entiers naturels inférieurs à 31 qui sont premiers avec 31.

37 *Pairs, impairs*

a. Peux-tu trouver deux nombres entiers pairs premiers entre eux ? Justifie.

b. Peux-tu trouver deux nombres entiers impairs premiers entre eux ? Justifie.

c. Peux-tu trouver un nombre entier pair et un nombre entier impair qui ne sont pas premiers entre eux ? Justifie.

Exercices d'entraînement

Simplification de fractions

38 *Avec des diviseurs communs*

On considère la fraction $\frac{540}{720}$.

a. Quel(s) diviseur(s) commun(s) ont le numérateur et le dénominateur de la fraction ?

b. Simplifie la fraction pour obtenir une fraction irréductible.

39 *En décomposant*

a. Écris 168 et 132 sous forme d'un produit de facteurs entiers positifs les plus petits possibles.

b. Rends la fraction $\frac{168}{132}$ irréductible en utilisant ces décompositions.

40 *Avec le PGCD*

a. Calcule le PGCD de 462 et 65.

b. Que peux-tu en déduire pour les nombres 462 et 65 ? Pour la fraction $\frac{462}{65}$?

41 *Avec le PGCD (bis)*

a. Calcule le PGCD de 3 276 et 3 510 et simplifie la fraction $\frac{3\,276}{3\,510}$.

b. Vérifie que le numérateur et le dénominateur obtenus sont premiers entre eux. Que peux-tu en déduire pour la fraction obtenue ?

42 *Extrait du Brevet*

a. Pour chaque nombre : 1 035 ; 774 ; 322, indiquer s'il est divisible par 2, par 5, par 9.

b. Les fractions $\frac{774}{1\,035}$ et $\frac{322}{774}$ sont-elles irréductibles ? Pourquoi ?

c. Calculer le PGCD de 322 et 1 035. La fraction $\frac{322}{1\,035}$ est-elle irréductible ?

43 Rends les fractions suivantes irréductibles.

a. $\frac{18}{24}$ **c.** $\frac{120}{150}$ **e.** $\frac{45}{63}$ **g.** $\frac{357}{561}$

b. $\frac{540}{288}$ **d.** $\frac{630}{924}$ **f.** $\frac{1\,540}{693}$ **h.** $\frac{1\,080}{1\,260}$

Opérations en écriture fractionnaire

44 Soit $A = \frac{4}{9} + \frac{5}{12}$.

a. Écris la liste des premiers multiples de 9.

b. Écris la liste des premiers multiples de 12.

c. Déduis-en le plus petit multiple commun à ces deux nombres et le plus petit dénominateur commun à $\frac{4}{9}$ et $\frac{5}{12}$.

d. Calcule A et donne le résultat sous la forme d'une fraction irréductible.

45 Calcule et donne le résultat sous la forme d'une fraction irréductible.

$B = \frac{5}{18} + \frac{2}{27}$ $C = \frac{12}{10} + \frac{14}{35}$ $D = \frac{3}{14} + \frac{5}{21}$

46 *Extrait du Brevet*

On pose : $M = \frac{20\,755}{9\,488} - \frac{3}{8}$.

a. Calculer le plus grand diviseur commun D de 20 755 et 9 488.

b. Écrire, en détaillant les calculs, le nombre M sous la forme d'une fraction irréductible.

c. Le nombre M est-il décimal ? Est-il rationnel ? Justifier.

47 Calcule en simplifiant avant d'effectuer les produits et donne le résultat sous forme d'une fraction irréductible.

$A = \frac{3}{14} \times \frac{7}{15}$ $B = \frac{6}{32} \times \frac{8}{3}$ $C = \frac{15}{17} \times \frac{34}{25}$

48 Calcule et donne le résultat sous la forme d'une fraction irréductible ou d'un nombre décimal.

$A = \frac{2}{3} - \frac{7}{3} \times \frac{8}{21}$ $D = \frac{3}{7} - \frac{15}{7} \div \frac{5}{24}$

$B = \left(\frac{3}{4} - \frac{5}{6}\right) \times \frac{3}{2}$ $E = \left(\frac{11}{7} - \frac{2}{5}\right) \times \frac{24}{7}$

$C = 11 \div \left(\frac{2}{3} - \frac{5}{2}\right)$ $F = \frac{25}{15} \times \left(\frac{1}{18} + \frac{1}{24}\right)$

Exercices d'approfondissement

49 *Par groupes !*

Lors d'un spectacle d'une compagnie de danse, tous les danseurs font un premier numéro quatre par quatre, simultanément, puis un second six par six, tous ensemble encore.

Pourront-ils tous participer à un numéro pour lequel il faut des groupes de 24 ? Justifie.

50 La somme de quatre multiples consécutifs de 7 est égale à 406.
Quels sont ces quatre entiers ?

51 Démontre que la somme de deux entiers impairs consécutifs est un multiple de 4.
A-t-on la même propriété pour la somme de deux entiers pairs consécutifs ?

52 Trouve les nombres entiers de trois chiffres multiples de 5, dont la somme des chiffres est 21.

53 *Nombres divisibles par 7*

a. 35 et 6 300 sont-ils divisibles par 7 ? Justifie.

b. En utilisant la question **a.**, démontre que 6 335 est divisible par 7.

c. Démontre dans le cas général que si x et y sont deux nombres entiers divisibles par 7 alors leur somme $x + y$ est divisible par 7.

d. En écrivant le nombre 6 349 147 comme une somme de quatre multiples de 7, démontre que 6 349 147 est un multiple de 7.

e. Écris un nombre entier de 15 chiffres qui soit divisible par 7.

54 *Pairs et impairs*

a. Quelle est l'écriture littérale d'un nombre pair ? D'un nombre impair ?

b. Quelle est la parité de la somme $a + b$ lorsque :

- a et b sont tous les deux pairs ?
- a et b sont tous les deux impairs ?
- a est pair et b est impair ?

c. Quelle est la parité du produit $a \times b$ lorsque :

- a et b sont tous les deux pairs ?
- a et b sont tous les deux impairs ?
- a est pair et b est impair ?

55 *Pairs et impairs (bis)*

a. Démontre que si a est impair alors a^2 est impair.

b. Déduis-en que si a^2 est pair alors a est pair.

56 n est un entier naturel.

a. Démontre que si n est impair alors 8 divise $n^2 - 1$.

b. Le nombre $1 + 3^n$ est-il toujours pair ?

c. Démontre que $2^n + 2^{n+1}$ est divisible par 3.

57 *Les trois filles*

Dans une famille, il y a trois filles. La somme de leurs âges est 13 et le produit est 36.

a. Étudie la parité des âges.

b. Quel est l'âge de chaque fille ? Trouve toutes les possibilités.

58 *Sacrée collection !*

Abdel dit à Doris : « J'ai plus de 400 DVD mais moins de 450 !
Que je les groupe par 2, par 3, par 4 ou par 5, c'est toujours la même chose : il en reste un tout seul ! ».
Combien Abdel a-t-il de DVD ?

59 *Escalier*

Le nombre de marches d'un escalier est compris entre 40 et 80.

- Si on compte ces marches deux par deux, il en reste une.
- Si on les compte trois par trois, il en reste deux.
- Si on les compte cinq par cinq, il en reste quatre.

Quel est le nombre de marches de cet escalier ?

60 *Quotient et reste*

Trouve tous les nombres pour lesquels le quotient et le reste sont égaux dans la division euclidienne par 5.

61 *Recherche*

Combien peut-on trouver d'entiers naturels inférieurs à 1 000 dont le reste est 12 dans la division euclidienne par 25 ?

62 *Division euclidienne par 13*

Dans une division euclidienne, le diviseur est 13, le reste est 5.

a. Si l'on augmente le dividende de 1, que devient le quotient ? Que devient le reste ?

b. De combien peut-on augmenter le dividende sans changer le quotient ?

c. Si on veut diminuer le quotient de 1, combien faut-il enlever au dividende ? Donne toutes les possibilités.

63 *Division euclidienne*

On a l'égalité : $3\,625 = 85 \times 42 + 55$.
Réponds aux questions suivantes sans faire de division et en justifiant.

a. Quel est le quotient de la division euclidienne de 3 625 par 42 ?

b. Quels sont le quotient et le reste de la division euclidienne de 3 650 par 85 ?

c. Quels sont le quotient et le reste de la division euclidienne de 3 650 par 42 ?

d. Mêmes questions que **b.** et **c.** en remplaçant 3 650 par 3 600.

e. Quels sont le quotient et le reste de la division euclidienne de 3 569 par 85 ?

64 *Division euclidienne (bis)*

Dans une division euclidienne, que deviennent le quotient et le reste si on multiplie le dividende et le diviseur par un même nombre ?

65 *Devinette*

Lorsque je divise 134 par ce nombre, le reste est 2 et lorsque je divise 183 par ce même nombre, le reste est 3.

Quel peut être ce nombre ? Trouve toutes les solutions.

66 *Distribution de crêpes*

La grand-mère de Nicolas a fait 26 crêpes. Elle demande à Nicolas de les distribuer à parts égales à chacun de ses quatre cousins présents dans la cuisine. Lorsqu'il ne pourra plus en distribuer, il gardera le reste pour lui.
Après réflexion, Nicolas s'empresse d'aller chercher ses trois autres cousins dans le jardin.

Pourquoi ?

67 Un groupe de moins de 40 personnes doit se répartir équitablement une somme de 229 €. Il reste alors 19 €. Une autre fois, ce même groupe doit se répartir équitablement 474 € : cette fois-ci, il reste 12 €.

a. Combien y a-t-il de personnes dans ce groupe ?

b. Ils décident de se répartir ce qu'il reste équitablement. Combien chaque personne reçoit-elle en plus ? Quelle somme auront-ils reçue au total ?

68 *Démonstration de l'algorithme d'Euclide*

a et b sont deux entiers naturels, $a > b$.
On effectue la division euclidienne de a par b :
$a = b \times q + r$ où $r < b$.

a. Démontre que si d est un diviseur commun à a et b alors d est aussi un diviseur de r.

b. Démontre que si d' est un diviseur commun à b et r alors d' est aussi un diviseur de a.

c. Démontre que PGCD $(a\,;\,b)$ = PGCD $(b\,;\,r)$.

69 *Pages*

Deux livres ont respectivement 480 et 608 pages. Chacun de ces livres est formé de fascicules ou cahiers, qui ont tous un même nombre de pages, compris entre 30 et 50.

a. Quel est le nombre de pages d'un cahier ?

b. Quel est le nombre de cahiers qui composent les deux livres ?

70 *Énigmes*

a. Trouve deux nombres entiers naturels dont la somme est 2 285 et le PGCD est 457. Y a-t-il plusieurs solutions ?

b. Trouve deux nombres entiers naturels dont le PGCD est égal à 8 et dont le produit est 960. Y a-t-il plusieurs solutions ?

71 *Timbres*

Un philatéliste possède 17 017 timbres français et 1 183 timbres étrangers. Il souhaite vendre toute sa collection en réalisant des lots identiques, comportant le même nombre de timbres français et le même nombre de timbres étrangers.
Calcule le nombre maximum de lots qu'il pourra réaliser et dans ce cas, le nombre de timbres de chaque sorte par lot.

72 *Tempête*

Des poteaux téléphoniques étaient plantés le long d'une route sur une ligne droite, régulièrement espacés d'un nombre entier de mètres.
Après une tempête, il n'en reste plus que trois : le premier, le dernier et un autre situé entre les deux, à 345 m du premier et 184 m du dernier. Un technicien arrivé sur les lieux estime le nombre de poteaux tombés à plus de 10 mais moins de 100 !
Combien de poteaux sont-ils tombés ?

73 *Soyons tous à l'heure*

a. La montre d'Éric sonne toutes les 6 heures et celle de Leïla, toutes les 14 heures. Elles ont sonné ensemble le 9 octobre à 17h30.
À quelle date et à quelle heure sonneront-elles ensemble de nouveau ?

b. Même question si la montre d'Éric sonne toutes les 15 heures et celle de Leïla toutes les 21 heures.

74 *Arbres*

Un terrain rectangulaire a pour dimensions 966 m et 1 008 m. Sur ses côtés, on veut planter des arbres régulièrement espacés d'un nombre entier de mètres. Il doit y avoir un arbre à chaque coin du terrain.

Quel est le nombre minimum d'arbres que l'on pourra planter ?

75 *Piscine*

Une piscine rectangulaire mesure 3,36 m par 7,80 m et a une profondeur de 1,44 m.
On désire la carreler avec des carreaux carrés tous identiques.
Le carreleur ne veut pas faire de découpes de carreaux et préfère les grands carreaux, car ils sont plus faciles à poser. Son fournisseur a toutes les tailles de carreaux en nombre entier de centimètres.

a. Quelle taille de carreaux doit-il commander ?

b. Son fournisseur vend les carreaux par lot de 100. Combien de lots doit-il commander ?

76 *Entiers naturels consécutifs*

a. Calcule le PGCD de 34 et 35 puis celui de 456 et 457.

b. Quelle conjecture peux-tu faire ? Démontre cette conjecture.

77 *Premiers entre eux*

a. Démontre que les entiers naturels k et $2k + 1$ sont premiers entre eux pour n'importe quelle valeur de k.

b. Même question avec $k + 1$ et $2k + 1$.

c. Déduis-en des couples d'entiers naturels premiers entre eux.

78 Rends la fraction $\frac{11\,413}{14\,351}$ irréductible.

79 Soit $C = \frac{4}{15} + \frac{1}{6} + \frac{5}{9}$.

a. En écrivant la liste des premiers multiples de chacun des dénominateurs, trouve le dénominateur commun aux trois fractions, le plus petit possible.

b. Calcule C et donne le résultat sous la forme d'une fraction irréductible.

c. Procède de la même façon pour calculer $D = \frac{1}{6} + \frac{1}{10} + \frac{1}{4}$.

80 *Addition*

a. Soit $G = \frac{3\,575}{4\,225}$.
Écris G sous la forme d'une fraction irréductible.

b. Soit $H = G + \frac{4}{26}$.
Écris H sous la forme d'un nombre entier. Indique le détail des calculs.

81 Calcule $J = \frac{575}{161} - \frac{45}{21}$. (Donne le résultat sous la forme d'une fraction irréductible.)

82 Calcule en détaillant les étapes et donne le résultat sous la forme d'une fraction irréductible ou d'un nombre décimal.

$A = \frac{24 \times 9 \times 72 \times 121}{36 \times 33 \times 64}$

$B = 56 \times \frac{15}{128} - \frac{1}{18}$

$C = \left(\frac{24}{15} + \frac{35}{25}\right) \times \frac{20}{33}$

$D = \frac{81}{63} \div \left(4 - \frac{2}{14}\right)$

$E = \frac{56}{15} \times \frac{\frac{5}{6} - \frac{5}{4}}{\frac{1}{2} + \frac{2}{3}}$

$F = 3 + \frac{2}{15} \times \left(5 \times \frac{23}{25} - \frac{12}{49} \div \frac{9}{14}\right) \div \frac{1}{70}$

1 Table des PGCD

Le but de ce travail en groupe est de construire une table des PGCD puis de mettre en évidence, à l'aide de cette table, certaines propriétés du PGCD.

Une table des PGCD est comparable à une table de multiplication, à la différence que pour une case donnée la valeur contenue est le PGCD des deux nombres considérés et pas leur produit.

Voilà un exemple de table des PGCD :

PGCD (a ; b)		valeur de a				
		1	2	3	4	5
valeur de b	1	1	1	1	1	1
	2	1	2	1	2	1
	3	1	1	3	1	1
	4	1	2	1	4	1
	5	1	1	1	1	5

La case grisée contient le nombre 2 car 2 est le PGCD de 4 et 2.

1re Partie : Construction d'une table des PGCD

a. Dans la table précédente, les valeurs de a et de b sont comprises entre 1 et 5. Sur une feuille, chacun d'entre vous construit un tableau suffisamment grand pour que a et b puissent être compris entre 1 et 20. Puis, chacun complète le tableau pour a et b compris entre 1 et 10.

b. Dans le groupe, mettez en commun vos résultats et corrigez ensemble s'il y a des erreurs puis terminez de compléter la table.

2e Partie : Quelques propriétés du PGCD

c. On remarque que la première ligne ne comporte que des 1. Expliquez pourquoi.

d. En observant la table, trouvez d'autres régularités et rédigez une explication pour chacune d'elles.

3e Partie : Mise en commun

Chaque groupe désigne un rapporteur qui présente à la classe les propriétés trouvées et les explications correspondantes.

2 Méthode géométrique de calcul du PGCD

1re Partie : Découverte de la méthode

Dans cette partie, nous allons illustrer le calcul du PGCD de 18 et 22 par une figure géométrique.

On commence par construire un rectangle ABCD tel que AB = 18 et BC = 22. On construit ensuite le carré ABEF. Dans la surface restante, le rectangle ECDF, on peut placer quatre carrés de côté EC. On construit ensuite le carré JLMF et on constate que la surface restante est l'intérieur d'un carré : LKDM.

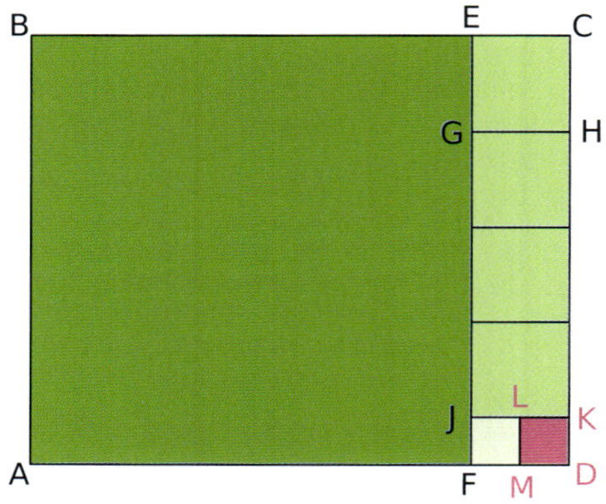

a. Chaque membre du groupe reproduit cette figure en choisissant comme unité un carreau ou 1 cm.

b. Chaque membre calcule, par la méthode des soustractions successives, le PGCD de 18 et 22.

c. Quels nombres, apparaissant dans la méthode des soustractions successives, correspondent à des longueurs sur la figure ?

d. À quelle longueur correspond le PGCD de 18 et 22 ?

2e Partie : Quelques autres exemples

e. Chaque membre détermine le PGCD de 12 et 45 par la méthode géométrique (sur une feuille à petits carreaux).

f. Chaque membre vérifie son résultat en calculant le PGCD de 12 et 45 par la méthode des soustractions successives.

g. Chaque membre choisit un nombre entre 10 et 20, puis un autre nombre entre 40 et 50. Il donne ses deux nombres à son voisin de droite qui doit déterminer leur PGCD par la méthode géométrique (sur une feuille à petits carreaux).

h. Chaque membre prend ensuite la figure de son voisin de gauche et vérifie que la figure est correcte en calculant le PGCD des deux nombres par la méthode des soustractions successives.

Se tester avec le QCM !

		R1	R2	R3	R4
1	435 est...	un multiple de 5	un diviseur de 5	divisible par 5	de la forme $5k$ où k est un entier
2	17 est...	un diviseur de 3 672	un multiple de 17	le seul diviseur de 17	un multiple de 8,5
3	Retrouve la (les) affirmation(s) vraie(s) :	Tout nombre entier est un multiple de 0	Il existe toujours au moins un diviseur commun à deux entiers	La liste des diviseurs d'un entier est infinie	Un nombre entier est toujours divisible par lui-même
4	$n = 12k$ où k est un entier donc...	n est un diviseur de 12	n est un multiple de 4	le reste de la division euclidienne de n par 12 est 0	2, 3, 4, 6 et 12 sont des diviseurs de n
5	$\begin{array}{r\|l} 196 & 56 \\ \hline 280 & 3{,}5 \\ 0 & \end{array}$ donc...	196 est divisible par 56	$196 = 56 \times 3{,}5$	3 est le quotient et 28 est le reste de la division euclidienne de 196 par 56	35 est le quotient et 0 le reste de la division euclidienne de 1 960 par 56
6	$418 = 8 \times 51 + 10$ donc...	8 est le quotient de la division euclidienne de 418 par 51	51 est le quotient de la division euclidienne de 418 par 8	51 est le diviseur dans la division euclidienne de 418 par 51	51 est un diviseur de 418
7	15 est...	un diviseur commun à 30 et 45	le PGCD de 30 et 45	le plus grand multiple commun à 3 et 5	le plus grand des diviseurs communs à 60 et 135
8	Le PGCD de 252 et 196 est...	1	28	2	0
9	Retrouve la (les) affirmation(s) vraie(s) : (n et m sont des entiers non nuls.)	n divise m donc PGCD $(n ; m) = n$	$m = 3n$ donc PGCD $(3 ; m) = 3$	PGCD $(1 ; n) = 1$	$n = m + 1$ donc PGCD $(n ; m) = 1$
10	18 et 35...	n'ont pas de diviseur commun	sont premiers entre eux	sont premiers	ont un seul diviseur commun : 1
11	Retrouve le couple d'entiers premiers entre eux :	357 et 468	13 450 et 9 985	224 et 447	435 et 812
12	Retrouve la (les) fraction(s) irréductible(s) :	$\frac{2\,590}{3\,885}$	$\frac{74}{111}$	$\frac{1\,601}{1\,621}$	$\frac{2\,429}{1\,735}$

Récréation mathématique

Collision...

Deux satellites ont des orbites qui se croisent en un point : à l'endroit précis où la fusée vient malencontreusement de les mettre en service simultanément !

La révolution du premier dure 8 h 49 min 12 s et celle du second, un jour et six heures.

Dans combien de temps aura lieu la collision ?

Récréation mathématique

La vache !

Dans un troupeau, chaque vache donne 10 litres de lait par jour.

Les vaches donnent du lait tous les jours sauf Paola qui est un peu caractérielle et ne donne du lait que les jours où elle est de bonne humeur...

Au mois de mars, le troupeau a produit 7 890 litres de lait.

Combien y a-t-il de vaches ?

Combien de jours Paola a-t-elle été de bonne humeur ?

Au crible

Écris tous les entiers de 1 à 100.

Entoure 2 et raye tous les multiples de 2, autres que 2.
Entoure 3 et raye tous les multiples de 3, autres que 3.
Recommence avec le premier nombre non rayé et continue le processus jusqu'à ce que tous les nombres soient entourés ou rayés.

Quelle est la particularité des nombres entourés ?

Cette méthode de tri est connue sous le nom de « crible d'Ératosthène ».

Si on applique ce crible à tous les entiers naturels, 163 serait-il entouré ? Et 1 678 314 ?

Nombres triangulaires

Ci-dessous, les cinq premiers nombres « triangulaires » :

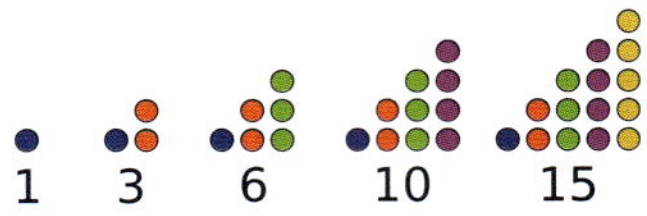

a. Quel est le millième ?

b. Quelle conjecture peux-tu faire lorsque tu additionnes deux nombres triangulaires consécutifs ?

Démontre-la !

Geôle

Dans un donjon, vingt cellules numérotées de 1 à 20 sont fermées à clé. Ces cellules s'ouvrent et se ferment en un tour de clé.

Alors que les prisonniers dorment à poings fermés, un premier gardien, qui les pensait ouvertes, met un tour de clé à toutes les cellules.
Peu après, un deuxième gardien met un tour de clé à toutes les cellules dont le numéro est multiple de 2.
Arrive ensuite un troisième gardien qui met un tour de clef à toutes les cellules dont le numéro est un multiple de 3 !
Et ainsi de suite...
Au final, vingt gardiens se sont succédés !

a. Quels sont les numéros des cellules dont les prisonniers vont facilement pouvoir s'évader ?

b. Reprends le même problème avec 500 cellules et 500 passages de gardiens !!
Justifie ta réponse.

Pour aller plus loin

Numération et critères de divisibilité

a. Recopie et complète : 6 732 = 6 × ... + 7 × ... + 3 × ... + 2.

En remarquant que 10 = 9 + 1 ; 100 = 99 + 1 ; ..., montre que 6 732 peut s'écrire 6 + 7 + 3 + 2 + m où m est un entier multiple de 3 et de 9.

b. Rappelle les critères de divisibilité par 3 et par 9 et démontre-les dans le cas d'un entier de six chiffres.

c. Démontre que tout nombre entier de plus de deux chiffres peut s'écrire comme la somme d'un multiple commun à 4 et 25 et du nombre entier constitué de ses deux derniers chiffres.

Déduis-en un critère de divisibilité par 4 et un critère de divisibilité par 25.

Calcul littéral et équations

N2

Activité 1 : Des situations...

1. Programmes

On considère les programmes de calcul suivants.

Programme A :

- Choisir un nombre ;
- Effectuer le produit de la différence du double du nombre et de 8 par la somme du nombre et de 3 ;
- Annoncer le résultat.

Programme B :

- Choisir un nombre ;
- Calculer son carré ;
- Lui soustraire la somme du nombre de départ et de 12 ;
- Multiplier le résultat par 2 ;
- Annoncer le résultat.

a. Teste ces deux programmes avec comme nombres de départ : 4 ; -1 et 1,6.

b. Quelle conjecture peux-tu faire ?

c. Démontre cette conjecture.

2. Impossible ?

Calcule $34\,356\,786\,456 \times 34\,356\,786\,447 - 34\,356\,786\,451^2$.

3. Arithmétique

Un entier relatif étant choisi, démontre la propriété suivante :

« Le produit de l'entier qui le précède par l'entier qui le suit, augmenté de 1 est le carré de cet entier. »

4. Comparaison

Soient deux carrés de côté $a + b$; a et b sont des nombres positifs.

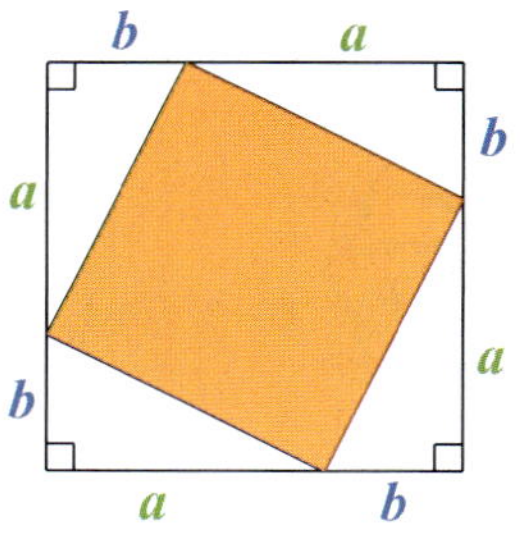

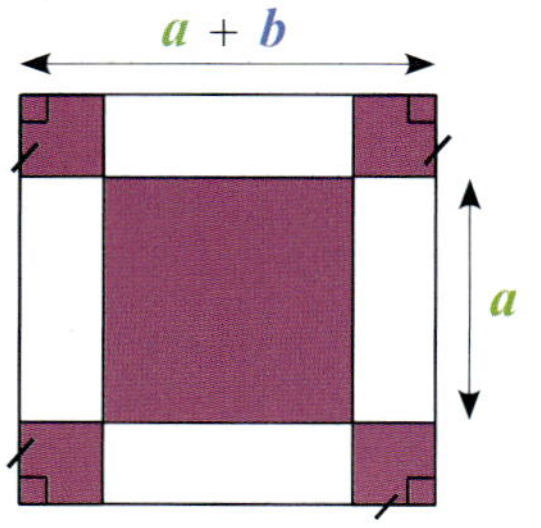

Les quadrilatères violets sont des carrés.

Les aires des surfaces coloriées sont-elles égales ?

5. Inconnue

Calcule à quelle distance de B ou de C doit se trouver le point M sur le segment [BC] pour qu'il soit à égale distance de A et de D.

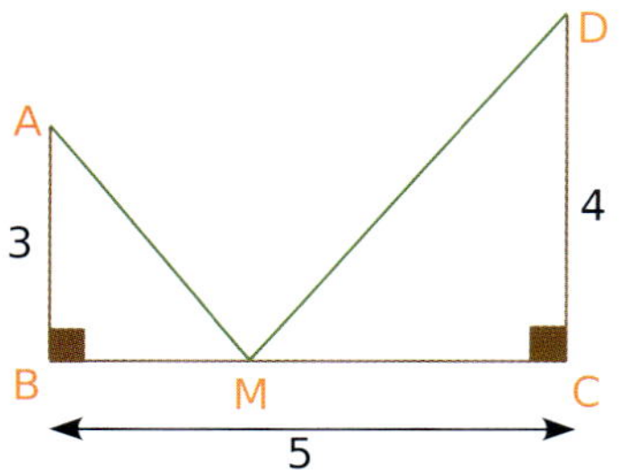

Activité 2 : Carré d'une somme, d'une différence

1. Carré d'une somme, somme des carrés

a. Calcule $(3 + 6)^2$ et $3^2 + 6^2$.
a et b étant deux nombres, les nombres $(a + b)^2$ et $a^2 + b^2$ sont-ils égaux ?

b. Pour plusieurs valeurs de a et b de ton choix, calcule la différence $(a + b)^2 - (a^2 + b^2)$.
Tu pourras utiliser un tableur.
Cette différence dépend-elle des valeurs que tu as choisies ? Si oui, précise comment.

2. Une identité remarquable : carré d'une somme

a. a et b étant des nombres quelconques, en utilisant $(a + b)^2 = (a + b) \times (a + b)$, développe et réduis $(a + b)^2$.

b. Une illustration géométrique : construis un carré.

En considérant a et b comme des longueurs de segments, propose un découpage de ce carré permettant de traduire l'égalité obtenue à la question précédente par une égalité d'aires.

3. Carré d'une différence, deuxième identité remarquable

a. a et b étant des nombres quelconques, développe et réduis $(a - b)^2$.

b. Construis un carré et propose un découpage de ce carré pour donner une interprétation géométrique de cette égalité.

Activité 3 : Produit de la somme par la différence

1. Avec des nombres

a. Développe $(1\,000 - 3)(1\,000 + 3)$. Que remarques-tu ?

Déduis-en, sans utiliser de calculatrice et sans avoir à poser de multiplication, le résultat de $997 \times 1\,003$.

b. Calcule de la même façon 491×509.

2. Une illustration géométrique

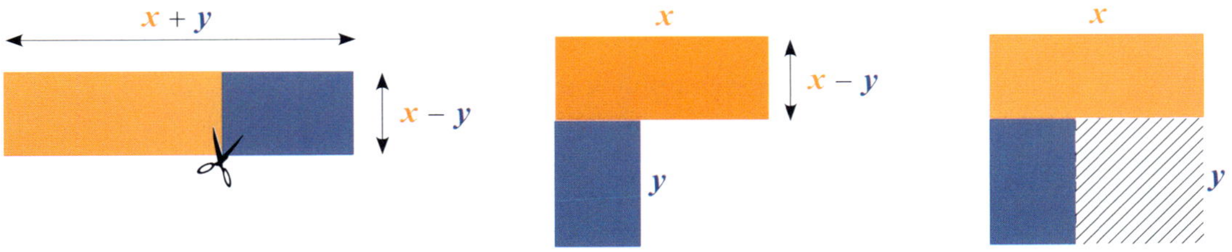

Les rectangles bleus et oranges sont respectivement superposables ; x et y sont des nombres positifs, de plus x est strictement supérieur à y.

Traduis cette succession de figures par une égalité. Justifie ta réponse.

3. Une identité remarquable de plus

a et b étant des nombres quelconques, développe et réduis $(a + b)(a - b)$.

Activité 4 : Calcul mental

1. Lisa prétend que pour calculer mentalement 15^2, il suffit de faire $10^2 + 5^2$. Abdel, lui, dit qu'il faut rajouter 100 à ce que dit Lisa. Qui a raison ? Justifie ta réponse.

2. Calcule 54^2 sans avoir à poser de multiplication et sans utiliser de calculatrice mais en expliquant ta démarche.

3. En utilisant une identité remarquable, calcule mentalement 199^2. Explique ta démarche.

4. Julie affirme qu'elle peut comparer les quotients $\frac{999\,999}{1\,000\,000}$ et $\frac{1\,000\,000}{1\,000\,001}$ sans utiliser de calculatrice et sans poser de multiplication. Qu'en penses-tu ?

Activité 5 : Factorisations avec facteur commun

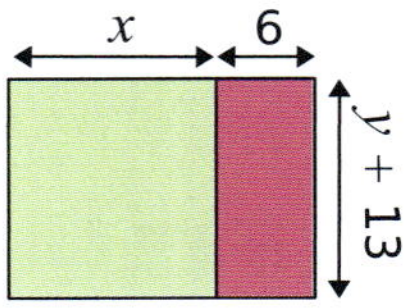

1. Un rectangle est divisé en deux comme le montre la figure ci-contre. Exprime son aire de deux manières différentes.

2. **Propriété**

Recopie et complète : $k \times a + k \times b = \ldots\ldots \times (\ldots\ldots + \ldots\ldots)$ $\quad k \times a - k \times b = \ldots\ldots\ldots\ldots\ldots\ldots\ldots$
(k, a et b sont des nombres quelconques).
Quelle est la propriété utilisée ? Quelle action réalise-t-on ? Comment appelle-t-on k ?

3. Pour chacune des expressions suivantes et en utilisant la question précédente, indique quelle expression ou quel nombre peut jouer le rôle de k, quelles expressions ou quels nombres peuvent jouer le rôle de a et de b.

$A = 7x + 14$ (remarque : $14 = 7 \times 2$) ; $B = 8y + 7y$; $C = 6ab + 5a$; $D = 6m - 9m^2$;

$F = (7x + 5)(3x + 2) + (7x + 5)(x - 9)$; $G = (x - 4)(3x - 5) - (8x + 7)(3x - 5)$.

Transforme chacune de ces expressions en un produit de facteurs.

4. Écris l'expression $18x^2 + 6x$ sous la forme d'un produit dont un des facteurs est $6x$.

Activité 6 : D'autres factorisations

1. Voici trois expressions développées et réduites : $9x^2 - 4$; $9x^2 - 12x + 4$ et $9x^2 + 12x + 4$.
Voici les expressions factorisées correspondantes : $(3x + 2)^2$; $(3x + 2)(3x - 2)$ et $(3x - 2)^2$.

a. Sans développer, associe chaque forme réduite à sa forme factorisée en expliquant ta démarche.

b. Contrôle tes réponses précédentes en développant les expressions factorisées.

2. On considère les expressions : $25x^2 + 30x + 9$; $4x^2 - 9$ et $x^2 - 8x + 16$.

a. Indique pour chacune d'elles le « type » de l'identité remarquable dont elle peut être la forme développée ou réduite : $(a + b)^2$; $(a - b)^2$ ou $(a + b)(a - b)$?

b. Identifie dans chaque cas qui peut « jouer les rôles » de a et de b puis factorise ces expressions. Vérifie tes réponses en les développant.

Activité 7 : Produit nul

On se donne un nombre x. Pour différentes valeurs de x, on cherche à évaluer les expressions ci-dessous et en particulier à trouver les valeurs de x qui rendent nulles ces expressions :

$B = 3x(3x + 6)(x + 3)$ $C = (10x + 7)(x - 5)(x + 3)$ $D = (x + 3)(4x - 1)(x - 3)$

1. En utilisant un tableur, programme les formules permettant de calculer B, C et D pour les valeurs entières de x comprises entre − 5 et 5.

Valeurs de x	B	C	D
− 5			
− 4			
⋮			
4			
5			

2. À partir du tableau, donne des valeurs qui annulent B, C et D.

3. En insérant un graphique de type « ligne », combien vois-tu de valeurs de x annulant B, C et D ? On admettra qu'il n'y en a pas d'autre.

4. Pour aider à la recherche de toutes les valeurs annulant C et D, construis un nouveau tableau pour les valeurs de x comprises entre − 1 et 1 avec un pas de 0,1.

5. Donne toutes les valeurs annulant l'expression C.

6. As-tu trouvé toutes celles annulant D ? En construisant un dernier tableau, conclus.

7. En observant attentivement les expressions B, C et D, que remarques-tu sur les valeurs qui annulent chacune d'elles ? Que peux-tu en conclure ?

Activité 8 : Équation produit

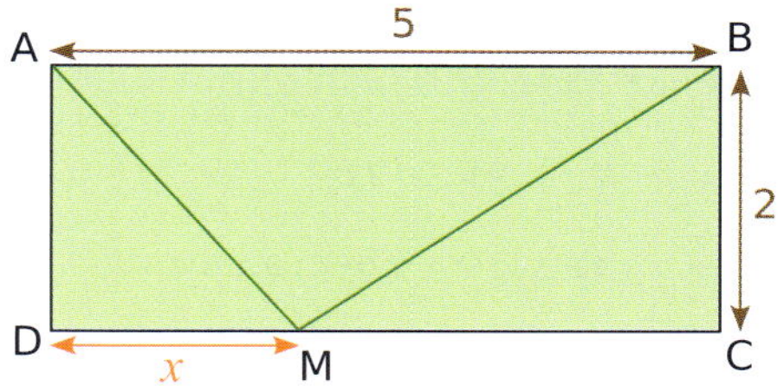

On considère un rectangle ABCD tel que :
AB = 5 cm et BC = 2 cm.
M est un point qui se déplace sur [DC].
On pose DM = x.

Il s'agit de déterminer les valeurs de x pour lesquelles le triangle AMB sera rectangle en M.

1. Avec TracenPoche

a. Réalise la figure, M devant être un point du segment [DC].
Fais s'afficher la longueur DM et la mesure de l'angle $\widehat{AMB}$. En déplaçant le point M, détermine une (ou des) valeur(s) possible(s) de x.

b. Trouve une construction géométrique d'un point M appartenant à [DC] tel que AMB soit rectangle en M et déduis-en une condition sur la longueur de [BC] pour l'existence de M.

2. Résolution algébrique

a. À quelle condition sur les longueurs, le triangle AMB est-il rectangle en M ?

b. Dans le triangle ADM, exprime AM^2 en fonction de x. Puis dans le triangle BMC, exprime BM^2 en fonction de x.

c. Traduis alors par une équation la condition vue dans le **a.** et montre que cette équation peut s'écrire $2x^2 - 10x + 8 = 0$.

d. Développe $P = 2(x - 1)(x - 4)$.

e. Déduis-en une nouvelle écriture de l'équation vue au **c.** et résous alors cette équation.

I - Développer avec des identités remarquables

→ ex 1 à 3

Propriétés

Pour tous nombres réels a et b :
$(a + b)^2 = a^2 + 2ab + b^2$; $(a - b)^2 = a^2 - 2ab + b^2$; $(a + b)(a - b) = a^2 - b^2$.

Exemple 1 : Développe et réduis l'expression $(x + 3)^2$.

On utilise l'identité $(a + b)^2$ avec $a = x$ et $b = 3$.

$(x + 3)^2 = x^2 + 2 \times x \times 3 + 3^2$ → On remplace a par x et b par 3 dans $(a + b)^2 = a^2 + 2ab + b^2$.

$(x + 3)^2 = x^2 + 6x + 9$ → On réduit l'expression obtenue.

Exemple 2 : Développe et réduis l'expression $(3x - 5)^2$.

On utilise l'identité $(a - b)^2$ avec $a = 3x$ et $b = 5$.

$(3x - 5)^2 = (3x)^2 - 2 \times 3x \times 5 + 5^2$ → On remplace a par $3x$ et b par 5 dans $(a - b)^2 = a^2 - 2ab + b^2$.

Attention, le double produit n'est pas précédé du même signe que les deux carrés !

Attention ! $a = 3x$ donc $a^2 = (3x)^2 = 3^2 \times x^2 = 9x^2$.

$(3x - 5)^2 = 9x^2 - 30x + 25$ → On réduit l'expression obtenue.

Exemple 3 : Développe et réduis l'expression $(7x + 2)(7x - 2)$.

On utilise l'identité $(a + b)(a - b)$ avec $a = 7x$ et $b = 2$.

$(7x + 2)(7x - 2) = (7x)^2 - 2^2$ → On remplace a par $7x$ et b par 2 dans $(a + b)(a - b) = a^2 - b^2$.

$(7x + 2)(7x - 2) = 49x^2 - 4$ → On réduit l'expression obtenue.

II - Factoriser avec un facteur commun

→ ex 4 et 5

Propriétés

Pour tous nombres réels a, b et k :
$k \times a + k \times b = k \times (a + b)$ et $k \times a - k \times b = k \times (a - b)$.

Exemple 1 : Fais apparaître un facteur commun dans l'expression A = $3y + 21$ puis factorise.

A = $3 \times y + 3 \times 7$ → On repère un facteur commun.

A = $3(y + 7)$ → On factorise.

Exemple 2 : Factorise l'expression D = $(9x - 4)(5x + 6) - (9x - 4)(3x + 11)$.

D = $(9x - 4)(5x + 6) - (9x - 4)(3x + 11)$ → On repère un facteur commun.

D = $(9x - 4)[(5x + 6) - (3x + 11)]$ → On factorise.

D = $(9x - 4)[5x + 6 - 3x - 11]$ → On supprime les parenthèses à l'intérieur des crochets en faisant attention au signe « – ».

D = $(9x - 4)(2x - 5)$ → On réduit l'expression à l'intérieur des crochets.

Exemple 3 : Factorise l'expression $E = (5x - 7)(9x - 2) - (5x - 7)^2$.

$E = (5x - 7)(9x - 2) - (5x - 7)(5x - 7)$	→ On repère un facteur commun.
$E = (5x - 7)[(9x - 2) - (5x - 7)]$	→ On factorise.
$E = (5x - 7)[9x - 2 - 5x + 7]$	→ On supprime les parenthèses à l'intérieur des crochets en faisant attention au signe « – ».
$E = (5x - 7)(4x + 5)$	→ On réduit l'expression à l'intérieur des crochets.

III - Factoriser avec des identités remarquables

→ ex 6

Propriétés

Pour tous nombres réels a et b :
$a^2 + 2ab + b^2 = (a + b)^2$; $a^2 - 2ab + b^2 = (a - b)^2$; $a^2 - b^2 = (a + b)(a - b)$.

Exemple 1 : Factorise l'expression $A = x^2 + 6x + 9$.

$A = x^2 + 6x + 9$	→ On observe trois termes précédés du signe +.
$A = x^2 + 2 \times x \times 3 + 3^2$	→ On met en évidence l'identité remarquable $a^2 + 2ab + b^2 = (a + b)^2$ avec $a = x$ et $b = 3$.
$A = (x + 3)^2$	→ On remplace a par x et b par 3 dans $(a + b)^2$.

Exemple 2 : Factorise l'expression $B = 25x^2 - 20x + 4$.

$B = 25x^2 - 20x + 4$	→ On observe trois termes et des signes différents.
$B = (5x)^2 - 2 \times 5x \times 2 + 2^2$	→ On met en évidence l'identité remarquable $a^2 - 2ab + b^2 = (a - b)^2$ avec $a = 5x$ et $b = 2$.
$B = (5x - 2)^2$	→ On remplace a par $5x$ et b par 2 dans $(a - b)^2$.

Exemple 3 : Factorise l'expression $C = 64x^2 - 49$.

$C = 64x^2 - 49$	→ On observe la différence de deux carrés.
$C = (8x)^2 - 7^2$	→ On met en évidence l'identité remarquable $a^2 - b^2 = (a + b)(a - b)$ avec $a = 8x$ et $b = 7$.
$C = (8x + 7)(8x - 7)$	→ On remplace a par $8x$ et b par 7 dans $(a + b)(a - b)$.

IV - Équation produit

→ ex 7

Propriété

Si un produit est nul alors l'un au moins de ses facteurs est nul.

Exemple : Résous l'équation $(x + 3)(x - 7) = 0$.

Si un produit est nul alors l'un de ses facteurs au moins est nul.

On en déduit que : $x + 3 = 0$ ou $x - 7 = 0$

$x = -3$ ou $x = 7$

On teste les valeurs trouvées.

Pour $x = -3$: $(x + 3)(x - 7) = (-3 + 3)(-3 - 7) = 0 \times (-10) = 0$.

Pour $x = 7$: $(x + 3)(x - 7) = (7 + 3)(7 - 7) = 10 \times 0 = 0$.

Les solutions de l'équation produit $(x + 3)(x - 7) = 0$ sont -3 et 7.

V - Mettre en équation un problème

→ ex 8

Exemple : Sur le schéma, ABCD est un carré et ABE est un triangle rectangle en A tel que AE = 3 cm. Tous les points sont distincts.
Quelle doit être la longueur du côté du carré ABCD pour que son aire soit égale à l'aire du triangle rectangle ABE ?

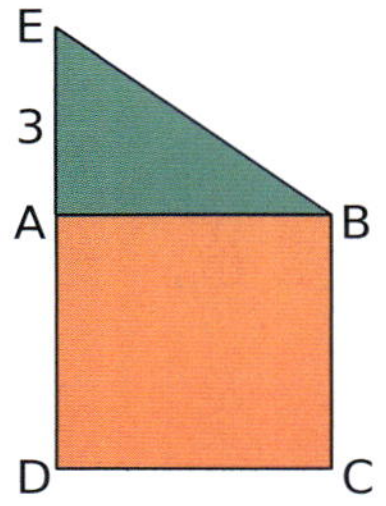

Étape n°1 : Choisir l'inconnue

Soit x la mesure en cm du côté du carré ABCD.
Comme les points sont distincts alors $x > 0$.
Donc AB = BC = CD = DA = x.

On repère la grandeur inconnue parmi celles exprimées dans l'énoncé. On la note x.

Étape n°2 : Mettre en équation

$\mathcal{A}_{ABCD} = AB \times AD$
$\mathcal{A}_{ABCD} = x \times x = x^2$

$\mathcal{A}_{ABE} = AB \times AE \div 2$
$\mathcal{A}_{ABE} = x \times 3 \div 2 = 1{,}5x$

On veut que :
Aire du carré ABCD = Aire du triangle rectangle ABE.
Le nombre x cherché vérifie donc l'équation :

$$x^2 = 1{,}5x.$$

On exprime les informations données dans l'énoncé en fonction de x.

La phrase de l'énoncé se traduit donc par l'égalité ci-contre.

Étape n°3 : Résoudre l'équation

Pour résoudre l'équation, on se ramène à une équation produit.

$$x^2 - 1{,}5x = 1{,}5x - 1{,}5x$$
$$x^2 - 1{,}5x = 0$$

$$x \times x - 1{,}5 \times x = 0$$
$$x(x - 1{,}5) = 0$$

Si un produit est nul alors l'un de ses facteurs au moins est nul.

$x = 0$ ou $x - 1{,}5 = 0$
$x = 0$ ou $x = 1{,}5$

On élimine les termes en x dans le membre de droite.

On factorise pour se ramener à une équation produit.

On résout l'équation produit.

Étape n°4 : Vérifier que les valeurs trouvées sont solution du problème

On teste les valeurs trouvées.
Pour $x = 0$: $x^2 = 0$ et $1{,}5x = 0$.
Pour $x = 1{,}5$: $x^2 = 1{,}5^2 = 2{,}25$
et $1{,}5x = 1{,}5 \times 1{,}5 = 2{,}25$.
Comme x est un nombre strictement positif, la solution 0 ne convient pas à ce problème.

On vérifie que les valeurs trouvées répondent à la question.

Étape n°5 : Conclure

La solution du problème est donc 1,5 cm.

On conclut.

Exercices corrigés par animation

http://manuel.sesamath.fr

▶ **1** Développe et réduis les expressions suivantes.

A = $(x + 6)^2$　　D = $(6x - 5)^2$

B = $(x - y)^2$　　E = $(z + 3)(z - 3)$

C = $(3a + 1)^2$　　F = $(4x - 7y)(4x + 7y)$

▶ **2** Calcule en utilisant les identités remarquables et sans calculatrice.

a. 101^2　　**b.** 99^2　　**c.** 101×99

▶ **3** Recopie puis complète les expressions suivantes.

A = $(x + ...)^2 = ... + 2 \times .... \times .... + 25$

B = $(.... - 9)^2 = 4x^2 - .... \times .... \times .... + ...$

C = $(3x + ...)(.... - ....) = ... - 64$

D = $(5x - ....)^2 = ... - .... + 16$

▶ **4** Écris chacune des expressions suivantes sous la forme $a(x + 7)$.

F = $4x + 28$　　H = $0{,}5x + 3{,}5$

G = $\frac{2}{3}x + \frac{14}{3}$　　I = $- 5x - 35$

▶ **5** Factorise les expressions suivantes.

J = $10x - 8$　　K = $6y^5 - 8y^2$

L = $3x^2 + 4x$

M = $(x + 2)(x - 4) + (x + 2)(x - 5)$

▶ **6** Factorise les expressions suivantes en utilisant une identité remarquable.

D = $16x^2 + 24x + 9$

E = $49x^2 - 70x + 25$

F = $x^2 - 81$

▶ **7** Résous les équations produits suivantes.

a. $(x - 4)(x + 9) = 0$

b. $(4x - 1)(9x - 2) = 0$

c. $(3x + 2)^2 = 0$

▶ **8** Trouve la (ou les) valeur(s) de x pour qu'un parallélogramme de base $(4x - 5)$ et de hauteur 7 et un rectangle de longueur $(3x + 1)$ et de largeur $(4x - 5)$ aient la même aire.

Tous ces exercices sont également corrigés à la fin du manuel.

Exercices d'entraînement

Développer et réduire

1 *Vrai ou faux ?*

Justifie tes réponses.

- x^2 est toujours égal à $2x$.
- $(5x)^2$ est toujours égal à $5x^2$.
- $8x - 3$ est toujours égal à $5x$.
- $18x$ est toujours égal à $2 \times x \times 9$.
- $2x^2 + 9x$ est toujours égal à $11x^3$.
- $4x^2 + 5x + 9$ est toujours égal à $9 + 4x^2 + 5x$.

2 Supprime les parenthèses puis réduis.

$A = (3x^2 + 8) - (21 + x^2)$

$B = 17x - (5x^2 + 9 - 4x)$

$C = (4x^2 + 7x + 21) - (x^2 + 2x - 13)$

3 *Chasse aux bulles*

$-x^2$ | $3x$ | $2x^2$ | $-7x$ | 4 | $8x$ | 2 | $20x^2$ | $-6x$ | $3x^2$

Développe et réduis ces expressions en utilisant les bulles pour répondre. Chaque bulle ne doit être utilisée qu'une seule fois dans l'exercice.

$A = 2x(x - 3)$

$B = (5x + 2) \times 4x$

$C = (x + 1)(4 - x)$

$D = (x - 2)(3x - 1)$

4 *Distributivité*

Développe et réduis ces expressions.

$A = \frac{11}{4}x(8x - 10)$

$B = (x + 9)(3 - 2x)$

$C = (3y + 5)(10 + y)$

$D = (z - 2)(3 - z)$

$E = 5(3g + 1)(g - 2)$

$F = (2x - 1)(x^2 + 3)$

5 Développe et réduis ces expressions.

$A = \frac{7}{3}(6x + 3) + \frac{5}{2}(4 - 2x)$

$B = 4(1 - 7y) + (4y - 5)(y - 1)$

$C = 3t(t + 1) + (5 + t)(t - 2)$

$D = (4k - 1)(9 + k) - 9k(10 - 3k)$

$E = (m + 2)(8 + 3m) - 2(1 - m)(m - 7)$

6 *Carré d'une somme*

Développe puis réduis ces expressions.

$A = (a + 6)^2$	$E = (4x + 7)^2$
$B = (t + 10)^2$	$F = (1{,}5b + 3{,}4)^2$
$C = (5p + 4)^2$	$G = (0{,}7 + 2z)^2$
$D = (5x + 2)^2$	$H = (1{,}2 + y)^2$

7 *Carré d'une différence*

Développe puis réduis ces expressions.

$A = (5 - t)^2$	$E = (6 - 9w)^2$
$B = (x - 8)^2$	$F = (p - 2{,}4)^2$
$C = (4y - 1)^2$	$G = (10q - 1)^2$
$D = (3x - 7)^2$	$H = (1{,}4x - 1)^2$

8 *Une autre identité*

Développe puis réduis ces expressions.

$A = (x - 2)(x + 2)$	$E = (5 + 4g)(5 - 4g)$
$B = (5 - y)(5 + y)$	$F = (2{,}1x - 3)(2{,}1x + 3)$
$C = (3x + 5)(3x - 5)$	$G = (2i + 6{,}1)(2i - 6{,}1)$
$D = (10 - 7z)(10 + 7z)$	$H = (3{,}2j + 4)(4 - 3{,}2j)$

9 *Méli-mélo*

Développe puis réduis ces expressions.

$A = (9x - 7)^2$	$C = (2x - 3)(2x + 3)$
$B = (x + 9)(11 - 5x)$	$D = (11 + 8x)^2$

$E = (x + 1)^2 + 7x(2 - x)$

$F = (x + 3)(2x - 1) - 3x(2x + 5)$

$G = (4t + 1)(4t - 1) - (3t + 2)^2$

$H = 2(s + 5)(s - 5) + (4s + 3)^2$

$I = (3x + 4)^2 - (1 - 2x)(6 + x)$

10 *Avec des fractions*

Développe puis réduis ces expressions.

a. $\left(n-\frac{1}{6}\right)^2$

b. $\left(t+\frac{1}{4}\right)^2$

c. $\left(y+\frac{2}{5}\right)\left(y-\frac{2}{5}\right)$

d. $\left(4x-\frac{3}{8}\right)^2$

e. $\left(3x+\frac{7}{2}\right)^2$

f. $\left(\frac{2}{3}w+5\right)\left(5-\frac{2}{3}w\right)$

11 Recopie et complète les expressions.

a. $(.... + 4)^2 = x^2 + ... + ...$

b. $(y - ....)^2 = ... - 6y + ...$

c. $(.... + 6)(.... - ....) = k^2 - ....$

d. $(3x + ...)^2 = ... + ... + 4$

e. $(1 - ....)(.... + ...) = ... - 49x^2$

f. $(.... - 8)2 = ... - 48x + ...$

g. $(.... + ...)(.... - 3) = 100y^2 - ....$

12 Calcule mentalement.

a. 99^2

b. 102^2

c. 95×105

d. 49^2

e. $1\,009^2$

f. $1\,001 \times 999$

Factoriser

13 *Vocabulaire*

a. Recopie et complète la phrase.

« Quand on effectue une addition, les deux nombres additionnés s'appellent les ... et le résultat s'appelle ... . »

b. Écris une phrase du même type pour la multiplication et une autre pour la soustraction.

14 Traduis par une phrase les expressions données.

Exemple :

$x(x + 1)$ est le produit de x par $(x + 1)$.

a. $5x^2 + 9$

b. $(x + 5)(12 - x)$

c. $9x(8 + 13x)$

d. $15 - 30x$

e. $(1 + 2x) + (x - 3)$

f. $(x + 7)^2$

15 *Facteur commun pas très discret*

a. Recopie chaque expression et souligne en couleur un facteur commun.

$A = 5x + 2x + 10x$

$B = 27x^2 - 27x + 27$

$C = 9x(x - 3) + 9x(10 + 2x)$

$D = (2x + 1)(8 + x) - (3x - 1)(2x + 1)$

b. Factorise chaque expression.

16 *Facteur commun bien plus malin*

a. Recopie chaque expression et transforme-la pour faire apparaître un facteur commun que tu souligneras en couleur.

$E = 10x^2 - 5x + 15$

$F = 4x^2 + 7x$

$G = 9x^2(x + 1) + 6x(5 + x)$

$H = (11x - 3)^2 + (11x - 3)(5 + 9x)$

b. Factorise chaque expression.

17 *Sommes ou différences ?*

Factorise ces expressions.

$A = t^2 + 81 + 18t$

$B = 4x^2 - 4xy + y^2$

$C = 81 + 16y^2 - 72y$

$D = x^2 + 36 - 12x$

$E = \frac{4}{9}p^2 + \frac{4}{3}pq + q^2$

$F = \pi^2 + 10\pi + 25$

18 *Différences de deux carrés*

Factorise ces expressions.

$A = x^2 - 16$

$B = 1 - y^2$

$C = 100x^2 - 9$

$D = 36 - 81z^2$

$E = 4\pi^2 - 25$

$F = (t + 3)^2 - 16$

$G = (2x + 1)^2 - 25$

$H = (3i + 7)^2 - (i + 5)^2$

19 *En mélangeant !*

Factorise ces expressions.

$A = 36 - 25x^2$

$B = 100 + 60x + 9x^2$

$C = 2i(i + 1) + 2i(2 + i)$

$D = b^2 - 10b + 25$

$E = (2 - x)^2 + (2 - x)(9 + x)$

$F = (5x + 1)^2 - 81$

$G = (7d + 2)^2 - (3d + 4)^2$

Exercices d'entraînement

20 Calcule mentalement.

a. $105^2 - 95^2$

b. $1\ 001^2 - 1\ 000^2$

c. $2\ 008^2 - 8^2$

d. $573^2 - 572^2$

21 *Plus fort que la machine ?*

On note $V = 100\ 000\ 001^2 - 100\ 000\ 000^2$.

a. Calcule mentalement V puis vérifie à la calculatrice ton résultat.

b. Que peux-tu conclure ?

c. Reprends les questions **a.** et **b.** avec le nombre $W = 987\ 654\ 321^2 - 12\ 345\ 679^2$.

Calcul littéral et problèmes

22 *Aire*

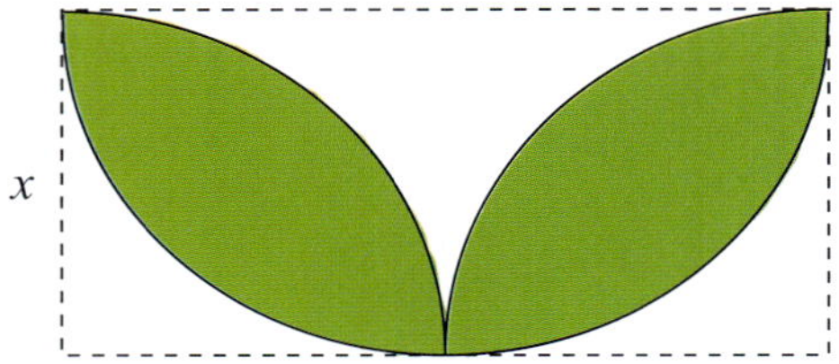

Exprime l'aire coloriée en fonction de x.

23 *En fonction de...*

a. Exprime l'aire du carré ABCD en fonction de x puis développe l'expression ainsi obtenue.

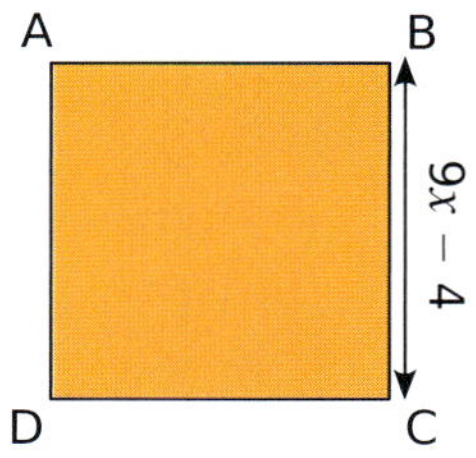

b. Calcule l'aire de ce carré lorsque $x = \frac{2}{3}$.

24 *Carré*

n désigne un nombre entier.

On pose $A = (3n + 1)^2 + 16n^2 - 26n + 3$.

a. Développe et réduis A.

b. Montre que A est le carré d'un nombre entier.

25 *Triangle rectangle*

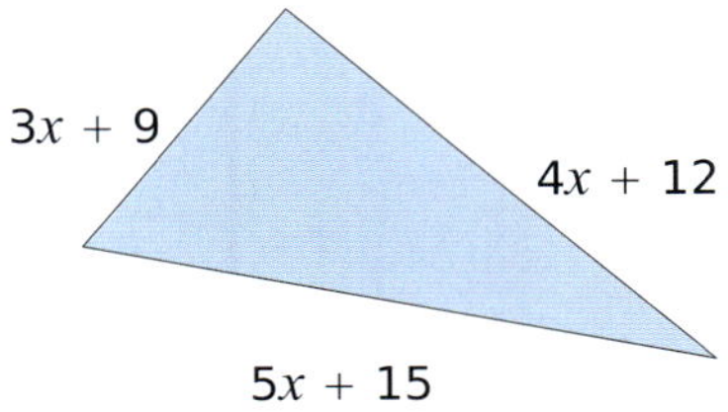

x est un nombre positif.

Montre que ce triangle est un triangle rectangle.

Résolution d'équations

26 *Quel nombre pour chaque équation ?*

Pour chaque équation, vérifie si les nombres 0 ; 2 et -1 sont solutions ou pas.

a. $2(x + 1) + 5 = 7$

b. $2(x + 1) + 5 = 6 + x$

c. $2(x + 1) + 5 = 3x^2 - x + 1$

d. $2(x + 1) + 5 = (x + 3)(4 - x)$

27 *Quelle équation pour chaque nombre ?*

a. Écris une équation dont -4 n'est pas une solution.

b. Écris une équation dont 3,1 est une solution.

c. Écris une équation dont $\frac{5}{7}$ est une solution.

28 *Pour redémarrer*

Résous les équations suivantes.

a. $23 + 16x = 31$

b. $3x - 14 = 9$

c. $2{,}5x + 5{,}6 = 12$

d. $5x + 1 = 2x + 19$

e. $8x + 3 = x + 15$

f. $7{,}8i - 8 = 1{,}3i + 2$

29 *Avec des quotients*

Résous les équations suivantes.

a. $\frac{x}{4} + 11 = 2x - 3$

b. $\frac{7x}{3} - 2 = \frac{5x}{6} + 1$

c. $\frac{4 + 3x}{5} = \frac{7x - 1}{8}$

d. $\frac{6 - x}{3} = \frac{4x + 1}{2}$

30 *Équations produit*

Résous les équations suivantes.

a. $(x + 1)(x - 8) = 0$

b. $(5x - 3)(6 + x) = 0$

c. $(11 - 8x)(3x + 7) = 0$

d. $(7 - x)(x - 7) = 0$

e. $2x(3x + 2)(3x - 1) = 0$

31 Soit $A = (y + 5)(y - 2) - 6(y + 5)$.

a. Développe et réduis l'expression A.

b. Factorise A.

c. Résous l'équation $(y + 5)(y - 8) = 0$.

32 Soit $B = (3x + 4)^2 - 81$.

a. Développe l'expression B.

b. Factorise B.

c. Calcule B pour $x = -5$ puis pour $x = \frac{5}{3}$.

d. Résous l'équation $B = 0$.

33 *Cocktail de sommes et de produits*

Résous les équations suivantes.

a. $(5x + 1)(8 - x) = 0$

b. $(3x - 1) + (7 - x) = 0$

c. $(8 + 3x) - (x + 3) = 0$

d. $(3 - 10x)(x + 23) = 0$

e. $6(y + 3) - 2(y - 1) = 0$

Problèmes

34 La somme de trois nombres entiers naturels, impairs et consécutifs est égale à 495. Quels sont ces trois nombres ?

35 Arthur et Charlotte choisissent un même nombre. Arthur le multiplie par 10 puis soustrait 2 au résultat obtenu. Charlotte le multiplie par 8 et ajoute 7 au résultat obtenu. Ils obtiennent tous les deux le même résultat.
Quel nombre Arthur et Charlotte avaient-ils choisi au départ ?

36 *Extrait du Brevet*

Aujourd'hui, Marc a 11 ans et Pierre a 26 ans.

Dans combien d'années l'âge de Pierre sera-t-il le double de celui de Marc ?

La démarche suivie sera détaillée.

37 *Histoire d'âges*

Mon père a 23 ans de plus que moi. Dans 15 ans, il aura le triple de l'âge que j'ai aujourd'hui. Quel est mon âge ?

38 *Programme de calcul*

- Choisis un nombre.
- Calcule son double augmenté de 1.
- Calcule le carré du résultat.

a. Effectue ce programme avec les nombres 7 ; 2,1 et $\frac{3}{5}$.

b. Trouve le(s) nombre(s) qui donne(nt) zéro pour résultat.

39 *Programme de calcul (bis)*

- Choisis un nombre.
- Multiplie le résultat du calcul de son double augmenté de 1 par le résultat du calcul de son triple diminué de 5.

a. Applique ce programme de calcul aux nombres -4 ; 5,1 et $\frac{7}{3}$.

b. Quel(s) nombre(s) choisir pour que le résultat obtenu soit égal à zéro ?

40 *Quelle découpe ?*

On dispose d'une plaque métallique rectangulaire de dimensions 20 cm et 15 cm. On veut y découper quatre carrés identiques.

a. Si on découpe des carrés de 2 cm de côté, quelle est l'aire de la partie restante ?

b. Si on découpe des carrés de 8 cm de côté, que se passe-t-il ?

c. On veut que l'aire de la partie restante soit exactement égale à 251 cm². Quelle longueur de côté doit-on alors choisir ?

d. Est-il possible, en choisissant bien, qu'il ne reste rien après le découpage ?

41 *Histoire d'aire*

Où doit-on placer le point M sur le côté [DC] de ce rectangle pour que l'aire du triangle ADM soit le tiers de l'aire du triangle BCM ? Justifie.

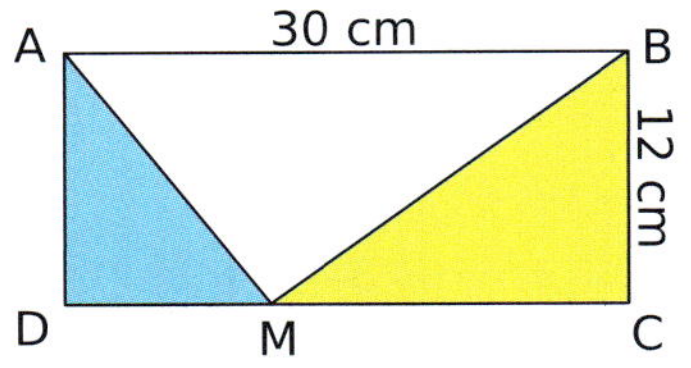

42 *Après découpage*

Dans une plaque rectangulaire de 15 cm de long et 12 cm de large, on découpe deux pièces carrées identiques qu'on recolle suivant le plan ci-dessous.

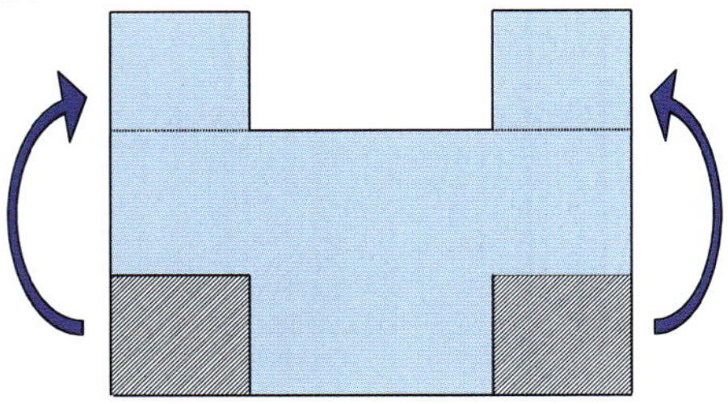

Quelle doit être la mesure du côté de ces carrés pour que le périmètre de la nouvelle plaque soit égal à 70 cm ? Justifie.

43 *Dans son jardin*

Madame Anabelle Pelouse possède un terrain rectangulaire dont la longueur est le double de sa largeur. Ce terrain est constitué d'un très beau gazon entouré d'une allée.

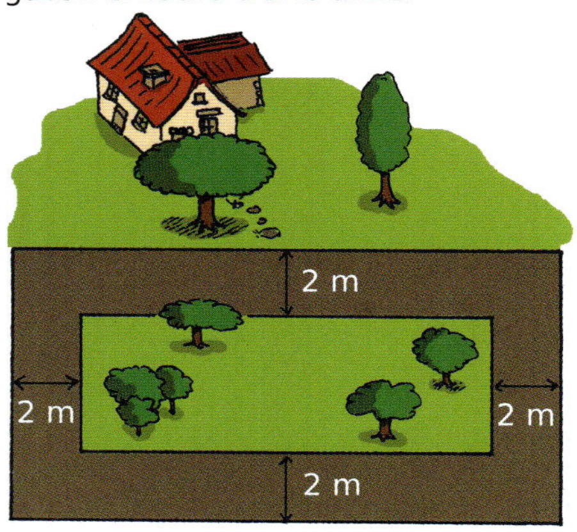

a. Sachant que l'aire de l'allée est 368 m², calcule la mesure exacte de la largeur du terrain.

b. Déduis-en, en m², les aires du terrain et de la partie recouverte de gazon.

44 *Karting*

Pour pratiquer le karting sur un circuit, il faut d'abord payer 55 € pour la carte de membre annuelle. Ensuite, chaque séance d'une demi-heure revient à 16 €.

a. J'envisage de rouler pendant 20 h. Combien devrai-je payer ?

b. On appelle P le prix à payer et x le nombre d'heures passées sur le circuit. Exprime P en fonction de x.

c. Calcule la valeur de P pour x valant 5 h ; 10 h puis 100 h.

d. Cette année, je dispose de 430 € pour faire du karting. Combien de temps pourrai-je passer sur le circuit ?

45 *Extrait du Brevet*

On donne un programme de calcul.

- Choisir un nombre.
- Lui ajouter 4.
- Multiplier la somme obtenue par le nombre choisi.
- Ajouter 4 à ce produit.
- Écrire le résultat.

a. Écrire les calculs permettant de vérifier que si l'on fait fonctionner ce programme avec le nombre -2, on obtient 0.

b. Donner le résultat fourni par le programme lorsque le nombre choisi est 5.

c. Faire deux autres essais en choisissant à chaque fois un nombre entier et écrire le résultat obtenu sous la forme du carré d'un autre nombre entier. (Les essais doivent figurer sur le cahier.)

d. En est-il toujours ainsi lorsqu'on choisit un nombre entier au départ de ce programme de calcul ? Justifier la réponse.

e. On souhaite obtenir 1 comme résultat. Quels nombres peut-on choisir au départ ?

46 *Remarquable*

a. Effectue les calculs suivants.

- $3^2 - 2 \times 4$
- $5^2 - 4 \times 6$
- $10^2 - 9 \times 11$
- $14^2 - 13 \times 15$

b. Recopie et complète : « Si n est un entier, il semble que $n^2 - (n - 1) \times (n + 1) = ...$.»

c. Prouve l'égalité obtenue à la question **b.**

47 *Développements*

Développe et réduis les expressions suivantes.

$A = (x^2 + 2)^2$

$B = (2x + 1)^2 + (2x - 1)^2 - 8x^2$

$C = 2(3t - 5)^2 - 2(1 - 4t)^2$

$D = (1 + 4y)^2 - (2y + 3)^2 - (1 + 4y)(2y + 3)$

48 *Factorisations*

Factorise les expressions suivantes.

$E = (2x + 1)^2 + (2x + 1)$

$F = 3(2x - 3)^2 - (2x - 3)$

$G = (x + 4)(3x + 4) - x - 4$

$H = (3x + 7)(2x + 1) + (x - 4)(- 2x - 1)$

49 *En deux coups de cuiller*

a. Factorise $4x^2 - 9$.

b. Déduis-en une factorisation de l'expression : $J = 4x^2 - 9 + (2x + 3)(x - 1)$.

c. Résous l'équation $J = 0$.

50 *Calcul mental*

a. Développe et réduis l'expression : $K = (x + 15)^2 - (x - 15)^2$.

b. Déduis-en le résultat de $1\,215^2 - 1\,185^2$.

51 *Le champ*

ABGF est un carré de côté b.
ACDE est un carré de côté a.

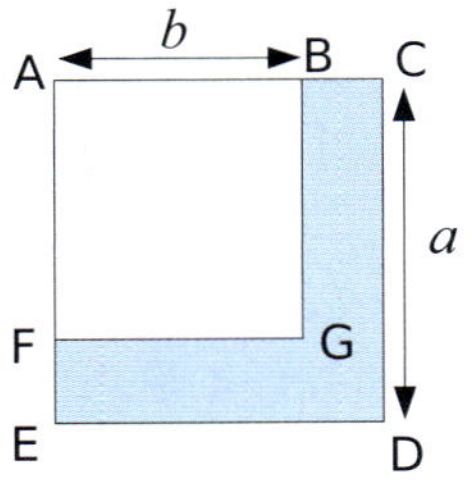

Un agriculteur possède le terrain BCDEFG et sait que l'aire de son terrain vaut 7 200 m².
Il décide un jour d'aller du point C au point E en passant par B, A et F. Arrivé en F, il a déjà parcouru 120 m.
Quelle distance lui reste-t-il à parcourir pour arriver en E ?

52 *Extrait du Brevet*

On considère l'expression :

$$E = (x - 3)^2 - (x - 1)(x - 2).$$

a. Développer et réduire E.

b. Comment peut-on déduire, sans calculatrice, le résultat de $99\,997^2 - 99\,999 \times 99\,998$?

c. Factoriser l'expression :

$$F = (4x + 1)^2 - (4x + 1)(7x - 6).$$

d. Résoudre l'équation $(4x + 1)(7 - 3x) = 0$.

53 *Extrait du Brevet*

Soit $F = (3x - 5)^2 - (3x - 5)(x + 4)$.

a. Développer et réduire F.

b. Factoriser F.

c. Calculer F pour $x = 1$ puis pour $x = 4{,}5$.

54 Résous les équations suivantes.

a. $(x + 3)^2 - (x + 3)(2x - 1) = 0$

b. $\left(6x - \frac{1}{7}\right)(x + 4) + \left(6x - \frac{1}{7}\right)(2x - 3) = 0$

55 *Un peu de géométrie*

Combien vaut a pour que l'aire d'un rectangle de dimensions $\frac{a}{2}$ et 5 soit le double de l'aire d'un carré de côté a ?

56 *Différence d'aires*

On considère l'expression :
$D = (4x - 7)(2x - 3) - (2x - 3)^2$.

a. Développe et réduis D.

b. Factorise D.

c. Sur la figure ci-contre, ABCD est un rectangle et AEFD est un carré. On suppose, dans cette question, que x est un nombre supérieur à 2.

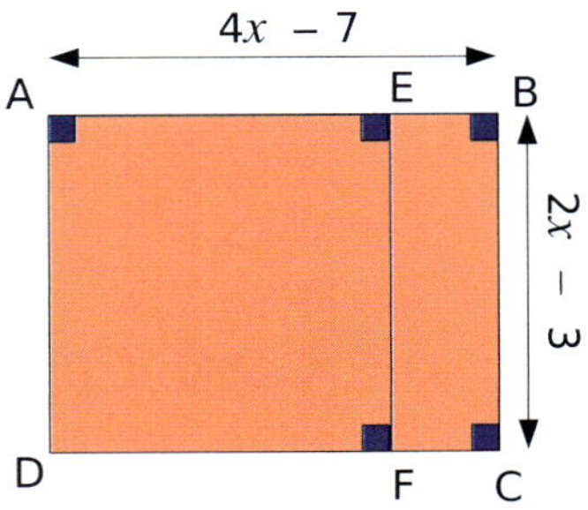

Pour quelle(s) valeur(s) de x ($x > 2$), la différence entre l'aire du rectangle et l'aire du carré est-elle égale à 12 cm² ?

57 Le programme de calcul

On donne le programme de calcul suivant.

- Choisis un nombre.
- Ajoute 6.
- Multiplie la somme obtenue par le nombre choisi au départ.
- Ajoute 9 à ce produit.
- Écris le résultat.

a. Écris les calculs intermédiaires et donne le résultat fourni lorsque le nombre choisi est 2. Recommence avec -5.

b. Écris ces deux résultats sous la forme de carrés de nombres entiers.

c. Démontre que le résultat est toujours un carré, quel que soit le nombre choisi au départ.

d. On souhaite que le résultat soit 16. Quel(s) nombre(s) doit-on choisir au départ ?

58 Différences de carrés

On considère la suite des carrés parfaits 1 ; 4 ; 9 ; 16 ;...

a. Calcule $4-1$, puis $9-4$, puis $16-9$, puis $25-16$. Que constates-tu ?

b. Que peux-tu conjecturer à propos de la suite des différences de deux carrés successifs ? Démontre cette propriété.

c. Calcule mentalement 23^2-22^2.

59 Extrait du Brevet

a. Développer les deux expressions $A=(6-x)^2$ et $B=(6-x)(4-x)$.

b. Donner l'écriture développée et réduite de : $E=(6-x)^2-(6-x)(4-x)+2(36-x^2)$.

c. Factoriser E.

d. Résoudre l'équation $E=0$.

e. Résoudre l'équation $E=84$.

60 Extrait du Brevet

a. Développer et réduire l'expression : $P=(x+12)(x+2)$.

b. Factoriser l'expression : $Q=(x+7)^2-25$.

c. ABC est un triangle rectangle en A.
x désigne un nombre positif.
$BC=x+7$ et $AB=5$.
Faire un schéma et montrer que :
$AC^2=x^2+14x+24$.

61 Calcul littéral en toutes lettres

Traduis par une expression algébrique les phrases suivantes.

a. A est le carré de la somme du produit de 2 par x et de 3.

b. B est la différence des carrés de la différence du double de x et de 5 et de la somme de x et de 3.

62 Le programme de calcul (bis)

On donne le programme de calcul suivant.

- Choisis un nombre.
- Prends son triple.
- Soustrais 2.
- Prends le carré de cette différence.
- Soustrais 16 de ce produit.
- Écris le résultat.

a. Applique ce programme à 1 puis à $-\frac{1}{3}$.

b. Pour quel(s) nombre(s) de départ obtient-on un résultat nul ?

63 Calculatrice digitale

Pour calculer 6×8, Jérôme a vu son professeur de mathématiques opérer de la façon suivante.

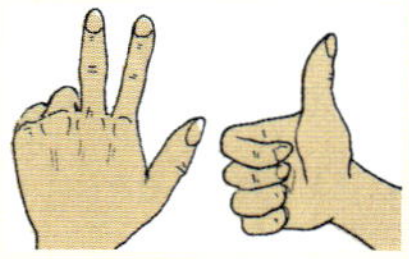

- Pour faire 6, avec la main droite je lève 1 doigt.
- Pour faire 8, avec la main gauche je lève 3 doigts.
- J'additionne les doigts levés des deux mains : $1+3=4$.
- Je multiplie le nombre de doigts baissés à droite par le nombre de doigts baissés à gauche : $4\times 2=8$.
- Le résultat est 48.

a. Vérifie que cette astuce fonctionne pour 7×9 et pour 6×6. (L'éventuelle retenue de la multiplication s'ajoute à la somme des doigts levés.)

b. Démontre cette méthode de calcul de $a\times b$ avec les doigts pour a et b compris entre 5 et 9.

64 Factorisations (bis)

Factorise les expressions suivantes.

a. $J=(3x+5)^2+6x+11$

b. $K=4(2x+1)^2-8x-3$

c. $L=(2x+1)^2+6(2x+1)+9$

d. $M=(3x-7)^2-(2x+5)^2$

1 Préambule : étude d'une équation particulière

1re Partie : Le degré d'une équation

a. Qu'est-ce que le degré d'une équation ? Effectuez des recherches (sur Internet en salle informatique ou au CDI par exemple) pour répondre à cette question.

b. De quel(s) degré(s) sont les équations que vous savez actuellement résoudre ?
Donnez plusieurs exemples.

2e Partie : Une équation particulière

Considérez l'équation (1) suivante :
$(3x - 1)^2 - 7x(3x - 1) = 9x^2 - 1$

c. Chaque élève du groupe développe le membre de gauche de l'équation puis transforme cette dernière, afin que le membre de droite soit égal à 0. Comparez vos résultats. En cas de désaccord, refaites le travail ensemble afin de parvenir à une équation commune.

d. Grâce au résultat précédent, déterminez le degré de cette équation. Justifiez votre réponse.

3e Partie : Résoudre cette équation

e. Savez-vous résoudre l'équation (1) ?
Justifiez votre réponse.

f. À l'intérieur du groupe, faites deux équipes :
- une équipe factorise $(3x - 1)^2 - 7x(3x - 1)$;
- la seconde se charge de factoriser $9x^2 - 1$.

g. Mettez en commun vos résultats et déduisez-en une factorisation de l'expression $(3x - 1)^2 - 7x(3x - 1) - (9x^2 - 1)$.

h. Résolvez l'équation (1).

i. Proposez à un autre groupe une équation similaire à résoudre.

2 Mise en équation du problème

On considère un pavé droit de largeur 3 cm, de longueur 4 cm et de hauteur 5 cm.

a. Déterminez le volume de ce pavé.

b. On souhaite changer les dimensions.
Pour cela, on augmente la largeur de 1 cm, la longueur du double de 1 cm et la hauteur du triple de 1 cm.
Quelles sont alors les dimensions du pavé ?
Quel est alors le volume de ce nouveau pavé ?

c. Maintenant, on augmente la largeur du pavé de départ de x cm, la longueur du double de x cm et la hauteur du triple de x cm.
Exprimez en fonction de x le volume du pavé ainsi défini.

3 Première approche de la solution

a. Chaque élève du groupe calcule le volume du pavé lorsque x vaut 1 ; 2 ; 3 et 4. Vérifiez mutuellement vos réponses.

b. Est-il possible de trouver x pour avoir un volume égal à 1 000 cm^3 ? Quelle équation modélise ce problème ?

c. Après avoir comparé vos réponses, établissez le degré de cette équation.

d. Vous est-il possible de résoudre cette équation ? Justifiez votre réponse.

e. En utilisant la question **a.**, donnez un encadrement de x.

4 En utilisant un tableur

1re Partie : Un deuxième encadrement

Dans cette partie, on va utiliser le tableur afin de confirmer l'encadrement précédent de x.

Votre feuille de calcul doit être présentée comme ci-dessous.

	A	B	C	D	E	F
1	x =	1	2	3	4	5
2	Largeur					
3	Longeur					
4	Hauteur					
5	**Volume**					

a. Quelles formules faut-il entrer dans les cellules B2, B3, B4 et B5 ?

b. Complétez la feuille de calcul.
Vérifiez que vous obtenez les mêmes réponses que celles trouvées précédemment.

2e Partie : Un encadrement plus précis

Dans cette partie, le tableur va permettre de trouver un encadrement à 0,01 près de la valeur de x.

c. Sur une nouvelle feuille de calcul, faites un tableau similaire à celui réalisé dans la partie précédente pour qu'on puisse calculer le volume du pavé pour 10 valeurs.

	A	B	C	...	K	L
1	x =	3	3,1	...	3,9	4
2	Largeur			...		
3	Longeur			...		
4	Hauteur			...		
5	**Volume**			...		

d. En utilisant les fonctions du tableur (comme la copie de formule), complétez la feuille de calcul. Déduisez-en un encadrement à 0,1 près de la valeur cherchée, en centimètres, de x.

e. En procédant de manière similaire, donnez un encadrement à 0,01 près de la valeur, en centimètres, de x pour que le pavé ait un volume de 1 000 cm^3.

Se tester avec le QCM !

		R1	R2	R3	R4
1	$(3b - 5)(2b - 3) = ...$	$3b - 5 \times 2b - 3$	$6b^2 - 19b + 15$	$6b^2 - 19b - 15$	$6b^2 - 15$
2	$(x + 1)^2 = ...$	$x^2 + 1$	$x^2 + 2$	$x^2 + 2x + 2$	$x^2 + 2x + 1$
3	$(2a + 3)(2a - 3) = ...$	$(2a + 1)^2$	$2a^2 - 9$	$4a^2 - 9$	$2a + 3 \times 2a - 3$
4	$(3n - 4)^2 = ...$	$9n^2 + 16 - 24n$	$9n^2 - 16$	$9n^2 - 24n - 16$	$3n^2 - 8$
5	$\left(\frac{2}{3}a + 1\right)\left(1 - \frac{2}{3}a\right) = ...$	$\frac{4}{6}a^2 - 1$	$1 - \frac{4}{9}a^2$	$\frac{4}{9}a^2 - 1$	$\frac{4}{9}a^2 + 1$
6	$A = 3(x + 1) - (x + 1)(x - 2)$ est...	une somme	une différence	un produit	un quotient
7	L'expression A...	est réduite	peut être factorisée	peut être développée	admet x comme facteur commun
8	A = ...	$(x + 1)(5 - x)$	$(x + 1)(- x + 1)$	$- x^2 + 2x - 1$	$- x^2 + 4x + 5$
9	$9a^2 - 4 = ...$	$(3a - 2)^2$	$(3a - 2)(3a + 2)$	$5a^2$	$(9a - 4)(9a + 4)$
10	$B = 25x^2 - 15x + 9$	On ne peut pas factoriser B	$B = (5x - 3)^2$	$B = (5x + 3)^2$	$(5x - 3)^2 + 15x$ est égal à B
11	$(4x + 3) + (2x - 6) = 0$ donc...	$4x + 3 = 0$ ou $2x - 6 = 0$	$6x - 3 = 0$	$4x + 3 = 0$ et $2x - 6 = 0$	$x = 0,5$
12	$5x(x + 2)(2x - 3) = 0$	$- 2$ et $\frac{3}{2}$ sont les solutions de cette équation	0 est une solution de cette équation	$x = 0$ ou $x + 2 = 0$ ou $2x - 3 = 0$	Il y a quatre facteurs donc l'équation a quatre solutions

Récréation mathématique

Calcul impossible ?

a. Démontre que tout entier impair peut s'écrire comme la différence des carrés de deux entiers naturels consécutifs.

b. Calcule la somme :

$1 + 3 + 5 + 7 + 9 + ... + 2\,009 + 2\,011 + 2\,013$.

Carré de jetons

« Avec des jetons, j'ai réussi à constituer un carré et il m'en reste 12.
J'ai alors essayé de constituer un carré avec un jeton de plus sur chaque côté mais là, il m'en manque 13. »

Combien y a-t-il de jetons ?

Pour aller plus loin

Triplets pythagoriciens

Trois entiers naturels a, b et c forment un triplet pythagoricien lorsque $a^2 + b^2 = c^2$.

a. Trouve tous les triplets pythagoriciens formés de trois entiers naturels consécutifs.

Une aide précieuse : appelle n l'entier du « milieu ».

b. x et y sont deux entiers tels que $x > y$.
Démontre que les trois entiers $x^2 + y^2$; $2xy$ et $x^2 - y^2$ forment un triplet pythagoricien.
Indice : commence par trouver le plus grand des trois.

Donne dix triplets pythagoriciens !

Racines carrées

N3

Activité 1 : De nouveaux nombres

1. Quelques racines carrées simples

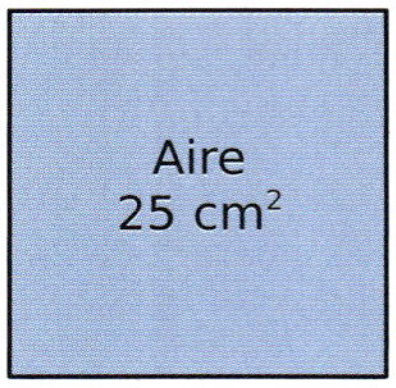

a. Trouve tous les nombres dont le carré est 16.
Même question avec 0,81.

b. Si a et b sont deux nombres qui ont le même carré, que peux-tu dire de a et b ? Justifie.

c. Donne la mesure du côté du carré ci-contre.

d. Donne la mesure du côté d'un carré dont l'aire est 0,49 cm^2.

e. Trace un carré d'aire 36 cm^2. On appelle d le côté de ce carré en centimètres. Quelle relation existe-t-il entre d et 36 ? Traduis cette égalité par une phrase en français.

2. Un carré d'aire 2

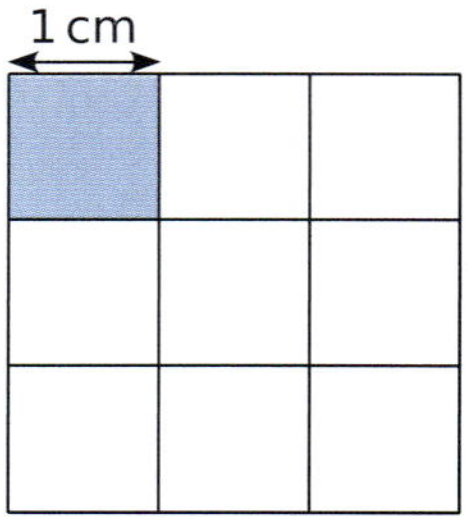

a. Peux-tu tracer un carré dont l'aire est le double de celle du carré bleu ci-contre ? (Tu pourras t'aider du quadrillage si tu le désires)
Compare ta réponse avec celles de tes camarades.

b. On appelle c le côté de ce carré en centimètres.
Quelle relation existe-t-il entre c et 2 ? Traduis cette égalité par une phrase en français.

c. Peux-tu donner une écriture décimale de c ?

3. La notation racine carrée

Le nombre positif dont le carré est 36 est noté $\sqrt{36}$ et se lit « racine carrée de 36 ».

On a vu dans les questions précédentes que $\sqrt{36} = 6$.

Le nombre positif dont le carré est 2 est noté $\sqrt{2}$ et se lit « racine carrée de 2 ».

a. Existe-t-il un nombre dont le carré soit négatif ? Justifie.

b. À l'aide de la calculatrice, donne une valeur approchée au dix-millième de $\sqrt{2}$.

c. Recopie et complète le tableau suivant, en utilisant ta calculatrice.
Les valeurs seront arrondies au millième.

a	1	3	4	5	6	7	8	9	10	11	12	13	14	15	16
$\sqrt{a}$															

d. Que remarques-tu ?

e. Certains nombres entiers ont une racine carrée entière. On dit que ces nombres sont des carrés parfaits. Cite tous les carrés parfaits compris entre 0 et 256.

4. Premiers calculs

a. Parmi les nombres suivants, quels sont ceux qui sont égaux à 13 ?

$$\sqrt{13^2} \ ; \ \sqrt{13} \ ; \ \left(\sqrt{13}\right)^2 \ ; \ \sqrt{(-13)^2} \ ; \ 13^2.$$

b. Quelles sont les valeurs exactes de $E = \sqrt{7^2}$ et $F = \sqrt{(\pi - 5)^2}$?

Activité 2 : Approximation d'une racine carrée

1. Avec la calculatrice

a. On veut déterminer une valeur approchée de $\sqrt{33}$.
Sans calculatrice, donne un encadrement à l'unité de ce nombre.

b. Après avoir recopié et complété le tableau ci-dessous, donne un encadrement de $\sqrt{33}$ au dixième.

N	5	5,1	5,2	5,3	5,4	5,5	5,6	5,7	5,8	5,9	6
N^2											

2. Avec un tableur

a. Construis la feuille de calcul suivante.

	A	B	C	D	E	F	G	H	I	I	K	L
1	Pas											
2	N	5										6
3	N^2											

b. Quelle formule dois-tu écrire dans la cellule B1 pour calculer le pas qui permette d'aller de B2 à L2 en 10 étapes ?
Complète la cellule C2 pour augmenter B2 du pas calculé en B1 puis recopie la formule jusqu'en K2. (Pour recopier la formule sans changer B1, écris $B$1 au lieu de B1.)

c. Complète la cellule B3 pour obtenir le carré du nombre en B2 puis recopie la formule jusqu'à L3.

d. Observe le tableau et donne un encadrement de $\sqrt{33}$ au dixième.

e. Remplace le contenu de B2 et de L2 par les bornes de ton encadrement.
Quel encadrement de $\sqrt{33}$ obtiens-tu ? Quelle est sa précision ?

f. Recommence la question précédente avec le nouvel encadrement jusqu'à obtenir une précision de 10^{-6}. (Tu peux changer le format d'affichage des nombres.)

g. Utilise ta feuille de calcul pour obtenir une approximation de $\sqrt{125}$ à 10^{-4} près.

Activité 3 : Somme de deux racines carrées

Dans toute cette activité, on prendra comme unité : 1 u = 5 cm.

a. Construis un carré OUBA de côté 1 u. Trace le cercle de centre O et de rayon OB. Il coupe la demi-droite [OU) en C. Calcule OC en utilisant l'unité de mesure choisie.

b. Trace la droite perpendiculaire à (OU) passant par C. Elle coupe (AB) en C'. Le cercle de centre O, de rayon OC' coupe [OU) en D. Calcule OD dans l'unité de mesure choisie.

c. En t'inspirant des questions précédentes, construis le point F de la demi-droite [OU) tel que OF = $\sqrt{5}$ u.

d. Place le point G sur la demi-droite [OU) tel que OG = OC + OD.
Quelle est la mesure exacte de OG ?
Compare OF et OG. Que peux-tu en déduire ?

Activité 4 : Produit de deux racines carrées

1. Conjecture

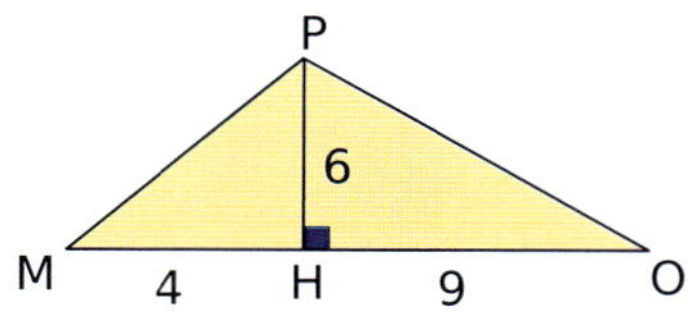

a. Quelle est l'aire du triangle POM ?

b. Démontre que POM est un triangle rectangle.

c. Calcule l'aire de ce triangle d'une deuxième manière.

d. En t'aidant des résultats trouvés dans les questions **a.** et **c.**, écris $\sqrt{117} \times \sqrt{52}$ sous la forme $\sqrt{c}$ où c est un nombre entier. Déduis-en un moyen de calculer $\sqrt{117} \times \sqrt{52}$ d'une autre manière.

e. Recopie et complète le tableau suivant puis émets une conjecture.

a	b	$\sqrt{a \times b}$	$\sqrt{a} \times \sqrt{b}$
4	16		
5	2		
100	64		
– 2	– 3		

2. Démonstration

On va démontrer que $\sqrt{a \times b} = \sqrt{a} \times \sqrt{b}$ pour tous nombres a et b **positifs**.
L'idée de la démonstration est d'élever au carré chacun des termes de l'égalité.

a. Pourquoi a et b doivent-ils être positifs ?

b. Calcule $\left(\sqrt{a \times b}\right)^2$ et $\left(\sqrt{a} \times \sqrt{b}\right)^2$ puis conclus.

3. Exemples

a. Sans calculatrice, calcule les nombres suivants :

$$A = \sqrt{5} \times \sqrt{45} \quad ; \quad B = \sqrt{5} \times \sqrt{2} \times \sqrt{10}$$

b. Calcule de même $D = \sqrt{2} \times \sqrt{18}$ et $E = \sqrt{27} \times \sqrt{6} \times \sqrt{8}$.

c. Développe et réduis les expressions suivantes :

$$F = 3\sqrt{2}\left(7\sqrt{2} - \sqrt{5}\right) \quad ; \quad G = \left(\sqrt{7} + 2\right)\left(15 - \sqrt{3}\right)$$

4. Application aux simplifications de racines

a. Décompose 12 sous la forme d'un produit de deux entiers.
Combien y a-t-il de possibilités ? Laquelle permet de simplifier $\sqrt{12}$?

b. Même question avec $\sqrt{45}$.

c. Quelle méthode peux-tu utiliser pour simplifier une racine carrée ?

d. Écris les nombres suivants sous la forme $a\sqrt{b}$ où a et b sont des entiers positifs avec b le plus petit possible : $\sqrt{72}$; $\sqrt{75}$; $\sqrt{32}$.

Activité 5 : Quotient de deux racines carrées

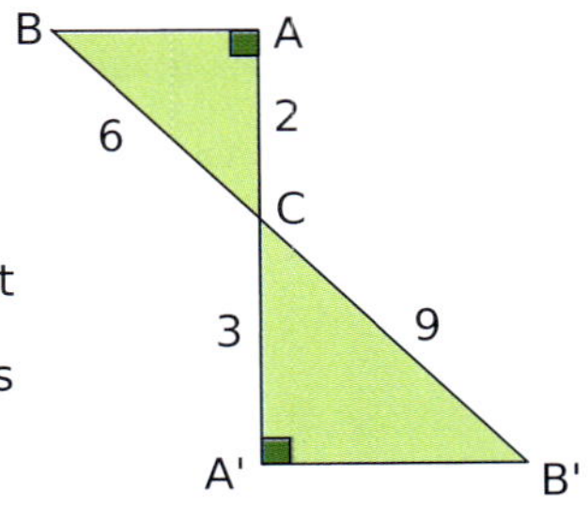

1. Conjecture

a. Calcule la valeur de $\frac{AB}{A'B'}$.

b. En utilisant la définition d'une racine carrée, écris le résultat précédent sous la forme $\sqrt{\frac{a}{b}}$ où a et b sont des entiers positifs avec $b \neq 0$.

c. Calcule AB puis A'B'.

d. Compare les deux écritures de $\frac{AB}{A'B'}$ et trouve un moyen pour simplifier $\frac{\sqrt{32}}{\sqrt{72}}$.

e. Recopie et complète le tableau suivant et déduis-en une conjecture donnant une méthode de simplification de quotients de racines carrées.

a	b	$\sqrt{\frac{a}{b}}$	$\frac{\sqrt{a}}{\sqrt{b}}$
25	16		
100	64		
49	9		
– 2	– 4		

2. Démonstration

On va démontrer que, si a est positif et b est strictement positif alors $\sqrt{\frac{a}{b}} = \frac{\sqrt{a}}{\sqrt{b}}$.

a. Pourquoi a doit-il être positif et b strictement positif ?

b. Démontre l'égalité.

Activité 6 : Équation du type $x^2 = a$

a. Quels sont les nombres dont le carré est 49 ? 225 ? 7 ?

b. Existe-t-il des nombres dont le carré est – 9 ? – 36 ? – 7 ? Justifie.

c. Selon toi, combien existe-t-il de solution(s) pour les équations suivantes ?

- $x^2 = 16$
- $x^2 = 13$
- $x^2 = -4$

d. Factorise $x^2 - 10$ puis résous l'équation $x^2 = 10$.

e. Combien de solutions a l'équation $(x + 2)^2 = 5$?

f. Résous l'équation $(x + 2)^2 = 5$.

Activité 7 : Le point sur les nombres

1. Les ensembles de nombres

Voici une liste de nombres.

$\frac{-457}{23}$; $4\sqrt{2}$; 854 ; $0{,}000\,08 \times 10^7$; $\sqrt{49}$; π ; $\frac{174}{58}$; $-0{,}000\,415\,7$; $-\sqrt{\frac{4}{9}}$; $\frac{58}{4}$; 10^{-3}.

a. Dans cette liste, quels sont les nombres entiers ? Quels sont les nombres décimaux ?

b. Y a-t-il des nombres qui ne peuvent pas s'écrire sous forme décimale ?

c. Y a-t-il des nombres qui peuvent s'écrire sous forme fractionnaire ?

d. Y a-t-il des nombres que tu n'as pas su classer dans une des catégories précédentes ?

2. Rationnel ou pas ?

a. $\sqrt{2}$ n'est ni un nombre entier ni un nombre décimal. Est-ce un nombre rationnel ?
Dans cette partie, on suppose que $\sqrt{2}$ est un nombre rationnel et qu'il peut s'écrire sous la forme d'un quotient de deux entiers relatifs p et q : $\sqrt{2} = \frac{p}{q}$ où $\frac{p}{q}$ est un quotient irréductible. Démontre que $2q^2 = p^2$.

b. Dans cette question, on va étudier la divisibilité de p^2 et de $2q^2$ par 2 et par 5.
Pour cela, recopie et complète les tableaux ci-dessous.

Si le chiffre des unités de p est...	0	1	2	3	4	5	6	7	8	9
alors le chiffre des unités de p^2 est...										

Si le chiffre des unités de q est...	0	1	2	3	4	5	6	7	8	9
alors le chiffre des unités de q^2 est...										
et le chiffre des unités de $2q^2$ est...										

c. En observant les tableaux précédents, quel(s) est (sont), selon toi, le (les) chiffre(s) des unités possible(s) de p et q quand $2q^2 = p^2$?

d. La fraction $\frac{p}{q}$ est-elle irréductible ? Qu'en déduis-tu pour le nombre $\sqrt{2}$?

3. Une autre démonstration

a. On suppose que $\sqrt{2}$ est un quotient de deux entiers relatifs p et q donc il peut s'écrire sous la forme $\sqrt{2} = \frac{p}{q}$ où $\frac{p}{q}$ est un quotient irréductible. Démontre que $2q^2 = p^2$ et déduis-en que p^2 est pair.

b. En utilisant la propriété énoncée dans l'exercice 7 des approfondissements du chapitre N1, démontre que p est pair.

c. p étant pair, p peut s'écrire sous la forme $2p'$. Calcule alors q^2.

Que peux-tu en déduire pour la parité de q ? Que peux-tu dire de la fraction $\frac{p}{q}$?

I - Définition de la racine carrée

→ ex 1 à 4

Définition

La **racine carrée d'un nombre positif** a est le **nombre positif**, noté $\sqrt{a}$, dont le carré est a.
Le symbole $\sqrt{\ }$ est appelé « **radical** ».

Remarques :

- Le carré d'un nombre est toujours positif.
- Lorsque a est un nombre strictement négatif, $\sqrt{a}$ n'existe pas et n'a donc pas de sens.

Règles

Pour tout nombre **positif** a, on a $\left(\sqrt{a}\right)^2 = a$ et $\sqrt{a^2} = a$.

Exemple : Calcule $\sqrt{1}$; $\left(\sqrt{3,6}\right)^2$; $\sqrt{9}$; $\sqrt{5^2}$; $\sqrt{(-5)^2}$; $\sqrt{2} \times \sqrt{2}$ et $\sqrt{1,3 \times 1,3}$.

- $1^2 = 1$ et 1 est positif donc $\sqrt{1} = 1$.
- 3,6 est positif donc $\left(\sqrt{3,6}\right)^2 = 3,6$.
- $3^2 = 9$ et 3 est positif donc $\sqrt{9} = 3$.
- -5 est négatif donc $\sqrt{(-5)^2} = \sqrt{25} = \sqrt{5^2} = 5$.
- 2 est positif donc $\sqrt{2} \times \sqrt{2} = \left(\sqrt{2}\right)^2 = 2$.
- 1,3 est positif donc $\sqrt{1,3 \times 1,3} = \sqrt{1,3^2} = 1,3$.

Définition

Un **carré parfait** est le carré d'un nombre entier.

Remarque :

La racine carrée d'un carré parfait est un nombre entier.

II - Produit et quotient de racines carrées

A - Multiplication de racines carrées

→ ex 5

Règle

Pour tous **nombres positifs** a et b, $\sqrt{a \times b} = \sqrt{a} \times \sqrt{b}$.

Exemple : Écris le nombre $C = \sqrt{32}$ sous la forme $a\sqrt{b}$, où a et b sont deux nombres entiers positifs, b étant le plus petit possible.

$C = \sqrt{16 \times 2}$
$C = \sqrt{4^2 \times 2}$

→ On fait apparaître le produit d'un **carré parfait** (le plus grand possible) par un entier.

$C = \sqrt{4^2} \times \sqrt{2}$
$C = 4 \times \sqrt{2} = 4\sqrt{2}$

→ On décompose la racine carrée du produit puis on applique la définition d'une racine carrée.

B - Quotient de racines carrées

→ ex 6

Règle

Pour tous **nombres positifs** a et b ($b \neq 0$), $\sqrt{\dfrac{a}{b}} = \dfrac{\sqrt{a}}{\sqrt{b}}$.

Exemple : Simplifie les nombres $A = \sqrt{\dfrac{36}{25}}$ et $B = \dfrac{\sqrt{0{,}56}}{\sqrt{0{,}08}}$.

$A = \sqrt{\dfrac{36}{25}} = \dfrac{\sqrt{36}}{\sqrt{25}} = \dfrac{6}{5}$

$B = \dfrac{\sqrt{0{,}56}}{\sqrt{0{,}08}} = \sqrt{\dfrac{0{,}56}{0{,}08}} = \sqrt{\dfrac{0{,}56 \times 100}{0{,}08 \times 100}} = \sqrt{\dfrac{56}{8}} = \sqrt{7}$

III - Réduction de sommes

→ ex 7 et 8

A savoir

La somme de deux racines carrées n'est pas égale à la racine carrée de la somme : $\sqrt{2} + \sqrt{3} \neq \sqrt{5}$.
Pour simplifier une somme de racines carrées, il faut :
- simplifier chaque racine carrée comme le montre l'**exemple 2** de la **partie II - A**.
- factoriser la somme avec les racines carrées identiques comme le montre l'**exemple 1** ci-dessous.

Exemple 1 : Réduis la somme $A = \sqrt{5} - 2\sqrt{5} + 7\sqrt{5}$.

$A = \sqrt{5} - 2\sqrt{5} + 7\sqrt{5}$ → On remarque que $\sqrt{5}$ est un facteur commun aux trois termes de la somme.

$A = (1 - 2 + 7)\sqrt{5}$ → On factorise par $\sqrt{5}$.

$A = 6\sqrt{5}$ → On réduit la somme.

Exemple 2 : Écris $B = 2\sqrt{72} - 7\sqrt{18}$ sous la forme $c\sqrt{d}$, où c et d sont deux entiers relatifs, d étant un entier naturel le plus petit possible.

$B = 2\sqrt{36 \times 2} - 7\sqrt{9 \times 2}$ → On décompose 72 et 18 pour faire apparaître le produit d'un carré parfait (le plus grand possible) par un même entier.

$B = 2\sqrt{36} \times \sqrt{2} - 7\sqrt{9} \times \sqrt{2}$ → On décompose la racine carrée de chacun des produits.

$B = 2 \times 6\sqrt{2} - 7 \times 3\sqrt{2}$ → On applique la définition d'une racine carrée.

$B = 12\sqrt{2} - 21\sqrt{2} = -9\sqrt{2}$ → On donne l'écriture demandée dans l'énoncé.

IV - Résolution d'équation $x^2 = a$

→ ex 9 et 10

Règles Pour tout nombre a,
- Si $a > 0$ alors l'équation $x^2 = a$ admet **deux solutions** : $\sqrt{a}$ ou $-\sqrt{a}$.
- Si $a = 0$ alors l'équation $x^2 = 0$ admet **une seule solution** : 0.
- Si $a < 0$ alors l'équation $x^2 = a$ n'admet **pas de solution**.

Exemple : Résous les équations $x^2 = 3$, $x^2 = 36$; $x^2 = -9$ et $5x^2 = 125$.

- $3 > 0$ donc les deux solutions de l'équation $x^2 = 3$ sont $-\sqrt{3}$ ou $\sqrt{3}$.
- $36 > 0$ donc les deux solutions de l'équation $x^2 = 36$ sont $-\sqrt{36}$ ou $\sqrt{36}$ soit -6 ou 6.
- -9 est **strictement négatif** et x^2 est **positif** donc $x^2 = -9$ n'a pas de solution.
- $5x^2 = 125$ soit $x^2 = \dfrac{125}{5} = 25$ soit $x^2 = 25$.

25 est positif donc les solutions sont $x = -\sqrt{25} = -5$ ou $x = \sqrt{25} = 5$.

Exercices corrigés par animation

http://manuel.sesamath.fr

1 Recopie et complète.

$\sqrt{0} = \ldots$ $\sqrt{81} = \ldots$ $\sqrt{7{,}3^2} = \ldots$ $\sqrt{\ldots} = 4$ $\sqrt{\pi} \times \sqrt{\pi} = \ldots$ $\sqrt{\frac{1}{3} \times \frac{1}{3}} = \ldots$ $\sqrt{\left(\frac{2}{3}\right)^2} = \ldots$

2 Calcule et donne le résultat sous forme d'un nombre décimal.

$A = \sqrt{4}$ $B = \sqrt{25}$ $C = \left(-\sqrt{4{,}9}\right)^2$ $D = \sqrt{(-7)^2}$ $E = \left(\frac{1}{\sqrt{5}}\right)^2$

3 À l'aide de la calculatrice, donne l'écriture décimale exacte ou approchée à 0,001 près par défaut des nombres suivants :

$F = \sqrt{3}$ $G = \frac{\sqrt{529}}{23}$ $H = 5\sqrt{0{,}81}$ $I = \sqrt{3 + \frac{2}{3}}$ $J = \frac{\sqrt{3} - 1}{1 + \sqrt{5}}$

4 Dresse la liste des douze premiers carrés parfaits.

5 Écris sous la forme $a\sqrt{b}$, où a et b sont deux entiers positifs, b étant le plus petit possible, les nombres : $F = \sqrt{63}$; $G = \sqrt{147}$; $H = 3\sqrt{700}$ et $I = \frac{\sqrt{175}}{5}$.

6 Simplifie $D = \frac{\sqrt{28}}{\sqrt{7}}$ puis écris $F = \sqrt{\frac{15}{45}}$ sous la forme d'un quotient, sans radical au dénominateur.

7 Réduis les sommes : $C = 3\sqrt{7} + 2\sqrt{7} - \sqrt{7}$ et $D = 11\sqrt{5} - 25\sqrt{5} + 14\sqrt{5}$.

8 Écris $E = \sqrt{12} + 5\sqrt{27} - \sqrt{3}$ et $F = \sqrt{180} + 3\sqrt{20} - 7\sqrt{125}$ sous la forme $a\sqrt{b}$, où a et b sont deux entiers, b étant le plus petit possible.

9 Résous les équations :

- $x^2 = 121$
- $x^2 = 18$
- $4x^2 = 9$
- $x^2 + 9 = 5$

10 Résous l'équation $(x + 2)^2 = 1$.

Tous ces exercices sont également corrigés à la fin du manuel.

Exercices d'entraînement

Définition

1 *Un peu de vocabulaire*

Dis si les affirmations suivantes sont vraies ou fausses. Justifie ta réponse.

a. 49 est le carré de 7.

b. 8 a pour carré 64.

c. – 9 a pour carré – 81.

d. 144 est le carré de – 12.

e. $(-3)^2$ est le carré de 3.

2 *Nombre ayant pour carré*

Écris chaque nombre sous la forme du carré d'un nombre positif.

a. 16
b. 25
c. 0
d. 0,36
e. 1
f. 0,04

3 Recopie et complète les phrases suivantes.

a. $4 = \ldots^2$, ... est positif donc $\sqrt{4} = \ldots$

b. $\ldots = 6^2$, ... est positif donc $\sqrt{\ldots} = 6$.

c. $0{,}01 = \ldots^2$, ... est positif donc $\sqrt{0{,}01} = \ldots$

d. $\ldots = 0{,}5^2$, ... est positif donc $\sqrt{\ldots} = 0{,}5$.

e. $121 = \ldots^2$, ... est positif donc $\sqrt{121} = \ldots$

4 Les nombres suivants ont-ils une racine carrée ? Si oui, laquelle ?

a. 100
b. 9
c. – 36
d. $(-8)^2$
e. 169
f. – 1
g. – 52
h. π

5 Peux-tu déterminer la racine carrée des nombres suivants ? Justifie ta réponse.

a. $(\sqrt{8})^2$
b. $\sqrt{5}$
c. $\dfrac{-5}{-7}$
d. $-2 \times (-5)^2$
e. $\pi - 4$
f. 5×10^{-2}
g. $4 - \pi$

6 Sans utiliser de calculatrice, donne la valeur des nombres suivants.

a. $(\sqrt{25})^2$
b. $\sqrt{3^2}$
c. $(-\sqrt{16})^2$
d. $(\sqrt{0{,}14})^2$
e. $\sqrt{(-7)^2}$
f. $\sqrt{0{,}4^2}$

7 Sans utiliser de calculatrice, donne la racine carrée des nombres suivants.

a. 81
b. 225
c. 0
d. $\sqrt{81}$
e. 0,49
f. 121
g. $\sqrt{5} \times \sqrt{5}$
h. $(-4)^2$

8 Sans utiliser de calculatrice, recopie et complète le tableau ci-dessous ($a \geqslant 0$).

a	a^2	$2a$	$\dfrac{a}{2}$	$\sqrt{a}$
9				
	16			
		2		
			1	
				6

9 On considère les trois séries de nombres suivantes.

S_1 : 16 ; 4 ; 8 ; 32 ; 256.

S_2 : 12,5 ; 625 ; 50 ; 5 ; 25.

S_3 : 72 ; 288 ; 20 736 ; 12 ; 144.

a. Dans un tableau similaire à celui de l'exercice précédent, place les trois séries de nombres dans les bonnes cases.

b. Trouve une quatrième série S_4 où le nombre 7 sera à placer dans une des colonnes.

10 En utilisant la calculatrice, donne la valeur arrondie au centième des nombres suivants.

a. $\sqrt{13}$
b. $\sqrt{86}$
c. $\sqrt{0{,}288}$
d. $\sqrt{4 + \dfrac{2}{3}}$
e. $5\sqrt{12}$
f. $\sqrt{5} + 2$
g. $-\sqrt{7}$
h. $\dfrac{3 - \sqrt{7}}{3\sqrt{15} + 1}$

Simplification de racines

11 Écris sous la forme $\sqrt{a}$ (a est un entier positif).

a. $\sqrt{5} \times \sqrt{3}$ **b.** $\sqrt{2} \times \sqrt{7}$ **c.** $2\sqrt{3}$ **d.** $3\sqrt{2}$

12 *Des carrés*

a. Écris sous la forme $\sqrt{a}$ (a est un entier positif).

$A = \sqrt{8} \times \sqrt{5}$ $B = 3\sqrt{11}$

b. Sans effectuer de calcul, donne les valeurs exactes de A^2 et de B^2.

13 Donne la valeur exacte des expressions.

a. $\sqrt{3} \times \sqrt{12}$

b. $\dfrac{\sqrt{50}}{\sqrt{2}}$

c. $(2\sqrt{3})^2$

d. $\sqrt{4{,}5} \times \sqrt{2}$

e. $\dfrac{\sqrt{56}}{\sqrt{14}}$

f. $\dfrac{\sqrt{7} \times \sqrt{6}}{\sqrt{2} \times \sqrt{3}}$

14 Écris sans radical les expressions.

a. $\sqrt{\dfrac{4}{9}}$

b. $\sqrt{\dfrac{1}{16}}$

c. $\sqrt{\dfrac{49}{25}}$

d. $\dfrac{2}{7}\sqrt{\dfrac{49}{64}}$

15 *En décomposant*

a. Recopie et complète les égalités suivantes afin d'obtenir un produit de deux entiers positifs dont le premier est un carré parfait.

- $32 = \ldots \times 2$
- $500 = \ldots \times 5$
- $75 = \ldots \times \ldots$
- $80 = \ldots \times \ldots$

b. Écris les nombres suivants sous la forme $a\sqrt{b}$, où a et b sont deux entiers positifs, b étant le plus petit possible.

- $\sqrt{32}$
- $\sqrt{500}$
- $\sqrt{75}$
- $\sqrt{80}$

16 Écris sous la forme $a\sqrt{3}$, où a est un entier.

a. $\sqrt{5} \times \sqrt{15}$ **b.** $\sqrt{7} \times \sqrt{21}$

17 Écris les nombres suivants sous la forme $a\sqrt{b}$, où a et b sont deux entiers relatifs et b est le plus petit possible.

a. $\sqrt{45}$

b. $\sqrt{162}$

c. $-\sqrt{48}$

d. $5\sqrt{18}$

e. $-4\sqrt{32}$

f. $2 \times \sqrt{700} \times 8$

18 Écris sous la forme $a\sqrt{b}$, où a et b sont deux entiers, b étant le plus petit possible.

a. $\sqrt{2} \times \sqrt{6}$

b. $\sqrt{3} \times \sqrt{6}$

c. $\sqrt{7} \times 3\sqrt{14}$

d. $7\sqrt{2} \times 5\sqrt{70}$

19 Sans utiliser de calculatrice, transforme les expressions suivantes de façon à obtenir une fraction irréductible.

a. $\dfrac{\sqrt{147}}{\sqrt{75}}$ **b.** $\dfrac{8\sqrt{5}}{3\sqrt{20}}$ **c.** $\sqrt{\dfrac{28}{42}} \times \dfrac{\sqrt{30}}{\sqrt{45}}$

20 *Somme et différence de racines carrées*

a. On considère la somme $A = \sqrt{36} + \sqrt{64}$. Calcule A.

b. On considère l'expression $B = \sqrt{100}$. Calcule B.

c. Que peux-tu en conclure ? Justifie ta réponse.

d. Trouve un exemple similaire pour la différence de deux racines carrées.

e. Que peux-tu déduire des deux exemples précédents ?

21 Écris les expressions suivantes sous la forme $a\sqrt{2}$ ou $a\sqrt{3}$, où a est un entier relatif.

$A = 4\sqrt{2} + 2\sqrt{2}$

$B = 7\sqrt{3} - 9\sqrt{3}$

$C = \sqrt{3} - 8\sqrt{3} + 15\sqrt{3}$

$D = 3\sqrt{2} - 5\sqrt{2} + \sqrt{2}$

$E = 4\sqrt{2} - 6\sqrt{2} + 2\sqrt{2}$

$F = 5\sqrt{3} - 7\sqrt{3} + 3\sqrt{3}$

22 *En deux temps*

a. Écris $\sqrt{8}$, $\sqrt{18}$ et $\sqrt{50}$ sous la forme $a\sqrt{b}$, où a et b sont entiers et b le plus petit possible.

Réduis l'expression $G = \sqrt{50} + \sqrt{18} - 2\sqrt{8}$.

b. En raisonnant de façon identique, réduis l'expression $H = \sqrt{12} - 7\sqrt{27} + \sqrt{3}$.

Exercices d'entraînement

23 Écris les expressions suivantes sous la forme $a\sqrt{b}$, où a et b sont deux entiers relatifs.

$A = \sqrt{8} + 7\sqrt{2}$

$B = \sqrt{5} - \sqrt{20}$

$C = 2\sqrt{3} - \sqrt{75}$

$D = 4\sqrt{2} - 5\sqrt{8} + 3\sqrt{18}$

24 Écris sous la forme $a\sqrt{b}$, où a et b sont deux entiers relatifs, avec b le plus petit possible.

$A = \sqrt{50} + 4\sqrt{18} - 7\sqrt{8}$

$B = \sqrt{20} - 8\sqrt{45} + 2\sqrt{5}$

$C = \sqrt{12} + \sqrt{75} + 4\sqrt{300}$

$D = 5\sqrt{63} - \sqrt{28} + \sqrt{7}$

25 Écris sous la forme $a + b\sqrt{c}$, où a, b et c sont des entiers relatifs avec c le plus petit possible.

$A = 7 - \sqrt{12} - 8 + 3\sqrt{27}$

$B = 3\sqrt{50} - \sqrt{49} + 2\sqrt{8}$

$C = 2\sqrt{18} + \sqrt{16} - 7\sqrt{81}$

26 *Extrait du Brevet*

a. Écrire sous la forme $a\sqrt{5}$ avec a entier.

$A = 3\sqrt{20} + \sqrt{45}$ $\quad B = \sqrt{180} - 3\sqrt{5}$

b. En utilisant les résultats de la question **a.**, démontrer que $A \times B$ et $\frac{A}{B}$ sont des nombres entiers.

27 Écris les quotients suivants avec un dénominateur entier.

a. $\frac{2}{\sqrt{3}}$ **b.** $\frac{7}{2\sqrt{5}}$ **c.** $\frac{\sqrt{3}}{4\sqrt{2}}$ **d.** $\frac{3\sqrt{3}}{\sqrt{8}}$

28 Écris les quotients suivants sans radical au dénominateur.

a. $\frac{-1}{\sqrt{2}}$

b. $\frac{-4\sqrt{3}}{\sqrt{6}}$

c. $\frac{2\sqrt{6}}{3\sqrt{8}}$

d. $\frac{\sqrt{7} \times \sqrt{6}}{\sqrt{2} \times \sqrt{3}}$

29 *Extrait du Brevet*

Soit $D = \frac{5\sqrt{12}}{2\sqrt{3}}$.

Montrer que D est un nombre entier.

Avec Pythagore

30 *Théorème de Pythagore*

Soit ABC un triangle rectangle en A.

a. Calcule la valeur exacte de la longueur du côté [BC] sachant que AB = 5 cm et AC = 7 cm.

b. Calcule la valeur exacte de la longueur du côté [AB] sachant que AC = 6 m et BC = 11 m.

31 *Théorème de Pythagore (bis)*

EDF est un triangle rectangle en F.
On donne ED = $5\sqrt{2}$ cm et DF = $3\sqrt{2}$ cm.

a. Détermine la valeur exacte de EF.
Tu donneras le résultat sous la forme $a\sqrt{2}$ où a est un entier positif.

b. Donne la valeur exacte du périmètre du triangle EDF puis l'arrondi au millimètre.

32 *Rectangle ou non rectangle ?*

Dans chaque cas, détermine si le triangle GHI est rectangle ou non. Justifie ta réponse.

a. GH = 5 dm ; GI = 7 dm et HI = $\sqrt{74}$ dm.

b. GH = $\sqrt{13}$ m ; HI = $\sqrt{12}$ m et GI = 6 m.

33 Soit un cercle ($\mathscr{C}$) de centre O et de rayon 4 cm. A est un point de ($\mathscr{C}$), B est le symétrique de A par rapport à O.
Soit M un point de ($\mathscr{C}$) tel que AM = 3 cm.

a. Construis une figure en vraie grandeur.

b. Calcule la valeur exacte de BM.

34 *Un petit calcul d'aire*

En utilisant les données de la figure, détermine l'aire du triangle ABC.
(Les proportions ne sont pas respectées.)

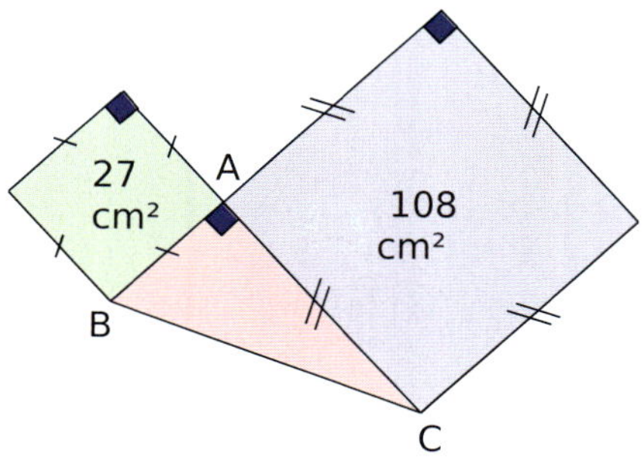

Exercices d'entraînement

En lien avec la géométrie

35 Trace un carré ABCD de côté 1 cm.

a. Calcule la valeur exacte de la longueur AC.

b. Place le point E sur [AB] tel que AE = 3 × AB. Construis ensuite le carré AEGH de telle sorte que D soit un point de [AH].
Calcule la valeur exacte de la longueur AG.

c. Montre que AG est un multiple de AC.

d. Place le point F sur [EG] de telle sorte que AEFD soit un rectangle.
Calcule la longueur exacte de AF.

e. Place sur [AG] le point P tel que AP = AF.
La longueur de [AP] est-elle un multiple de celle de [AC] ?

f. Prouve que CG = $\sqrt{8}$ cm.

g. Compare $\sqrt{2} + \sqrt{8}$ et $\sqrt{10}$. (Utilise l'un des symboles =, $<$ ou $>$.)

36 On considère la figure suivante. (L'unité est le centimètre.)

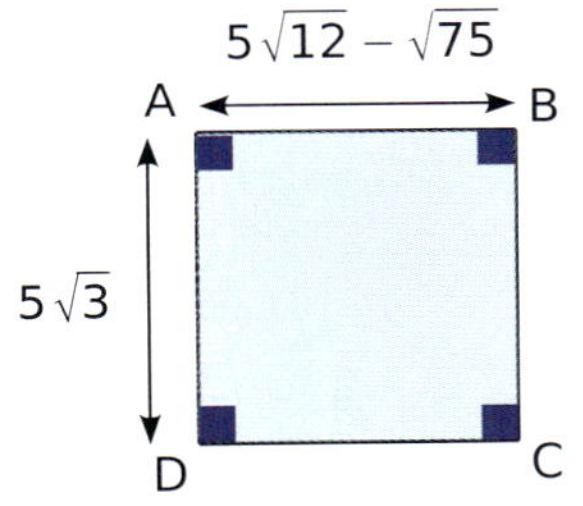

a. Écris $5\sqrt{12} - \sqrt{75}$ sous la forme $a\sqrt{b}$, où a et b sont des entiers relatifs, b étant le plus petit possible.

b. Quelle est la nature exacte de ABCD ? Justifie ta réponse.

c. Détermine le périmètre de ABCD sous la forme la plus simple possible.
Tu donneras ensuite l'arrondi au millimètre.

d. Détermine la valeur exacte de l'aire de ABCD.

37 *Cerf-volant*

Les mesures des diagonales de ce cerf-volant sont données en centimètres.
Calcule la valeur exacte de son périmètre puis la valeur arrondie au millimètre.

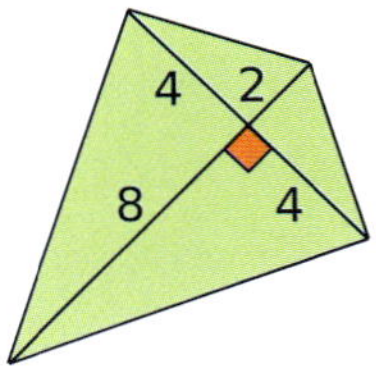

38 L'unité choisie est le centimètre.
On considère un rectangle ayant pour longueur $\sqrt{75}$ et pour largeur $\sqrt{48}$.

a. Détermine le périmètre exact de ce rectangle. (Tu donneras la réponse sous la forme $a\sqrt{b}$, où a et b sont des entiers relatifs, b étant le plus petit possible.)

b. Calcule l'aire exacte du rectangle. (Tu donneras la réponse sous la forme la plus simple possible.)

Équations du type $x^2 = a$

39 *Un peu de vocabulaire*

a. Trouve deux nombres dont le carré est égal à 36.

b. Trouve deux nombres a tels que $a^2 = 0{,}49$.

c. Peux-tu trouver un nombre dont le carré est égal à -100 ? Justifie ta réponse.

40 On considère l'équation $x^2 = 4$.

a. Transforme cette équation de telle sorte que le membre de droite soit égal à 0 puis factorise le membre de gauche.

b. Résous l'équation ainsi obtenue.

c. Quelle(s) est (sont) alors la (les) solution(s) de l'équation $x^2 = 4$?

d. Procède de la même manière pour résoudre l'équation $x^2 = 14$.

41 Trouve la (les) solution(s) des équations suivantes, lorsque celle(s)-ci existe(nt).

a. $x^2 = 9$

b. $x^2 = 5$

c. $x^2 = \dfrac{25}{16}$

d. $x^2 = 0$

e. $x^2 = -16$

f. $4x^2 = 49$

42 Résous les équations suivantes.

a. $x^2 - 5 = 20$

b. $8 + 2x^2 = 40$

c. $7x^2 - 3 = 6x^2 + 27$

d. $x^2 + 110 = 10$

43 Résous les équations suivantes.

a. $(x + 1)^2 = 9$

b. $x^2 + 1 = 9$

Exercices d'approfondissement

44 *Diagonale d'un carré*

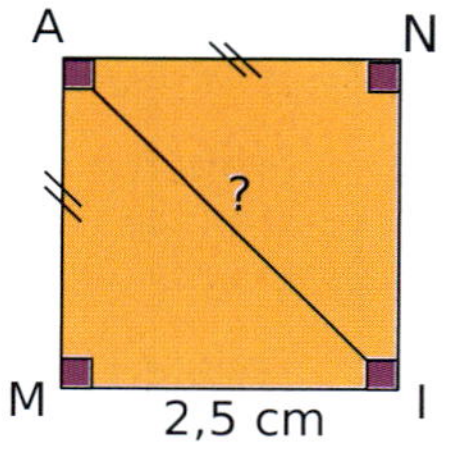

a. Calcule la longueur exacte de la diagonale AI du carré MANI.

b. Si AN = a ($a > 0$), que vaut AI ?

45 Développe et réduis les expressions suivantes.

$A = \sqrt{3}\left(2 - 5\sqrt{3}\right)$

$B = 5\sqrt{2}\left(\sqrt{2} - 7\sqrt{18}\right)$

$C = \left(\sqrt{6} + 2\right)\sqrt{2}$

$D = 2\sqrt{12}\left(\sqrt{12} - \sqrt{3} + \sqrt{6}\right)$

46 Effectue les calculs suivants. Écris les résultats sous la forme $a + b\sqrt{c}$ où a, b et c sont des entiers relatifs avec c le plus petit possible.

$A = \left(\sqrt{3} - 2\right)\left(5\sqrt{3} + 4\right)$

$B = \left(7 - 2\sqrt{6}\right)\left(\sqrt{6} - \sqrt{16}\right)$

$C = \left(5\sqrt{5} - 5\right)\left(5 + 3\sqrt{5}\right)$

$D = \left(4 - 3\sqrt{18}\right)\left(6 - 4\sqrt{2}\right)$

47 Développe et réduis les expressions suivantes.

$A = \left(\sqrt{11} + 4\right)^2$

$B = \left(2\sqrt{6} - 7\right)^2$

$C = \left(4 - 9\sqrt{2}\right)^2$

$D = \left(\sqrt{3} - \sqrt{6}\right)^2$

$E = \left(5\sqrt{12} - 6\sqrt{5}\right)^2$

$F = \left(\sqrt{13} + 4\right)\left(3\sqrt{13} - 4\right)$

48 Développe et simplifie les expressions suivantes.

$A = \dfrac{\sqrt{2}}{2}\left(\sqrt{2} + \dfrac{1}{\sqrt{2}}\right)$

$B = \left(\sqrt{3} + 7\right)^2 + \left(\sqrt{3} - 7\right)^2$

$C = \sqrt{18}\left(\sqrt{2} - \dfrac{\sqrt{18}}{18}\right)$

$D = \left(6 + 2\sqrt{5}\right)^2 - \left(4\sqrt{5}\right)^2$

49 Soient $A = 2 + \sqrt{15}$ et $B = 2 - \sqrt{15}$.

Calcule A^2, B^2 puis $A \times B$.

50 Écris les expressions suivantes sous la forme $a\sqrt{b}$ où a et b sont des nombres entiers, b étant le plus petit possible.

$A = \sqrt{80} - \sqrt{20}\left(2 - \sqrt{15}\right)$

$B = \sqrt{6}\left(\sqrt{3} + 5\right) - \sqrt{150}$

$C = \sqrt{7}\left(-4 - 3\sqrt{63} + 9\sqrt{7}\right)$

$D = \sqrt{98} - \left(\sqrt{14} + 8\right)\sqrt{7}$

51 *Un peu d'aire*

Calcule l'aire d'un rectangle ABCD de largeur $\sqrt{7} - \sqrt{5}$ cm et de longueur $\sqrt{7} + \sqrt{5}$ cm.

52 *Extrait du Brevet*

Montrer que E et F sont des nombres entiers.

a. $E = \left(\sqrt{7} + \sqrt{2}\right)\left(\sqrt{7} - \sqrt{2}\right)$

b. $F = \left(2\sqrt{3} - 3\right)\left(2\sqrt{3} + 3\right)$

53 *Spirale de Théodore de Cyrène*

Observe la figure suivante.

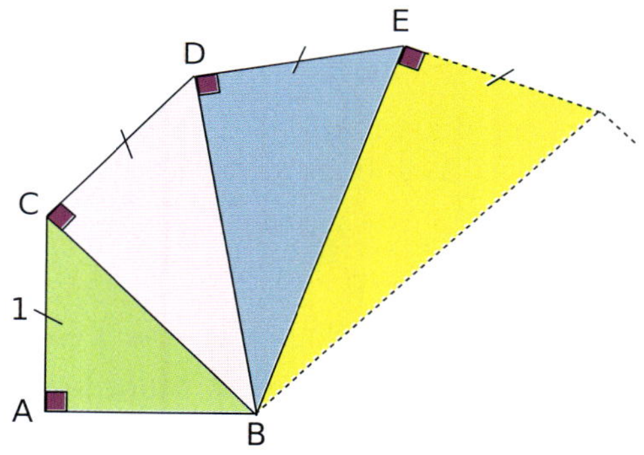

a. Sachant que le triangle ABC est un triangle rectangle isocèle en A, calcule la valeur exacte de BC.

b. En t'aidant de la question **a.** et de la figure ci-dessus, calcule les valeurs exactes de DB et EB.

c. À l'aide des questions précédentes, construis un segment de longueur $\sqrt{7}$.

54 *Calcul littéral*

Soit $A = (2x + 5)^2 - 9x^2$.

a. Développe A.

b. Factorise A.

c. Calcule A pour $x = \sqrt{5}$.

55 *Un peu de physique*

La puissance électrique dissipée dans une résistance est calculée à l'aide de la formule : $P = RI^2$, où P est la puissance en watts (W), R la résistance en ohms (Ω) et I l'intensité en ampères (A).

La puissance dissipée dans un radiateur a une valeur de 3 000 W et lors de son utilisation la mesure de la résistance a donné 18 Ω.

Calcule la valeur arrondie au millième de l'intensité du courant.

56 ABCDEFGH est un cube de 4 cm d'arête.

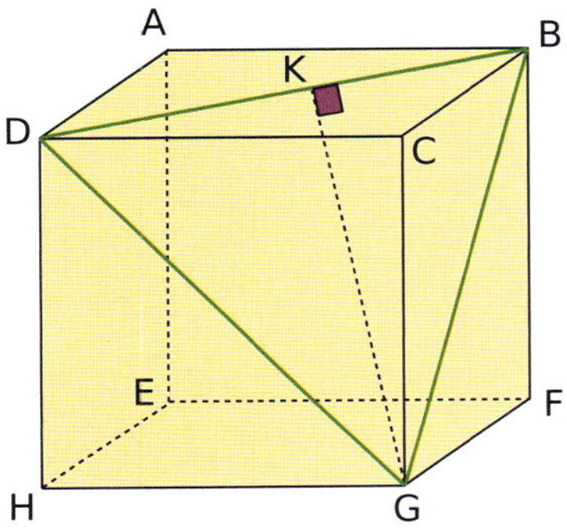

a. Calcule la valeur exacte de GD et écris le résultat sous la forme $a\sqrt{2}$ avec a entier.

b. Quel est le périmètre du triangle BDG ?
Tu donneras la réponse sous la forme $a\sqrt{2}$.

c. Calcule la valeur exacte de GK.

d. Calcule l'aire du triangle BGD.
Donne la valeur exacte puis une valeur arrondie au centième.

57 *Volume d'un cône*

Calcule la valeur exacte du volume d'un cône de révolution de $2\sqrt{2}$ cm de rayon de base et $\sqrt{8}$ cm de hauteur.

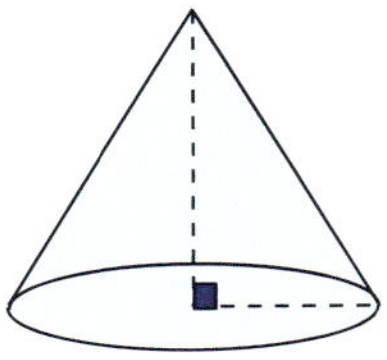

58 *Volume d'une pyramide*

SABC est une pyramide dont la base ABC est un triangle équilatéral de côté $24\sqrt{3}$ cm ; [SO] est la hauteur telle que $SO = 12\sqrt{3}$ cm.

a. Calcule l'aire de la base ABC.

b. Calcule la valeur exacte du volume de la pyramide SABC.

59 *Distance de freinage*

La distance de freinage est la distance nécessaire pour immobiliser un véhicule à l'aide des freins. Elle dépend de la vitesse et de l'état de la route (sèche ou mouillée).

On peut calculer cette distance à l'aide de la formule $d = k \times v^2$ où d est la distance en mètres (m), v la vitesse en km/h et k une constante.

Sur une route sèche, on a $k = 4{,}8 \times 10^{-3}$.

a. Y a-t-il proportionnalité entre la vitesse et la distance de freinage ? Justifie.

b. Calcule la distance de freinage, arrondie à l'unité, d'un véhicule roulant à 90 km/h sur route sèche.

c. Sachant qu'un conducteur a freiné sur 12 m, quelle était sa vitesse ?

d. Sur une route mouillée, on a $k = 9{,}8 \times 10^{-3}$.
Si le conducteur roule à la même vitesse qu'à la question précédente, quelle sera sa distance de freinage ?

e. Un conducteur ne laisse devant lui qu'une distance de 20 m. À quelle vitesse peut-il rouler sans risquer un accident en cas de freinage brutal sur route sèche ?

f. S'il roule à la même vitesse mais sur route mouillée, quelle distance minimale entre sa voiture et la voiture qui le précède ce conducteur doit-il respecter s'il ne veut pas risquer un accident ?

60 *Avec l'aide de Pythagore*

Observe la figure suivante.

(KH) // (AB)

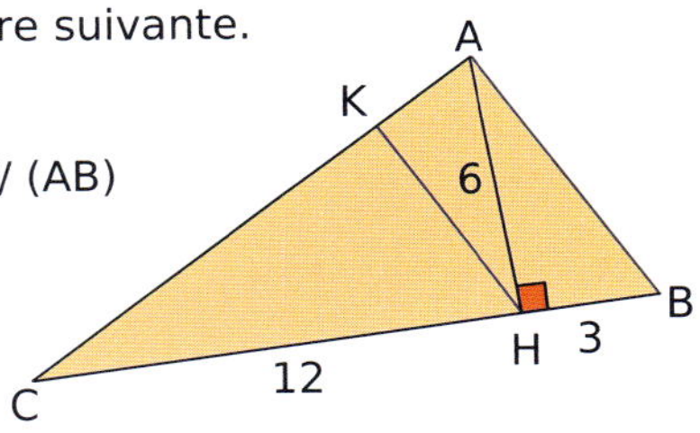

a. Calcule les valeurs exactes de AC et AB.

b. Démontre que le triangle ABC est rectangle en A.

c. Calcule la valeur exacte de KH.

61 Résous les équations suivantes.

a. $(3x + 9)^2 = 0$

b. $(x + 1)^2 - 16 = 0$

c. $25 - (x + 3)^2 = 0$

d. $(10 - 2x)^2 = 9$

e. $81 = (-5y + 9)^2$

f. $(-5x + 6)^2 = 49$

62 *Avec Thalès*

Sur le dessin ci-dessous :
PN = $3 + \sqrt{3}$; ON = $\sqrt{2}$ et SR = $3 - \sqrt{3}$.

De plus, les droites (ON) et (SR) sont parallèles.

Calcule PS.
On donnera la réponse sous la forme $a\sqrt{b}$ avec a et b entiers, b étant le plus petit possible.

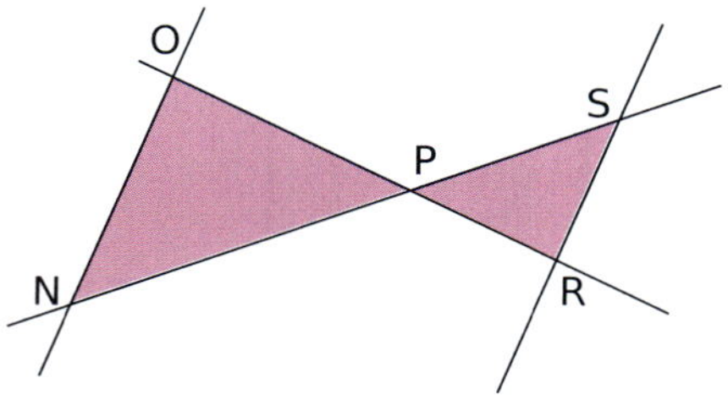

63 *Le bon choix*

Soit E = $(2x - 7)^2 - (5 - x)^2$

a. Développe l'expression E.

b. Factorise E.

c. Choisis la meilleure forme de l'expression E pour calculer sa valeur exacte quand $x = \dfrac{3}{4}$ puis quand $x = \sqrt{3}$.

64 *Nombre entier ?*

Soit E = $\dfrac{5}{\sqrt{2} + \sqrt{18}} + \dfrac{3}{\sqrt{2} - \sqrt{18}}$.

Écris le nombre E sous la forme $a\sqrt{b}$ où a est une fraction irréductible et b est un nombre entier.

65 *En somme, c'est cela !*

On pose A = $\sqrt{181 + 52\sqrt{3}}$ et B = $\sqrt{181 - 52\sqrt{3}}$.

a. À l'aide de la calculatrice, vérifie que $181 - 52\sqrt{3} > 0$.

b. Calcule A² et B² puis A × B.

c. Déduis-en la valeur de (A + B)² puis la valeur exacte de A + B.

66 *Extrait du Brevet*

Soient $a = \sqrt{5}(1 - \sqrt{2})$ et $b = 5 + \sqrt{2}$.

a. Calculer a^2 et b^2.

b. En déduire les valeurs de $a^2 + b^2$ et $\sqrt{a^2 + b^2}$.

67 *Avec un tableur*

L'algorithme de Héron d'Alexandrie est une méthode de calcul pour déterminer une valeur approchée de la racine carrée d'un nombre positif N.

a. Recherche qui était Héron d'Alexandrie et à quelle époque il a vécu.

b. Cette méthode est définie par la formule :

$$a' = \frac{\left(a + \dfrac{N}{a}\right)}{2}$$

où a est un nombre choisi au départ et a' remplace a dans l'étape suivante.

On veut programmer avec un tableur la recherche d'une valeur approchée de $\sqrt{10}$ avec cette méthode : ici, N = 10 et $a = 1$.
On n'utilise que la colonne A.

Dans la cellule A2, tape =(1+10/1)/2 et dans la cellule A3, tape =(A2+10/A2)/2 puis poursuis la programmation comme dans la feuille de calcul ci-dessous.

	A	B	C
1	**Racine carrée de 10**		
2	5,50000		
3	3,65909		
4	3,19601		
5	3,16246		
6	3,16228		

Note la valeur approchée au dix-millième de $\sqrt{10}$.

c. Recommence pour déterminer une valeur approchée au dix-millième de $\sqrt{2}$, $\sqrt{11}$ et $\sqrt{20}$.

68 *Extrait du Brevet*

Soient $a = 2\sqrt{45}$ et $b = \sqrt{80}$.

a. Calculer $a + b$.
On donnera le résultat sous la forme $c\sqrt{d}$ où d est un entier le plus petit possible.

b. Calculer ab.

c. Le nombre a est-il solution de l'équation $x^2 - 2x - 180 = -12\sqrt{5}$? Justifier.

1 *Le nombre d'or φ*

Chaque groupe présentera au reste de la classe ses recherches sur un des thèmes proposés.

1er Thème : Le rectangle d'or

a. Recherchez ce qu'on appelle un rectangle d'or et écrivez son programme de construction.

b. Construisez un rectangle d'or sur feuille blanche ou à l'aide d'un logiciel de géométrie puis déduisez-en une valeur approchée de φ.

2e Thème : Le pentagone régulier

a. Recherchez le lien unissant le nombre d'or, un pentagone régulier et son pentagramme.

b. Construisez un pentagone régulier et son pentagramme sur feuille blanche ou à l'aide d'un logiciel de géométrie puis déduisez-en une valeur approchée de φ.

3e Thème : Les racines continuées

a. Calculez la valeur exacte et une valeur approchée au dix-millième près de chacun des termes de la suite de nombres suivante.

$A = \sqrt{1 + \sqrt{1}}$ $B = \sqrt{1 + \sqrt{1 + \sqrt{1}}}$

$C = \sqrt{1+\sqrt{1+\sqrt{1+\sqrt{1}}}}$

Écrivez D, le terme suivant de cette suite puis calculez sa valeur exacte et une valeur approchée.

b. À l'aide d'un tableur, calculez les six termes suivants de la suite en remarquant que $B = \sqrt{1 + A}$ et que $C = \sqrt{1 + B}$.

Que remarquez-vous ?

4e Thème : La suite de Fibonacci

a. Recherchez qui était Fibonacci (époque et lieu où il a vécu, ses travaux,...) et la méthode de calculs des termes de sa suite.

b. À l'aide d'un tableur, calculez les vingt premiers termes de la suite de Fibonacci.

c. Calculez le rapport de deux termes successifs. Que remarquez-vous ?

5e Thème : φ dans l'art et dans la nature

a. Étudiez le rôle du nombre d'or φ à travers l'histoire.

b. Sur Internet, recherchez différents exemples dans la nature où φ est mis en évidence.

c. Sur Internet, recherchez différentes œuvres d'art (peinture, sculpture, architecture) où φ intervient.

2 *Le Mistigri des racines carrées*

1re Partie : Préparons le jeu !

a. On commence par préparer un jeu de vingt-et-une cartes. Sur chaque carte est écrite une des expressions du tableau suivant.

$3\sqrt{2}$	$(\sqrt{7})^4$	$\sqrt{27}$
$\sqrt{3}+\sqrt{3}+\sqrt{3}$	$\sqrt{12}$	$40\sqrt{7}$
$\sqrt{21}$	$\approx 1{,}414\ 2$	Le nombre d'or
$\sqrt{11\ 200}$	$\frac{1}{\sqrt{8}}$	49
$\sqrt{3}\times\sqrt{7}$	$\sqrt{7}$	$\sqrt{18}$
$\frac{\sqrt{8}}{8}$	$\frac{1+\sqrt{5}}{2}$	$\frac{\sqrt{105}}{\sqrt{15}}$
$\sqrt{2}$	40	$\sqrt{1\ 600}$

b. Sur une feuille, inscrivez côte à côte les expressions qui sont égales. Une seule des expressions n'est égale à aucune autre : c'est le Mistigri. (La feuille servira de référence en cas de désaccord pendant la partie mais elle devra rester cachée. Les joueurs n'ont pas le droit de l'utiliser.)

2e Partie : Jouons !

c. Un joueur distribue toutes les cartes en commençant par son voisin de gauche.

d. Chaque joueur regarde si, dans son jeu, il possède une paire, c'est-à-dire deux cartes d'expressions égales. Tout au long de la partie, si un joueur a une paire, il l'écarte de son jeu en la posant face visible sur la table. Les autres joueurs vérifient que la paire est correcte.

e. Le donneur prend une carte au hasard dans le jeu du joueur situé à sa gauche. S'il possède une nouvelle paire, il l'écarte de son jeu. Puis, le joueur situé à la droite du donneur prend une carte au hasard dans le jeu du donneur et ainsi de suite.

f. Le gagnant est le joueur qui se débarrasse le premier de toutes ses cartes. Le perdant est celui qui a le Mistigri en main lorsque toutes les paires ont été formées.

Remarque : les joueurs peuvent s'aider d'un brouillon.

3e Partie : Fabriquons un nouveau jeu !

g. Créez un jeu de Mistigri sur le même principe avec d'autres expressions.

h. Jouez avec votre jeu mais cette fois sans utiliser de feuille contenant les « paires ».
À la fin de votre partie, échangez votre jeu avec celui d'un autre groupe puis rejouez.

Se tester avec le QCM !

		R1	R2	R3	R4
1	Combien vaut la racine carrée de 169 ?	-13	169^2	13	14
2	Le nombre 11 est égal à...	$\sqrt{11^2}$	$\sqrt{11}$	$\sqrt{121}$	3,31
3	$\sqrt{9}+\sqrt{16}$ est égal à...	$\sqrt{25}$	7	5	12
4	$\sqrt{108}$ est égal à...	$3\sqrt{6}$	$4\sqrt{27}$	$6\sqrt{3}$	10,39
5	$\sqrt{6}\times\sqrt{12}$ est égal à...	$6\sqrt{12}$	$\sqrt{72}$	$6\sqrt{2}$	$3\sqrt{8}$
6	$\dfrac{\sqrt{25}}{\sqrt{169}}$ est égal à...	$\dfrac{5}{13}$	$\sqrt{\dfrac{5}{13}}$	$\dfrac{\sqrt{25}}{169}$	$\sqrt{\dfrac{25}{169}}$
7	$2x^2-4x+5$ pour $x=\sqrt{3}$ est égal à...	$7\sqrt{3}$	$-2\sqrt{3}+5$	$11-4\sqrt{3}$	$3\sqrt{3}$
8	$3\sqrt{5}+\sqrt{20}$ est égal à...	$3\sqrt{25}$	$3\sqrt{100}$	$7\sqrt{5}$	$5\sqrt{5}$
9	$\dfrac{\sqrt{50}}{\sqrt{18}}$ est égal à...	$\sqrt{32}$	$\dfrac{5}{3}$	$2\sqrt{2}$	$\dfrac{5}{3}\sqrt{2}$
10	$(2+\sqrt{3})^2$ est égal à...	$7+4\sqrt{3}$	$4+4\sqrt{3}$	7	$11+2\sqrt{3}$
11	$(\sqrt{7}+\sqrt{5})(\sqrt{7}-\sqrt{5})$ est égal à...	$2\sqrt{7}-2\sqrt{5}$	2	-2	$2+2\sqrt{35}$
12	$x^2=81$ a pour solutions...	9 et 0	8 et -8	9 et -9	$\sqrt{9}$ et $-\sqrt{9}$
13	L'équation $x^2+15=11$ a pour solution(s)...	4 et -4	2 et -2	aucun nombre	$-\sqrt{11}$ et $\sqrt{11}$

Pour aller plus loin

Racines imbriquées

a. Calcule $\sqrt{31+\sqrt{21+\sqrt{13+\sqrt{7+\sqrt{3+\sqrt{1}}}}}}$.

b. Complète l'expression précédente avec des radicaux de manière à ce que le résultat du calcul soit égal à 9.

c. Fais de même pour que le résultat soit 12.

Racines cubiques

a. Calcule 4^3.

b. Par définition, la « racine cubique » de 64, notée $\sqrt[3]{64}$, est le nombre qui, élevé à la puissance 3, donne 64.
Quelle est la racine cubique de 64 ?

c. Calcule $(-2)^3$. Déduis-en la racine cubique de -8.

d. Recopie puis complète les deux phrases suivantes :

« Une racine carrée existe pour des nombres ... . »

« Une racine cubique existe pour des nombres ... . »

e. Recopie et complète les égalités.

$\sqrt[3]{343}=$ .... ; $\sqrt[3]{1\,000}=$ ...... ; $\sqrt[3]{3\,375}=$ ...... ; $\sqrt[3]{-27}=$ ...... ; $\sqrt[3]{-125}=$ ...... et $\sqrt[3]{-216}=$ ....

Systèmes d'équations

N4

Activité 1 : Une usine de chocolats

1. Nombre de cartons de chocolats réalisés en une journée de travail

Dans une usine, on fabrique deux types de chocolats : des noirs et des blancs. La chaîne fabrique d'abord tous les chocolats noirs puis tous les chocolats blancs. Il faut sept minutes pour sortir un carton de chocolats noirs et neuf minutes pour un carton de chocolats blancs.

La journée de production de cette usine est de 16 h. Dans cette partie, on recherche le nombre de cartons de chocolats noirs et de chocolats blancs que l'usine peut produire en exactement 16 h.

a. Si on fabrique six cartons de chocolats noirs, combien de cartons de chocolats blancs cette usine fabrique-t-elle en une journée de travail ?

b. Si on produit 46 cartons de chocolats blancs, combien de cartons de chocolats noirs cette usine fabrique-t-elle en une journée de travail ?

c. Recopie et complète le tableau de valeurs suivant.

Cartons de chocolats noirs	6		33		51
Cartons de chocolats blancs		46		60	

d. On connaît le nombre de cartons de chocolats noirs produits sur une journée. On note x ce nombre et y le nombre de cartons de chocolats blancs. Exprime y en fonction de x.

e. Dans un tableur, reproduis la feuille de calcul ci-contre et programme la cellule B2 pour calculer y en fonction de x lorsque x varie de 1 à 100.

	A	B
1	x	y
2	1	
3	2	

f. Quelles sont les différentes possibilités de production pour une journée de travail ?

2. Nombre de cartons de chocolats fabriqués avec toutes les matières premières

L'usine doit utiliser entièrement les matières premières qu'elle achète pour fabriquer ses chocolats. Il faut 64 kg de matières premières pour fabriquer un carton de chocolats noirs et 56 kg pour les chocolats blancs. 7 384 kg de matières premières sont à utiliser par jour.

a. Avec exactement 7 384 kg de matières premières, détermine le nombre de cartons de chocolats blancs réalisables, si on fabrique 34 cartons de chocolats noirs.

b. Recopie et complète le tableau de valeurs suivant.

Cartons de chocolats noirs	34	90			69
Cartons de chocolats blancs			109	69	

c. Exprime le nombre z de cartons de chocolats blancs produits en fonction du nombre x de cartons de chocolats noirs produits.

d. Dans la feuille de calcul du **1.**, ajoute une colonne pour calculer z en fonction de x.

e. Combien de cartons de chocolats noirs et de chocolats blancs peut-on fabriquer avec 7 384 kg de matières premières ? Cite toutes les possibilités.

3. On cherche le nombre de cartons de chocolats noirs et de chocolats blancs à produire en 16 h avec exactement 7 384 kg de matières premières.

a. Dans la feuille de calcul précédente, insère un graphique de type ligne pour représenter y et z en fonction de x.

b. Quelle(s) est (sont) la (les) solution(s) possible(s) de ce problème ?

Activité 2 : De manière approchée

1. Avec un graphique

On considère l'équation $6x + 3y = 10$ où x et y sont les deux inconnues.

2. On cherche des valeurs de x et de y qui vérifient cette égalité.

a. Si x vaut 1, quelle est la valeur de y qui vérifie l'égalité précédente ?
De la même façon, si y vaut 6, détermine x pour que l'égalité soit vraie.

b. Recopie et complète le tableau suivant de telle sorte que l'égalité soit vraie.

Valeurs de x	1		10		$-1,2$		-2		$\sqrt{3}$	
Valeurs de y		6		-2		0		1,6		$\frac{3}{4}$

c. On appelle solution d'une équation du premier degré à deux inconnues tout couple de valeurs de x et de y noté $(x ; y)$ pour lequel l'égalité est vraie.
Quel est le nombre de solutions de l'équation $6x + 3y = 10$? Cites-en quelques-unes.

d. Place dans un repère les points de coordonnées $(x ; y)$ que tu as déterminés dans le tableau précédent. Que remarques-tu ?

e. Reprends les questions **a.** à **d.** avec l'équation $2x - 3y = 4$. (Tu placeras les points obtenus dans le même repère que précédemment.)

f. On cherche maintenant des couples de valeurs $(x ; y)$ qui sont solutions des deux équations simultanément.

On dit alors d'un tel couple qu'il est solution du système de deux équations du premier degré à deux inconnues noté : $\begin{cases} 6x + 3y = 10 \\ 2x - 3y = 4 \end{cases}$

D'après le graphique, combien de solutions admet ce système ? Lis ces solutions sur le graphique.

g. Vérifie ta réponse en remplaçant x et y par les valeurs trouvées dans la question **f.**. Peux-tu conclure ?

3. Avec un tableur

a. Quelle formule dois-tu programmer dans la cellule B2 pour calculer y_1 dans la première équation quand on connaît x ?
Quelle formule dois-tu programmer dans la cellule C2 pour calculer y_2 dans la deuxième équation quand on connaît x ?

	A	B	C
1	x	y_1	y_2
2	1		
3	2		
4	3		
5	4		
6	5		

b. Insère un graphique de type ligne pour représenter y_1 et y_2 en fonction de x.

c. Peux-tu trouver une solution au système en utilisant les résultats des deux premières questions ?

d. En affinant le choix des valeurs de x dans la feuille de calcul, tente de trouver une solution au système.

Activité 3 : Un peu extrême

1. D'une extrémité...

On considère le système d'équations suivant : $\begin{cases} 5x - y = 1 \\ -35x + 7y = -7 \end{cases}$

a. Reproduis deux fois le tableau suivant puis complète un tableau pour chaque équation du système.

Valeurs de x	1		-2		$-0{,}2$
Valeurs de y		3		7	

b. Place dans un même repère les points des deux tableaux. Que remarques-tu ?

c. Déduis des questions **a.** et **b.** le nombre de solutions que semble avoir le système.

d. Démontre-le.

2. ... à l'autre

a. Reprends les questions **a.** et **b.** de la partie **1.** avec le système $\begin{cases} -12x + 3y = 15 \\ -4x + y = -7 \end{cases}$

b. Que penses-tu du nombre de solutions de ce système ?

c. Démontre-le.

3. Au final

Que peux-tu dire du nombre de solutions que peut admettre un système de deux équations du premier degré à deux inconnues ?

Activité 4 : Une méthode de résolution

On considère le système $\begin{cases} 3x - y = 11 \\ x - 5y = 57 \end{cases}$

Justinien remarque : « Je sais résoudre une équation du premier degré à une inconnue donc si je peux écrire une inconnue en fonction de l'autre, je pourrai obtenir une équation du premier degré à une inconnue. ».

a. Écris toutes les possibilités qu'a Justinien pour exprimer une inconnue en fonction de l'autre.

b. En utilisant une des expressions trouvées, comment doit s'y prendre Justinien pour obtenir une équation du premier degré à une inconnue ?

c. Choisis une des expressions que tu as trouvées à la question **a.** et détermine une des deux inconnues.

d. Utilise maintenant la valeur déterminée à la question précédente pour trouver la valeur de la deuxième inconnue.

e. Teste le couple de valeurs $(x ; y)$ trouvé et conclus.

Cette méthode de résolution s'appelle la méthode par substitution.

Activité 5 : Et une autre méthode !

On considère le système suivant : $\begin{cases} 3x + 2y = -4 \\ -3x - 7y = 25 \end{cases}$

a. Résous ce système en utilisant la méthode par substitution.

b. Hakim remarque qu'en additionnant les deux premiers membres des équations, on réussit à « éliminer les termes en x » dans le calcul.

- Qu'obtiens-tu en additionnant les premiers membres de ces équations ?
- Que vaut cette somme ?
- Déduis-en une équation d'inconnue y et résous-la.

c. Hakim se dit maintenant que pour trouver x, il suffirait de pouvoir « éliminer » y !

- Comment devraient être les coefficients de y dans les deux équations pour « éliminer les termes en y » de la même façon qu'à la question précédente ?
- Que peux-tu faire à chacune des équations pour y parvenir ?
- Transforme les équations pour obtenir une équation du premier degré d'inconnue x en procédant de la même façon qu'à la question **b.**.
- Résous cette équation.

d. Teste le couple trouvé et conclus.

e. Compare la méthode utilisée dans la question **a.** et celle que tu viens de mettre en œuvre dans les questions **b.** et **c.**.

Cette méthode de résolution s'appelle la méthode par combinaisons.

Activité 6 : Problème

1. Salomé propose une énigme à sa petite sœur :

> Dans un élevage de poules et de lapins, j'ai compté 2 171 têtes et 4 368 pattes.
>
> Combien y a-t-il de poules ? Combien y a-t-il de lapins ?

a. Combien ce problème possède-t-il d'inconnues ?

b. Traduis ce problème par un système d'équations du premier degré.

c. Résous le système par la méthode de ton choix.

d. Vérifie que le couple trouvé est bien la solution du problème posé.

e. Conclus.

2. Est-il possible d'avoir compté dans cette basse-cour 2 171 têtes et 5 367 pattes ? Justifie.

3. Et 2 171 têtes et 2 368 pattes, c'est possible ? Justifie.

4. Et 2 171 têtes et 8 684 pattes ? Justifie.

I - Système de deux équations

→ ex 1

Définitions

$\begin{cases} 5x + 2y = 4 \\ -2x + y = -7 \end{cases}$ est un **système de deux équations** du premier degré à **deux inconnues** désignées par les lettres x et y.

Un couple de nombres (x , y) est **solution d'un système** s'il vérifie simultanément les deux égalités.

Exemple : Le couple (2 ; – 3) est-il solution du système $\begin{cases} 5x + 2y = 4 \\ -2x + y = -7 \end{cases}$?

Pour $x = 2$ et $y = -3$:

$5x + 2y = 5 \times 2 + 2 \times (-3) = 10 - 6 = 4$ et $-2x + y = -2 \times 2 + (-3) = -7$.

Les deux égalités sont simultanément vérifiées pour $x = 2$ et $y = -3$ donc le couple (2 ; – 3) est solution du système $\begin{cases} 5x + 2y = 4 \\ -2x + y = -7 \end{cases}$.

II - Résolution

→ ex 2 à 4

Définition

Résoudre un système de deux équations à deux inconnues revient à déterminer **tous les couples de nombres $(x ; y)$** qui vérifient simultanément les deux équations.

A - Résolution par combinaisons

Exemple : Résous le système $\begin{cases} 5x - 4y = 8 \\ 2x + 5y = 1 \end{cases}$ par combinaisons.

Détermination d'une des inconnues

On cherche à éliminer l'inconnue y pour se ramener à une équation du premier degré à une inconnue.

$\begin{cases} 5 \times (5x - 4y) = 5 \times 8 \\ 4 \times (2x + 5y) = 4 \times 1 \end{cases}$ → On multiplie les deux membres de la première équation par **5** et ceux de la seconde par **4**.

$\begin{cases} 25x - 20y = 40 \\ 8x + 20y = 4 \end{cases}$ → On obtient ainsi des coefficients opposés devant y dans les deux équations.

$25x + 8x = 40 + 4$ → On ajoute membre à membre les deux équations du système ainsi obtenu pour éliminer y.

$33x = 44$

$x = \frac{44}{33} = \frac{4 \times 11}{3 \times 11} = \frac{4}{3}$ → On résout cette équation à une inconnue pour trouver la valeur de x.

Détermination de l'autre inconnue

$5 \times \frac{4}{3} - 4y = 8$

$\frac{20}{3} - 4y = 8$ → On remplace x par $\frac{4}{3}$ dans l'une des deux équations pour trouver y (ici la première).

$-4y = \frac{4}{3}$ → On trouve $y = \frac{-1}{3}$.

Donc, si $\begin{cases} 5x - 4y = 8 \\ 2x + 5y = 1 \end{cases}$ alors $\begin{cases} x = \dfrac{4}{3} \\ y = -\dfrac{1}{3} \end{cases}$

On vérifie ensuite que le couple $\left(\dfrac{4}{3} ; -\dfrac{1}{3}\right)$ est une solution effective de ce système.

On en déduit que le couple $\left(\dfrac{4}{3} ; -\dfrac{1}{3}\right)$ est la solution de ce système.

Remarque : Pour trouver la valeur de y, on pouvait aussi éliminer l'inconnue x.

B - Résolution par substitution

Exemple : Résous le système $\begin{cases} -3x + y = 9 \\ 4x - 3y = -17 \end{cases}$ par substitution.

$y = 9 + 3x$ ⟶ On exprime y en fonction de x à l'aide de la première équation.

$4x - 3(9 + 3x) = -17$ ⟶ On remplace (substitue) y par $9 + 3x$ dans la deuxième équation.

$4x - 27 - 9x = -17$
$-5x = 10$
$x = -2$
⟶ On résout l'équation à une inconnue ainsi obtenue pour trouver la valeur de x.

$y = 9 + 3 \times (-2)$
$y = 9 - 6$
$y = 3$
⟶ On remplace x par -2 dans l'équation trouvée à la première étape pour trouver la valeur de y.

Donc, si $\begin{cases} -3x + y = 9 \\ 4x - 3y = -17 \end{cases}$ alors $\begin{cases} x = -2 \\ y = 3 \end{cases}$

On vérifie ensuite que le couple (– 2 ; 3) est une solution effective de ce système en appliquant ce qui a été vu partie I. On en déduit que (– 2 ; 3) est la solution de ce système.

III - Étapes pour résoudre un problème

⟶ ex 5

Un musée propose un tarif pour les adultes à 7 € et un autre pour les enfants à 4,50 €. Lors d'une journée, ce musée a reçu la visite de 205 personnes et la recette totale a été de 1 222,50 €.
Retrouve le nombre d'adultes et le nombre d'enfants ayant visité le musée lors de cette journée.

Étape n°1 : Choisir les inconnues
Soit x le nombre d'adultes et y le nombre d'enfants.

On repère les inconnues. On les note généralement x et y.

Étape n°2 : Mettre le problème en équation
205 personnes ont visité le musée donc $x + y = 205$.
La recette totale a été de 1 222,50 € donc
$7x + 4{,}50y = 1\,222{,}50$.

⟶ **On exprime les informations données** dans l'énoncé en fonction de x et de y.

Ainsi $\begin{cases} x + y = 205 \\ 7x + 4{,}50y = 1\,222{,}50 \end{cases}$

⟶ L'énoncé se traduit donc par le système ci-contre.

Étape n°3 : Résoudre le système. On trouve $x = 120$ et $y = 85$ (voir partie II).

Étape n°4 : Vérifier que le couple trouvé est solution du problème (voir partie I).

Étape n°5 : Conclure. 120 adultes et 85 enfants ont visité le musée lors de cette journée.

Exercices corrigés par animation

http://manuel.sesamath.fr

1 Les couples (– 5 ; 1,5) et (1 ; 9,5) sont-ils solution du système
$\begin{cases} 4x - 3y = -24,5 \\ 3x + 7y = -4,5 \end{cases}$?

2 Résous par substitution le système :
$\begin{cases} 5x + y = 17 \\ -3x + 4y = 22 \end{cases}$

3 Résous par combinaisons le système :
$\begin{cases} 3x - 7y = 29 \\ 4x - 5y = -33 \end{cases}$

4 Résous par la méthode de ton choix le système : $\begin{cases} -2x + 3y = 3,5 \\ x - 4y = -5,5 \end{cases}$

5 Dans une boulangerie, Paul a acheté quatre croissants et trois pains au chocolat pour 5,65 €. Lina a acheté, dans cette même boulangerie, trois croissants et cinq pains au chocolat pour 6,85 €. Retrouve le prix d'un croissant et celui d'un pain au chocolat.

Tous ces exercices sont également corrigés à la fin du manuel.

Tester une solution

1 *Tour de chauffe*

a. Vérifie que le nombre -5 est solution de l'équation $3x + 7 = -8$.

b. Vérifie que le couple $(3 ; -2)$ est solution des équations et du système suivants.

- $3x + 5y = -1$
- $7x + 6y = 9$
- $\begin{cases} -x + 2y = -7 \\ 2x - 5y = 16 \end{cases}$

2 *Histoires de couples*

a. Les couples $(2 ; 1)$; $(-1 ; -5)$; $(0 ; -3)$ et $(-2 ; 3)$ sont-ils solutions des équations suivantes ?

- $2x - y = 3$
- $3x + y = -3$

b. Le couple $(-2 ; 3)$ est-il solution des systèmes suivants ?

- $\begin{cases} x + y = 1 \\ 5x + 3y = -1 \end{cases}$
- $\begin{cases} 4x + 3y = 1 \\ 2x - y = -6 \end{cases}$
- $\begin{cases} x - y = 1 \\ 7x + 4y = -2 \end{cases}$

3 *De l'aide*

a. Jacques a trouvé trois couples de solutions pour les équations ci-dessous : $(3 ; 4)$; $(1 ; 1)$ et $(-2 ; 4)$. Détermine de quelle(s) équation(s) chaque couple est solution.

- $3x - 2y = 1$
- $5x - 7y = -2$
- $3x + y = -2$

b. Peux-tu en déduire un couple de solutions pour chacun des systèmes suivants ?

- $\begin{cases} 3x - 2y = 1 \\ 5x - 7y = -2 \end{cases}$
- $\begin{cases} 3x - 2y = 1 \\ 3x + y = -2 \end{cases}$

4 Combien de couples sont solutions des systèmes suivants ?

a. $\begin{cases} x + y = 1 \\ x + y = 1 \end{cases}$

b. $\begin{cases} x + y = 1 \\ x + y = 5 \end{cases}$

c. $\begin{cases} x + y = 1 \\ 5x + 5y = 5 \end{cases}$

d. $\begin{cases} x + y = 1 \\ 3x + 3y = 5 \end{cases}$

Résoudre un système par substitution

5 Résous les systèmes suivants en utilisant la méthode par substitution.

a. $\begin{cases} x - 3y = 2 \\ 2x - 7y = 6 \end{cases}$

b. $\begin{cases} 5x - 2y = -7 \\ 3x + y = -2 \end{cases}$

c. $\begin{cases} 6x + y = 8 \\ 10x + 7y = -8 \end{cases}$

d. $\begin{cases} 7x + 4y = -5 \\ x + 3y = 9 \end{cases}$

6 Résous les systèmes suivants en utilisant la méthode par substitution.

a. $\begin{cases} 5x - y = 13 \\ 3x - 2y = -2 \end{cases}$

b. $\begin{cases} 2x + 3y = 13 \\ -x - 4y = 21 \end{cases}$

7 *Avec un peu d'astuce*

Résous les systèmes suivants en utilisant la méthode par substitution.

a. $\begin{cases} 2x - 3y = -2 \\ 2x + 15y = 7 \end{cases}$

b. $\begin{cases} 2x - 6y = -8 \\ 3x + 2y = 21 \end{cases}$

c. $\begin{cases} 5x + 3y = 8 \\ 2x - 4y = -2 \end{cases}$

Résoudre un système par combinaisons

8 Résous les systèmes suivants en utilisant la méthode par combinaisons.

a. $\begin{cases} 3x - 5y = 5 \\ 4x + 7y = -7 \end{cases}$

b. $\begin{cases} 2x + 3y = 6 \\ 5x + 7y = 9 \end{cases}$

9 Résous les systèmes suivants en utilisant la méthode par combinaisons.

a. $\begin{cases} 2x + 5y = 7 \\ 3x + 4y = -3 \end{cases}$

b. $\begin{cases} 3x + 5y = 2 \\ 5x + 2y = -1 \end{cases}$

c. $\begin{cases} 2x - 5y = -1 \\ 3x + 7y = 4 \end{cases}$

10 *Avec un peu d'astuce (bis)*

Résous les systèmes suivants en utilisant la méthode par combinaisons.

a. $\begin{cases} 3x - 2y = -18 \\ 9x + 10y = -6 \end{cases}$

b. $\begin{cases} 5x + 4y = 11 \\ 15x + 2y = -7 \end{cases}$

c. $\begin{cases} 3x + y = 12 \\ 5x - y = 4 \end{cases}$

d. $\begin{cases} 2x + y = 21 \\ 4x - 3y = -13 \end{cases}$

Résoudre en choisissant la bonne méthode

11 *La course*

a. Résous les systèmes suivants dans un premier temps avec la méthode par substitution et dans un deuxième temps avec la méthode par combinaisons.

- $\begin{cases} x + 3y = -7 \\ 2x + 5y = -3 \end{cases}$
- $\begin{cases} 2x - 5y = -14 \\ 4x - 3y = 7 \end{cases}$

b. Compte le nombre d'étapes nécessaires pour chaque résolution.

c. Formule un critère qui permette de choisir judicieusement la méthode à utiliser en fonction de la forme du système à résoudre.

d. Applique ce critère pour résoudre les deux systèmes suivants le plus rapidement possible.

- $\begin{cases} 3x + 6y = -13 \\ 5x - y = 4 \end{cases}$
- $\begin{cases} 3x - 4y = -2 \\ 2x + 5y = 7 \end{cases}$

12 Résous les systèmes suivants avec la méthode de ton choix.

a. $\begin{cases} x - 2y = -5 \\ 7x + 10y = 1 \end{cases}$

b. $\begin{cases} 5x + 5y = 5 \\ 3x - 7y = -2 \end{cases}$

c. $\begin{cases} 5x + 6y = -2 \\ 10x + 3y = -7 \end{cases}$

d. $\begin{cases} 5x + 4y = 13 \\ 2x - 7y = 31 \end{cases}$

13 On considère le système suivant.

$$\begin{cases} 4x + 7y = 9 \\ 8x + 14y = 5 \end{cases}$$

a. Modifie le système en multipliant la première équation par -2 puis additionne membre à membre les deux équations.

b. Que remarques-tu ?

c. Que peux-tu en déduire pour ce système ?

14 Voici un système :

$$\begin{cases} 5x + 2y = 4 \\ 7{,}5x + 3y = 6 \end{cases}$$

a. Résous le système par combinaisons.

b. Que remarques-tu ?

c. Que peux-tu en déduire pour ce système ?

Problèmes

15 *Extrait du Brevet*

a. Résoudre le système :

$$\begin{cases} 6x + 5y = 57 \\ 3x + 7y = 55{,}5 \end{cases}$$

b. Pour classer des photos, un magasin propose deux types de rangement : des albums ou des boîtes.
Léa achète six boîtes et cinq albums et paie 57 €. Hugo achète trois boîtes et sept albums et paie 55,50 €. Quel est le prix d'une boîte ? Quel est le prix d'un album ?

16 Parmi les quatre systèmes ci-dessous, détermine celui qui permettra de résoudre le problème suivant.

« *À la boulangerie, Matteo achète deux parts de pizza et quatre parts de flan pâtissier. Il paie 12 €. Salim achète trois parts de pizza et deux parts de flan pâtissier. Il paie 9,80 €.*

a. Quel est le prix d'une part de pizza ?

b. Quel est le prix d'une part de flan pâtissier ? »

$\begin{cases} 2x + 4y = 12 \\ 3x - 2y = 9{,}80 \end{cases}$ $\begin{cases} 2x + 2y = 12 \\ 3x + 4y = 9{,}80 \end{cases}$

$\begin{cases} 2x + 4y = 12 \\ 3x + 2y = 9{,}80 \end{cases}$ $\begin{cases} 2x + 4y = 9{,}80 \\ 3x + 2y = 12 \end{cases}$

17 *Dures dures les ordures*

L'agglopole du pays mathois lance une grande campagne pour inciter à ne plus jeter les détritus sur la voie publique.

En plus des affichages publicitaires, elle va implanter dans les rues 4 600 poubelles. Elle va aussi organiser leur collecte qui sera assurée par 18 employés municipaux.

Le président de cette communauté de communes dispose de deux devis pour l'achat de camions-poubelle.

Le premier propose des camions pouvant embarquer trois employés municipaux et transporter le contenu de 800 poubelles.
Le deuxième propose des camions pouvant embarquer quatre employés et transporter le contenu de 1 000 poubelles.

Combien de camions de chaque sorte la communauté de communes devra-t-elle acheter ?

18 *Extrait du Brevet*

Perrine possède 100 €. Elle souhaite acheter des disques et des livres.

Si elle achète quatre disques et cinq livres, il lui manque 9,50 €. Si elle achète trois disques et quatre livres, il lui reste 16 €.

Calculer le prix d'un disque et celui d'un livre.

19 Une entreprise de recyclage récupère, entre autres, de vieux radiateurs en fonte sur des chantiers de démolition. Les radiateurs réparés sont ensuite revendus au poids.
Georges a acheté trois radiateurs de 60 cm et deux radiateurs de 80 cm pour 68 € et Martin a acheté quatre radiateurs de 60 cm et trois radiateurs de 80 cm pour 96 €.

a. Quel est le prix d'un radiateur de 60 cm ? Et celui d'un radiateur de 80 cm ?

b. Raymond voudrait acheter deux radiateurs de 60 cm et cinq radiateurs de 80 cm.
Détermine le prix de revient de son installation s'il se fournit lui aussi dans cette entreprise de recyclage.

20 Mehdi et Martial ont acheté des stylos plume et des cartouches à la papeterie.
Mehdi paie 15 € pour deux stylos et cinq lots de cartouches. Martial paie 10,20 € pour un stylo et quatre lots de cartouches.

a. Quel est le prix d'un stylo ? Et celui d'un lot de cartouches ?

b. Une semaine plus tard, la papeterie solde : – 10 % sur les stylos et – 15 % sur les lots de cartouches. Quels prix Mehdi et Martial auraient-ils payés s'ils avaient patienté ?

21 Peux-tu trouver deux nombres entiers tels que leur différence soit égale à 14 et que le double de leur somme soit égal à 130 ?

22 La division euclidienne de deux nombres entiers naturels donne un quotient égal à 7 et un reste égal à 2.
La somme de ces deux nombres entiers est égale à 138.
Détermine ces deux nombres entiers.

23 *Extrait du Brevet*

a. Résoudre le système suivant :

$$\begin{cases} 2x + 3y = 30 \\ x - y = 5 \end{cases}$$

b. Le CDI d'un collège a acheté deux exemplaires d'une même bande dessinée et trois exemplaires d'un même livre de poche pour la somme de 30 €.
La bande dessinée coûte 5 € de plus que le livre de poche.
Quel est le prix en euros de la bande dessinée ?
Quel est le prix en euros du livre de poche ?

Exercices d'entraînement

24 Deux types de voiliers participent à une régate (course) à Brest :

Source Wikipédia. Licence GnuFDL 1,2.

- les « 470 » qui ont à bord deux personnes ;
- les « Europe » qui sont manœuvrés par une seule personne.

On compte au départ de la régate 52 voiliers et 82 personnes.
Quel est le nombre de voiliers de chaque catégorie ?

25 *Pour faire plaisir*

Jérémy veut acheter des fleurs pour sa petite amie. Il choisit un bouquet composé de 13 fleurs : des lys à 3,20 € pièce et des asters à 2,30 € pièce. Le prix de sa composition est de 37,10 €.
Détermine la composition exacte du bouquet.

26 *Dans un collège*

Parmi les 1 500 élèves que compte un collège, 455 d'entre eux vont visiter le château de Versailles. Ce groupe de 455 élèves représente 28 % des filles et 32 % des garçons du collège.

Combien y a-t-il de filles et de garçons dans ce collège ?

27 *Thalès à la rescousse*

Afin d'éviter les pertes d'eau, la mairie de Résousys souhaite installer un système d'arrosage automatique enterré dans un jardin municipal triangulaire schématisé ci-dessous par le triangle ACF.
Le long de [BE] et [CF] vont être plantées deux rangées parallèles de seringa. Le jardinier municipal a donc enterré 20 m puis 30 m de tuyaux poreux. Mais il s'est retrouvé à court de tuyau et doit encore relier E et F à A où se trouve l'arrivée d'eau. Grand étourdi, il a aussi oublié son mètre.

AE = x

AF = y

EF = 1 m

Les points A, E et F sont alignés ainsi que les points A, B et C.
Aide-le à déterminer les longueurs AE et AF, afin qu'il puisse revenir avec la quantité de tuyaux nécessaire.

28 *Des fruits*

Le kcal (kilocalorie) est la mesure de l'énergie d'un aliment.

La valeur énergétique de 300 g de bananes et de 250 g de clémentines est de 320 kcal.

La valeur énergétique de 150 g de bananes et de 400 g de clémentines est de 215 kcal.

Détermine la valeur énergétique de 80 g de bananes et de 140 g de clémentines.

29 *Sur le marché de Noël*

Sur le marché de Noël, trois amis achètent les mêmes bougies parfumées et des plats décoratifs identiques.

Rémi achète trois bougies parfumées et cinq plats décoratifs. Il paie 72,30 €.

Yvan achète cinq bougies parfumées et trois plats décoratifs pour 68,50 €.

Kamel achète deux bougies parfumées et un plat décoratif. Combien va-t-il payer ?

30 *Économie d'énergie.*

Source Wikipédia. Domaine public.

Pour inciter les ménages français à modérer leur consommation d'énergie aux heures de pointe, EDF propose un contrat de type « heures pleines-heures creuses ».
Le coût de l'électricité est alors moins élevé pendant les heures creuses (c'est-à-dire pendant huit heures par jour, en général de 22 h à 6 h).
La consommation d'énergie s'exprime en kilowattheures (kWh).

a. Une consommation de 1 500 kWh en heures pleines et de 2 500 kWh en heures creuses coûte 328 € (hors abonnement).
Une consommation de 2 000 kWh en heures pleines et de 1 500 kWh en heures creuses coûte 316,15 € (hors abonnement).
Détermine le prix exact d'un kWh en heures pleines et celui d'un kWh en heures creuses.

b. Dans des conditions d'utilisation identiques :

- un cycle d'un lave-linge et deux cycles d'un lave-vaisselle coûtent 0,759 5 € en heures pleines ;
- trois cycles de ce même lave-linge et quatre cycles de ce même lave-vaisselle coûtent 1,057 6 € en heures creuses.

Détermine la consommation d'énergie par cycle du lave-linge et la consommation d'énergie par cycle du lave-vaisselle.

31 Résous les systèmes suivants avec la méthode de ton choix.

a. $\begin{cases} 3x = y + 14 \\ 3y - 2x + 21 = 0 \end{cases}$

b. $\begin{cases} 2x + 5y = 3x - 2y - 59 \\ 7x + 9y = 3y - 5x + 78 \end{cases}$

32 Résous les systèmes suivants avec la méthode de ton choix.

a. $\begin{cases} \dfrac{x+5}{2} - \dfrac{3-y}{5} = 2{,}3 \\ x + 7 + \dfrac{y-6}{4} = \dfrac{7{,}5}{2} \end{cases}$

b. $\begin{cases} \dfrac{x-3}{2} - \dfrac{5}{2} = \dfrac{2y-21}{2} + 1 \\ \dfrac{x+2}{3} + 3 = \dfrac{3-y}{5} - \dfrac{10}{3} \end{cases}$

33 *Autre histoire d'âge*

Farid dit à Yasmina : « J'ai trois fois l'âge que tu avais quand j'avais l'âge que tu as. ».
Yasmina dit à Farid : « Quand j'aurai ton âge, nous aurons 42 ans à nous deux. ».
Détermine l'âge de Farid et celui de Yasmina.

34 *Cinq fruits et légumes par jour*

Source Wikipédia. Domaine public.

Il est recommandé de consommer 110 mg de vitamine C par jour. La maman de Julien achète du jus d'orange qui contient 52 mg de vitamine C pour 100 mL et du jus de pomme qui en contient 12 mg pour 100 mL.
Pour suivre les recommandations tout en variant sa consommation de fruits, Julien souhaite boire un peu des deux dans un verre de 250 mL le matin au petit déjeuner.
Quelle quantité de chaque jus devra-t-il mélanger pour bénéficier de son apport quotidien en vitamine C avec un seul verre ?

35 *Alliage*

Un objet composé d'un alliage d'or et de cuivre, pèse 1 875 g pour un volume de 143 cm³.
1 cm³ d'or pèse 19,5 g et 1 cm³ de cuivre pèse 9 g.
Calcule le volume d'or et le volume de cuivre de cet objet.

36 *Au laboratoire*

Un laboratoire dispose de deux solutions de chlorure de sodium, de concentrations respectives 20 g·L^{-1} et 50 g·L^{-1} .

Quelle quantité de chaque solution doit-on mélanger pour obtenir 10 L d'une solution de concentration 32 g·L^{-1} ?

37 *Gourmandise*

Leïla dispose de deux tablettes de chocolat. L'une contient 60 % de cacao et l'autre 92 % de cacao. Quelle masse de chaque tablette doit-elle mélanger pour obtenir un mélange de 400 g dont la teneur en cacao est de 72 % ?

38 Sur la figure ci-dessous, AM = 7 cm et AE = 9 cm.

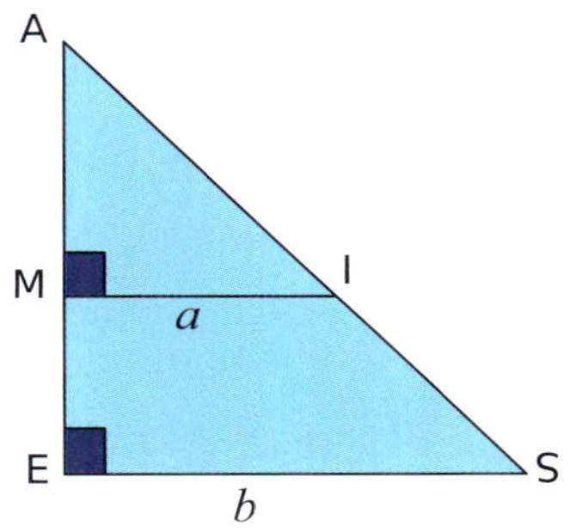

a. Que peux-tu dire de (MI) et (SE) ? Justifie.

b. En utilisant le théorème de Thalès, établis une égalité reliant a et b.

c. Sachant que l'aire du trapèze MISE est égale à 20 cm², écris une deuxième égalité liant a et b.

d. Détermine les longueurs MI et SE.

39 *Choix des inconnues*

Pendant les soldes, un vendeur de vêtements a vendu 86 costumes au prix normal et 11 costumes à prix réduit. Il réalise 1 045,30 € de bénéfice.

Au même moment, son collègue a vendu 78 costumes au prix normal et neuf costumes à prix réduit. Il a fait un bénéfice de 950,70 €.

Chaque vendeur propose le même prix normal, le même prix réduit et réalise le même bénéfice sur chaque costume vendu.

a. Quel est le bénéfice réalisé par les vendeurs sur un costume vendu au prix normal ?

b. Le prix réduit est-il un gain ou une perte pour ces vendeurs ?

Exercices d'approfondissement

40 En semaine, un zoo propose deux tarifs : un tarif adulte et un tarif enfant. Le dimanche, le tarif adulte est le même qu'en semaine alors que le tarif enfant est réduit de 20 %.

Lundi, le zoo reçoit 150 adultes et 210 enfants. La recette des entrées est de 3 270 €.

Dimanche, le zoo reçoit 1 070 visiteurs dont 350 adultes. La recette est de 8 232 €.

a. Quel est le tarif adulte ? Quel est le tarif enfant en semaine ?

b. Quel est le tarif réduit pour les enfants le dimanche ?

41 *Loi d'Ohm*

La tension U aux bornes d'un conducteur ohmique est égale au produit de sa résistance R par l'intensité I du courant qui la traverse :

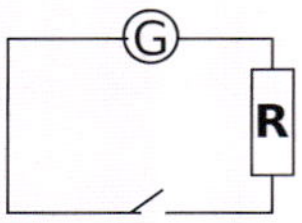

$$\mathbf{U = R \times I}$$

(U en volt V, R en ohm Ω et I en ampère A).

Un premier circuit électrique est composé d'un générateur, d'une lampe de résistance 500 Ω et d'un interrupteur.

Un second circuit est composé du même générateur, d'une lampe de résistance 80 Ω et d'un interrupteur.

En utilisant un ampèremètre, on vérifie que la somme des intensités des deux circuits est de 0,174 A.

a. Détermine l'intensité dans le premier circuit et dans le deuxième circuit.

b. Quelle est la tension délivrée par le générateur ?

42 Chloé souhaite installer un aquarium de 80 L dans sa chambre.

Pour déterminer le nombre de poissons à mettre dans l'aquarium, une règle empirique préconise 1 L d'eau pour chaque « centimètre » de poisson.
Chloé souhaite mettre des néons (taille adulte : 4 cm) et des guppys (taille adulte : 6 cm pour la femelle et 4 cm pour le mâle).
L'animalerie propose le couple de guppys à 2,30 € et le lot de cinq néons à 1,50 €.
Chloé a 9,10 € dans sa tirelire.

Combien de poissons de chaque sorte pourra-t-elle mettre dans son aquarium ?

43 Marc doit franchir une colline en vélo. Pour aller d'un village D vers un village A, en passant par le sommet S, il met 25 min 30 s.
Pierre, lui, met 40 min 30 s pour réaliser le même parcours en vélo mais en sens inverse de Marc.

Sachant que les deux cyclistes roulent à 15 km·h^{-1} dans la montée, et 40 km·h^{-1} dans la descente, calcule DS et SA.
(On supposera que la pente est identique avant et après le sommet.)

44 *Séisme au collège*

Lors d'un séisme, deux types d'ondes sismiques se succèdent : les ondes primaires longitudinales se propagent à la vitesse de 6 km/s et les ondes secondaires transversales se propagent à 4 km/s. Elles provoquent deux secousses.

Lors du tremblement de terre de Lambesc du 11 juin 1909, l'intervalle de temps entre les deux secousses a été de 1 s. À quelle profondeur se trouvait le foyer du séisme ?

À Lambesc se trouve le seul collège de France métropolitaine construit aux normes para-sismiques : il repose sur des piliers dont la base est recouverte de caoutchouc pour amortir les secousses.

45 Soit le système de trois équations à trois inconnues suivant.

$$\begin{cases} x + y = 59 \\ x + z = 75 \\ y + z = 32 \end{cases}$$

a. Exprime y en fonction de x dans la première équation.

b. Exprime z en fonction de x dans la deuxième équation.

c. Dans la troisième équation, remplace y et z par les expressions trouvées dans les questions **a.** et **b.**.

d. Résous l'équation trouvée.

e. Déduis-en y et z puis la solution du système.

Étude « théorique » d'un système

1re Partie : Les bonnes formules

On considère un système de deux équations à deux inconnues x et y de façon théorique. Ici, les coefficients qui composent le système sont aussi inconnus et non nuls. On les remplace par les lettres a, b, c, d, e et f : $\begin{cases} ax + by = c \\ dx + ey = f \end{cases}$

a. Dans le groupe, composez deux équipes.

La première équipe doit déterminer par quels nombres il faut multiplier les équations pour éliminer x.

La deuxième équipe doit déterminer par quels nombres il faut multiplier les équations pour éliminer y.

Les deux équipes mettent en commun leurs travaux et vérifient leurs réponses.

b. En utilisant les résultats trouvés dans la question **a.**, déterminez une « formule » permettant d'exprimer x à l'aide des coefficients a, b, c, d, e et f.

c. Déterminez de même une « formule » permettant d'exprimer y à l'aide des coefficients a, b, c, d, e et f.

2e Partie : Test des formules sur un exemple

Soit le système $\begin{cases} 5x + 3y = 1 \\ 2x - y = 4 \end{cases}$

d. Résolvez le système précédent en utilisant la méthode de votre choix.
Comparez vos résultats.

e. En remplaçant les coefficients a, b, c, d, e et f par les nombres qui conviennent, dans les « formules » trouvées dans la **1re Partie**, vérifiez que vous obtenez les bonnes valeurs pour x et pour y (Si ce n'est pas le cas, il faut revoir les « formules » de la **1re Partie**.).

3e Partie : Cas particuliers

f. Les opérations faites pour déterminer x et y avec les « formules » sont-elles toujours possibles ? Sinon, dans quel(s) cas y a-t-il un problème ?

g. Déterminez deux systèmes vérifiant l'un de ces cas : le premier avec $c = f$ et le second avec $c \neq f$.

h. Chaque membre du groupe résout les deux systèmes en utilisant la méthode de son choix.

i. Que constatez-vous pour chacun des cas ?

4e Partie : Avec un tableur

Vous allez programmer une feuille de calcul permettant de déterminer les solutions d'un système de deux équations à deux inconnues, en vous aidant des résultats précédents.

j. Dans un tableur, programmez une feuille de calcul comme celle ci-dessous.

	A	B	C	D	E	F	G
1	a	x	+	b	y	=	c
2	d	x	+	e	y	=	f
3							
4	$x =$						
5	$y =$						

k. Quelle formule devez-vous inscrire dans la cellule **B4** si vous voulez y faire apparaître la valeur de x ? Programmez cette formule.

l. Quelle formule devez-vous inscrire dans la cellule **B5** si vous voulez y faire apparaître la valeur de y ? Programmez cette formule.

Il faut maintenant tester si les formules que vous avez programmées sont bonnes.
Pour cela, on utilise le système que vous avez résolu dans la question **d.**.

m. Dans la feuille de calcul, remplacez chaque coefficient par les nombres qui conviennent. Les résultats obtenus correspondent-ils à ceux que vous avez trouvés à la question **d.** ?

n. Testez un système de votre composition.

o. Échangez ensuite ce système avec celui d'un autre groupe afin de vérifier que votre feuille de calcul donne le bon résultat.

p. Que se passe-t-il lorsque vous utilisez votre feuille de calcul avec les systèmes trouvés dans la question **g.** ?

q. En utilisant votre feuille de calcul, résolvez le système suivant :

$$\begin{cases} 3x + 4y = 6 \\ 6x - 9y = -5 \end{cases}$$

r. Que remarquez-vous ?

s. Chaque membre du groupe résout le système de la question **o.** avec la méthode de son choix.

t. Vérifiez vos résultats afin de déterminer la solution du système.

u. Quelle limite pouvez-vous établir à la résolution d'un système de deux équations à deux inconnues à l'aide d'un tableur ?

Se tester avec le QCM !

		R1	R2	R3	R4
1	Le couple (3 ; − 3) est solution de...	$3x - 3y = 0$	$3x + 3y = 0$	$4x - 3y = 21$	$3x + 3y = 0$ et de $4x - 3y = 21$
2	$4x - y = 21$ donc...	$x = 21 + y - 4$	$y = 21 - 4x$	$x = \dfrac{21 + y}{4}$	$y = -21 + 4x$
3	On considère l'équation $4x - 3y = 21$.	Si $x = 3$ alors $y = 3$	Si $y = -3$ alors $x = 3$	$x = 3$ et $y = -3$	Il y a une infinité de solutions
4	Soit $\mathcal{S}$ le système $\begin{cases} 5x + 2y = 7 \\ -2x + y = -10 \end{cases}$	$\mathcal{S}$ est un système de deux équations à trois inconnues	Le couple $(x ; y)$ est une solution du système s'il vérifie une des deux égalités	Résoudre $\mathcal{S}$, c'est trouver une valeur de x et une valeur de y qui vérifient les deux équations simultanément	L'accolade du système $\mathcal{S}$ ne sert à rien
5	Le système $\mathcal{S}$ a la même solution que...	$\begin{cases} 5x + 2y = 7 \\ 4x - 2y = -10 \end{cases}$	$\begin{cases} 5x + 2y = 7 \\ 4x - 2y = 20 \end{cases}$	$\begin{cases} 5x + 2y = 7 \\ -9x = 20 \end{cases}$	$5x + 2y = 7$
6	Le système $\mathcal{S}$...	admet pour solution (1 ; 1)	n'a pas de solution	admet pour solutions $x = 3$ et $y = -4$	admet une infinité de solutions
7	Le système $\begin{cases} 3x - 2y = 4 \\ 2x + y = -2 \end{cases}$...	admet pour solutions 0 et − 2	n'admet aucune solution	a pour solution $(0 ; -2)$	admet une infinité de solutions
8	Pour 24 équerres et 12 compas, on paie 60 € et pour deux compas et deux équerres, on paie 7 €. Quel(s) système(s) peut (peuvent) traduire cet énoncé ?	$\begin{cases} 24x + 12y = 60 \\ 2x + 2y = 7 \end{cases}$	$\begin{cases} 2a + b = 5 \\ 2a + 2b = 7 \end{cases}$	$\begin{cases} 12u + 24v = 60 \\ 2u + 2v = 7 \end{cases}$	$\begin{cases} u = 1{,}5 \\ v = 2 \end{cases}$
9	On a garé des voitures et des deux-roues. Au total, il y a 52 roues et 16 véhicules. Combien y a-t-il de voitures ?	treize voitures	dix voitures	aucune voiture	six voitures

Récréation mathématique

Jacques Peletier est un écrivain célèbre du XVIe siècle qui écrivit le premier livre d'algèbre en langue française. Voici un exercice de son livre, en vieux français.

7 aufnes de velours cramoifi et 3 aufnes de velours noir, fe vendent 58 efcus &, au mefme prix 2 aufnes de velours cramoifi & 4 de velours noir valent 26 efcus.
Combien vaut l'aufne de velours cramoifi ?

Sachant qu'une aulne mesure environ 1,20 m, calcule la longueur de drap achetée par ce marchand.

Inégalités et inéquations

N5

Activités de découverte

Activité 1 : Inégalité stricte et relative

Dans ce parc de loisirs, certaines attractions sont réservées à des enfants d'une taille bien précise.

Attraction 1	Attraction 2	Attraction 3	Attraction 4
Réservée aux enfants de moins de 1,40 m.	Réservée aux enfants d'au moins 1,40 m.	Interdite aux enfants de 1,40 m et moins.	Interdite aux enfants de plus de 1,40 m.

Soit t la taille d'un enfant en mètres.
Écris pour chaque attraction une inégalité (par exemple $t \leqslant 1{,}40$ ou $t > 1{,}40$) traduisant le fait que l'enfant est autorisé à y participer.

Activité 2 : Position sur une droite graduée

1. Dans chacune des figures ci-dessous, on peut placer un point M n'importe où sur la partie rouge de la droite graduée mais jamais sur une autre partie. On note a l'abscisse du point M. Ainsi, dans la figure 1, a peut prendre les valeurs -10 ; 0 ; 1 ;... mais pas la valeur 3.

a. Quelle est la différence entre la figure 1 et la figure 4 ?

b. Dans quelles figures l'abscisse a peut-elle valoir exactement 2 ? Dans quelles figures l'abscisse a peut-elle être supérieure strictement à 2 ?

c. Peut-on connaître la valeur minimale de l'abscisse a dans la figure 3 ? Et dans la figure 2 ? Réponds par un nombre ou une phrase.

d. Pour chaque figure, écris une inégalité donnant toutes les valeurs possibles de l'abscisse de M. (Tu utiliseras les symboles « $<$ », « $>$ », « $\leqslant$ » ou « $\geqslant$ ».)
Par exemple, $a \geqslant 3$.

Figure 1

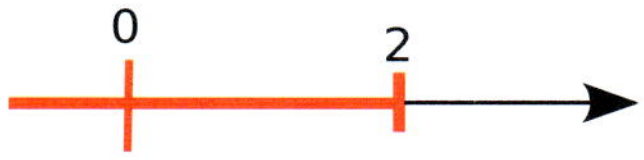

Figure 2

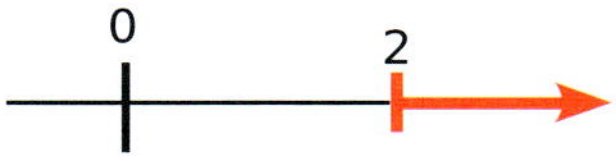

Figure 3

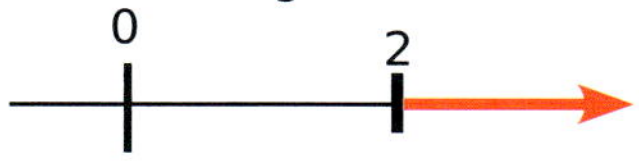

Figure 4

2. Pour une meilleure lisibilité, les mathématiciens utilisent d'autres symboles pour indiquer si 2 appartient, oui ou non, à la partie rouge :

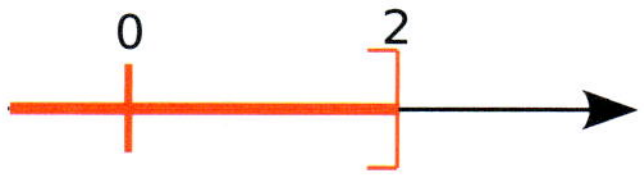

2 est « retenu » dans la partie rouge :
il lui appartient.

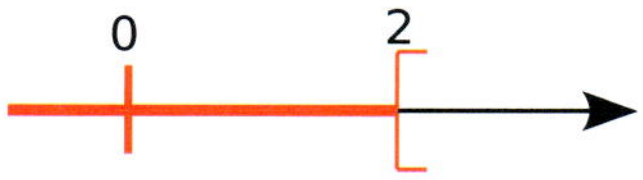

2 est « chassé » de la partie rouge :
il ne lui appartient pas.

En utilisant ces symboles, représente en rouge sur une droite graduée tous les emplacements possibles du point M dans chacun des cas suivants.

a. $a < -1$ **b.** $a \geqslant -1$ **c.** $a \leqslant 5$ **d.** $a < 5$ **e.** $a \geqslant 0$ **f.** $a > 0$

Activité 3 : Ordre et opérations

1. Placement et comparaison

Reproduis sur ton cahier la droite graduée ci-dessous en prenant un carreau comme unité de graduation.

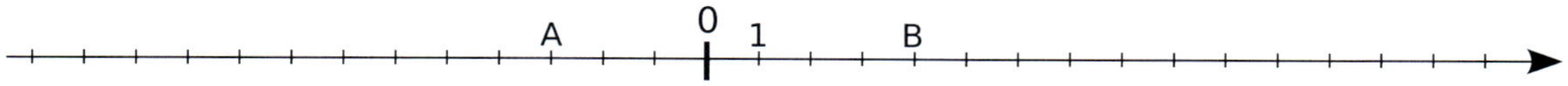

a. Les points A et B ont pour abscisses respectives a et b. Place sur cette droite les points d'abscisses a ; b ; $-a$; $-b$; $3a$; $3b$; $-2a$; $-2b$; $a+5$ et $b+5$.

b. En observant la position de ces points sur la droite graduée, recopie et complète par le symbole d'une inégalité.

$a \dots b$	$-a \dots -b$	$3a \dots 3b$	$-2a \dots -2b$	$a+5 \dots b+5$

2. Rappelons-nous les règles de quatrième

Soient x et y deux nombres non nuls tels que $x > y$. Dans chaque cas, compare les nombres donnés puis rappelle la propriété de quatrième que tu utilises.

a. $x+3$ et $y+3$

b. $-3x$ et $-3y$

c. $x-2$ et $y-2$

d. $x \div 2$ et $y \div 2$

e. $5x$ et $5y$

f. $\frac{x}{-3}$ et $\frac{y}{-3}$

3. Application aux inéquations

a. Voici un exemple de résolution d'inéquation. Recopie et complète le tableau de manière à préciser à chaque étape l'opération que l'on va faire et si, en faisant cette opération, le sens de l'inégalité est changé.

Inéquation	Opération à faire	Change-t-on le sens de l'inégalité ?
$3x-2 > 8x+4$	Enlever $8x$ à chaque membre	Non
$-5x-2 \dots 4$		
$-5x \dots 6$		
$x \dots -\frac{6}{5}$		

b. Construis un tableau similaire pour résoudre les inéquations suivantes.

- $-3x-2 > -x+4$
- $5 \leqslant 8-x$
- $\frac{x}{-4} \geqslant -1$

c. Représente sur des droites graduées les solutions des quatre inéquations que tu viens de résoudre.

Activité 4 : Le jeu des erreurs

Cherche et explique les erreurs commises ci-dessous.

Résous l'inéquation $2x + 5 < 3x - 1$.	Résous l'inéquation $-x + 3 \geqslant 5$.	Encadre $-3x$ sachant que $-\frac{1}{3} \leqslant x < \frac{2}{3}$.
$2x + 5 - 2x < 3x - 1 - 2x$ $5 < x - 1$ $5 + 1 < x - 1 + 1$ donc $x < 6$ 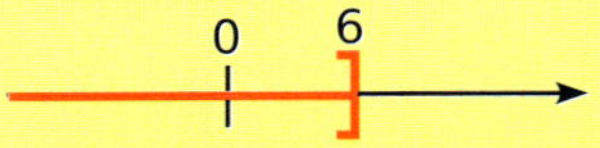	$-x + 3 - 3 \geqslant 5 - 3$ $-x \geqslant 2$ $x \geqslant -2$ 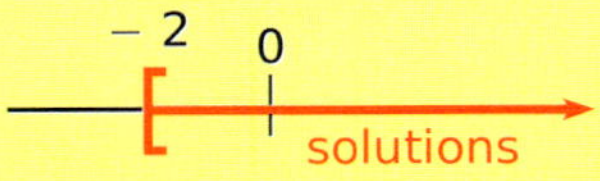	$-\frac{1}{3} \times (-3) \leqslant -3x < \frac{2}{3} \times (-3)$ $\frac{3}{3} \leqslant -3x < \frac{-6}{3}$ $1 \leqslant -3x < -2$ donc $-3x$ est compris entre -2 et 1.

Activité 5 : En route !

1. Pour partir en week-end, Alain a décidé de louer une voiture. Voici les tarifs proposés par les deux agences de sa ville.

Agence RAVIS : 124 € de location plus 30 centimes d'euro par kilomètre parcouru ;

Agence EUROPAUTO : 145 € de location plus 25 centimes d'euro par kilomètre parcouru.

a. S'il parcourt 100 km, quel sera le prix de la location avec chacune des deux agences ? Quel est, dans ce cas, le tarif le plus avantageux ?

b. Quel sera le tarif le plus avantageux s'il parcourt 1 000 km ?

2. Programme un tableur pour qu'il calcule automatiquement le prix à payer pour chaque agence en fonction du nombre de kilomètres parcourus.
Par exemple, pour 120 km, il affichera :

	A	B	C
1	kilomètres	Prix (RAVIS)	Prix (EUROPAUTO)
2	120	160	175

a. Quelle formule faut-il programmer dans la cellule B2 ? Dans la cellule C2 ?

b. D'après le tableur, à partir de combien de kilomètres parcourus le tarif proposé par l'agence EUROPAUTO est-il apparemment le plus avantageux ?

3. Soit x le nombre de kilomètres parcourus.

a. Quelle est la valeur minimale de x ?

b. Exprime, pour chacune des agences, le prix à payer en fonction de x.

c. Traduis par une inéquation la proposition : « *Le prix à payer avec l'agence EUROPAUTO est inférieur ou égal au prix à payer avec l'agence RAVIS.* ».

d. Résous cette inéquation et repasse en rouge sur une droite graduée l'ensemble des solutions. Tu tiendras compte des crochets et de la réponse à la question **a.**.

e. Pour une distance parcourue de 420 km, quelle est l'agence la plus avantageuse ?

f. Alain vient de calculer qu'il devra parcourir 370 km durant le week-end. Quelle agence va-t-il choisir ?

I - Inégalités et inéquations

A - Inégalités

Définitions

Une **inégalité** permet de comparer deux nombres.
- $\pi \leqslant 5$ signifie que $\pi - 5$ est **négatif ou nul** : $\pi - 5 \leqslant 0$
- $\pi \geqslant 2$ signifie que $\pi - 2$ est **positif ou nul** : $\pi - 2 \geqslant 0$
- $\pi < 5$ signifie que $\pi - 5 < 0$
- $\pi > 2$ signifie que $\pi - 2 > 0$

Règles

- On **ne change pas** le sens d'une inégalité **en additionnant ou en soustrayant** un même nombre à ses deux membres.
- On **ne change pas** le sens d'une inégalité **en multipliant ou en divisant** ses deux membres par un même nombre **strictement positif**.
- On **change** le sens d'une inégalité **en multipliant ou en divisant** ses deux membres par un même nombre **strictement négatif**.

Exemple : Sachant que $\sqrt{3}$ est un nombre compris entre 3,7 et 3,8, encadre $-2\sqrt{3} - 7$.

$3{,}7 < \sqrt{3} < 3{,}8$ ⟶ On établit l'inégalité encadrant $\sqrt{3}$.

$-2 \times 3{,}7 > -2\sqrt{3} > -2 \times 3{,}8$
$-7{,}4 > -2\sqrt{3} > -7{,}6$ ⟶ On **multiplie** l'inégalité par -2 qui est négatif donc on change le sens de l'inégalité.

$-7{,}6 < -2\sqrt{3} < -7{,}4$ ⟶ Par convention, on écrit plutôt les signes « < » : il suffit d'inverser les bornes de l'inégalité.

$-7{,}6 - 7 < -2\sqrt{3} - 7 < -7{,}4 - 7$
$-14{,}6 < -2\sqrt{3} - 7 < -14{,}4$ ⟶ On **ajoute -7** à l'inégalité ce qui ne change pas son sens.

$-2\sqrt{3} - 7$ est un nombre compris entre $-14{,}6$ et $-14{,}4$.

B - Inéquations

⟶ ex 1 et 2

Définitions

Une **inéquation** est une inégalité comportant une ou des inconnues.
Une **solution d'une inéquation** est un nombre pour lequel l'inégalité est vraie.

Exemples : **a.** -2 est-il solution de $3x + 5 < -2x - 8$? **b.** $-2{,}6$ de $3x + 5 < -2x - 8$?

a. On calcule séparément chaque membre de l'inégalité en remplaçant x par -2.

$3 \times (-2) + 5 = -6 + 5 = -1$ ⟶ Le membre de gauche a pour valeur -1.

$-2 \times (-2) - 8 = 4 - 8 = -4$ ⟶ Le membre de droite a pour valeur -4.

$-1 > -4$ donc -2 n'est pas solution de l'inéquation $3x + 5 < -2x - 8$. ⟶ On conclut après avoir comparé les deux valeurs trouvées.

b. On calcule séparément chaque membre de l'inégalité en remplaçant x par $-2{,}6$.

$3 \times (-2{,}6) + 5 = -2{,}8$
$-2 \times (-2{,}6) - 8 = -2{,}8$ ⟶ Les deux valeurs trouvées sont identiques mais l'inégalité est stricte.

$-2{,}6$ n'est pas solution de l'inéquation $3x + 5 < -2x - 8$

II - Résoudre une inéquation

A - Méthode de résolution

→ ex 3

Définition

Résoudre une inéquation, c'est trouver tous les nombres qui vérifient l'inégalité.

Exemple 1 : Résous l'inéquation suivante d'inconnue x : $7x - 3 > 2x - 1$.

$7x - 3 - 2x > 2x - 1 - 2x$
$5x - 3 > -1$ → On **soustrait $2x$** à chaque membre et on réduit.

$5x - 3 + 3 > -1 + 3$
$5x > 2$ → On **ajoute 3** à chaque membre et on réduit.

$x > \frac{2}{5}$ → On **divise** chaque membre par **5** qui est strictement positif donc le sens de l'inégalité ne change pas.

Les solutions sont tous les nombres strictement supérieurs à $\frac{2}{5}$.

Exemple 2 : Résous l'inéquation suivante d'inconnue x : $-3x - 8 \leqslant x - 1$.

$-4x - 8 \leqslant -1$ → On **soustrait x** à chaque membre.

$-4x \leqslant 7$ → On **ajoute 8** à chaque membre.

$x \geqslant -\frac{7}{4}$ → On **divise** chaque membre par **− 4** qui est strictement négatif donc on change le sens de l'inégalité.

Les solutions sont tous les nombres supérieurs ou égaux à $-\frac{7}{4}$.

B - Représenter les solutions sur une droite graduée

→ ex 4 et 5

Définitions

Dans la représentation des solutions sur une droite graduée :

- si un crochet est **tourné vers les solutions** alors le nombre correspondant **fait partie des solutions** ;
- si le crochet est **tourné vers l'extérieur** alors le nombre correspondant **ne fait pas partie des solutions**.

Exemples :

a. Sur une droite graduée, représente en rouge les nombres solutions de l'inéquation $x > 3$.
b. Sur une droite graduée, hachure les nombres qui ne sont pas solutions de l'inéquation $x \leqslant -2$.

a.

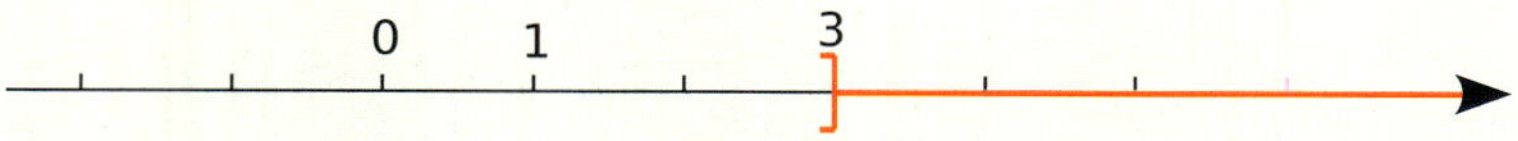

Le crochet n'est pas tourné vers les solutions car le nombre 3 n'est pas solution.

b.

Le crochet est tourné vers les solutions car le nombre − 2 est une solution.

Exercices corrigés par animation

http://manuel.sesamath.net

1 Parmi les nombres -2 ; 0 ; $\frac{1}{2}$ et 3, lesquels sont solutions de l'inéquation $3x - 2 \leqslant 5x - 3$?

2 De quelles inéquations, parmi les suivantes, le nombre $-\frac{2}{3}$ est-il solution ?

a. $7x + 3 > 2x - 2$

b. $2x - 5 \geqslant x + 8$

c. $x - 9 \leqslant -3x + 2$

d. $-2x + 3 < 9$

3 Résous les inéquations d'inconnue x suivantes.

a. $7x + 3 > 2x - 2$

b. $2x - 5 \geqslant 4x + 8$

c. $-5x - 9 \leqslant -x + 2$

d. $-2x + 3 < -9$

4 Colorie en rouge la partie d'une droite graduée correspondant aux solutions de l'inéquation $x \geqslant -1$.

5 Donne une inéquation dont les solutions correspondent à la partie qui n'est pas hachurée sur cette droite graduée.

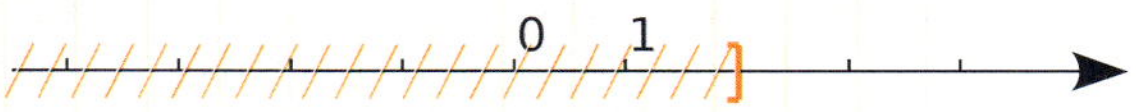

Tous ces exercices sont également corrigés à la fin du manuel.

Comparaison

1 Reproduis et complète le tableau suivant.

Inégalités	En toutes lettres
$a < 3$	a est un nombre strictement inférieur à 3.
$b > -10$	
$1 \geqslant x$	x est un nombre...
$s \leqslant 0,5$	
	r est un nombre strictement positif.

2 *Vocabulaire*

Traduis par une inégalité les phrases suivantes.

a. Le nombre x est au moins égal à 12.

b. Le nombre x n'est pas plus grand que 6.

c. Le nombre x est au plus égal à 7.

d. Le nombre x est inférieur ou égal à 7.

3 Sachant que a et b sont deux nombres tels que $a < b$, compare quand c'est possible.

a. $a + 1$ et $b + 1$

b. $a + 7,3$ et $b + 7,3$

c. $a - 8$ et $b - 8$

d. $a - 6$ et $b + 6$

e. $b + \sqrt{2}$ et $a + \sqrt{2}$

f. $a - 10^4$ et $b - 10^4$

4 *Vrai ou faux ?*

Explique, en justifiant, si les affirmations suivantes sont vraies ou fausses.

a. $x < x + 1$ pour tout nombre x.

b. $2x \geqslant x$ pour tout nombre x.

c. $x < 0$ pour tout nombre x.

5 *Encadrements*

a. Donne l'encadrement de $\sqrt{3}$ au dixième.

b. Déduis-en un encadrement de :

$\sqrt{3} + 3,5$ | $6\sqrt{3}$ | $2\sqrt{3} - 6$ | $(1 + \sqrt{3}) \div 2$

c. Donne un encadrement d'amplitude 0,01 de la hauteur d'un triangle équilatéral de côté 4 cm.

6 Sachant que x, r et s sont des nombres et que $r \leqslant s$, compare les nombres suivants.

a. $5r$ et $5s$

b. $r\sqrt{3}$ et $s\sqrt{3}$

c. $3,4s$ et $3,4r$

d. $s + 2\pi$ et $r + 2\pi$

e. $r + x$ et $s + x$

f. $-9s$ et $-9r$

7 Sachant que a est un nombre tel que $a < 3$, recopie et complète par une inégalité.

a. $a + 3$ ...

b. $a - 3$ ...

c. $3a$ ...

d. $-3a$ ...

e. $-a$ ...

f. $a\sqrt{3}$ ...

g. $2a + 2$ ...

h. $3a - \pi$ ...

i. $-3a + 3$ ...

Solutions d'une inéquation

8 *D'une écriture à l'autre*

Reproduis et complète le tableau suivant.

Inéquations	Les solutions sont tous les...
$x < 3$	...nombres strictement inférieurs à 3.
	...nombres négatifs ou nuls.
$x \geqslant -4$	
$6 \leqslant x$	
$0 < x$	

9 *Être ou ne pas être solution*

a. Quelles sont, parmi les nombres -2 ; 0 et 2, les solutions de l'inéquation $5x \leqslant -10$?

b. Le nombre 3 est-il solution de l'inéquation $x + 1 > 0$? Et le nombre -1 ?

c. Le nombre -2 est-il solution de l'inéquation $2x \geqslant 0$? Et le nombre 0 ?

d. Le nombre 3 est-il solution de l'inéquation $2x + 1 \leqslant 0$? Et le nombre -3 ?

10 Explique, en justifiant, si les affirmations suivantes sont vraies ou fausses.

a. Le nombre 1 est solution de l'inéquation $2x - 1 > x$.

b. Le nombre 10 n'est pas solution de l'inéquation $-9 + 3x \geqslant x - 5$.

Représentation sur un axe

11 Indique dans chaque cas si le nombre -3 fait partie ou non des solutions représentées sur l'axe.

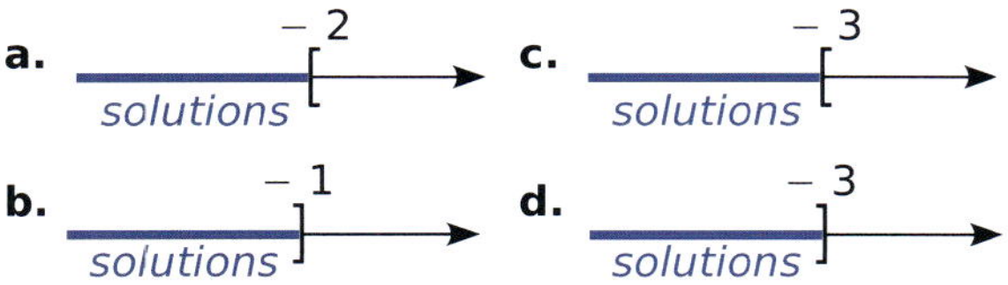

12 Associe chaque axe à l'inégalité qu'il traduit.

- $x \geqslant 8$ •
- $x \leqslant 8$ •
- $x > 8$ •
- $x < 8$ •

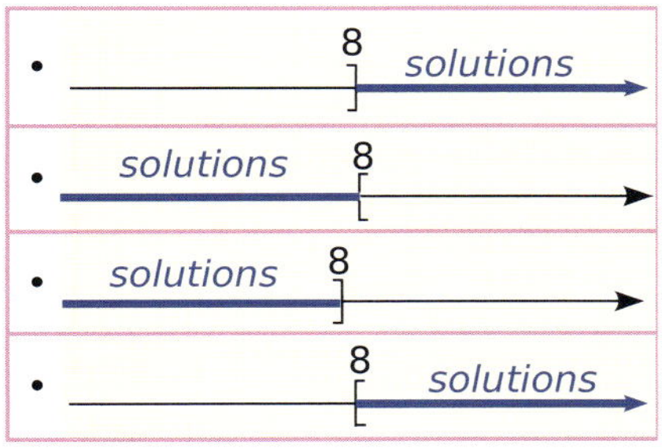

13 Écris une inéquation dont les solutions sont représentées sur l'axe donné.

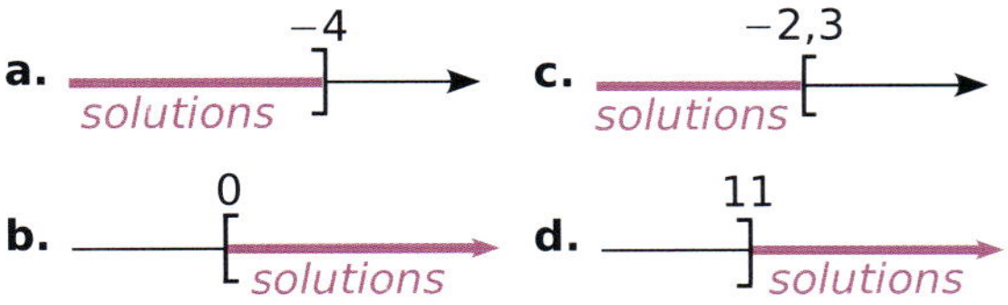

14 Représente sur un axe les solutions des inéquations suivantes, en hachurant la partie ne convenant pas.

a. $x > -2$ **c.** $x \geqslant \pi$

b. $x \leqslant \frac{1}{3}$ **d.** $x < 2\sqrt{3}$

15 *Axe représentatif*

Représente sur un axe les solutions des inéquations suivantes, en coloriant en vert la partie qui convient.

a. $20 \geqslant x$ **c.** $-1 > x$

b. $0 < x$ **d.** $\sqrt{7} \geqslant x$

Résoudre des inéquations

16 *Passage à l'opposé*

a. Soit a et x deux nombres quelconques. Que peux-tu dire du nombre x si $-x > a$?

b. Résous alors les inéquations suivantes.

- $-x \geqslant 7$
- $-x > -1$
- $-x < -3$
- $-x \leqslant \frac{2}{5}$

17 *Inéquations en vrac*

Résous les inéquations suivantes, puis représente les solutions sur un axe en coloriant la partie qui convient.

a. $x + 7 < 12$ **d.** $y + 1 \geqslant 1{,}5$

b. $5 + x \leqslant -9$ **e.** $10 + x > -20$

c. $t - 7 > 0$ **f.** $t - 51 < -30$

18 *Encore quelques-unes*

Résous les inéquations suivantes, puis représente les solutions sur un axe en hachurant la partie qui ne convient pas.

a. $3 \leqslant -3 + x$ **c.** $-x + 8 < 0$

b. $-10 \leqslant x + 22$ **d.** $4 - x \leqslant -1$

19 *Tout bon ?*

Salomé a rédigé la solution suivante sur sa copie.

$5x \leqslant 7x - 2$

$5x - 7x \leqslant 7x - 7x - 2$

$-2x \leqslant -2$

$x \leqslant 1$

Les solutions de l'inéquation sont les nombres inférieurs ou égaux à 1.

Est-ce juste ? Justifie ta réponse et donne la bonne résolution le cas échéant.

20 Résous les inéquations suivantes, puis représente les solutions sur un axe en coloriant la partie qui convient.

a. $3x \leqslant 12$ **c.** $-10x < 5$

b. $7x > -14$ **d.** $-4x \leqslant -20$

21 Associe à chaque inéquation de gauche ses solutions.

$5x \leqslant -25$	•
$5x \leqslant 25$	•
$-5x \leqslant -25$	•
$-5x \leqslant 25$	•

•	$x \leqslant 5$
•	$x \leqslant -5$
•	$x \geqslant -5$
•	$x \geqslant 5$

22 Résous les inéquations suivantes et représente les solutions sur un axe gradué en hachurant la partie de l'axe qui ne convient pas.

a. $4x - 3 > 6$

b. $3x + 2 \leqslant -7$

c. $-5x + 10 < 12$

d. $-6x + 11 \geqslant 7$

23 Résous les inéquations suivantes et représente les solutions sur un axe gradué en coloriant la partie de l'axe contenant les solutions.

a. $x - 1 < 5 - 5x$

b. $4x + 3 \leqslant x - 2$

c. $-x + 40 > 10 + x$

d. $-6x + 11 \geqslant 4x$

24 Résous les inéquations suivantes et représente les solutions sur un axe gradué en coloriant en rouge les solutions.

a. $2(x + 5) > (x + 3) - (x - 1)$

b. $4 - (2x - 1) \leqslant 3(4x + 1)$

c. $5 - 2(x + 3) \geqslant 2(x + 1) - 3(x - 2)$

d. $\dfrac{3}{14}x - 1 < \dfrac{5}{7}$

e. $\dfrac{1}{4} - x > -\dfrac{5}{12}$

25 *Solutions particulières*

Résous les inéquations suivantes.

a. $5x \leqslant 5x - 2$

b. $5x \leqslant 5x + 2$

c. $3x + 9 \geqslant 9 + 3x$

26 *Extrait du Brevet*

Soit l'inéquation $-3(x - 1) - 6 \geqslant 0$.

a. Le nombre -2 est-il solution de l'inéquation ? Justifier.

b. Résoudre l'inéquation. Représenter les solutions sur un axe (hachurer la partie de l'axe qui ne convient pas).

27 *Quelle inéquation pour quels nombres ?*

a. Écris une inéquation dont -5 est solution.

b. Écris une inéquation dont 0 et 4 sont solutions.

c. Écris une inéquation dont -1 est solution mais pas -2.

Problèmes

28 Après avoir ajouté 5 au triple d'un nombre, on obtient un nombre négatif. Que peux-tu dire du nombre choisi au départ ?

29 *La moyenne*

Sonia a eu 11 notes au cours du trimestre.
Sa moyenne est actuellement de 13,7 sur 20.
Quelle note doit-elle obtenir au minimum à son prochain devoir pour que sa moyenne devienne supérieure ou égale à 14 ?

30 *D'après Brevet*

Un cinéma propose deux tarifs.

Tarif 1 : 7,50 € la place.

Tarif 2 : 5,25 € la place sur présentation d'une carte d'abonnement de 27 € valable un an.

a. On désigne par x le nombre de places achetées au cours d'une année.
On note P_1 le prix payé avec le tarif 1 et P_2 le prix payé avec le tarif 2.
Exprimer P_1 et P_2 en fonction de x.

b. À partir de combien de places a-t-on intérêt à s'abonner ?

31 *D'après Brevet*

Pour transporter des enseignes, une société souhaite comparer les tarifs de deux entreprises : l'entreprise « Vitlivré » propose une somme de 3,20 € par kilomètre parcouru, tandis que l'entreprise « Rapido » propose un forfait de 180 € puis une somme de 2 € par kilomètre parcouru.

a. Quelle entreprise faut-il choisir pour un transport de 100 kilomètres ?

b. À partir de quel kilométrage l'entreprise « Rapido » est-elle la plus intéressante ?

32 Résous les inéquations suivantes et représente les solutions sur un axe gradué en coloriant en rouge les solutions.

a. $\frac{3}{4}x - \frac{1}{2} < 5 - x$

b. $-1 - \frac{1}{3}(2x + 13) \geqslant \frac{5}{6}(x + 1) - \frac{1}{6}(5x - 2)$

33 *Système d'inéquations*

Un nombre est solution d'un système d'inéquations quand il est solution de chacune des inéquations du système.

a. Indique si les nombres -7 ; -1 et 4 sont solutions du système suivant en justifiant ta réponse.

$$\begin{cases} 2x + 5 > x - 1 \\ -x + 5 > 2x - 7 \end{cases}$$

b. Résous la première inéquation et représente en bleu les solutions sur une droite graduée.

c. Résous la seconde inéquation et représente en rouge les solutions sur la même droite que précédemment.

d. Les solutions du système sont les nombres représentés en bleu et en rouge sur la droite. Quelles sont-elles ?

34 *Extrait du Brevet*

a. Résoudre l'inéquation $7x > 8x - 3$ puis représenter les solutions sur une droite graduée.

b. Résoudre l'inéquation $-3x + 1 > -5x - 2$ puis représenter les solutions sur une droite graduée.

c. Représenter sur une droite graduée les solutions du système suivant.

$$\begin{cases} 7x > 8x - 3 \\ -3x + 1 > -5x - 2 \end{cases}$$

35 Pour chaque question, écris un système de 2 inéquations dont les solutions sont représentées sur l'axe donné.

a. 

b. 

36 Complète le système de 2 inéquations ci-dessous pour que ses solutions soient celles qui sont représentées sur l'axe donné.

$$\begin{cases} 2x \geqslant \dots \\ -3x > \dots \end{cases}$$

37 Trouve un encadrement de x sachant que $3 \leqslant -3 + 2x \leqslant 7$.

38 Représente sur une droite graduée les valeurs possibles pour x sachant que : $-5 \leqslant -3x + 2 \leqslant 6$.

Quelles sont les valeurs entières relatives possibles pour x ?

39 Pour quelles valeurs de x, le périmètre du rectangle A est-il supérieur à celui du rectangle B ?

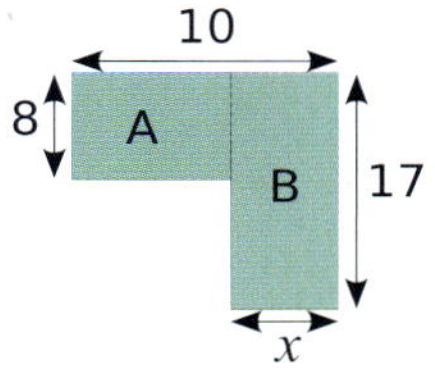

40 Un pré rectangulaire a pour longueur 80 m. Le cultivateur doit encore décider de sa largeur x, exprimée en mètres.
Il souhaite que le périmètre de ce pré soit inférieur à 240 m. En même temps, il voudrait que son aire soit supérieure à 3 000 m^2.

a. Traduis ces deux informations par deux inéquations.

b. Résous ces inéquations et indique les valeurs possibles de la largeur x du pré.

41 Un fournisseur d'électricité A propose un abonnement de six mois à 80 €, où le prix du kWh est de 0,15 €.
Un concurrent B propose un autre abonnement de même durée, à 130 €, où le kWh coûte 0,14 € en heures pleines et 0,07 € en heures creuses, valables de 23h30 à 7h30.

a. Calcule le montant annuel pour une famille cliente chez A et consommant 3 600 kWh/an.

b. Calcule le montant annuel qu'elle paierait chez B, sachant qu'elle a 40 % de sa consommation en heures creuses.

c. À partir de quelle consommation annuelle le tarif B est-il plus avantageux pour cette famille que le tarif A ?

42 *Le haut du pavé*

a. Démontre la propriété suivante.
« Si $n > m > 0$ et $q > p > 0$ alors $nq > mp$. »

b. Un triangle a un côté de longueur comprise entre 20 et 21 cm ; la hauteur relative à ce côté est comprise entre 10 et 11 cm.
Donne un encadrement de son aire.

c. Un pavé droit a une longueur comprise entre 25 et 26 cm, une largeur comprise entre 12 et 13 cm et une hauteur de 8 cm.
Donne un encadrement de son volume.

43 Magali a écrit ce programme de calcul.

- Choisis un nombre.
- Soustrais 6.
- Multiplie le résultat par 4.
- Écris le résultat.

Ziad, lui, a écrit ce programme de calcul.

- Choisis un nombre.
- Prends son triple.
- Soustrais 10.
- Écris le résultat.

a. Applique ces deux programmes de calcul aux nombres -3 ; 0 et 20.
Dans quel(s) cas, le programme de Magali donne-t-il un résultat inférieur à celui de Ziad ?

b. Quels nombres peut choisir Magali pour que son programme donne à chaque fois un résultat supérieur à celui de Ziad ?

44 Résous les inéquations suivantes et représente les solutions sur un axe gradué en coloriant en rouge les solutions.

a. $(x + 5)(x + 3) > (x + 1)^2 - (x - 1)$

b. $-(2x - 1)^2 \leqslant -4(x + 1)(x - 1)$

c. $8x - 6\sqrt{7} < 9\sqrt{7} - 3x$

d. $\sqrt{2}(x - 7\sqrt{2}) \geqslant -3(2 + 5\sqrt{2}x)$

45 *Des signes contraires*

a. Quelle est la plus petite solution entière positive de l'inéquation $(-3x + 9)(x + 4) < 0$?

b. Explique en quoi cette inéquation est différente de celles qui sont vues dans ce chapitre ?

c. Est-ce également le cas des inéquations de l'exercice **44** aux questions **a.** et **b.** ?

46 *Inéquation produit*

On s'intéresse aux solutions de l'inéquation suivante : $(-2x + 3)(2x + 4) > 0$.

a. Résous l'équation $(-2x + 3)(2x + 4) = 0$.

b. Rappelle la règle des signes pour un produit de deux nombres relatifs. Quel doit être le signe de $-2x + 3$ et $2x + 4$ pour que leur produit soit positif ?

c. 0 ; 3 et -3 sont-ils solutions de cette inéquation ?

d. Résous l'inéquation $-2x + 3 > 0$.
Représente ses solutions sur un axe gradué.

e. Déduis-en les valeurs de x pour lesquelles l'expression $-2x + 3$ est négative.

f. On s'intéresse au signe de l'expression $-2x + 3$ en fonction de la valeur de x. Écris une phrase qui répond à cette question.

g. On consigne les informations de la question précédente dans un tableau appelé tableau de signes.

x	…	
Signe de $-2x + 3$	$+$	$-$

Reproduis puis complète le tableau.

h. Vérifie que le tableau est cohérent pour la valeur $x = 0$.

i. Reprends les questions de **d.** à **g.** pour l'expression $2x + 4$ et complète le tableau.

x	…	
Signe de $2x + 4$	…	…

j. Consigne dans un même tableau toutes les informations précédentes.

x	…	…	
Signe de $-2x + 3$	…	…	…
Signe de $2x + 4$	…	…	…
Signe de $(-2x + 3)(2x + 4)$	…	…	…

k. Vérifie que tes réponses à la question **c.** sont cohérentes avec ce tableau.

l. Résous l'inéquation $(-2x + 3)(2x + 4) > 0$ et représente ses solutions sur un axe gradué en coloriant en rouge les solutions.

m. Résous l'inéquation $(-2x + 3)(2x + 4) < 0$.

1 Sudomaths

1re Partie : Les inéquations

Dans le groupe, répartissez-vous le travail pour trouver le nombre correspondant à chaque lettre.

a est le plus petit nombre entier solution de l'inéquation $x - 1 \geqslant -3x + 2$;

b est la plus petite solution entière positive de l'inéquation $(-3x + 9)(x + 4) < 0$;

c est la plus grande solution entière de l'inéquation $x^2 < 40$;

d est l'unique solution entière du système d'inéquations : $\begin{cases} 8x - 2 < -2x + 30 \\ 4x + 10 < 9x - \dfrac{2}{5} \end{cases}$;

e est le produit des solutions entières strictement positives de l'inéquation $-x + 2 < -3x + 9$;

f est la plus grande solution entière de l'inéquation : $\dfrac{x+1}{4} - 1 \leqslant \dfrac{5}{4} - \dfrac{2x-3}{2}$;

g est l'unique nombre entier tel que : $42 < 5x + 1 < 47$;

h est la plus petite solution entière positive de l'inéquation $4x^2 > 12x$;

i est la plus petite solution entière de l'inéquation $-2\left(\dfrac{1}{2}x + 6\right) \geqslant 9\left(-\dfrac{4}{9}x + \dfrac{5}{3}\right)$.

2e Partie : La grille

	a			*d*		*c*		*f*
e	5		7	*a*	*f*			
i	*b*	*f*			5			*d*
	7	*h*				*a*		
	g		*a*		*d*	*b*	*f*	
		a				5		*i*
7			*f*			*d*	*g*	*a*
			d	7	*a*		*c*	5
a		*e*		5			7	

Recopiez la grille en remplaçant chaque lettre par le nombre obtenu dans la 1re Partie.

Vous obtenez une grille de SuDoKu à compléter par les chiffres de 1 à 9, de telle façon qu'il y ait un nombre de chaque valeur dans chaque ligne, chaque colonne et chaque carré de neuf cases.

(Avec l'aimable autorisation du groupe JEUX de l'APMEP qui propose d'autres Sudomaths dans ses brochures.)

3e Partie : À vous maintenant

En prenant une grille de SuDoKu toute faite, ou en en fabriquant une, chaque groupe crée un Sudomaths dont les valeurs sont données avec des inéquations.

Vérifiez bien que votre Sudomaths ne contient pas d'erreur. Vous pouvez alors chercher les Sudomaths des autres groupes.

2 Recoller les morceaux

1re Partie : Un problème commun

ABCD est un rectangle tel que AB = 6 cm et AD = 4 cm. Le point I est le milieu du côté [AD]. Où doit-on placer le point M sur le côté [CD] pour que l'aire du triangle BMI soit inférieure ou égale au tiers de l'aire du rectangle ABCD ?

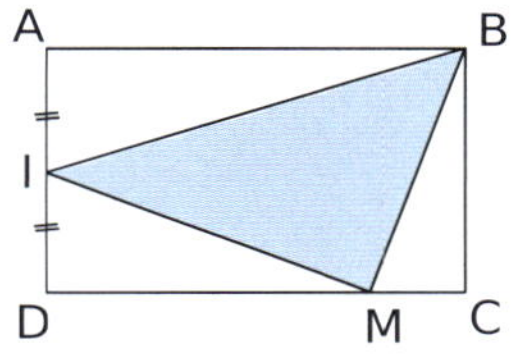

a. En appelant x la distance DM, traduisez ce problème par une (in)équation.

b. Recopiez et complétez le tableau suivant.

x	0	1	2	3	4	5	6
$6 + x$							

c. Tracez la droite passant par les points de coordonnées $(x\ ;\ 6 + x)$. Résolvez ce problème graphiquement puis algébriquement.

2e Partie : Rédaction de problèmes

Partagez une feuille A4 en quatre parties.
Rédigez dans la première case un énoncé d'un problème, dans la deuxième la représentation graphique associée, dans la troisième la mise en (in)équation et dans la quatrième la résolution algébrique.

3e Partie : À vous de jouer !

Photocopiez un exemplaire de toutes les feuilles pour chaque groupe. Découpez les feuilles en quatre puis mélangez le tout. Vous devez associer les quatre éléments d'un problème : son énoncé, sa représentation graphique, son inéquation et sa résolution algébrique.

Se tester avec le QCM !

		R1	R2	R3	R4
1	Parmi les nombres suivants, des solutions de l'inéquation $2x + 7 \leqslant 3x + 5$ sont...	-1	0	3	2
2	Le nombre 3 est solution de l'inéquation...	$3x + 7 < x - 3$	$2x - 5 \geqslant 1$	$4x - 4 > x + 1$	$(x + 7)^2 > 80$
3	L'ensemble des nombres strictement supérieurs à 3 est représenté par...	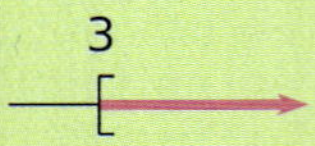	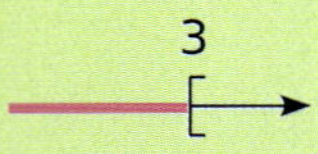	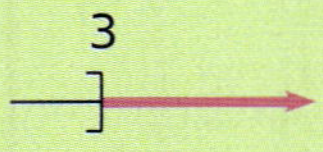	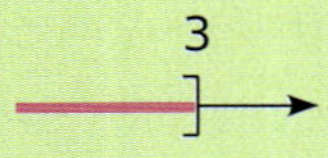
4	L'inéquation qui a pour solutions tous les nombres inférieurs ou égaux à -2 est...	$3x < -6$	$x + 2 \geqslant 4x + 8$	$-5x \leqslant 10$	$8 \geqslant x + 10$
5	$3x + 2 \leqslant 2x + 1$ possède exactement les mêmes solutions que...	$3x \leqslant 2x - 1$	$2x + 1 \geqslant 3x + 2$	$x \leqslant 1$	$-x \leqslant -1$
6	Le produit de a par 7 est strictement plus grand que la moitié de a retranchée à 12, donc a est solution de...	$7a > 12 - 2a$	$7a > \frac{a}{2} - 12$	$7a \geqslant 12 - \frac{a}{2}$	$12 - \frac{a}{2} < 7a$
7	Un nombre est supérieur ou égal à -3 donc...	son triple est strictement supérieur à -9	son opposé est inférieur ou égal à 3	son double peut être égal à -10	en ajoutant 5, le résultat est positif
8	L'inéquation $2x + 5 \leqslant 2x + 6$...	n'a pas de solution	admet 7 comme solution	a une infinité de solutions	admet tout nombre positif comme solution
9	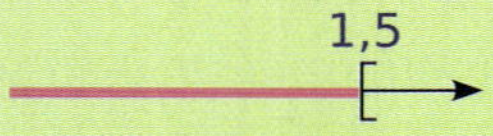 Les abscisses des points de cet axe représentés en couleur correspondent...	aux nombres strictement supérieurs à 1,5	aux nombres strictement inférieurs à 1,5	aux nombres inférieurs ou égaux à 1,5	aux nombres supérieurs ou égaux à 1,5
10	L'ensemble des nombres qui ne sont pas solutions de l'inéquation $x + 3 > 2x - 2$ est représenté par...			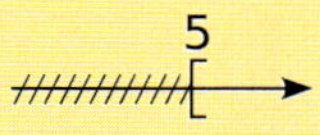	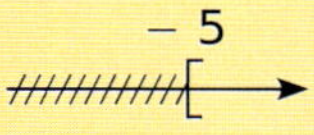

Pour aller plus loin

Inégalités triangulaires

Quelles sont les valeurs de x pour lesquelles le triangle suivant est constructible ?

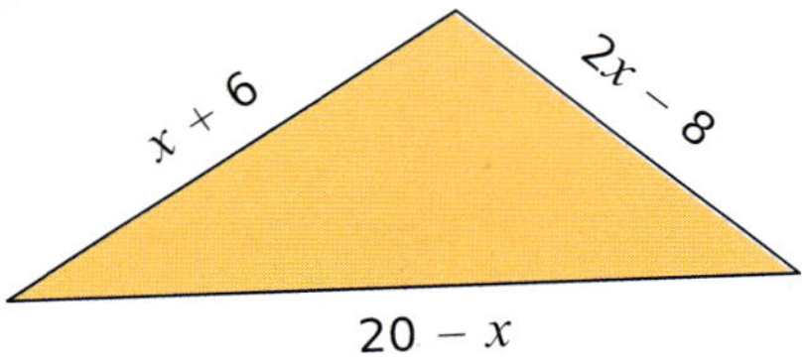

Puissances et grandeurs

N6

Activité 1 : Produits et quotients de puissances d'un même nombre

1. Rappels et conjectures

a. Recopie et complète les égalités suivantes vues en 4e.

Pour tous entiers relatifs m et p, on a :

$10^m \times 10^p = 10^{\cdots}$; $\dfrac{10^m}{10^p} = 10^{\cdots}$; $(10^m)^p = 10^{\cdots}$ et $10^0 = \ldots.$.

b. À l'aide de la définition d'une puissance, calcule 3^2 ; 3^5 ; 3^7 ; 3^{-2} ; 3^{12} et 3^{14}.

c. Déduis-en les valeurs de $3^2 \times 3^5$; $3^7 \times 3^{-2}$; $3^{12} \times 3^2$; $\dfrac{3^7}{3^5}$; $\dfrac{3^{12}}{3^5}$ et $(3^7)^2$.

Que remarques-tu ? Invente d'autres exemples similaires.

d. Conjecture les règles de calculs avec des puissances d'un même nombre.

Pour la suite, dans les parties **2.**, **3.** et **4.**, a est un nombre non nul et m et p sont deux entiers naturels non nuls.

2. Cas où les deux exposants sont positifs

a. Recopie et complète l'expression $a^m \times a^p = \underbrace{\underbrace{a \times \ldots \times a}_{\ldots \text{ facteurs}} \times \underbrace{a \times \ldots \times a}_{\ldots \text{ facteurs}}}_{\ldots \text{ facteurs au total}} = a^{\cdots}$.

b. On suppose que $m \geqslant p > 0$. À l'aide de la définition d'une puissance, établis l'égalité $\dfrac{a^m}{a^p} = a^{\cdots\cdot}$. Que se passe-t-il lorsque $p \geqslant m \geqslant 0$?

c. En utilisant la définition d'une puissance, démontre la formule $(a^m)^p = a^{m \times p}$.

3. Cas où l'un des deux exposants est négatif

a. En utilisant la définition d'une puissance négative et les égalités trouvées dans la partie **2.**, détermine les relations $a^m \times a^{-p} = a^{\cdots}$; $\dfrac{a^m}{a^{-p}} = a^{\cdots}$ et $(a^m)^{-p} = a^{\cdots}$.

b. Que peux-tu dire des expressions $a^{-m} \times a^p$; $\dfrac{a^{-m}}{a^p}$ et $(a^{-m})^p$?

4. Cas où les deux exposants sont négatifs

En t'aidant des parties **2.** et **3.**, recopie et complète les égalités $a^{-m} \times a^{-p} = a^{\cdots}$; $\dfrac{a^{-m}}{a^{-p}} = a^{\cdots}$ et $(a^{-m})^{-p} = a^{\cdots}$.

5. Conclusion

Recopie et complète.

Pour tout nombre a non nul et pour tous nombres entiers relatifs m et p :

$a^m \times a^p = a^{\cdots}$; $\dfrac{a^m}{a^p} = a^{\cdots}$ et $(a^m)^p = a^{\cdots}$.

Activité 2 : Produits et quotients de puissances de nombres différents et de même exposant

1. Produit

a. Noémie effectue de tête le calcul $2^6 \times 5^6$. Elle annonce son résultat : « Un million ! ». Est-il correct ? Comment a-t-elle fait ?

b. En utilisant la définition d'une puissance d'un nombre, écris les nombres suivants sous forme d'une seule puissance : $7^2 \times 3^2$; $2^3 \times 4^3$. Invente d'autres exemples similaires.

c. Existe-t-il des exemples de produits de puissances qui ne peuvent pas s'écrire sous la forme d'une seule puissance ? Justifie ta réponse.

d. Soient a et b deux nombres non nuls et n un entier positif. En utilisant la définition d'une puissance d'un nombre, démontre l'égalité $a^n \times b^n = (a \times b)^n$.
Que peux-tu dire si n est un entier négatif ?

2. Quotient

a. En utilisant la définition des puissances, transforme les nombres suivants en quotients de puissances : $\left(\frac{7}{3}\right)^2$; $\left(\frac{2}{11}\right)^4$ et $\left(\frac{-1}{9}\right)^5$.

b. Quelle formule viens-tu de vérifier sur ces exemples ? Démontre-la.

Activité 3 : Changeons d'unités

1. Surface

a. Un champ rectangulaire mesure 455 mètres de long et 8 décamètres de large. Quelle est sa superficie en mètres carrés ? En décamètres carrés ? En hectomètres carrés ?

b. Recherche la définition d'un are et d'un hectare. Exprime alors la superficie du champ dans chacune de ces deux unités.

2. Masses volumiques

a. Une pièce métallique en cuivre a un volume de 2,5 dm^3 et une masse de 22,3 kg.
De plus, on sait que 1 kg d'aluminium occupe un volume de 370 cm^3 et que la masse volumique de l'acier est de 7 850 kg/m^3. Calcule, en kg, la masse d'un décimètre cube de chacun de ces métaux.

b. Une entreprise souhaite construire, pour un modèle de vélo, des cadres métalliques qui soient les plus légers possibles. Quel métal parmi le cuivre, l'aluminium et l'acier a-t-elle intérêt à choisir ? Justifie ta réponse.

3. Mécanique

a. Pour ne pas abîmer le moteur d'une voiture, le constructeur préconise de ne pas dépasser les 4 000 tours par minute. Explique ce que signifie l'expression « 4 000 tours par minute ».

b. Si le moteur effectue 4 000 rotations en une minute, combien en effectuera-t-il en une seconde ? Tu arrondiras ton résultat au centième.

c. Exprime alors cette vitesse de rotation en tours par seconde.

I - Puissances entières d'un nombre relatif

A - Notations a^n et a^{-n}

→ ex 1

Définitions

Pour tout nombre entier n positif non nul, pour tout nombre relatif a :

$a^n = \underbrace{a \times a \times \ldots \times a}_{n \text{ facteurs}}$ et, si a est non nul : $a^{-n} = \dfrac{1}{\underbrace{a \times a \times \ldots \times a}_{n \text{ facteurs}}} = \dfrac{1}{a^n}$ et par convention : $a^0 = 1$.

a^n (lu « a **puissance** n ») est appelé **puissance** n-ième de a et n est appelé l'**exposant**.

Remarque : En particulier : $a^1 = a$ et $a^{-1} = \dfrac{1}{a}$.

Exemple 1 : Donne l'écriture décimale des nombres : 2^4 et 10^{-3}.

$2^4 = 2 \times 2 \times 2 \times 2 = 16$

$10^{-3} = \dfrac{1}{10^3} = \dfrac{1}{1\,000} = 0{,}001$

Exemple 2 : Écris sous la forme d'une puissance les expressions : $3^2 \times 3^3$ et $\dfrac{2^3}{2^5}$.

$3^2 \times 3^3 = (3 \times 3) \times (3 \times 3 \times 3) = 3^5$

$\dfrac{2^3}{2^5} = \dfrac{2 \times 2 \times 2}{2 \times 2 \times 2 \times 2 \times 2} = \dfrac{1}{2^2} = 2^{-2}$

B - Utiliser les formules sur les puissances

→ ex 2 et 3

Règles

Pour tout nombre relatif a non nul et pour tous nombres entiers relatifs m et p :

$a^m \times a^p = a^{m+p}$; $\dfrac{a^m}{a^p} = a^{m-p}$ et $\left(a^m\right)^p = a^{m \times p}$.

Exemple 1 : Écris les expressions suivantes sous la forme a^n, où a est un nombre relatif non nul et n un entier relatif.

$A = 5^7 \times 5^4$; $B = \dfrac{(-2)^{-5}}{(-2)^{-6}}$; $C = \left(0{,}2^{-3}\right)^4$; $D = \pi^2 \times \pi^{-3} \times \pi$.

$A = 5^7 \times 5^4 = 5^{7+4} = 5^{11}$

$C = \left(0{,}2^{-3}\right)^4 = 0{,}2^{-3 \times 4} = 0{,}2^{-12}$

$B = \dfrac{(-2)^{-5}}{(-2)^{-6}} = (-2)^{-5-(-6)} = (-2)^{-5+6} = (-2)^1 \ (= -2)$

$D = \pi^2 \times \pi^{-3} \times \pi = \pi^{2+(-3)+1} = \pi^0 \ (= 1)$

Exemple 2 : Écris le nombre $E = \dfrac{(-2)^4 \times 4^{-5}}{8^{-3}}$ sous la forme d'une puissance de 2.

$E = \dfrac{(-2)^4 \times \left(2^2\right)^{-5}}{\left(2^3\right)^{-3}}$ → On remplace 4 par 2^2 et 8 par 2^3.

$E = \dfrac{2^4 \times 2^{-10}}{2^{-9}}$ → On remarque que $(-2)^4 = 2^4$.

$E = 2^{4+(-10)-(-9)}$

$E = 2^{4-10+9}$ → On applique les règles sur les puissances.

$E = 2^3$ → On donne l'écriture demandée par l'énoncé.

Règles

Pour tous nombres relatifs a et b non nuls et pour tout nombre entier relatif n :

$$(a \times b)^n = a^n \times b^n \qquad \text{et} \qquad \left(\frac{a}{b}\right)^n = \frac{a^n}{b^n}.$$

Exemple 3 : Écris les expressions suivantes sous la forme a^n, où a est un nombre relatif non nul et n un entier relatif.

$F = 2^3 \times 5^3$; $G = \dfrac{1{,}5^{-5}}{0{,}5^{-5}}$; $H = (-6)^{-5} \times \left(\dfrac{1}{3}\right)^{-5}$; $I = \dfrac{\pi^4}{7^4}$.

$F = 2^3 \times 5^3 = (2 \times 5)^3 = 10^3$

$H = (-6)^{-5} \times \left(\dfrac{1}{3}\right)^{-5} = \left(-6 \times \dfrac{1}{3}\right)^{-5} = (-2)^{-5}$

$G = \dfrac{1{,}5^{-5}}{0{,}5^{-5}} = \left(\dfrac{1{,}5}{0{,}5}\right)^{-5} = 3^{-5}$

$I = \dfrac{\pi^4}{7^4} = \left(\dfrac{\pi}{7}\right)^4$

II - Cas particuliers des puissances de 10

→ ex 4 et 5

Règles

Pour tous nombres entiers relatifs m et p :

$10^m \times 10^p = 10^{m+p}$ règle du **produit** de deux puissances de 10

$\dfrac{10^m}{10^p} = 10^{m-p}$ règle du **quotient** de deux puissances de 10

$(10^m)^p = 10^{m \times p}$ règle des **puissances** de puissance de 10

Exemple 1 : Écris les nombres $C = \dfrac{10}{10^{-3}}$ et $D = \dfrac{10^{-7}}{10^3}$ sous la forme d'une seule puissance de 10.

$C = \dfrac{10^1}{10^{-3}}$ → On remarque que $10 = 10^1$.

$C = 10^{1-(-3)}$

$C = 10^{1+3}$ → On applique la règle du quotient de deux puissances de 10. (Attention aux signes moins !)

$C = 10^4$ → On donne l'écriture demandée par l'énoncé.

$D = \dfrac{10^{-7}}{10^3}$

$D = 10^{-7-3}$ → On applique la règle du quotient de deux puissances de 10. (Attention aux signes moins !).

$D = 10^{-10}$ → On donne l'écriture demandée par l'énoncé.

Exemple 2 : Écris le nombre $E = (10^{-3})^{-7} \times (10^2)^{-3}$ sous la forme d'une seule puissance de 10.

$E = 10^{-3 \times (-7)} \times 10^{2 \times (-3)}$ → On applique la règle des puissances de puissance de 10.

$E = 10^{21} \times 10^{-6}$ → On effectue les multiplications sur les exposants.

$E = 10^{21+(-6)}$ → On applique la règle du produit de deux puissances de 10.

$E = 10^{15}$ → On donne l'écriture demandée par l'énoncé.

III - Grandeurs et conversions

A - Grandeurs produit et quotient

Définitions

On appelle **grandeur quotient**, le quotient de deux grandeurs.
On appelle **grandeur produit**, le produit de deux grandeurs.

Exemples : L'aire d'un rectangle est une grandeur produit (c'est le produit de la longueur par la largeur) et la vitesse est une grandeur quotient (quotient de la distance par le temps).

B - Conversions

→ ex 6 à 8

Règles

1 m = 10 dm
1 m^2 = 100 dm^2
1 m^3 = 1000 dm^3 = 1000 L
1,5 h = 1,5 × 60 min = 90 min = 1 h 30 min

Exemple 1 : Exprime 1 h 45 min en heure décimale.

$$1 \text{ h } 45 \text{ min} = 105 \text{ min} = \frac{105}{60} \text{ h} = 1{,}75 \text{ h}$$

Exemple 2 : Le 3 avril 2007, la rame TGV d'essai n°4402 établissait un nouveau record de vitesse officiel de 574,8 $km{\cdot}h^{-1}$. Convertis cette vitesse en $m{\cdot}s^{-1}$.

574,8 $km{\cdot}h^{-1}$ signifie que l'on parcourt 574,8 km en 1 h.

Ainsi, $574{,}8 \text{ km}{\cdot}\text{h}^{-1} = \dfrac{574{,}8 \text{ km}}{1 \text{ h}}$.

574,8 km = 574 800 m et 1 h = 3 600 s.

Donc $574{,}8 \text{ km}{\cdot}\text{h}^{-1} = \dfrac{574\,800 \text{ m}}{3\,600 \text{ s}} = \dfrac{574\,800}{3\,600} \text{ m}{\cdot}\text{s}^{-1} = \dfrac{479}{3} \text{ m}{\cdot}\text{s}^{-1} \approx 159{,}7 \text{ m}{\cdot}\text{s}^{-1}$.

La vitesse de cette rame de TGV était alors d'environ 159,7 $m{\cdot}s^{-1}$.

Exemple 3 : La vitesse de rotation du disque dur d'un ordinateur est de 7 200 tours/min. Convertis cette vitesse de rotation en tours par seconde.

7 200 tours/min signifie qu'en une minute, la partie rotative du disque dur effectue 7 200 tours autour de son axe.
1 min = 60 s.

Donc $7\,200 \text{ tours/min} = \dfrac{7\,200 \text{ tours}}{1 \text{ min}} = \dfrac{7\,200 \text{ tours}}{60 \text{ s}} = \dfrac{7\,200}{60} \text{ tours/s} = 120 \text{ tours/s}$.

La vitesse de rotation du disque dur est de 120 tours/s.

Exemple 4 : La masse volumique du fer vaut 7,84 $g{\cdot}cm^{-3}$. Convertis-la en $kg{\cdot}m^{-3}$.

« La masse volumique du fer vaut 7,84 $g{\cdot}cm^{-3}$ » signifie que 1 cm^3 de fer a une masse de 7,84 g.

Ainsi, $7{,}84 \text{ g}{\cdot}\text{cm}^{-3} = \dfrac{7{,}84 \text{ g}}{1 \text{ cm}^3}$.

7,84 g = 0,007 84 kg et 1 cm^3 = 0,000 001 m^3.

Donc $7{,}84 \text{ g}{\cdot}\text{cm}^{-3} = \dfrac{0{,}007\,84 \text{ kg}}{0{,}000\,001 \text{ m}^3} = \dfrac{0{,}007\,84}{0{,}000\,001} \text{ kg}{\cdot}\text{m}^{-3} = 7\,840 \text{ kg}{\cdot}\text{m}^{-3}$.

La masse volumique du fer vaut donc 7 840 $kg{\cdot}m^{-3}$.

Exercices corrigés par animation

http://manuel.sesamath.fr

1 Donne l'écriture décimale des nombres suivants.

$A = 3^4$ $B = (-10)^5$ $C = 2^{-5}$

2 Donne l'écriture décimale des nombres suivants.

$D = \dfrac{7^5}{7^3}$ $E = (5 \times 3)^2$ $F = 2^7 \times 5^7$

3 Écris les expressions suivantes sous la forme a^n, où a est un nombre relatif non nul et n un entier relatif.

$$J = 5^4 \times 7^4$$

$$K = \frac{2^{-5} \times 3^8}{(-3)^6 \times 2^{-7}}$$

$$L = (5^{-2})^3 \times \left(\frac{5}{3}\right)^4 \times 3^2$$

$$M = \frac{12^5}{3^2 \times 6^3}$$

4 Donne l'écriture décimale des nombres suivants.

$A = 32{,}48 \times 10^6$ $C = 401 \times 10^{-2}$

$B = 0{,}78 \times 10^2$ $D = 94{,}6 \times 10^{-4}$

5 Écris sous la forme d'une seule puissance de 10 les expressions suivantes.

$C = 10^6 \times 10^{-8}$ $E = \dfrac{10^{-2}}{10^2}$

$D = (10^{-1})^{-3}$ $F = 10^2 \times 10^{-3} \times 10$

6 La vitesse de propagation du son dans l'air est d'environ 340 m/s. Convertis cette vitesse en km/h.

7 La masse volumique de l'air au niveau de la mer et à une température de 20°C est d'environ $1{,}2\ \text{kg·m}^{-3}$. Convertis cette masse volumique en g·cm^{-3}.

8 La puissance maximale de certains moteurs de voitures de Formule 1 approche, dans certains cas, les 900 chevaux et leur vitesse de rotation peut atteindre les 20 000 tours par minute. Calcule la vitesse de rotation de ces moteurs en tours par seconde.

Tous ces exercices sont également corrigés à la fin du manuel.

Exercices d'entraînement

Puissances

1 Écris sous la forme a^n, où a est un nombre relatif et n est un entier relatif.

a. $5^2 \times 5^4$ **d.** $2{,}5^{-7} \times 4{,}2^{-7}$ **g.** $(-2)^{-3} \times (-2)^5$

b. $6^5 \times 6^{-8}$ **e.** $-4 \times (-4)^{-7}$ **h.** $\left(\frac{2}{3}\right)^{-3} \times \left(\frac{2}{3}\right)^{-5}$

c. $3^4 \times 5^4$ **f.** $7^{-5} \times 7$

2 Écris sous la forme a^n, où a est un nombre relatif et n est un entier relatif.

a. $\frac{3^8}{3^{-4}}$ **c.** $\frac{4^6}{4^2}$ **e.** $\frac{9^{-3}}{(-2{,}5)^{-3}}$

b. $\frac{6^5}{3^5}$ **d.** $\frac{(-4{,}5)^4}{3^4}$ **f.** $\frac{3{,}2^{-5}}{3{,}2^{-2}}$

3 Écris sous la forme a^n, où a est un nombre relatif et n est un entier relatif.

a. $(2^4)^3$ **b.** $((-5)^{-3})^2$ **c.** $(-4^7)^{-8}$

4 Écris sous la forme d'une seule puissance.

a. $2{,}8 \times 2{,}8^{-3}$ **d.** $\frac{7^{-3}}{2^{-3}}$ **g.** $(-6)^8 \times (-6)^{-3}$

b. $\frac{5^{-2}}{5^{-4}}$ **e.** $((5{,}6)^{-4})^{-2}$ **h.** $5{,}3^{-6} \times 4^{-6}$

c. $((-3{,}7)^{-2})^5$ **f.** $10^7 \times 10^{-7}$ **i.** $\frac{(-4{,}2)^{-5}}{(-3)^{-5}}$

5 Écris sous la forme d'une seule puissance.

$A = 8^2 \times 8^{-3} \times 8^7$

$B = 11^{-8} \times \frac{11^7}{11^{-4}}$

$C = \frac{(-3)^6 \times (-3)^{-8}}{(-3)^{-7}}$

6 Recopie et complète.

a. $3^4 \times 3^{....} = 3^9$ **d.** $(5^{....})^6 = 5^{-18}$

b. $\frac{2^6}{2^{....}} = 2^5$ **e.** $\frac{(-2{,}4)^{....}}{(-2{,}4)^{-7}} = (-2{,}4)^{-15}$

c. $4^{....} \times 4^{-3} = 4^{-2}$ **f.** $((-3)^2)^{....} = (-3)^{-12}$

7 Recopie et complète.

a. $4^{....} \times 4^{-5} = ...^{-5}$ **c.** $2{,}4^{....} \times 2^{....} = ...^{-3}$

b. $\frac{28^6}{4^{....}} = ...^6$ **d.** $\frac{....^{-7}}{4^{-7}} = 12^{-7}$

8 *Carré magique*

Recopie et complète le tableau avec des puissances de 5, sachant qu'en multipliant les nombres d'une ligne, d'une colonne ou d'une diagonale, on obtient toujours le même résultat.

5^{-4}		1
	5^{-1}	
		5^2

9 *Grains de sable*

La dune du Pyla (en Gironde) est la plus haute dune de sable d'Europe.
Elle est constituée de 60×10^6 m³ de sable.
Le volume moyen d'un grain de sable est égal à 10^{-3} mm³.

Donne l'écriture scientifique du nombre approximatif de grains de sable qui forment la dune du Pyla.

10 Le digicode de l'immeuble de Flavien comporte dix chiffres et trois lettres.

Le code qui ouvre la porte d'entrée de l'immeuble est composé de deux lettres suivies de trois chiffres. (Les chiffres et les lettres peuvent se répéter.)

a. Combien de codes différents sont composés de deux lettres suivies de trois chiffres ?

b. Il faut, en moyenne, deux secondes à Flavien pour taper un code.

Combien de temps mettra-t-il pour tester tous les codes possibles s'il a oublié son code ?
Donne le résultat en heures, minutes et secondes.

11 *Remarquable*

a. Vérifie les égalités suivantes.

- $2^1 + 2^1 = 2^2$ • $2^2 + 2^2 = 2^3$ • $2^3 + 2^3 = 2^4$
- $2^{-1} + 2^{-1} = 2^0$ • $2^{-2} + 2^{-2} = 2^{-1}$ • $2^{-3} + 2^{-3} = 2^{-2}$

b. Recopie et complète en utilisant les résultats précédents.
« Si n est un entier, il semble que $2^n + 2^n = 2^{..}$. »

c. Prouve l'égalité obtenue à la question **b.**.

d. Cette règle est-elle toujours vraie si on remplace 2 par 3 ? Justifie.

12 *Avec la calculatrice*

a. À l'aide de la calculatrice, calcule 4^{20} et recopie l'affichage de la calculatrice.

b. De même, calcule $4^{20} + 1$ et recopie l'affichage de la calculatrice.

c. De même, calcule $4^{20} + 10$ et recopie l'affichage de la calculatrice.

d. Que remarque-t-on pour les affichages obtenus ?
Que peut-on en déduire pour l'affichage de 4^{20} ?

Grandeurs

13 Le moteur d'une moto tourne à la vitesse de 5 000 tours·min^{-1}.
Calcule cette vitesse en nombre de tours par seconde.

14 La vitesse commerciale des TGV est en moyenne de 300 km·h^{-1}.

a. Combien de kilomètres un TGV parcourt-il en 10 min ?

b. Calcule la vitesse moyenne d'un TGV en km·min^{-1}.

c. Calcule cette vitesse en m·s^{-1}, arrondis le résultat à l'unité.

15 La puissance P d'une plaque électrique est de 4 800 W.
Calcule l'énergie E, exprimée en kWh, consommée par cette plaque pendant 10 minutes en utilisant la formule $E = P \times t$, où t est la durée exprimée en h.

16 *Concentration*

Une analyse chimique a montré qu'il y avait 120 mg de magnésium dans 5 L d'eau.
Calcule la concentration, en g/L, de magnésium dans cette eau.

17 *Concentration (bis)*

Une solution a une concentration en sel égale à 250 cg·cL^{-1}.

a. Calcule la concentration en sel de cette solution en g·cL^{-1}.

b. Calcule la concentration en sel de cette solution en g·L^{-1}.

18 *Le plus rapide*

Voici les vitesses atteintes par les cinq mammifères terrestres les plus rapides au sprint.
Antilope : 88 000 m·h^{-1} ;
Chevreuil : 27,22 m·s^{-1} ;
Springbok : 0,026 4 km·s^{-1} ;
Lion : 22,22 m·s^{-1} ;
Guépard : 0,030 6 km·s^{-1}.

Classe ces champions dans l'ordre décroissant de leur vitesse exprimée en km·h^{-1}.

19 *Masse volumique*

La masse volumique du zinc est de 7,14 kg/dm^3.

a. Quelle est, en grammes, la masse de 5 cm^3 de ce métal ?

b. Calcule la masse volumique du zinc en g/cm^3.

20 Une plaque métallique a une masse surfacique de 15 kg/m^2.

a. Calcule la masse surfacique de cette plaque en g/cm^2.

b. Sachant que cette plaque a une forme rectangulaire de longueur 30 cm et de largeur 17 cm, calcule la masse de cette plaque.

21 La masse volumique du mercure est égale à 13 600 kg/m^3.
Calcule le volume, en cm^3, d'un kilogramme de mercure.

22 Un internaute a téléchargé un fichier de 1,6 Mo en 10 minutes.

a. Quelle est la vitesse de téléchargement en Mo·min^{-1} ?

b. Calcule la vitesse de téléchargement en kilooctets par seconde, arrondie au dixième.

c. Combien de temps faut-il pour télécharger un fichier de 0,98 Mo à la même vitesse ? Arrondis à la seconde.

23 *Aviron*

Un passionné d'aviron rame à une cadence moyenne de 45 coups de rame par minute.

a. Calcule sa cadence en nombre de coups de rame par heure.

b. En combien de temps donne-t-il 1 000 coups de rame ? Arrondis le résultat à la seconde.

24 On veut remplir une piscine de 15 m^3 à l'aide d'un robinet dont le débit est de 2 $m^3 \cdot h^{-1}$.

a. Combien de temps faut-il pour remplir complètement cette piscine ?

b. Calcule le débit du robinet en $L \cdot min^{-1}$, arrondis le résultat au centième.

25 *Extrait du Brevet*

Un professeur d'éducation physique et sportive fait courir ses élèves autour d'un stade rectangulaire mesurant 90 m de long et 60 m de large.

a. Calculer, en mètres, la longueur d'un tour de stade.

b. Pour effectuer 15 tours en 24 minutes à vitesse constante, combien de temps un élève met-il pour faire un tour ? On donnera la réponse en minutes et secondes.

c. Un élève parcourt six tours en neuf minutes. Calculer sa vitesse en m/min puis en km/h.

26 La vitesse atteinte par une balle de tennis est de 95 miles par heure.
On a 1 mile ≈ 1,609 km.

Calcule la vitesse de cette balle en $m \cdot s^{-1}$; arrondis le résultat au dixième.

27 *Différentes unités d'énergie*

L'énergie distribuée par EDF est mesurée en kilowattheures (kWh).

Une autre unité de mesure d'énergie est le Joule (noté J).

On sait que 1 kWh = $3,6 \times 10^6$ J.

Les économistes utilisent pour les combustibles (gaz, bois, charbon, ...) une autre unité appelée tonne équivalent pétrole (tep), qui correspond à la quantité d'énergie libérée par la combustion d'une tonne de pétrole.

On sait que 1 tep = $4,18 \times 10^{10}$ J.

Tu arrondiras les résultats au centième.

a. Une tonne de charbon a un pouvoir calorifique de $2,8 \times 10^{10}$ J.

Exprime ce pouvoir en kWh puis en tep.

b. Calcule, en kWh, l'énergie correspondant à un tep.

c. En France, en 2006, l'énergie consommée par les transports était égale à $50,9 \times 10^9$ tep *(Source Insee)*.

Exprime cette énergie en kWh.

28 *Économie d'énergie*

Voici les caractéristiques de deux lave-linge, basées sur un cycle blanc à 60°C dans des conditions normales d'utilisation.

- Lave-linge « Toutnet »

Puissance P : 540 W

Durée moyenne d'un cycle de lavage : 105 min

Capacité de chargement : 5 kg.

- Lave-linge « Maxinet »

Puissance P : 780 W

Durée moyenne d'un cycle de lavage : 110 min

Capacité de chargement : 8,5 kg.

La consommation d'énergie E, exprimée en kWh, se calcule avec la formule $E = P \times t$, où t est la durée exprimée en h.

a. Pour chaque lave-linge, calcule sa consommation d'énergie en kWh par cycle.
Quel est, en kWh par cycle, le lave-linge qui a la plus basse consommation d'énergie ?

b. Pour chaque lave-linge, calcule sa consommation en kWh par kg de linge lavé (en arrondissant au millième si nécessaire).
Quel est, en kWh par kg de linge lavé, le lave-linge qui a la plus basse consommation d'énergie ?

c. Le prix unitaire du kWh est 0,108 5 €.
Pour chaque lave-linge, calcule :

- le coût de l'énergie consommée par cycle ;
- le coût de l'énergie consommée par kg de linge lavé.

29 Dans une canalisation, le débit Q de l'eau (en $m^3 \cdot s^{-1}$) dépend de la vitesse d'écoulement v (en $m \cdot s^{-1}$) et du diamètre D du conduit (en m) selon la formule :

$$Q = 0,25 \times \pi \times v \times D^2.$$

a. Calcule le débit Q de l'eau (en $m^3 \cdot s^{-1}$) dans un conduit de diamètre 15 cm dans lequel l'eau s'écoule à la vitesse de v = 5,66 $m \cdot s^{-1}$; arrondis le résultat au centième.
Convertis ce débit en $L \cdot s^{-1}$.

b. On considère une autre canalisation de diamètre 12 cm et pour laquelle le débit de l'eau est égal à 5 100 $L \cdot min^{-1}$.

- Convertis ce débit en $m^3 \cdot s^{-1}$.
- Calcule la vitesse d'écoulement de l'eau dans cette canalisation ; arrondis le résultat au centième.

Exercices d'approfondissement

30 Écris les expressions suivantes sous la forme d'un produit de puissances de nombres entiers, ayant le moins de facteurs possibles. Tu détailleras les étapes de calcul.

$A = \dfrac{3^4 \times 2^5 \times 5^6}{3^7 \times 2^9 \times 5^3}$

$B = \dfrac{7^{12} \times (9^4)^3 \times 5^{-5}}{9^{10} \times (5^{-7})^6 \times 7^{-17}}$

$C = \dfrac{(-4)^7 \times (-6)^2 \times 3^{-7}}{(-3)^5 \times 4^{-11} \times 6^{-3}}$

$D = \left(\dfrac{(3^9)^2 \times 5^7}{5^{-8} \times 2^9 \times 3^{19}}\right)^3$

31 Écris les expressions suivantes sous la forme de la puissance d'un seul nombre. Tu détailleras les étapes de calcul.

$A = \dfrac{8^5 \times 12^9}{8^2 \times 12^6}$

$B = \dfrac{3^5 \times (4^5)^3}{(4^6)^3 \times (3^4)^2}$

$C = \dfrac{7^5 \times 6^3 \times 3^5 \times 8^2}{21^3 \times 2^2 \times 6}$

$D = \left(\dfrac{5^{-2} \times 14^{-5} \times (3^{-1})^2}{(7^{-3})^{-2} \times 15^9 \times 2^6}\right)^7$

32 Sans utiliser de calculatrice et en détaillant les étapes de calcul, donne l'écriture décimale des expressions suivantes.

$A = \dfrac{10^5 \times 2^6}{2^2 \times 10^3}$

$B = \dfrac{10^4 \times 7^{-1}}{2^7 \times 7^{-3} \times 5^7}$

$C = \dfrac{2{,}5^3 \times 3^{-2} \times 4^3 \times 9^2}{5^9 \times 3^{-6} \times 18^2 \times 2^9}$

$D = \left(\dfrac{3^{-9} \times (10^{-3})^{-2}}{2^{-1} \times 10^5 \times 3^{-10}}\right)^2$

33 En détaillant les étapes de calcul, donne l'écriture scientifique des expressions suivantes.

$A = \dfrac{8^7 \times 10^9}{8^5 \times 10^2}$

$B = \dfrac{6^5 \times 49^2 \times 10^{-7}}{3^4 \times 10^7 \times 7^2 \times 16}$

$C = \dfrac{2{,}5^3 \times 6^4 \times 4^3 \times 3^4}{5^9 \times 9^2 \times 2^{11}}$

$D = \dfrac{\left(\dfrac{2^3 \times 3^4}{3^3 \times 2}\right)^2}{\dfrac{(10^9)^2}{10^{-4}}}$

34 *Quand la calculatrice fait des erreurs*

Soit l'expression $A = (10^{11} + 1)(10^{11} - 1)$.

a. Si tu calcules A avec ta calculatrice, quel résultat donne-t-elle ?

b. Développe A sous la forme $10^n - 1$, où n est un entier positif. Quel sera alors le chiffre des unités de A ?

c. La calculatrice a-t-elle donné un résultat exact ? Justifie ta réponse.

35 *Avec les puissances de 3*

a. Détermine les huit premières puissances de 3 d'exposant positif.

b. Déduis-en une conjecture sur le chiffre des unités de l'écriture décimale de 3^n, où n est un entier positif.

c. En utilisant **b.**, détermine le chiffre des unités des écritures décimales des nombres suivants : 3^{12} ; 3^{23} et 3^{38}.

d. Détermine une puissance de 3 d'exposant supérieur à 150 ayant 7 comme chiffre des unités.

36 *Une « preuve » pour les puissances de 5*

a. Calcule les puissances de 5 suivantes.
5^1 ; 5^2 ; 5^3 ; 5^4 ; 5^5 ; 5^6 et 5^7.

b. Quelle conjecture peux-tu émettre sur le chiffre des unités de 5^n, où n est un entier positif supérieur ou égal à 1 ?

c. Dans cette partie de l'exercice, une « idée » de la démonstration (dite par récurrence) va être développée.

- Recopie et complète l'égalité suivante : $5^{p+1} = 5 \times 5^{\cdots}$, où p est un entier positif supérieur ou égal à 1.
- Étant donné la constatation faite en **b.**, que peux-tu supposer sur le chiffre des unités de l'écriture décimale du nombre 5^p ?
- En supposant que cela soit vrai, que peux-tu alors affirmer pour 5×5^p ?
- Conclus alors sur la valeur du chiffre des unités de 5^{p+1}.

37 *Quelle planète est la plus rapide ?*

Le tableau suivant donne la longueur de l'orbite de quatre planètes de notre système autour du Soleil (en km) ainsi que le nombre de jours qu'elles mettent pour parcourir cette orbite.

Planète	Orbite en km	Révolution en jours
Mercure	$3{,}6 \times 10^8$	88
Terre	$9{,}2 \times 10^8$	365
Mars	$1{,}4 \times 10^9$	687
Uranus	$1{,}8 \times 10^{10}$	30 708

a. Exprime la vitesse de chaque planète sur leur orbite en m/s et en km/h.

b. Range ces planètes dans l'ordre décroissant de leur vitesse.

38 Pour aller chez ses parents, Nabil réalise le trajet suivant.

- De chez lui à la gare, il doit prendre un bus ; celui-ci roule à la vitesse moyenne de 30 km/h et le trajet dure 40 minutes.
- Ensuite, il doit marcher de l'arrêt de bus jusqu'au quai du TER : la distance à parcourir est de 600 mètres et il met un sixième d'heure pour les faire.
- Il attend alors le TER pendant 315 secondes.
- Le TER qu'il prend roule à la vitesse moyenne de 12 $m \cdot s^{-1}$ pendant une heure.
- Après 12 minutes de marche à la vitesse de 5 km/h, Nabil arrive chez ses parents.

a. Quelle est la distance parcourue par Nabil entre chez lui et chez ses parents ?

b. Combien de temps a duré son voyage ? Donne le résultat en heures, minutes et secondes.

c. Donne la vitesse moyenne en $m \cdot s^{-1}$, puis en km/h, du trajet total entre le domicile de Nabil et celui de ses parents. Arrondis au dixième.

39 En janvier 2008, Francis Joyon bat le record du tour du monde à la voile en solitaire en 57 jours, 13 heures, 34 minutes et 6 secondes. La distance parcourue était d'environ 20 000 milles nautiques.

a. Détermine la vitesse moyenne de ce record en milles nautiques/h, arrondie au centième.

b. Sachant qu'un mille nautique représente 1,852 km, calcule la vitesse moyenne du parcours en $km \cdot h^{-1}$. Arrondis au centième.

c. Le précédent record était détenu par Ellen MacArthur depuis 2005 en 71 jours, 14 heures, 18 minutes et 33 secondes. À quelle vitesse moyenne a-t-elle effectué son tour du monde ? (Tu exprimeras, en $m \cdot s^{-1}$, le résultat arrondi à l'unité.)

d. Si Francis Joyon et Ellen MacArthur étaient partis le même jour du même endroit, lorsque Francis Joyon aurait franchi la ligne d'arrivée, à quelle distance se serait trouvée Ellen MacArthur ? Exprime la distance en milles nautiques et en kilomètres (arrondie à l'unité).

F. Joyon sur IDEC, à son arrivée à Brest.
(Source Wikipédia ; photo de M. Briand)

40 Un haltère en acier est composé d'un cylindre de hauteur 0,2 m dont la base est un disque de diamètre 3 cm, sur lequel sont soudées deux « boules identiques » de diamètre 1,2 dm.

a. Détermine le volume exact, en dm^3, de cet haltère puis arrondis au centième de dm^3.

b. Sachant que la masse volumique de l'acier constituant cet haltère est de 7,8 g/cm^3, calcule la masse de l'haltère arrondie au gramme.

41 L'unité de trafic de voyageur est le voyageur·km. Elle représente le déplacement d'un voyageur sur une distance d'un kilomètre et permet de tenir compte de la distance parcourue par chaque voyageur.

a. Si douze personnes voyagent sur 20 km, quel sera le trafic de voyageurs ?

b. Si quatre personnes voyagent sur 10 km et qu'une cinquième voyage sur 200 km, quel sera alors le trafic de voyageurs ?

c. Au cours de son trajet, un bus a transporté huit personnes sur 1 km, quatre sur 3 km, dix sur 5 km et deux sur 12 km.
Sur une autre ligne, un bus a transporté vingt personnes sur 2 km, une sur 7 km, trois sur 8 km et deux sur 11 km.
Quel bus a eu le plus grand trafic de voyageurs ?

42 *Quantité de mouvement*

On appelle quantité de mouvement d'un système le produit de sa masse par la vitesse de son centre de gravité.

a. Donne l'unité utilisée pour exprimer la quantité de mouvement (en respectant les unités du système international).

b. Détermine la quantité de mouvement :

- d'un satellite de masse 250 kg qui se déplace autour de la Terre à la vitesse de 2 700 $m \cdot s^{-1}$;
- d'une moto et son conducteur d'une masse totale de 150 kg roulant à la vitesse de 108 km/h ;
- d'une locomotive pesant 100 t roulant à la vitesse de 150 $km \cdot h^{-1}$;
- d'un électron de masse $9,1 \times 10^{-31}$ kg dont la vitesse est de 25 000 km/s.

c. Quelle est la vitesse d'un système ayant pour quantité de mouvement 10^{-3} (unité trouvée en **a.**) et dont la masse serait de 10^{-15} kg ? Est-ce possible ? Justifie ta réponse.

1 Épaisseur d'une feuille de papier

1re Partie : Test de « pliage »

L'objectif de cette partie est de voir combien de « pliages » successifs on peut effectuer avec une feuille de papier de format A4.

a. Pliez chacun une feuille de papier en deux puis de nouveau en deux et ainsi de suite autant de fois que vous le pouvez.

b. Comptez chacun le nombre de pliages que vous avez réussi à effectuer. Comparez vos résultats.

c. Combien de pliages avez-vous réussi à effectuer au maximum ?

d. Mesurez, le plus précisément possible, la hauteur de la feuille la plus pliée.

e. Comparez vos résultats (nombre de pliages et hauteur) avec ceux des autres groupes.

2e Partie : Calcul de l'épaisseur du pliage

On considère qu'une feuille de papier a pour épaisseur 100 µm (cent micromètres).

f. Exprimez à l'aide d'une puissance de 10 l'épaisseur d'une feuille de papier, en mètre.

g. Une fois le premier pliage effectué, quelle est l'épaisseur obtenue en mètre ?

h. Une fois le second pliage effectué, quelle est l'épaisseur obtenue en mètre ?

i. Une fois le « n-ième » pliage effectué (n est un entier positif), quelle est l'épaisseur obtenue, exprimée en fonction de n, en mètre ?

j. Calculez l'épaisseur théorique, en mètre, d'une feuille pliée autant de fois que vous l'avez fait à la question **b.**.

k. Déterminez le pourcentage d'erreur entre la valeur théorique et votre mesure faite à la question **d.**.

l. Programmez une feuille de calcul sur laquelle l'objectif est de calculer l'épaisseur d'une feuille lors des 100 premiers pliages.

	A	B
1	Nombre de pliages	Épaisseur en mètre du « pliage »
2	0	
3	1	
4	2	
...	...	
102	100	

m. Au bout de combien de pliages l'épaisseur de la feuille dépasse-t-elle le mètre ?

n. Au bout de combien de pliages la taille de la tour Eiffel (environ 320 m) est-elle dépassée ?

o. La distance Terre-Lune est d'environ 384 403 km. Combien de pliages sont nécessaires pour atteindre cette distance ?

2 Comparaison Terre - Lune

Selon de nombreux astronomes, la Lune, satellite naturel de la Terre, serait une « partie » de notre planète qui se serait détachée suite à une collision qui s'est produite quelques millions d'années après la formation du système solaire. Vous allez étudier le volume perdu par la Terre suite à cette collision.

1re Partie : Recherche des données

Cherchez, sur Internet ou dans un dictionnaire, les informations suivantes :

- le rayon équatorial de la Terre et de la Lune, en kilomètres ;
- la masse de la Terre et de la Lune, en kilogrammes.

2e Partie : Calculs avec les données

Dans cette partie, on considère que la Terre et la Lune sont deux boules ayant pour rayon leur rayon équatorial.

Répartissez-vous dans le groupe les **questions a.**, **b.**, **c.** et **d.**. Vous arrondirez les résultats au dixième. Une fois les calculs effectués, vérifiez collectivement vos réponses.

a. Calculez le volume théorique de la Terre.

b. Calculez le volume théorique de la Lune.

c. Déterminez la masse volumique de la Terre.

d. Déterminez la masse volumique de la Lune.

3e Partie : Exploitation des calculs

Dans cette partie, vous utiliserez les calculs faits dans la partie précédente.

e. Si la Lune avait la même masse volumique que la Terre, quel aurait été le volume de la Lune ? (On considère que sa masse est celle trouvée dans la 1re Partie.)

f. Si on considère que la Lune provient d'une collision avec la Terre, quelle proportion de son volume, exprimée en pourcentage, la Terre a-t-elle perdu lors de la création de la Lune ?

g. Reprenez les questions **e.** et **f.** en considérant que la Terre a la même masse volumique que la Lune.

Source Wikipédia

Se tester avec le QCM !

		R1	R2	R3	R4
1	$2^5 \times 2^8$ est égal à...	$2^4 \times 2^9$	2^{40}	2^{13}	$2^7 \times 2^7$
2	$7^3 \times 7^{-4}$ est égal à...	7^{-7}	7^{-1}	7^{-12}	$\frac{1}{7}$
3	$2^5 \times 3^4 \times 2^{-2} \times 3^{-2}$ est égal à...	72	$\frac{2^5 \times 3^4}{6^2}$	$2^3 \times 3^2$	36^5
4	$\frac{5^8}{5^3}$ est égal à...	5^{11}	5^5	3 125	625
5	$\frac{9^3}{9^5}$ est égal à...	9^8	$\frac{1}{81}$	9^{-2}	9^{15}
6	$(6^3)^{10}$ est égal à...	6^{13}	6^{30}	$(6 \times 6 \times 6)^{10}$	$(6^{10})^3$
7	$(8^{-2})^8$ est...	égal à 8^{-10}	une puissance de 4	égal à -16^8	égal à $\left(\frac{1}{8^2}\right)^8$
8	Pour convertir 5 $m \cdot s^{-1}$ en $km \cdot h^{-1}$, il suffit de...	multiplier 5 par 3 600 puis de diviser le résultat par 1 000	diviser 5 par 3 600	multiplier 5 par 1 000 puis de diviser le résultat par 3 600	multiplier 5 par 3 600
9	Une voiture qui roule à 120 $km \cdot h^{-1}$ parcourt...	environ 33 m en 1 s	2 000 km en un jour	2 km en 1 min	150 km en une heure
10	Un Canadair peut lâcher 5 455 L d'eau soit...	5,455 m^3 d'eau	environ cinq millions de millilitres d'eau	54,55 hL d'eau	545,5 dL d'eau
11	La masse volumique de l'eau est proche de 1 $kg \cdot dm^{-3}$. On peut dire que...	1 L d'eau a pour masse 1 g	1 hL d'eau a pour masse 1 quintal	la masse volumique de l'acier est inférieure à 1 $kg \cdot m^{-3}$	1 cL d'eau a pour masse 10 g
12	Un cheval de bois est posé à 6 m du centre du plateau du manège enchanté. Sa vitesse est de trois tours par minute. Donc...	sa vitesse est d'environ 2 m par seconde	il fait un tour en 20 s	il fait quatre tours en 1,5 min	sa vitesse est d'environ 3 $km \cdot h^{-1}$

Récréation mathématique

Petit paradoxe...

Au cinéma, quand on voit une voiture avancer, les pneus tournent souvent à l'envers !
Après quelques calculs, le mystère sera levé...

a. La voiture filmée roule à 110 km/h. Ses pneus ont un diamètre de 54 cm. Exprime la vitesse du pneu en tours par seconde.

b. La vitesse de défilement d'un film sur bobine est de 24 images par seconde. Combien de tours aura fait le pneu entre deux images ?

c. Explique le phénomène.

Notion de fonction

D1

Activité 1 : Des variations (1)

On considère le triangle RST rectangle en R avec RS = 5 cm et RT = 9 cm. E est un point du segment [ST].
D est le point d'intersection de [RS] et de la perpendiculaire à (RS) passant par E.
F est le point d'intersection de [RT] et de la perpendiculaire à (RT) passant par E.
On s'intéresse à la longueur du segment [DF].

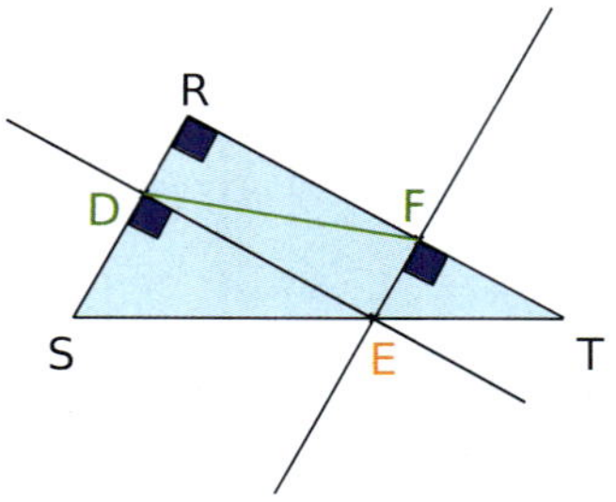

1. À partir d'une figure

a. Trace une figure. Obtiens-tu la même figure que celles de tes camarades ? Décris les similitudes et les différences des figures obtenues.

b. De quoi dépend la longueur du segment [DF] ?

2. Avec TracenPoche

a. Construis la figure ci-dessus et fais afficher la longueur DF. Déplace le point E. Que remarques-tu ?

b. Quelles sont les valeurs possibles de SE ?

c. En faisant afficher également la longueur SE, recopie et complète le tableau suivant.

SE en cm	0	0,45	1,3	1,6	1,95	2,45	2,95	3,87		
DF en cm									4,72	9

d. Ce tableau est-il un tableau de proportionnalité ?

e. À chaque valeur de SE, combien de valeurs de DF peut-on associer ? À chaque valeur de DF, combien de valeurs de SE peut-on associer ?

f. Émets une conjecture sur la position de E telle que la longueur DF soit minimale. Trouve une construction géométrique de ce point E que tu justifieras.

Activité 2 : Des variations (2)

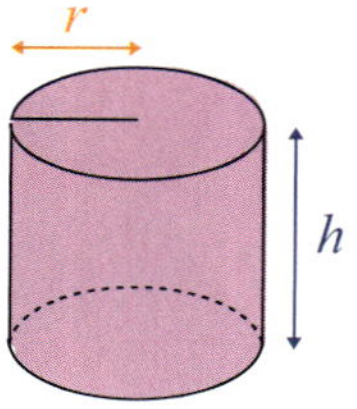

On considère un cylindre de hauteur h et dont la base a pour rayon r (en dm).

1. Établis la formule donnant le volume de ce cylindre en dm³. De quelle(s) grandeur(s) dépend ce volume ?

2. On suppose que $r = 5$ dm.

En utilisant un tableur et en présentant sous forme d'un tableau, calcule le volume de ce cylindre pour les valeurs de h allant de 0 à 10 dm avec un pas de 0,5.
Insère ensuite un graphique de type « ligne » représentant les valeurs du tableau.

3. On suppose maintenant que $h = 18$ dm.

En utilisant un tableur et en présentant sous forme d'un tableau, calcule le volume de ce cylindre pour les valeurs de r allant de 0 à 5 dm avec un pas de 0,2.
Insère ensuite un graphique de type « ligne » représentant les valeurs du tableau.

4. Quelles sont les différences et les similitudes des situations des deux questions précédentes ?

Activité 3 : Des variations (3)

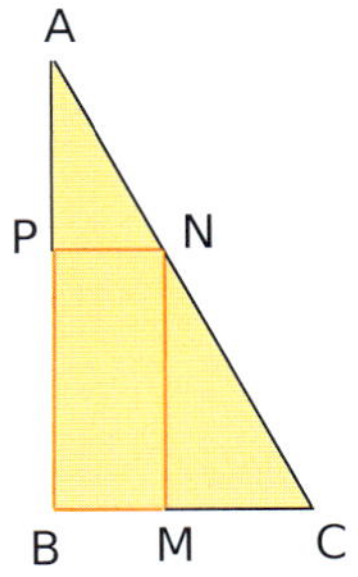

Dans le triangle ABC rectangle en B ci-contre : AB = 10 cm et BC = 5 cm. M est un point du segment [BC]. P et N sont les points des segments [AB] et [AC] tels que BMNP soit un rectangle.

1. À partir d'une figure

a. Trace une figure en choisissant une position du point M sur [BC]. En mesurant les longueurs utiles, évalue le périmètre et l'aire de BMNP. As-tu obtenu les mêmes valeurs que tes camarades ?

b. De quoi dépendent l'aire et le périmètre de BMNP ?

2. « En fonction de... »

a. On pose BM = x. Quelles sont les valeurs possibles de x ?

b. Exprime MC en fonction de x puis, en utilisant le théorème de Thalès, MN en fonction de x.

c. Déduis-en le périmètre et l'aire de BMNP en fonction de x.

3. Le périmètre

a. Recopie et complète le tableau suivant en utilisant un tableur.

x en cm	0,5	0,8	1	1,3	1,9	2,7	3,5	4	4,2	4,8
Périmètre de BMNP en cm										

b. Représente les valeurs de ce tableau sur un graphique ; les valeurs de x seront en abscisse et les valeurs correspondantes du périmètre en ordonnée.

c. Que remarques-tu ? Est-ce une situation de proportionnalité ? Dans la feuille de calcul précédente, insère à partir de ton tableau un graphique de type « ligne ».

4. L'aire

a. Construis un tableau donnant les valeurs de l'aire (en cm²) pour les valeurs de x (en cm) allant de 0,5 à 4,5 avec un pas de 0,5.

b. Sur une feuille de papier millimétré, représente les valeurs de ce tableau sur un nouveau graphique sur lequel tu mettras cette fois-ci les valeurs de l'aire en ordonnée. Tu prendras sur les axes des abscisses et des ordonnées 2 cm pour 1 unité, en plaçant l'origine du repère en bas à gauche de ta feuille.

c. Peux-tu prévoir, à l'aide du graphique, l'aire de BMNP lorsque x = 1,8 ? Combien semble-t-il y avoir de positions possibles de M telles que l'aire de BMNP soit égale à 9 cm² ? Même question avec 15 cm².

d. Construis avec TracenPoche la figure initiale et fais apparaître le repère. Complète le script de la figure en créant deux « variables » puis un point V comme le montre l'image ci-contre. En demandant la trace du point V, déplace le point M sur le segment [BC]. Décris ce que tu obtiens.

```
Script
var x=BM ;
var y = aire(BMNP) ;
V = point(x , y) ;
```

5. Peux-tu calculer les deux expressions littérales obtenues dans cette activité pour x = – 5 ?

Activité 4 : Avec un graphique

Sur un circuit de 13,2 km, un pilote réalise des essais pour une nouvelle voiture de course. Des capteurs placés sur le circuit mesurent la vitesse au moment du passage de la voiture, ces vitesses sont notées dans le tableau ci-dessous.
D'autre part, un enregistreur placé à bord de la voiture donne la vitesse en fonction de la distance parcourue sous la forme du graphique ci-dessous.

Capteur n°...	1	2	3	4	5	6	7	8
Distance parcourue depuis la ligne de départ en km	0,8	2	2,8	4,6	7,2	9,4	...	13
Vitesse mesurée en km·h^{-1}	125	196	144	...	113	...	200	...

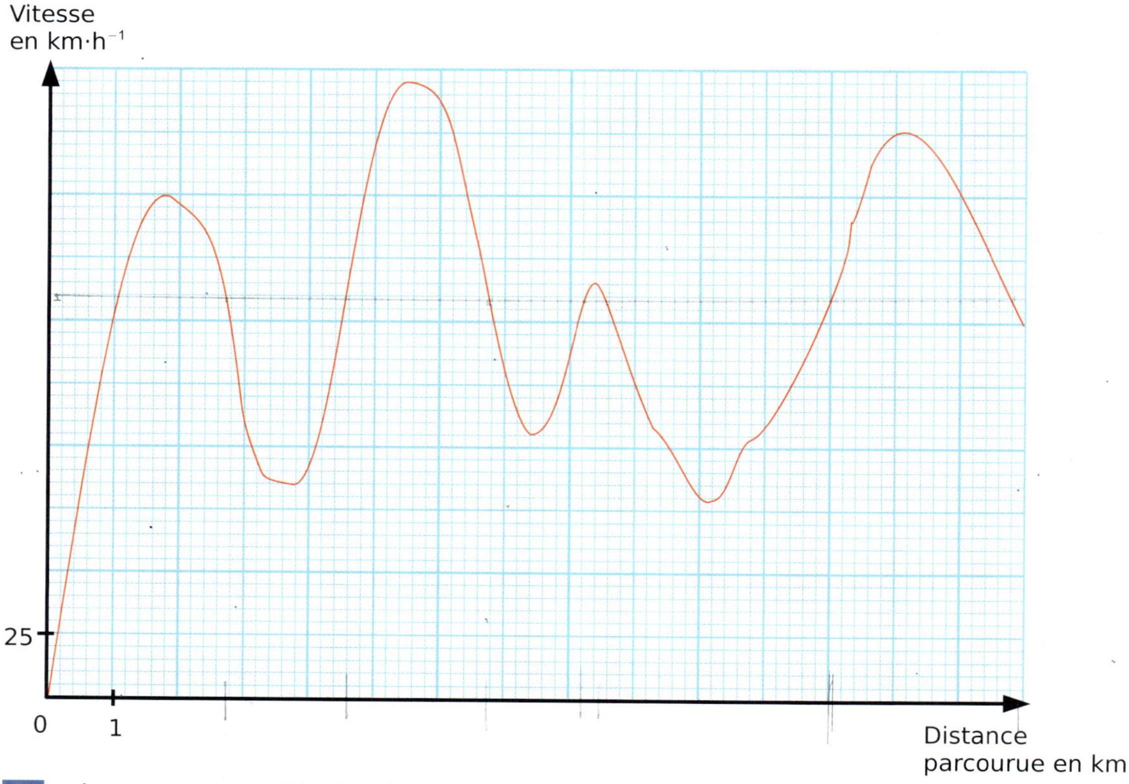

1. Détermine, si possible, les données manquantes dans le tableau.

2. Place sur le graphique les points qui représentent les données du tableau. Que peux-tu dire de ces points ?

3. Quelle est la vitesse mesurée après 6 km parcourus ? Peut-il y avoir plusieurs réponses ?

4. La vitesse est-elle fonction de la distance parcourue ? Justifie ta réponse.

5. Quelle est la vitesse maximale atteinte ? La vitesse minimale ?

6. À quelle vitesse la voiture est-elle repassée sur la ligne de départ au bout d'un tour ?

7. En quels endroits du circuit la voiture roulait-elle à 160 km·h^{-1} ?

8. La distance parcourue est-elle une fonction de la vitesse de la voiture ?

9. Représente sur un graphique identique et à partir du premier kilomètre, le relevé d'une voiture qui roulerait constamment à 100 km·h^{-1} après avoir parcouru ce premier kilomètre.

Activité 5 : Optimiser

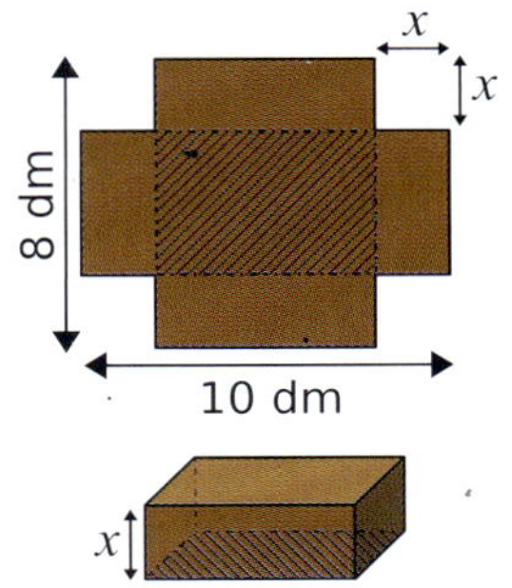

Avec une plaque de carton rectangulaire de 8 dm par 10 dm, en découpant quatre carrés identiques, on obtient le patron d'une boîte (sans couvercle !).

On veut trouver la dimension des carrés à découper pour obtenir une boîte dont le volume sera maximum.

On appelle x la longueur du côté des carrés en décimètres.

1. Quelle est la plus grande valeur possible de x ?
Le volume de la boîte est-il maximum pour cette valeur ?

2. Exprime en fonction de x la surface du « fond » de la boîte (partie hachurée) puis déduis-en l'expression du volume $V(x)$ de la boîte en fonction de x.

3. Avec un tableur, construis un tableau de valeurs du volume V pour une dizaine de valeurs de x de ton choix.
Décris l'évolution de ce volume suivant les valeurs de x.

4. Dans la même feuille de calcul, insère un graphique de type « ligne » représentant les valeurs de ton tableau (les valeurs du volume en ordonnée).

Ce graphique confirme-t-il ta description précédente ? Le problème posé semble-t-il avoir une solution ?

5. En affinant les valeurs choisies dans ton tableau et en utilisant de nouveaux graphiques, donne une valeur approchée à 10^{-3} près de la valeur de x cherchée.

Activité 6 : Les dimensions du rectangle

On cherche les dimensions L et l d'un rectangle dont le périmètre est 14 m et l'aire 11 m².

1. Fais quelques essais pour trouver les valeurs de L et l. Que penses-tu du problème posé ?

2. **Équation(s)**

a. Écris les deux relations qui lient L et l et déduis-en que L et l sont solutions de l'équation $x^2 - 7x + 11 = 0$.

b. Entre quels nombres se trouvent L et l nécessairement ?

3. **Soit $E(x) = x^2 - 7x + 11$**

a. Recopie et complète le tableau de valeurs suivant.

x	-1	0	1	2	3	4	5	6	7	8
$E(x)$										

b. Représente graphiquement ce tableau de valeurs à l'aide d'un tableur.

c. Utilise ce graphique pour donner deux valeurs approchées de x telles que $E(x) = 0$.
En affinant les valeurs du tableau, donnes-en des valeurs approchées au centième.

4. Quelles sont les dimensions approchées du rectangle ?

I - Généralités

A - Notion de fonction

Définition

Une fonction est un **procédé** qui, à un nombre, associe un unique nombre.

Remarque :

On utilise la notation $f : x \longmapsto f(x)$ qui se lit « f est la fonction qui, à x, associe le nombre $f(x)$ »

Exemple :

a. Détermine la fonction g qui, à la longueur x d'une arête d'un cube, associe le périmètre d'une face de ce cube.

b. Détermine la fonction h qui, à la longueur x d'une arête d'un cube, associe le volume de ce cube.

a. La face d'un cube est un carré de périmètre $\mathcal{P} = 4 \times x$. D'où $g(x) = 4x$ ou $g : x \longmapsto 4x$.

b. Le volume $\mathcal{V}$ d'un cube dont la longueur des arêtes est x est $\mathcal{V} = x \times x \times x = x^3$.
D'où $h(x) = x^3$ ou $h : x \longmapsto x^3$.

B - Images et antécédents

→ ex 1 à 3

Définitions

Soit f une fonction.
Si $f(a) = b$ alors on dit que :
- b est **l'image** de a par f.
- a est **un antécédent** de b par f.

L'**image** d'un nombre est **unique**.
Un nombre b peut avoir **plusieurs antécédents**.

Exemple 1 : Soit f une fonction telle que $f(-2) = 0$. Traduis cette égalité par deux phrases.

- 0 est **l'image** de -2 par la fonction f.
- -2 est **un antécédent** du nombre 0 par la fonction f.

Exemple 2 : Soit la fonction $f : x \longmapsto x^2 - 4$.
Détermine l'image de -5 puis celle de 5 par f. Que remarques-tu ?

$x \longmapsto x^2 - 4$ signifie qu'à tout nombre, ici noté x, la fonction f associe un unique nombre qui se calcule avec la formule : $x^2 - 4$.
On dit que **l'image** de x par la fonction f est $x^2 - 4$ et on note aussi $f(x) = x^2 - 4$.

$f(x) = x^2 - 4$	$f(x) = x^2 - 4$	
$f(-5) = (-5)^2 - 4$	$f(5) = 5^2 - 4$	→ On remplace x par -5 puis par 5.
$f(-5) = 25 - 4$	$f(5) = 25 - 4$	→ On calcule.
$f(-5) = 21$	$f(5) = 21$	

Donc l'image par la fonction f de -5 est 21 et celle de 5 est 21 également.
On remarque que -5 et 5 ont **la même image** : 21 par la fonction f.
Donc 21 a au moins **deux antécédents** par la fonction f.

Définition

Les images respectives par la fonction f de certaines valeurs de x peuvent être présentées dans un tableau appelé **tableau de valeurs**.

Exemple 3 : Voici un **tableau de valeurs** de la fonction $f : x \longmapsto x^2 - 4$.

x	− 4	− 3	− 2	− 1	0	1	2	3	4
$f(x)$	12	5	0	− 3	− 4	− 3	0	5	12

a. Détermine l'image de 0 par la fonction f.

b. Détermine le(les) antécédent(s) de 5 par la fonction f.

La 2de ligne du tableau donne l'image de chaque nombre de la 1re ligne par la fonction f.

a. On cherche 0 sur la 1re ligne du tableau et on lit son **image** sur la 2de ligne.
L'image de 0 par la fonction f est − 4. On écrit $f(0) = -4$ (ou $f : 0 \longmapsto -4$).

b. On cherche 5 sur la 2de ligne du tableau et on lit ses **antécédents** sur la 1re ligne.
Les antécédents de 5 par la fonction f sont − 3 et 3. On écrit $f(-3) = f(3) = 5$.

II - Représentation graphique

→ ex 4 et 5

Définition

La **représentation graphique** d'une fonction f est la courbe constituée de l'ensemble des points de coordonnées $(x\,;f(x))$.

Exemple : Le graphique ci-dessous représente la fonction $f : x \longmapsto x^2 - 4$.

a. Détermine graphiquement l'image de 1,5 par la fonction f.

b. Détermine graphiquement le (les) antécédent(s) de − 3 par la fonction f.

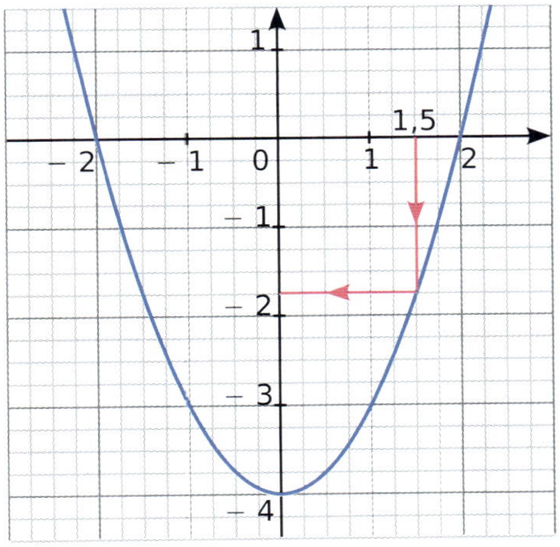

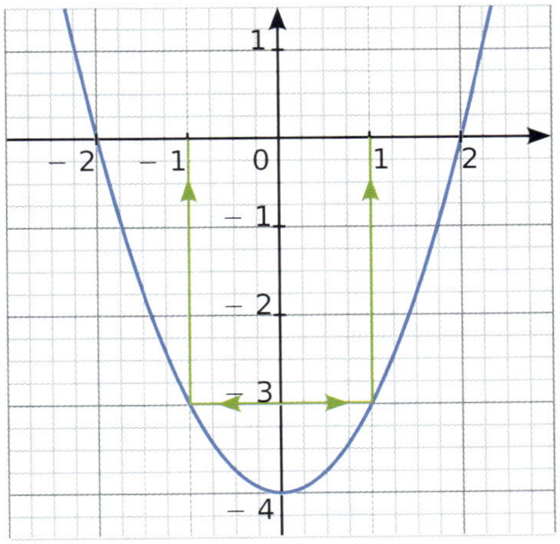

a. On cherche l'ordonnée du point de la représentation graphique de f qui a pour abscisse **1,5**. Pour cela :

• On trace la droite parallèle à l'axe des ordonnées passant par le point d'abscisse **1,5**.

• On trace la droite parallèle à l'axe des abscisses et qui passe par le point d'intersection de la représentation graphique de f et de la droite précédente. Elle coupe l'axe des ordonnées en **− 1,75**.

On en déduit que l'image de 1,5 par la fonction f est − 1,75 donc $f(1,5) = -1,75$.

b. On cherche l'abscisse (les abscisses) du (des) point(s) de la représentation graphique de f ayant pour ordonnée **− 3**. Pour cela :

• On trace la droite parallèle à l'axe des abscisses passant par le point d'ordonnée **− 3**.

• On trace les droites parallèles à l'axe des ordonnées passant par les points d'intersection de la représentation graphique de f et de la droite précédente. Ces parallèles coupent l'axe des abscisses en **− 1** et **1**.

On en déduit que les **deux antécédents de − 3** par la fonction f sont **− 1 et 1**.

Exercices corrigés par animation

http://manuel.sesamath.net

1 La fonction h est définie par la formule $h(x) = 3x(5x^2 - 2)$.
Calcule l'image de $-2{,}5$; de 20 puis de 0 par la fonction h.

2 Soit une fonction l telle que $l(-2) = 12$ et $l(7) = 15$.

a. Peux-tu trouver l'image de -5 ?

b. Traduis cette phrase : « l'image de 8 par la fonction l est 15 » par une égalité.

3 La fonction p est définie par le tableau suivant.

x	-10	-3	-1	0	2,5	5	6
$p(x)$	-5	-1	0	1,5	8	0	-3

a. Détermine l'image de -10 puis l'image de 2,5 par la fonction p.

b. Détermine un (des) antécédent(s) de -3 puis de 0 par la fonction p.

4 Le graphique ci-dessous représente une fonction f définie pour x compris entre -4 et 4.
a. Détermine $f(-3)$ et $f(2)$.
b. Détermine le(s) antécédent(s) de -2 et de $-3{,}2$ par f.

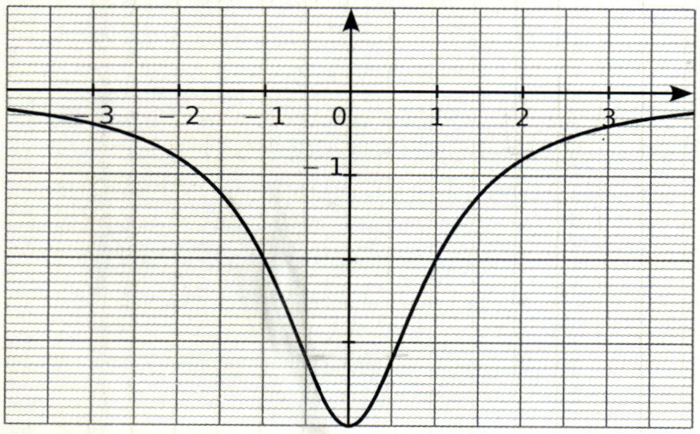

5 Le graphique ci-dessous représente une fonction g pour x compris entre -1 et 8,8.
a. Détermine les images de 2 et de -1 par g.
b. Détermine le(s) antécédent(s) de 0 et de 2 par g.

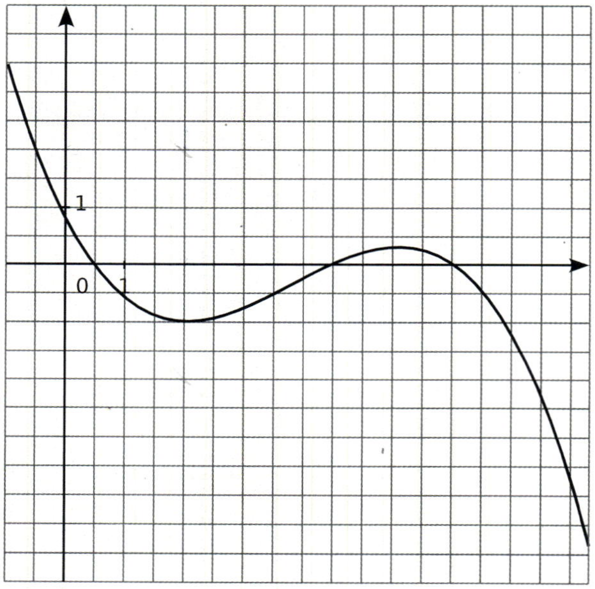

Tous ces exercices sont également corrigés à la fin du manuel.

Exercices d'entraînement

Vocabulaire, notations

1 On considère le programme de calcul :

> • Choisis un nombre ;
> • Multiplie le nombre choisi par lui même ;
> • Soustrais le triple du nombre choisi au produit obtenu.

a. En notant x le nombre choisi au départ, détermine la fonction f qui, à x, fait correspondre le résultat obtenu avec ce programme.

b. Applique ce programme de calcul avec le nombre -2. Traduis ce calcul par une phrase contenant le mot « image » puis par une égalité.

2 Soit la fonction h telle que $h : x \longmapsto 4x - 7$.

a. Écris un programme de calcul traduisant le calcul de l'image de x par la fonction h.

b. Donne une autre écriture de la fonction h.

3 Traduis chaque égalité par une phrase contenant le mot « image ».

a. $f(3) = 4$

b. $g(0) = -2$

c. $h(x) = 3x^2 - 4$

d. $p(x) = -x$

4 Traduis chaque phrase par une égalité.

a. Par la fonction g, $-5{,}3$ est l'image de 6.

b. 2,5 a pour image 4,2 par la fonction f.

c. L'image de 3 par la fonction h est 7.

d. Par la fonction p, -4 a pour image $-6{,}5$.

e. L'image de 5 par la fonction m est nulle.

5 Traduis chaque phrase par une égalité puis par une correspondance de la forme $x \longmapsto \ldots$

a. x a pour image $4x - 5$ par la fonction f.

b. L'image de x par la fonction g est $x(x + 1)$.

c. Par la fonction h, $-3x$ est l'image de x.

d. Par la fonction r, x a pour image $2x - 5x^2$.

e. La fonction k associe, à tout nombre x, le nombre $3(x - 2)$.

6 Traduis chaque notation par une phrase contenant le mot « image » et par une égalité.

a. $f : 7 \longmapsto -17$

b. $g : -5 \longmapsto 3{,}2$

c. $h : x \longmapsto -4x^2$

d. $v : x \longmapsto -3$

7 Traduis chacune des phrases suivantes par une correspondance de la forme $x \longmapsto \ldots$

a. Pour calculer l'image d'un nombre x, on le multiplie par 2 puis on ajoute 3 au résultat.

b. Pour calculer l'image d'un nombre x, on calcule son carré puis on soustrait 4 au résultat.

c. Pour calculer l'image d'un nombre x non nul, on multiplie l'inverse de ce nombre par -9.

d. Pour calculer l'image d'un nombre x non nul, on calcule la somme de ce nombre et de 3 puis on divise le résultat par le nombre x.

Image

8 Réalise le tableau de valeurs de la fonction g telle que $g(x) = -3x^2 + 4$ pour les valeurs entières de x comprises entre -6 et 6.

9 Voici un tableau de valeurs correspondant à une fonction f.

x	-4	-3	-2	-1	0	1	2	3	4
$f(x)$	5	2	1	-3	-4	5	3	4	-4

a. Quelle est l'image de 3 par la fonction f ?

b. Quel nombre a pour image -3 par la fonction f ?

c. Quels sont les nombres qui ont la même image par la fonction f ?

10 Voici un tableau de valeurs correspondant à une fonction g.

x	$-0{,}5$	$-0{,}1$	0	0,5	1	2	8
$g(x)$	0,5	2	1	0,5	2	8	128

Recopie et complète les égalités suivantes.

a. $g(-0{,}1) = \ldots$

b. $g(\ldots) = 1$

c. $g(0{,}5) = \ldots$

d. $g(\ldots) = 8$

e. $g(8) = \ldots$

f. $g(\ldots) = 2$

Exercices d'entraînement

11 Réalise un tableau de valeurs d'une fonction f vérifiant :

a. $f(0) = -1,5$

b. $f(4) = -\dfrac{1}{6}$

c. $f(1) = -1$

d. $f(-0,5) = \dfrac{4}{3}$

e. L'image de − 1 par la fonction f est − 1.

f. − 2 a pour image − 0,5 par la fonction f.

12 On considère la fonction p définie par :

$p : x \longmapsto 5x^2 - 4x + 3$.

Calcule l'image par la fonction p de chacun des nombres suivants.

a. 2 **b.** − 3 **c.** $\dfrac{2}{3}$ **d.** 0 **e.** 1,4

13 Soit la fonction g telle que $g(x) = 2\sqrt{x} + 1$. Calcule l'image des nombres suivants. Si ce n'est pas possible, explique pourquoi.

a. 0

b. − 9

c. 0,25

d. 4

e. 3

f. $\dfrac{25}{36}$

14 On considère la fonction h définie par : $h(x) = -5x^2 + 1$. Calcule.

a. $h(-2)$ **b.** $h(2)$ **c.** $h(10^2)$ **d.** $h(4\sqrt{5})$

Antécédent

15 Soit la fonction g définie par $g(x) = \dfrac{2}{x}$.

a. Recopie et complète le tableau suivant.

x	4	3		
$g(x)$			0,2	− 1

b. Quel nombre n'a pas d'image par g ?

c. Traduis chaque colonne par deux phrases utilisant les mots « image » ou « antécédent ».

16 Réalise un tableau de valeurs d'une fonction w vérifiant :

a. $w(0) = 0$

b. $w(-0,5) = 0,75$

c. Un antécédent de 0 par la fonction w est 1.

d. − 2 a pour antécédent 6 par la fonction w.

17 Soit un tableau de valeurs d'une fonction f.

x	− 4	− 2	− 1	1	4
$f(x)$	1	2	4	− 4	− 1

Dans chaque cas, indique, d'après le tableau, l'antécédent du nombre donné par la fonction f.

a. 4 **b.** 2 **c.** − 4 **d.** − 1

18 La fonction k est définie par $k(x) = 4x^2 - 3$.

a. Quelle est l'image de − 0,5 par k ?

b. Quel nombre a pour antécédent 1 par k ?

c. Quel est l'antécédent de − 3 par k ?

d. Quels nombres ont pour image − 2 par k ?

e. Pour quelles valeurs de x a-t-on $k(x) = 0$? Interprète la (ou les) solution(s) de cette équation pour la fonction k.

Graphique

19 Ce graphique représente une fonction k.

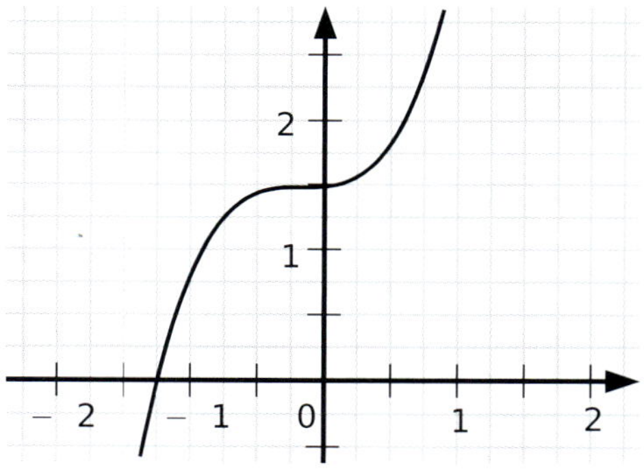

Recopie et complète le tableau suivant.

x	− 1,25		− 1	
$k(x)$		1,5		1,25

20 Soit un tableau de valeurs d'une fonction f.

x	− 2	− 1	0	1	2
$f(x)$	1	− 2	− 1,5	2	3

a. Avec ce tableau de valeurs, construis la représentation graphique de la fonction f.

b. Avec un tableur, trace une représentation graphique de la fonction f.

21 Voici la représentation graphique de la fonction D telle que $D(x) = \frac{5x}{x-2}$.

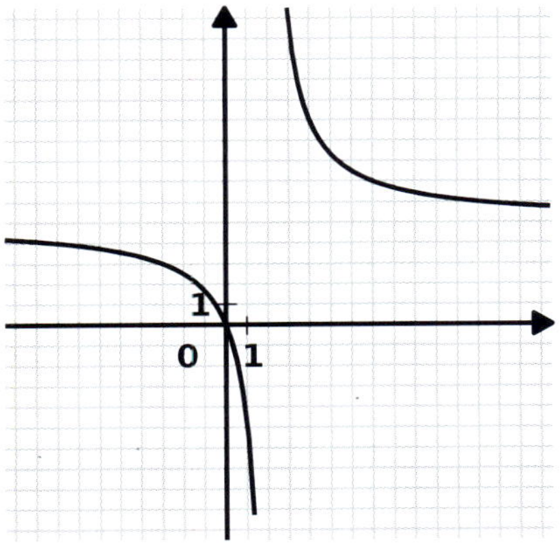

a. Quel nombre n'a pas d'image par la fonction D ? Peut-on le voir sur le graphique ? Explique.

b. Lire sur le graphique :

- l'image de 0 par la fonction D ;
- $D(4)$, $D(7)$, $D(-8)$;
- la valeur de a telle que $D(a) = 3$.

c. Vérifier les réponses du **b.** par le calcul.

d. Donne une valeur approchée de :

- l'image de 8 par la fonction D ;
- l'image de – 5 par la fonction D.

22 Ce graphique représente une fonction h.

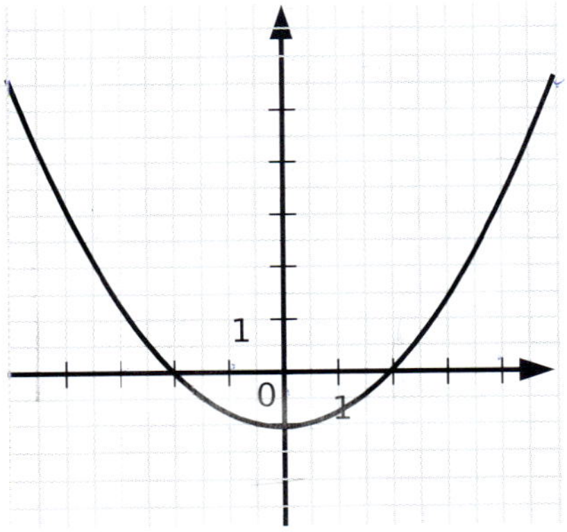

a. Quelle est l'image de 0 par la fonction h ?

b. Quels nombres ont pour image 0 par la fonction h ?

c. Donne une valeur approchée de :

- l'image de 4 par la fonction h ;
- l'image de – 3 par la fonction h.

23 Soit la fonction g telle que $g(x) = \sqrt{x^2 + 1}$.
À l'aide d'un tableur :

a. Réalise le tableau de valeurs de g pour les valeurs entières de x allant de – 4 à 4.

b. Insère ensuite un graphique de type « ligne » représentant cette fonction.

24 Dans chaque cas, explique pourquoi il n'existe pas de fonction qui, à x, associe y.

a.

x	– 2	1	0	2	– 1	1
y	– 4	3	– 3	5	2	4

b.

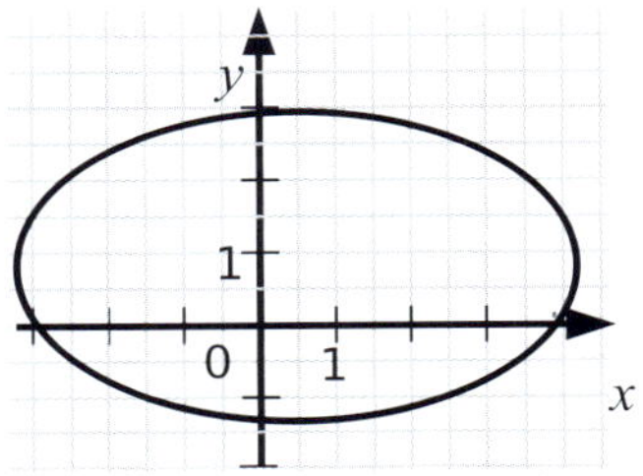

25 Une station a mesuré la hauteur des marées le 20 décembre 2011 à Saint-Malo. On obtient le graphique suivant.

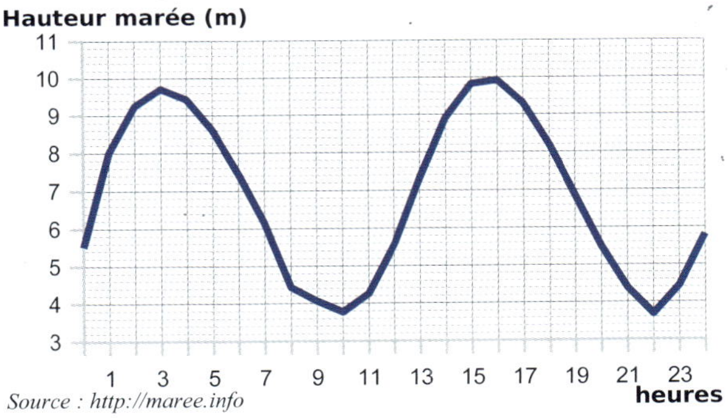

Source : http://maree.info

a. Décris par une phrase la fonction M représentée sur ce graphique.

b. À quelle heure, la marée a-t-elle été la plus haute ? La plus basse ? Traduis chaque réponse par une égalité du type « $M(...) = ...$ ».

c. À quelle(s) heure(s), la marée a été à 6 m ? Traduis ta réponse par une phrase avec le langage des fonctions.

d. Quelle est la hauteur d'eau à 5 h ?

e. Un navire a un tirant d'eau de 6 m. Dans quelle(s) tranche(s) horaire(s), peut-il manœuvrer à Saint-Malo sachant qu'il lui faut une marge de 2 m pour ne pas toucher le fond. (Tirant d'eau : hauteur de la partie immergée du bateau.)

Problèmes

26 *Sécurité routière (source : Eduscol)*

On mesure le taux d'alcoolémie chez un homme après l'absorption d'une boisson alcoolisée à jeun.

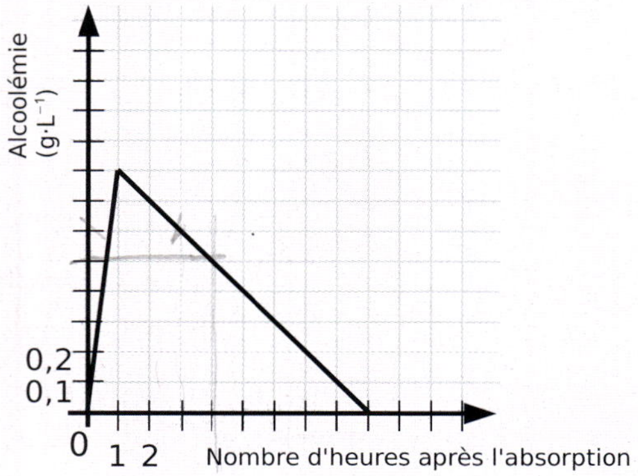

a. Quel est le taux d'alcoolémie au bout de trois heures ?

b. Quand le taux d'alcoolémie est-il de 0,5 $g \cdot L^{-1}$?

c. Quand le taux d'alcoolémie est-il maximal ?

d. Au bout de combien de temps le taux d'alcoolémie est-il nul ?

27 Le graphique donne la cadence d'un cycliste en fonction de la pente de la route.

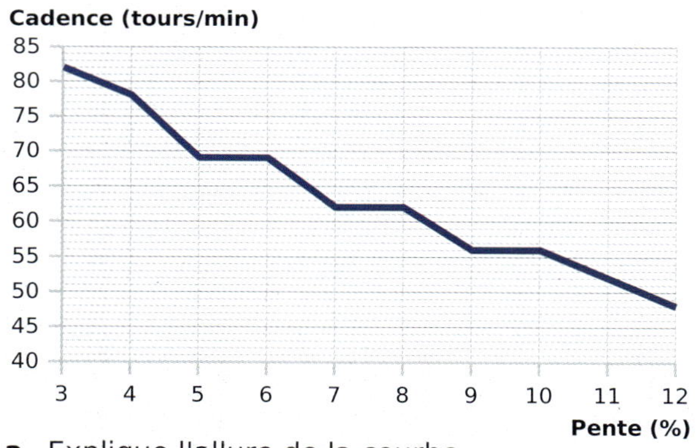

a. Explique l'allure de la courbe.

b. Quelle est la cadence du cycliste sur une route dont la pente est 5 % ?

c. Donne un encadrement de la pente pour une cadence comprise entre 55 et 78 trs/min.

d. À chaque tour, le cycliste avance de 2,1 m. Quelle est sa vitesse pour une pente :

- de 3 % ?
- de 12 % ?

28 *Hauteur d'un triangle équilatéral*

a. Calcule la hauteur puis l'aire d'un triangle équilatéral de côté 5 cm.

b. On note x le côté d'un triangle équilatéral (en cm). Exprime sa hauteur en fonction de x.

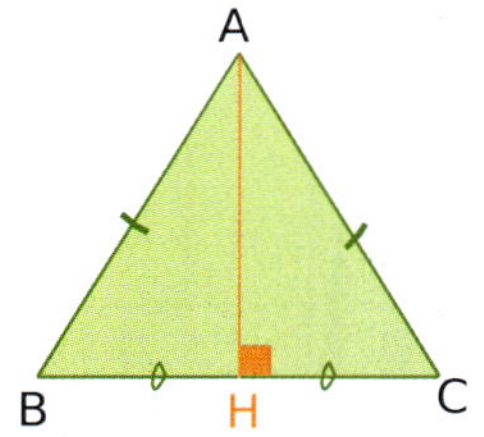

c. On appelle A la fonction qui à x associe l'aire du triangle équilatéral de côté x.

- Détermine une expression de A.
- Calcule $A(5)$; $A(3)$ et $A(\sqrt{3})$.

29 On considère le programme de calcul :

- Choisis un nombre ;
- Ajoute 6 à ce nombre ;
- Multiplie le résultat par le nombre de départ ;
- Ajoute 9 au résultat.

a. Quel nombre obtient-on si l'on choisit 2 comme nombre de départ ? Donne le résultat sous la forme du carré d'un nombre.

b. Même question avec 5.

c. On note x le nombre choisi au départ et on appelle f la fonction qui, au nombre x, associe le résultat du programme précédent. Quelles sont les images de 2 et de 5 par la fonction f ?

d. Exprime, en fonction de x, l'image de x par la fonction f. Donne le résultat sous la forme du carré d'un nombre.

e. Recopie et complète le tableau suivant.

x	2	10	0	− 15	− 8	2,5
$f(x)$						

f. Donne un antécédent de 1 par f.

g. Avec un tableur, trace une représentation graphique de la fonction f.

h. En utilisant le graphique, quels nombres peut-on choisir au départ pour obtenir 81 comme résultat ?

i. Retrouve la réponse précédente par le calcul.

30 On considère la fonction f définie par $f(x) = x + \frac{1}{x}$.

a. Calcule l'image de -3.

b. Peux-tu calculer l'image de 0 par la fonction f ? Pourquoi ?

c. Dans cette question, on considère la fonction g définie par $g(x) = \frac{2x - 1}{x - 4}$. Détermine le nombre qui n'a pas d'image par la fonction g.

31 On considère la fonction h définie par $h(x) = \sqrt{x}$.

a. Tous les nombres ont-ils une image par la fonction h ? Justifie ta réponse.

b. Détermine le (ou les) antécédent(s) de 25 par la fonction h. Peux-tu déterminer un antécédent de -3 ? Explique pourquoi.

c. Trouve tous les nombres qui n'ont pas d'antécédent.

32 Soit la fonction f définie par $f(x) = \sqrt{x - 2}$.

a. Calcule, si possible, l'image de 6 ; de 27 ; de 0 et de -5. Que remarques-tu ?

b. Trouve d'autres nombres qui n'ont pas d'image par la fonction f.
Comment caractérises-tu tous ces nombres ?

c. Construis un tableau de valeurs en prenant garde de bien choisir les valeurs de x.

d. En t'aidant des questions **a.** et **b.**, positionne l'origine du repère sur ta feuille. Prends 1 cm pour 1 unité en abscisse et 2 cm pour 1 unité en ordonnée.

e. Place dans le repère précédent les points obtenus dans le tableau de la question **c.**.

33 *Recherche d'antécédent*

On veut déterminer le (ou les) antécédent(s) de 2 par la fonction f définie par $f(x) = 5x^2 - 3x + 2$.

a. Montre que cela revient à résoudre l'équation $x(5x - 3) = 0$.

b. Résous cette équation puis vérifie la valeur des images des solutions.

34 Détermine le (ou les) antécédent(s) de -5 par la fonction g définie par $g(x) = x^2 - 21$.

35 *Avec un graphique*

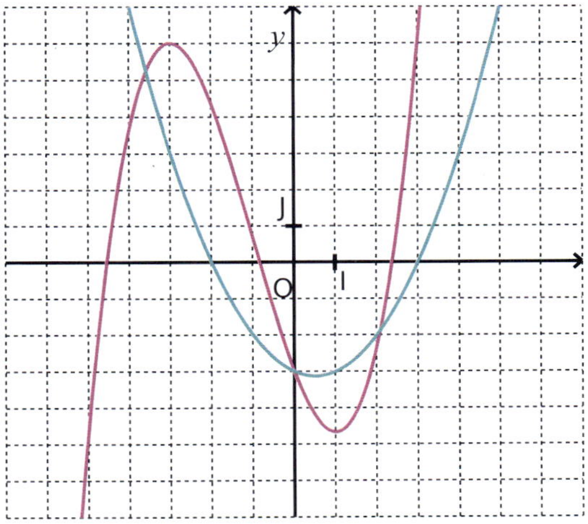

Dans le repère (O, I, J) ci-dessus sont représentées deux fonctions : f (en violet) et g (en bleu).

a. Recopie et complète le tableau ci-dessous en lisant le graphique. Donne toutes les réponses possibles.

x	-3	-1	0			
$f(x)$				-5	-3	6

b. Recopie et complète le tableau ci-dessous en lisant le graphique. Donne toutes les réponses possibles.

x	-2	0	3			
$g(x)$				-6	-2	3

c. Quelle est l'image maximale par la fonction f pour un nombre compris entre -7 et 0 ?

d. Détermine une valeur approchée du nombre, compris entre -7 et 7, qui a la plus petite image par la fonction g.

e. Détermine graphiquement les valeurs de x qui ont la même image par les fonctions f et g.

36 L'unité est le centimètre. ABCDFEGH et BIJCELKG sont deux pavés droits.

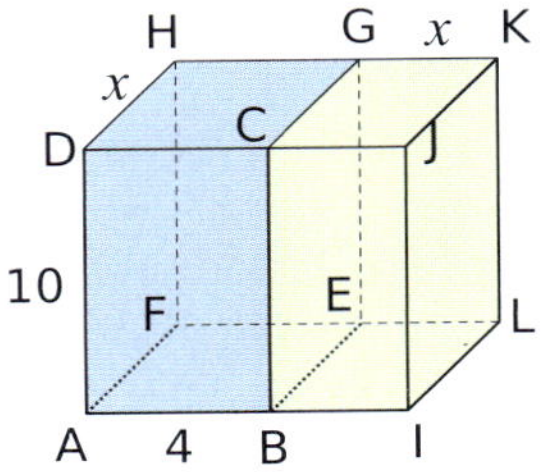

a. Exprime les volumes $V_1(x)$ du pavé bleu et $V_2(x)$ du pavé vert en fonction de x.

b. Dans un tableur, construis un tableau de valeurs et les courbes représentatives de V_1 et V_2 en fonction de x.

c. Quel(s) nombre(s) a (ont) la même image par V_1 et V_2 ?

37 *Aïe, aïe !*

Les deux courbes ci-dessous donnent la concentration dans le sang (en mg·L^{-1}) en fonction du temps (en min) pour deux formes différentes d'un anti-douleur (dont l'action est proportionnelle à son taux de concentration dans le sang) : le comprimé « classique » (en bleu) et le comprimé effervescent (en rouge).

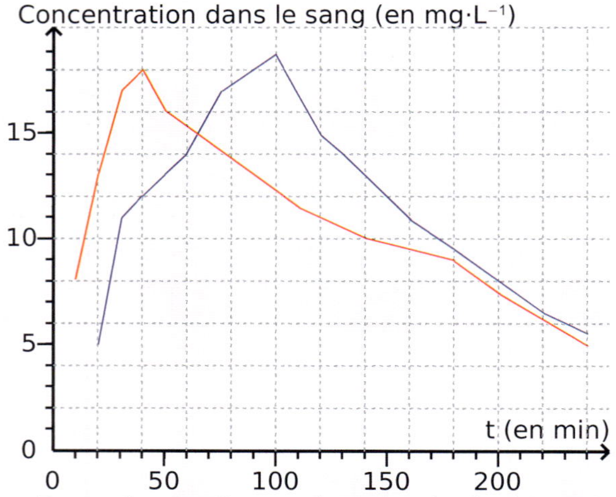

a. Pour chaque forme de comprimé, donne la concentration dans le sang au bout de 30 min ; d'1 h 30 min et de 3 h.

b. Au bout de combien de temps chaque concentration est-elle maximale ? Quelle forme de comprimé doit-on prendre si l'on souhaite calmer des douleurs le plus rapidement possible ?

c. À quels instants a-t-on une concentration de 13 mg·L^{-1} pour chacun des produits ? À quel instant les deux concentrations sont-elles égales ?

d. Récris chacune des réponses précédentes en utilisant le langage des fonctions.

38 *Aire maximale*

On étudie les rectangles qui ont un périmètre de 30 cm (construis-en deux exemples).

a. Soit l la largeur du rectangle.
Quelles sont les valeurs possibles de l ? Exprime la longueur du rectangle puis l'aire du rectangle $A(l)$ en fonction de l.

b. Dans un tableur, programme une feuille de calcul permettant de trouver l'aire $A(l)$ du rectangle en fonction de l.

c. Trace, dans un repère, une représentation graphique de la fonction A.

d. Détermine graphiquement les dimensions du rectangle qui a la plus grande aire. Trace-le.

39 *Distance de freinage (source : Eduscol)*

La distance d'arrêt D_A est la distance qu'il faut à un véhicule pour s'arrêter. Elle dépend de la vitesse et se décompose en la somme de la distance parcourue pendant le temps de réaction D_{TR} et de la distance de freinage D_F.

$$D_A = D_{TR} + D_F$$

a. Donne des paramètres dont dépend D_{TR}.

b. Donne des paramètres dont D_F est fonction.

c. Pour un conducteur en bonne santé, le temps de réaction est évalué à 2 s. Calcule la distance D_{TR} (en m) pour un véhicule roulant à 50 km·h^{-1} puis à 130 km·h^{-1}.

d. Pour un conducteur en bonne santé, exprime la distance D_{TR} (en m) en fonction de la vitesse v en km·h^{-1}.

e. Dans un tableur, recopie le tableau suivant qui donne D_F (en m) en fonction de la vitesse v (en km·h^{-1}) sur route sèche. (Tu mettras les vitesses dans la ligne 1 et D_F dans la ligne 2.)

v	10	20	30	40	50	60	70
$D_F(v)$	1,8	3,6	6,9	10,3	16,1	23,2	31,4
v	80	90	100	110	120	130	140
$D_F(v)$	41	52	64,6	78,1	93	108,5	123

f. Dans la ligne 3, programme le calcul de $D_{TR}(v)$.

g. Complète la ligne 4 en programmant le calcul de la distance d'arrêt sur route sèche.

h. Sur route mouillée, la distance de freinage augmente de 40 %. Calcule la distance de freinage sur route mouillée, $D_{FM}(50)$, d'un véhicule roulant à 50 km·h^{-1}.
Exprime $D_{FM}(v)$ en fonction de la vitesse puis complète le tableau en calculant $D_{FM}(v)$.

i. Complète le tableau en calculant la distance d'arrêt d'un véhicule sur route mouillée $D_{AM}(v)$.

j. Sur une feuille de papier millimétré, représente la distance d'arrêt d'un véhicule sur route sèche et sur route mouillée en fonction de la vitesse. (Tu prendras en abscisse 1 cm pour 10 km·h^{-1} et en ordonnée 1 cm pour 20 m.)

k. Détermine, sur le graphique, l'augmentation de la distance d'arrêt entre une route sèche et une route mouillée pour les vitesses de 50 km·h^{-1} ; 90 km·h^{-1} et 130 km·h^{-1}.

l. Où se positionnerait la courbe de la distance d'arrêt sur une route verglacée par rapport aux deux courbes précédentes ?

1 Montage et démontage de fonctions

1re Partie : Montage

Pour obtenir une fonction f, Véronique fait un « montage de fonctions » grâce à la suite d'instructions :
« Prendre le nombre x, l'élever au carré, multiplier le résultat par 3, soustraire 5 et diviser le résultat par 4. »
Elle a noté le schéma suivant :

↑2 ; × 3 ; − 5 ; ÷ 4

$$x \longmapsto x^2 \longmapsto 3x^2 \longmapsto 3x^2 - 5 \longmapsto \frac{3x^2 - 5}{4}$$

Elle obtient finalement la fonction f définie par $f(x) = \frac{3x^2 - 5}{4}$.

De même, Samir a obtenu la fonction g définie par $g(x) = \frac{1}{\sqrt{-x+6}}$ par le montage :

(−) ; + 6 ; [ ] ; 1/...

$$x \longmapsto -x \longmapsto -x + 6 \longmapsto \sqrt{-x+6} \longmapsto \frac{1}{\sqrt{-x+6}}$$

Ce qui correspond aux instructions :

« Prendre le nombre x, prendre son opposé, ajouter 6, prendre la racine carrée, prendre l'inverse. ».

a. Écris l'expression de la fonction résultant de chacun des deux montages suivants :

↑2 ; × (− 3) ; + 4

$x \longmapsto$ .... $\longmapsto$ .... $\longmapsto$ ....

« Prendre le nombre x, l'élever au carré, prendre l'opposé du résultat, diviser par 4, prendre l'inverse. ».

b. Quel est le montage qui correspond aux fonctions définies ci-dessous ?

$$f(x) = \frac{1}{3\left(\frac{1}{x} - 5\right)} \text{ et } g(x) = \sqrt{8 - x^2}.$$

2e Partie : Démontage

Regroupez-vous par deux.

Chaque élève écrit sur une feuille quatre montages de fonctions : deux avec des instructions en toutes lettres et deux grâce à un schéma.

Dans chaque groupe, échangez alors vos feuilles et devinez quelles fonctions ont été montées par votre camarade. Enfin, échangez à nouveau pour vérifier entre vous.

3e Partie : Devinette de fonctions

En salle informatique, regroupez-vous par quatre autour d'un ordinateur.

Deux élèves jouent le rôle des « **inventeurs de fonction** » : écrivez sur une feuille l'expression d'une fonction simple qui est obtenue par un montage en deux étapes et programmez ensuite un tableur pour pouvoir donner la valeur d'images de nombres par cette fonction.

Les deux autres élèves sont les « **chercheurs de fonction** » : vous devez deviner quelle est cette fonction. Pour cela, vous pouvez soit demander quelle est l'image d'un nombre de votre choix, soit proposer une fonction.
Une fois la fonction devinée, échangez les rôles.

Le groupe qui gagne est celui qui a « deviné » la fonction en posant le moins de questions.

2 Résolution graphique d'équations

1re Partie : Omar Khayyam

Recherchez des renseignements à propos d'Omar Khayyam (quand et où a-t-il vécu, qu'a-t-il fait, ...).
Préparez un document pour présenter le résultat de vos recherches à vos camarades.
Omar Khayyam proposa des résolutions géométriques des équations du second degré. Dans la suite, nous allons aussi résoudre certaines équations de manière graphique.

2e Partie : Un exemple

On veut résoudre graphiquement l'équation $x^2 - 1{,}5x - 7 = 0$. Justifiez que résoudre cette équation revient à résoudre l'équation $f(x) = g(x)$ avec $f(x) = x^2$ et $g(x) = 1{,}5\,x + 7$.

a. Dans un même repère orthogonal, tracez les représentations graphiques de ces deux fonctions.

b. Lisez les abscisses des points d'intersection et justifiez que ce sont des solutions (éventuellement approchées) de l'équation initiale.

3e Partie : Inventons une équation

c. Par groupe de quatre élèves, choisissez deux nombres entiers entre − 10 et 10 et inventez une équation ayant ces deux nombres comme solutions (idée : produits nuls...).
Présentez cette équation sous forme réduite.

d. Échangez entre différents groupes vos équations et essayez de les résoudre en utilisant la méthode vue précédemment.

e. Vérifiez ensuite entre groupes si les résultats sont corrects.

Se tester avec le QCM !

		R1	R2	R3	R4
1	Ce graphique représente une fonction f... 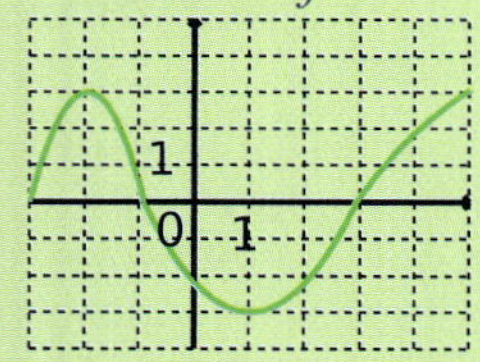	l'image de – 2 est 0	3 est l'image de – 2	$f(-2) = 3$	$f(3) = -2$
2	Pour la fonction f représentée ci-dessus, un antécédent de – 3 est...	0	1	3	– 3
3	x : – 1 ; 0 ; 1 ; 2 ; 3 $g(x)$: 2 ; 1 ; 6 ; 5 ; 2	l'image de 2 par g est – 1	$g(2) = 3$	2 a pour image 5 par g	2 est l'image de 5 par la fonction g
4	Par la fonction g ci-dessus, un antécédent de 2 est...	– 1	5	– 1 et 5	3
5	$h(x) = 2x^2 - 4$. L'image de 0 par h est...	– 4	0	– 2	0 n'a pas d'image
6	$m(2) = 4$. La fonction m peut être...	$m(x) = x - 2$	$m(x) = 3x - 2$	$m(x) = x^2$	$m(x) = \sqrt{x}$
7	$p(x) = \dfrac{x+5}{x^2-4}$ donc...	l'image de – 5 par p est 0	0 est l'image de 5 par p	tout nombre a une image par p	2 n'a pas d'image par p
8	Par une fonction...	un nombre peut avoir deux images	tous les nombres ont une image	un nombre peut avoir plusieurs antécédents	tout nombre a au plus une image

Pour aller plus loin

Vers la seconde...

a.

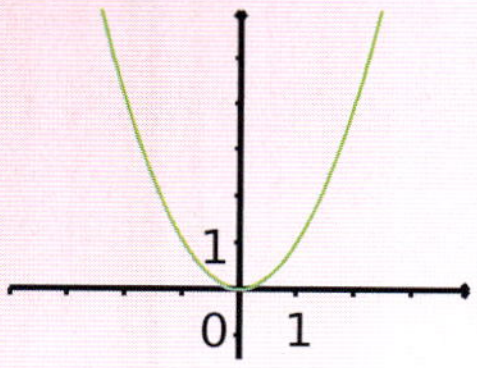

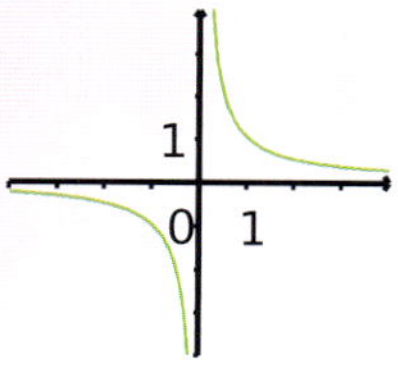

Retrouve les fonctions représentées ci-dessus parmi les fonctions f, g, h et i définies par :

$f(x) = 2x - 1$;

$g(x) = x^2$;

$h(x) = x^2 - 3x + 4$;

$i(x) = \dfrac{1}{x}$.

b.

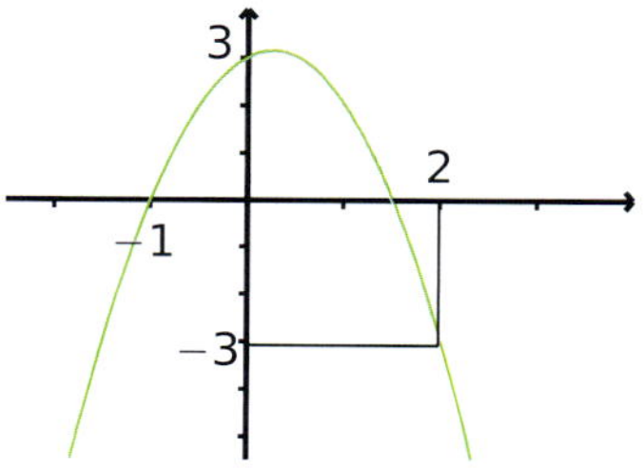

La courbe ci-dessus représente la fonction f telle que $f(x) = ax2 + bx + c$ où a, b et c sont des nombres.

Détermine les valeurs de a, b et c.

Fonctions linéaires et affines

D2

Activité 1 : À partir d'une situation connue

1. Prix en fonction de la masse

Chez un fromager, on peut lire sur l'étiquette d'un morceau de fromage que sa masse est de 0,8 kg et son prix de 12 €.

a. Calcule le prix de 100 g de ce fromage de plusieurs façons différentes.
Calcule le prix de 0,9 kg de plusieurs façons différentes.

b. Quelle est la masse d'un morceau coûtant 18 € ? Trouve plusieurs façons de calculer cette masse.

c. Si p € représente le prix d'un morceau de fromage et m kg sa masse, quelle(s) relation(s) lie(nt) les nombres p et m ? Que peux-tu dire des deux grandeurs précédentes ?

2. Avec une fonction

a. Trouve une fonction f pour laquelle, si p € représente le prix d'un morceau de fromage et m kg sa masse alors $f(m) = p$.

b. Traduis les calculs effectués dans les questions **a.**, **b.** et **c.** de la partie **1.** à l'aide de cette fonction et en utilisant le vocabulaire « image » et « antécédent ».

c. Quelle est l'image de $\frac{4}{7}$ par f ? Calcule $f(-3)$. Détermine l'antécédent de 2.

d. Compare $f(4)$ et $5 \times f(0{,}8)$ puis $f(1{,}2)$ et $f(0{,}8) + f(0{,}4)$. Illustre tes réponses en utilisant la situation de la question **1.**. Quelles conjectures peux-tu faire ?

3. Dans le cas général

a. Soit g la fonction définie par $g(x) = ax$, où a est un nombre non nul donné. (On dit que g est une fonction linéaire et a s'appelle son coefficient.) Démontre que, pour tous nombres x_1, x_2, x et k, $g(x_1 + x_2) = g(x_1) + g(x_2)$ et $g(k \times x) = k \times g(x)$.

b. On sait que h est une fonction linéaire et que $h(5) = 7$. En utilisant les propriétés précédentes, calcule :

- $h(6)$ (Tu peux remarquer que $6 = \frac{6}{5} \times 5$.) ;
- $h(11)$ (de deux façons !).

Activité 2 : Augmentation, diminution

1. Un magasin augmente tous ses prix de 8 %.

a. Calcule le prix après augmentation d'un article qui coûtait initialement 28,25 €.
Un autre article coûte après augmentation 52,38 €. Quel était son prix initial ?

b. Si p_1 € représente le prix d'un article avant cette augmentation et p_2 € son prix augmenté, détermine la fonction qui, au nombre p_1, associe le nombre p_2.

c. Que peux-tu dire de cette fonction ?

d. Quelle est l'image de 28,25 par cette fonction ? L'antécédent de 52,38 ?

2. La population d'un village a diminué de 15 % en trente ans. Il compte aujourd'hui 289 habitants. Quelle était sa population il y a trente ans ?

Activité 3 : Bande de papier

On considère une bande de papier rectangulaire de dimensions 4 cm et l cm.
On s'intéresse aux variations de son périmètre en fonction de ses dimensions.

1. Recopie et complète le tableau suivant.

Valeurs de l en cm	0,5	1	2,5	4	6		10
Valeurs du périmètre en cm						25	

Quel(s) calcul(s) permet(tent) de passer des valeurs de l en centimètres aux valeurs du périmètre en centimètres ? Que peux-tu dire de ce tableau ?

2. Avec une fonction

a. Si l cm représente la deuxième dimension de la bande de papier et p cm son périmètre, détermine la fonction f telle que $f(l) = p$.
Cette fonction est-elle une fonction linéaire ? Justifie ta réponse.

b. Quelle est l'image de 2,5 par f ? Que vaut $f(10)$?
Calcule $f\left(\frac{7}{3}\right)$ puis $f(-5)$.
Quel est l'antécédent de 25 ? Détermine celui de -3.

c. Compare $f(10)$ et $4 \times f(2{,}5)$ puis $f(10)$ et $f(4) + f(6)$.

3. Variations du périmètre

Tu pourras construire une bande de papier de largeur 4 cm et de longueur suffisante pour t'aider à répondre aux questions suivantes.

a. On suppose que $l = 5$ cm. Calcule le périmètre de la bande de papier.

- On augmente l de 3 cm. Le périmètre augmente-t-il ou diminue-t-il ? De combien ? Et si l augmente de 4 cm ?
- On enlève 2 cm à l. Le périmètre augmente-t-il ou diminue-t-il ? De combien ?

b. Reprends la question **a.** avec cette fois-ci $l = 12{,}5$ cm.

c. Que constates-tu pour la variation du périmètre lorsqu'on a augmenté l de 3 cm ? Semble-t-elle dépendre de la valeur de l ? Démontre-le.

d. Retrouves-tu les réponses de la question **c.** pour une augmentation de l de 4 cm ? Et pour une diminution de l de 2 cm ?

e. Recopie et complète le tableau suivant sachant que p_1 cm et p_2 cm sont les périmètres de deux bandes dont les dimensions sont 4 cm et respectivement l_1 cm et l_2 cm.

$l_1 - l_2$	0	1	1,5	3	4	-1	-2
$p_1 - p_2$							

Que peux-tu dire de ce tableau ? Justifie ta réponse.

4. Accroissement

f étant la fonction établie dans la question **2.**, x_1 et x_2 étant deux nombres quelconques, exprime $f(x_1) - f(x_2)$ en fonction de $x_1 - x_2$. Conclus.

Activité 4 : Graphique (1)

1. On considère la fonction g définie par $g(x) = 3x$.

a. Recopie et complète le tableau de valeurs suivant.

x	− 6	− 4	− 1,5	− 1	0	1	2,5	5	7
$g(x)$									

b. Sur une feuille de papier millimétré, construis un repère orthogonal et place tous les points de coordonnées $(x ; y)$ avec $y = g(x)$ que tu as obtenus grâce au tableau de la question précédente. Que constates-tu ? Pouvais-tu le prévoir ?

2. **Cas général**

On considère maintenant une fonction linéaire f de coefficient a (a est un nombre non nul). Dans un repère orthogonal d'origine O, on considère le point A(1 ; a).

a. Démontre que si un point M de coordonnées $(r ; s)$ appartient à la droite (OA) alors $s = f(r)$.

b. Le point P ci-contre a pour coordonnées $(w ; aw)$. Est-il bien placé ?
Justifie ta réponse. (Tu pourras utiliser le résultat démontré à la question précédente.)

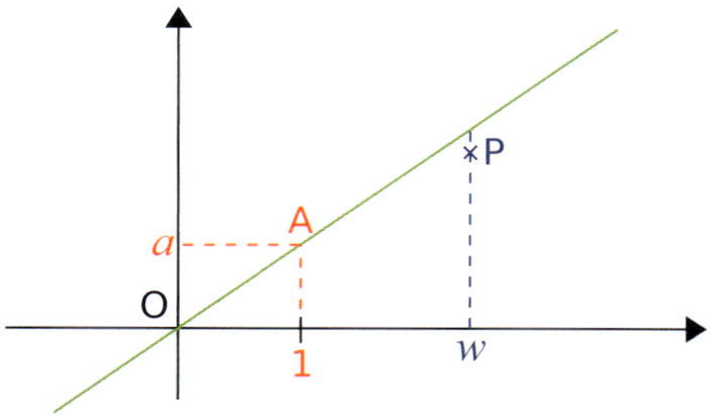

(schéma réalisé pour a positif)

3. **Coefficient**

a. Lorsque le coefficient d'une fonction linéaire est négatif, que peux-tu dire de la direction de sa droite représentative ?

b. Représente, dans un repère orthogonal, la fonction h telle que $h(x) = \frac{4}{3}x$.
Justifie et illustre sur le graphique la phrase : « Lorsque la différence entre les abscisses de deux points de la droite représentative de h est 3, la différence entre les ordonnées est 4. ».

c. Dans un repère orthonormé, quel lien y a-t-il entre le coefficient de la fonction linéaire et l'angle que fait la droite représentative avec l'axe des abscisses ?

Activité 5 : Graphique (2)

On considère la fonction f définie par $f(x) = 2x + 3$.

1. Dans un repère orthogonal, place cinq points dont les coordonnées sont du type $(x ; y)$ avec $y = f(x)$. Que remarques-tu ?

2. Sur le même graphique, représente la fonction $g : x \longmapsto 2x$.

3. Étant donnés deux points R et T de la représentation graphique de f et R_1 et T_1 les points de la droite (d_g) représentative de g ayant les mêmes abscisses que R et T, justifie que (RT) est parallèle à (R_1T_1).

4. Justifie et illustre sur le graphique : « Lorsque la différence entre les abscisses de deux points de la représentation graphique de f est 1, la différence entre les ordonnées est 2. ».

Activité 6 : Trouver la fonction

1. À partir d'un graphique

a. Sur une feuille de papier millimétré, construis dans un repère orthogonal la droite passant par l'origine du repère et le point de coordonnées (2 ; 6), et la droite passant par les points de coordonnées (0 ; 3) et (2 ; – 1).

b. En utilisant seulement le graphique et sans faire de calcul, détermine les fonctions dont ces droites sont les représentations graphiques.

c. Contrôle, par le calcul, les réponses trouvées à la question précédente.

d. Bakari prétend qu'à la vue du graphique précédent, un nombre et un seul a la même image par les deux fonctions trouvées.
Justifie son affirmation. Détermine ce nombre graphiquement puis par le calcul.

2. Par le calcul

a. Jean dit qu'il a trouvé une fonction linéaire par laquelle – 8 a pour image 5, et 3 a pour image – 2. Qu'en penses-tu ?

b. On cherche une fonction affine f telle que $f(-2) = 5$. Chloé a trouvé les fonctions suivantes :

$$x \longmapsto x^2 + 1 \ ; \quad x \longmapsto x + 7 \ ; \quad x \longmapsto \frac{-5}{2}x \ ; \quad x \longmapsto -2x + 1.$$

Qu'en penses-tu ? Peux-tu en trouver d'autres vérifiant les conditions ?

c. $g(4) = -1$ et $g(2) = 3$ avec $g(x) = ax + b$ où a et b sont des nombres réels à trouver.

- Écris un système d'équations dont le couple $(a \ ; b)$ est solution. Résous-le.
- Ahmed dit qu'en utilisant la « proportionnalité des accroissements », il a trouvé la valeur de a très rapidement. Comment a-t-il fait ?
  Comment trouver la valeur de b ensuite ?

Activité 7 : Système d'équations

On considère le système d'équations $\begin{cases} -3x + y = 4 \\ x + 2y = -3 \end{cases}$

1. Montre que si le couple de nombres $(r \ ; s)$ est solution de la première équation alors $s = f(r)$ où f est une fonction que tu préciseras.

2. Montre que pour tout couple de nombres $(u \ ; v)$ solution de la deuxième équation, $v = g(u)$ où g est une fonction que tu préciseras.

3. Avec la représentation graphique

a. Représente graphiquement les fonctions f et g dans un même repère orthogonal.

b. Résous graphiquement l'équation $f(x) = g(x)$.

c. Que peux-tu en déduire pour le système d'équations ci-dessus ?

4. Écris deux systèmes d'équations, l'un n'ayant pas de solution, l'autre en ayant une infinité.

I - Définitions et premiers calculs

→ ex 1 à 3

Définitions

- On appelle **fonction linéaire** de coefficient a toute fonction qui, à tout nombre noté x, associe le nombre $a \times x$ (c'est-à-dire $x \longmapsto a \times x$) où a est un nombre.
- On appelle **fonction affine** toute fonction qui, à tout nombre noté x, associe le nombre $a \times x + b$ (c'est-à-dire $x \longmapsto a \times x + b$) où a et b sont deux nombres.

Remarques :

- Une fonction linéaire est une fonction affine particulière (cas où $b = 0$). Les fonctions linéaires traduisent des **situations de proportionnalité**.
- Lorsque $a = 0$, la fonction est une **fonction constante** : à tout nombre x, elle associe le nombre b.

Propriétés

- Tout nombre admet **une unique image** par une fonction linéaire ou affine.
- Tout nombre admet **un unique antécédent** par une fonction linéaire ou affine non constante.

Exemple 1 :

Soit la fonction f linéaire telle que $f(x) = 2x$.
a. Calcule l'image de 3 par la fonction f.
b. Calcule l'antécédent de 7 par la fonction f.

a. $f(x) = 2x$	→	On remplace x par 3.
$f(3) = 2 \times 3$	→	On calcule.
$f(3) = 6$	→	L'**image** de 3 par la fonction f est 6.
b. $f(x) = 7$	→	On cherche le nombre x qui a pour **image** 7.
$2x = 7$	→	On résout.
$x = 3{,}5$	→	L'**antécédent** de 7 par f est donc 3,5.

Exemple 2 :

Soit la fonction g affine telle que $g(x) = 5x - 1$.
a. Calcule l'image de -7 par la fonction g.
b. Calcule l'antécédent de 14 par la fonction g.

a. $g(x) = 5x - 1$	→	On remplace x par -7.
$g(-7) = 5 \times (-7) - 1$	→	On calcule.
$g(-7) = -36$	→	L'**image** de -7 par la fonction g est -36.
b. $g(x) = 14$	→	On cherche le nombre x qui a pour **image** 14.
$5x - 1 = 14$	→	On résout.
$5x = 15$ $x = 3$	→	L'**antécédent** de 14 par g est donc 5.

II - Détermination d'une fonction linéaire ou affine

→ ex 4

Exemple 1 : Détermine la fonction linéaire f telle que $f(5) = 4$.

$f(x) = ax$	→	f est une fonction linéaire de coefficient a.
$f(5) = 5a$ et $f(5) = 4$	→	On remplace x par 5.
$5a = 4$	→	On obtient une équation que l'on résout.
$a = \frac{4}{5}$	→	f est donc la fonction définie par $f(x) = \frac{4}{5}x$.

Propriété

Pour toute fonction affine g de coefficient a, les accroissements des valeurs de $g(x)$ et de x sont proportionnels donc, pour tous nombres x_1 et x_2 distincts, $a = \dfrac{g(x_1) - g(x_2)}{x_1 - x_2}$.

Exemple 2 : Détermine la fonction affine g telle que $g(5) = 4$ et $g(-2) = 25$.

Première méthode :

$g(x) = ax + b$ ⟶ g est une fonction affine.

$g(5) = 5a + b = 4$ ⟶ On remplace x par 5.

et $g(-2) = -2a + b = 25$ ⟶ On remplace x par -2.

Donc $\begin{cases} 5a + b = 4 \\ -2a + b = 25 \end{cases}$ ⟶ On obtient un système de deux équations que l'on résout.

On obtient $a = -3$ et $b = 19$ ⟶ g est donc la fonction définie par $g(x) = -3x + 19$.

Deuxième méthode :

$a = \dfrac{g(-2) - g(5)}{-2 - 5}$

$a = \dfrac{25 - 4}{-2 - 5} = \dfrac{21}{-7} = -3$ ⟶ On détermine le coefficient a en utilisant la propriété des accroissements.

$g(x) = -3x + b$ ⟶ On remplace a par -3 dans l'expression de g.

$g(5) = 5 \times (-3) + b = 4$ ⟶ On remplace x par 5.

$b = 19$ ⟶ On résout l'équation pour déterminer b.

On obtient $a = -3$ et $b = 19$ ⟶ g est donc la fonction définie par $g(x) = -3x + 19$.

III - Représentation graphique

⟶ ex 5 et 6

Propriété

La représentation graphique d'une **fonction affine** $g : x \longmapsto a \times x + b$ est une **droite**.
Dans le cas d'une **fonction linéaire** ($b = 0$), cette **droite passe par l'origine** du repère et par le point de coordonnées $(1 ; a)$.

Remarques :

- a s'appelle le **coefficient directeur** de la droite : il donne l'accroissement de $f(x)$ lorsque x augmente d'une unité.
- b s'appelle l'**ordonnée à l'origine** : $f(0) = b$. La droite passe par le point de coordonnées $(0 ; b)$.

Exemple 1 : Représente graphiquement la fonction linéaire f définie par $f(x) = -0{,}5x$.

f est une fonction linéaire donc sa représentation graphique est une droite qui passe par l'origine du repère.

Pour tracer cette droite, il suffit de connaître les coordonnées d'un de ses points : on calcule l'image d'un nombre par la fonction f.

Par exemple : A$(6 ; -3)$.

On trace (d_f) qui passe par l'origine et par le point A.

Exemple 2 : Représente graphiquement la fonction affine g définie par $g : x \longmapsto 3x - 2$.

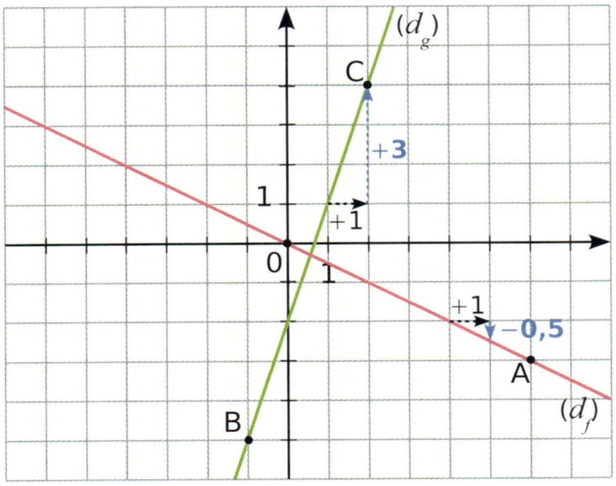

g est une fonction affine donc sa représentation graphique est une droite.

Pour tracer cette droite, il suffit de connaître les coordonnées de deux de ses points.

Par exemple : B$(-1 ; -5)$ et C$(2 ; 4)$.

On trace (d_g) qui passe par les points B et C.

IV - Lectures graphiques

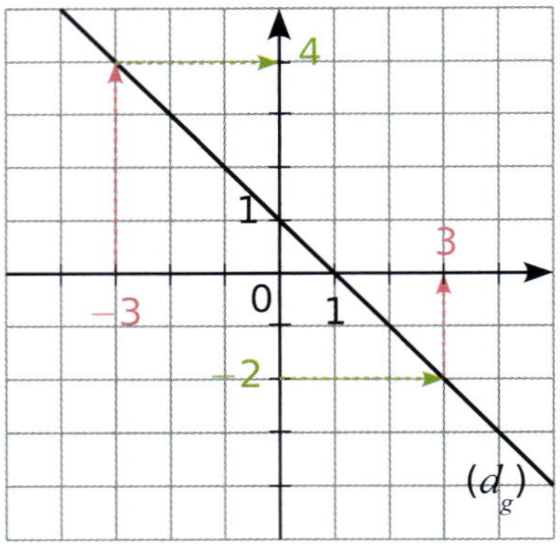

Exemple : Voici le graphique d'une fonction affine notée g.
Détermine l'image de – 3 et l'antécédent de – 2 par g.

Pour lire l'image de – 3 :
L'**image** de **– 3** est l'**ordonnée** du point de la droite d'**abscisse – 3**.
L'image de – 3 par la fonction g est 4.

Pour lire l'antécédent de – 2 :
L'**antécédent** de **– 2** est l'**abscisse** du point de la droite d'**ordonnée – 2**.
L'antécédent de – 2 par la fonction g est 3.

Exercices corrigés par animation

http://manuel.sesamath.net

1 Indique, en justifiant, si les fonctions sont linéaires, affines ou ni l'un ni l'autre.

- $f(x) = x^2 - 2$
- $k(x) = (13 - 8x)^2 - 64x^2$
- $g(x) = 8 - 9x$
- $l(x) = \frac{2}{x}$
- $h(x) = \frac{3}{5}x$

2 Détermine l'image de – 4 par la fonction affine h définie par $h(x) = -8x + 3$.

3 Détermine l'antécédent de – 6 par la fonction affine h définie par $h(x) = -x + 3$.

4 Détermine la fonction affine h telle que l'image de – 5 soit égale à 12 et celle de 4 soit égale à – 7.

5 Trace les représentations graphiques des fonctions l et m définies par $l(x) = -0{,}5x$ et $m(x) = -0{,}5x + 2$. Que constates-tu ?

6 Comment tracer précisément la représentation graphique de la fonction qui, à x, associe $0{,}75x$?

Tous ces exercices sont également corrigés à la fin du manuel.

Exercices d'entraînement

Linéaire ou affine ?

1 Parmi les fonctions f, g, h et m définies ci-dessous, indique celles qui sont linéaires.

a. $f(x) = 2x$

b. $h(x) = 3x - 4$

c. $g(x) = x^2$

d. $m(x) = (5 - 2x) - 5$

2 Parmi les fonctions n, p, k et d définies ci-dessous, indique celles qui sont affines.

a. $n(x) = 5x$

b. $k(x) = 2x + 7$

c. $p(x) = \frac{1}{x}$

d. $d(x) = (4x - 7) - 4x$

3 Parmi les fonctions t, u, w et z définies ci-dessous, indique celles qui sont affines (en précisant celles qui sont linéaires) et celles qui ne sont ni linéaires ni affines.

a. $t(x) = -x$

b. $u(x) = \frac{1}{2x+3}$

c. $w(x) = (x + 9)^2 - x^2$

d. $z(x) = (3x - 1)^2 - 3x^2$

4 Sur le graphique ci-dessous, des fonctions f, g, h, k et u ont été représentées.

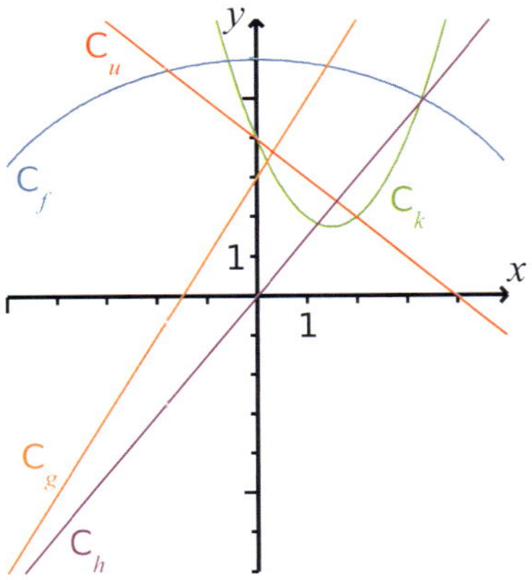

Parmi ces fonctions, indique celles qui sont affines. (Tu préciseras celles qui sont linéaires.)

5 Un rectangle a pour longueur 7 cm et pour largeur x cm.

a. Exprime le périmètre $p(x)$, en cm, et l'aire $a(x)$, en cm², de ce rectangle en fonction de x.

b. Les fonctions p et a sont-elles linéaires ? Sont-elles affines ?

6 Le côté d'un carré mesure x cm.

a. Exprime le périmètre $p(x)$, en cm, et l'aire $a(x)$, en cm², de ce carré en fonction de x.

b. Les fonctions p et a sont-elles linéaires ? Sont-elles affines ?

Images et antécédents

7 La fonction f est définie par $f(x) = 8x$.

a. Détermine $f(2)$; $f(-3)$ et $f(0)$.

b. Quelle est l'image de -5 par la fonction f ? Et celle de $\frac{1}{8}$?

c. Détermine les antécédents, par la fonction f, des nombres -16 ; 0 et 28.

8 La fonction g est définie par $g(x) = 5x + 1$.

a. Quelle est l'image de 5 par la fonction g ?

b. Détermine $g(0)$; $g(-2{,}1)$ et $g(7)$.

c. Détermine les antécédents, par la fonction g, des nombres 21 ; -14 et 0.

9 La fonction h est définie par $h : x \longmapsto -6x$.

a. Détermine les images, par la fonction h, des nombres 0 ; -5 et $\frac{1}{3}$.

b. Calcule $h(-1)$ et $h(3{,}5)$.

c. Détermine les antécédents, par la fonction h, des nombres 24 ; -42 et $-\frac{3}{4}$.

10 k est définie par $k : x \longmapsto 2x - 5$.

a. Détermine l'image, par la fonction k, de $\frac{1}{3}$.

b. Calcule $k(-4)$.

c. Résous l'équation $k(x) = \frac{5}{3}$. Que peux-tu dire de la solution de cette équation ?

11 La fonction g est une fonction linéaire telle que $g(3) = 4$.
En utilisant les propriétés d'une telle fonction, calcule les images des nombres 1,5 ; 6 et 7,5.

12 Le graphique ci-dessous représente des fonctions f et g.

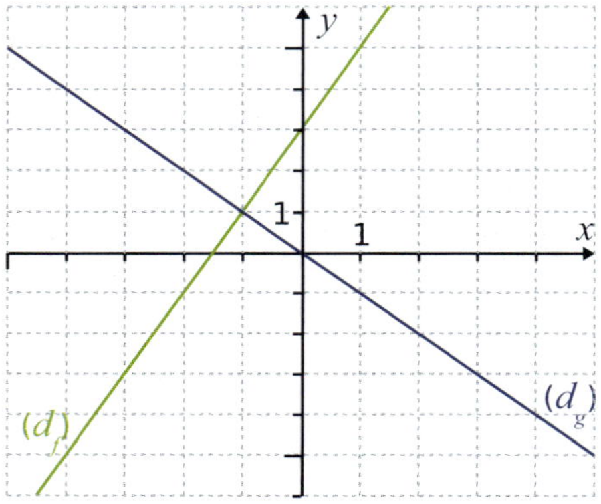

Par lecture graphique, détermine pour chaque fonction :

a. les images des nombres 0 ; 1 et – 4.

b. les antécédents des nombres 3 ; – 5 et 5.

Représentation graphique

13 La fonction linéaire h est définie par $h(x) = -1{,}5x$.

a. Quelle est la nature de la représentation graphique de cette fonction ?

b. Combien de points sont nécessaires pour construire la représentation graphique de cette fonction ?

c. Détermine les coordonnées de suffisamment de points avec des abscisses comprises entre – 4 et 4.

d. Construis la représentation graphique en prenant 1 cm pour 1 unité en abscisse et 1 cm pour 2 unités en ordonnée.

14 La fonction affine m est définie par $m(x) = 3x - 5$.

a. Quelle est la nature de la représentation graphique de cette fonction ?

b. Combien de points sont nécessaires pour construire la représentation graphique de cette fonction ?

c. Détermine les coordonnées de suffisamment de points avec des abscisses comprises entre – 3 et 3.

d. Construis la représentation graphique en prenant 1 cm pour 1 unité en abscisse et en ordonnée.

15 Représente les fonctions définies ci-dessous dans un même repère orthogonal avec des couleurs différentes.

- $d : x \longmapsto -2x + 1$
- $u : x \longmapsto 3x - 4$
- $h : x \longmapsto -x + 3$
- $t : x \longmapsto 2$
- $k : x \longmapsto 2{,}5x$
- $m : x \longmapsto -2x - 3$

Que peux-tu dire des représentations graphiques des fonctions d et m ?

À ton avis, pourquoi ?

16 Représente les fonctions définies ci-dessous dans un même repère orthogonal avec des couleurs différentes.

a. $f : x \longmapsto \frac{2}{3}x - 5$

c. $g : x \longmapsto -\frac{5}{6}x + 5$

b. $h : x \longmapsto \frac{2}{5}x + 1$

d. $k : x \longmapsto -\frac{4}{3}x$

Déterminer une fonction

17 La fonction f est une fonction linéaire telle que $f(4) = 5$. Détermine la fonction f.

18 La fonction m est une fonction linéaire telle que $m(0) = 0$.
Peux-tu déterminer la fonction m ?

19 La fonction g est une fonction affine telle que $g(3) = 8$ et $g(-1) = -12$.
Détermine la fonction g.

20 La fonction w est affine telle que $w(0) = 4$ et $w(5) = 4$.
Détermine la fonction w.

21 La fonction h est une fonction linéaire telle que $h\left(\frac{6}{7}\right) = \frac{3}{14}$.
Détermine la fonction h.

22 La fonction u est une fonction affine telle que $u\left(-\frac{1}{3}\right) = 3$ et $u\left(\frac{5}{4}\right) = 22$.
Détermine la fonction u.

23 Sur le graphique ci-dessous, des fonctions f, g, h, k et u ont été représentées.

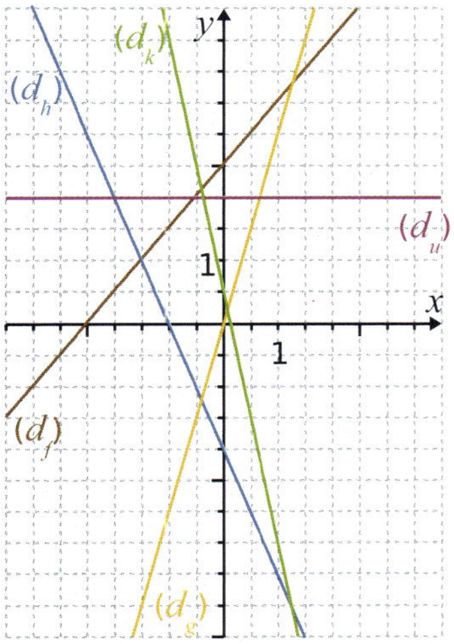

Détermine chacune des cinq fonctions.

24 La fonction h est une fonction affine telle que $h(2) = -1$ et $h(-1) = 5$.
Détermine l'image de 7 et l'antécédent du nombre -7, par la fonction h.

Problèmes

25 Sur le graphique ci-dessous, identifie les droites (d_f), (d_g) et (d_h) qui représentent les fonctions f, g et h définies par :

$f(x) = 3x + 6$;

$g(x) = 0{,}5x - 1$;

$h(x) = -x + 2$.

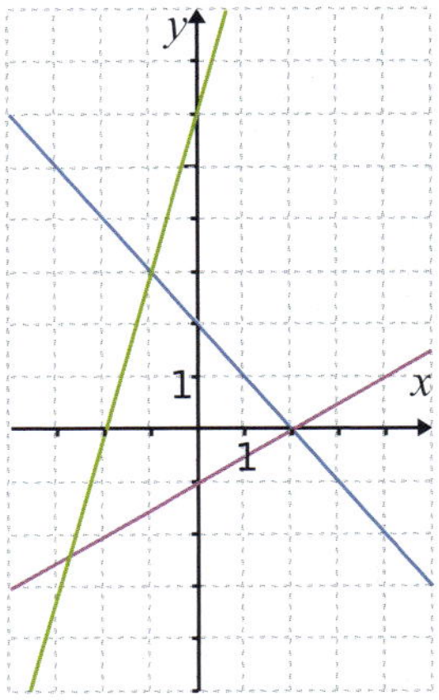

a. Détermine les coordonnées du point d'intersection des droites (d_g) et (d_h) par le calcul.

b. Détermine celles du point d'intersection des droites (d_f) et (d_h) également par le calcul.

c. Déduis-en, sans aucun calcul, les solutions de l'équation et de l'inéquation ci-dessous.

- $-x + 2 = 3x + 6$
- $0{,}5x - 1 < -x + 2$

Justifie ta réponse.

26 Représente les fonctions affines f et g définies ci-dessous dans un même repère orthogonal.

- $f(x) = 2x + 3$
- $g(x) = 3x - 1$

Résous graphiquement l'équation et l'inéquation suivantes.

- $2x + 3 = 3x - 1$
- $3x - 1 > 2x + 3$

27 *Mercredi, ce sont les soldes !*

Collées sur une vitrine, de grandes affiches annoncent une réduction de 30 % sur toute la boutique.

a. Une jupe à 80 € est soldée. Quel est son nouveau prix ? Détaille tes calculs.

b. Un article coûtant x € est soldé. Exprime $p(x)$, son nouveau prix, en fonction de x.

c. Cette fonction p est-elle linéaire ou affine ?

d. Représente cette fonction pour les valeurs de x comprises entre 0 € et 150 €, sur une feuille de papier millimétré. Tu placeras l'origine du repère orthogonal dans le coin inférieur gauche. Tu prendras 1 cm pour 10 € en abscisse et en ordonnée.

e. Lis sur le graphique le prix soldé d'un pull qui coûtait 50 €.

f. Lis sur le graphique le prix avant démarque d'un pantalon soldé à 84 €.

28 *Mutualisation des efforts*

Tous les employés d'une entreprise ont décidé de cotiser à la même assurance maladie. La cotisation correspond à 1,5 % de leur salaire brut et elle est prélevée directement sur le salaire.

a. On appelle s le salaire brut mensuel.
Exprime en fonction de s le montant $c(s)$ de la cotisation de chacun.

b. Sophie est comptable dans cette entreprise. Elle est chargée de modifier le bulletin de paie, programmé sur un tableur.
Voici une partie de la feuille de calcul.

	A	B	C
1	Éléments	À payer	À déduire
2	Salaire brut	1600	
....			
12	Assurance maladie		

Quelle formule doit-elle programmer en C12 ?

29 Le CDI du collège Évariste Galois a la forme d'un trapèze. La documentaliste veut partager l'espace en deux parties de même aire, l'une rectangulaire, de largeur x mètres avec des rayonnages pour ranger les livres, l'autre pour faire un coin lecture.

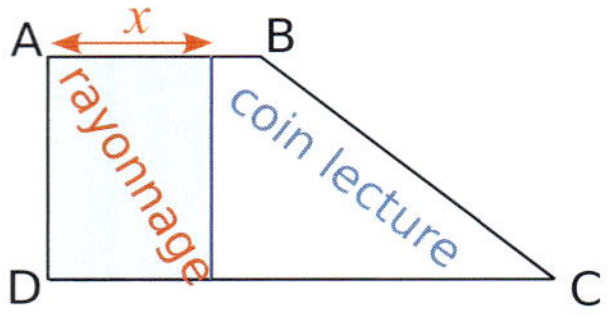

On donne :

AB = 5 m ;
AD = 10 m
et DC = 8 m.

a. Calcule l'aire totale du CDI.

b. Quelles sont les valeurs possibles pour x ?

c. Exprime, en fonction de x, $r(x)$ l'aire de l'espace « rayonnage » et $c(x)$ l'aire de l'espace « coin lecture » en m².

d. Représente ces deux fonctions dans un même repère orthogonal. Choisis l'échelle pour que le graphique ait une largeur de 10 cm.

e. Détermine, par lecture graphique, la valeur de x pour laquelle les vœux de la documentaliste seront pris en compte.

30 *Tarifs*

Brahim décide d'aller régulièrement à la piscine pendant un an. Voici les tarifs proposés :

- tarif 1 : 100 € pour un an, nombre illimité d'entrées ;
- tarif 2 : 40 € d'adhésion par an puis 1 € par entrée ;
- tarif 3 : 2 € par entrée.

a. Quel prix paiera-t-il avec chaque tarif, s'il va à la piscine une fois par mois ? Quel tarif sera intéressant dans ce cas ?

b. On appelle x le nombre de fois où Brahim ira à la piscine. Exprime, en fonction de x, $t_1(x)$ le prix qu'il paiera avec le tarif 1 ; $t_2(x)$ le prix qu'il paiera avec le tarif 2 et $t_3(x)$ le prix qu'il paiera avec le tarif 3.

c. Représente graphiquement ces trois fonctions dans un même repère orthogonal.

d. Combien d'entrées Brahim devra-t-il payer s'il va à la piscine une fois par semaine ? Et s'il y va deux fois par semaine ?

e. Par lecture graphique, détermine le tarif le plus intéressant pour Brahim dans ces deux cas.

f. À partir de combien d'entrées Brahim aura-t-il intérêt à prendre un abonnement au tarif 1 ?

31 Un théâtre propose deux tarifs de places :

- tarif plein : 20 euros ;
- tarif réduit : comprenant un abonnement et permettant d'avoir une réduction de 30 % sur le plein tarif.

a. Un adhérent a dépensé 148 euros (en comptant l'abonnement) pour sept entrées. Calcule le prix de l'abonnement.

b. x désigne un nombre d'entrées. Exprime en fonction de x le prix $p(x)$ payé avec le tarif plein et le prix $p'(x)$ payé avec le tarif réduit.

c. Représente graphiquement p et p'.

d. À partir du graphique, détermine le tarif le plus avantageux pour six entrées puis le nombre minimal d'entrées pour que l'abonnement soit avantageux. (Tu indiqueras par des pointillés les lectures graphiques que tu auras effectuées.)

32 Dans un magasin, une cartouche d'encre pour imprimante coûte 15 €. Sur un site Internet, cette même cartouche coûte 10 €, avec des frais de livraison fixes de 40 €, quel que soit le nombre de cartouches achetées.

a. Recopie et complète le tableau suivant.

Nombre de cartouches achetées	2	5	11	14
Prix à payer, en magasin, en euros		75		
Prix à payer, par Internet, en euros		90		

b. On note $P_A(x)$ le prix à payer pour l'achat de x cartouches en magasin. Détermine $P_A(x)$.

c. On note $P_B(x)$ le prix à payer pour l'achat de x cartouches par Internet. Détermine $P_B(x)$.

d. Représente les fonctions P_A et P_B.

e. Utilise le graphique précédent pour répondre aux questions suivantes. (Tu indiqueras par des pointillés les lectures graphiques que tu auras effectuées.)

- Détermine le prix le plus avantageux pour l'achat de six cartouches.
- Sonia dispose de 80 € pour acheter des cartouches. Est-il plus avantageux pour elle d'acheter des cartouches en magasin ou sur Internet ?

f. À partir de quel nombre de cartouches le prix sur Internet est-il inférieur ou égal à celui du magasin ? Explique ta réponse.

33 Les fonctions f et g sont définies par $f(x) = 2x + 5$ et $g(x) = -3x - 1$.

a. Par le calcul, détermine si les points A($-$ 3 ; $-$ 1) et B($-$ 2 ; 5) appartiennent aux représentations graphiques de f et de g.

b. Dans un même repère orthogonal, représente les fonctions f et g et vérifie les réponses de la question **a.** à l'aide des graphiques.

34 Dans un repère orthogonal, la représentation graphique d'une fonction affine h passe par les points A($-$ 3 ; $-$ 1) et B(3 ; $-$ 3). Le point C(1 ; $-$ 2) appartient-il à la droite (AB) ? Justifie ta réponse par des calculs.

35 Démontre que les points R(11 ; $-$ 17) ; S(0 ; 5) et T($-$ 8 ; 21) sont alignés.

36 Deux éprouvettes contiennent un liquide s'évaporant régulièrement au fil des jours.
Dans le repère ci-dessous, chaque morceau de droite représente la hauteur du liquide (en mm) restant dans l'une de ces éprouvettes en fonction du nombre de jours écoulés.

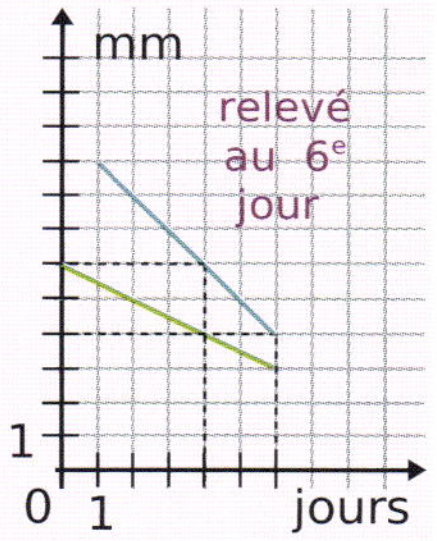

a. Détermine, pour chaque éprouvette, la hauteur de liquide au début de l'expérience.

b. Combien de jours faudra-t-il pour que tout le liquide se soit évaporé dans chacune des éprouvettes ?

c. Détermine à quel moment le liquide était à la même hauteur dans les deux éprouvettes.

37 Dans un magasin, les prix diminuent de 20 % la première semaine des soldes d'hiver, puis encore de 10 % la deuxième semaine.

a. Un article coûtait 40 € avant les soldes. Calcule son prix lors de la deuxième semaine des soldes.

b. On appelle x le prix d'un article, en euros, avant les soldes. Exprime, en fonction de x, son prix lors de la deuxième semaine des soldes.

c. Le prix de cet article a-t-il diminué de 30 % ?

d. Un article est affiché à 38,52 € lors de la deuxième semaine des soldes. Calcule son prix avant les soldes.

38 *Livraison*

Une boulangerie livre des croissants à domicile. Le montant facturé comprend le prix des croissants et les frais de livraison qui sont fixes. Quatre croissants livrés coûtent 2,60 € et 10 croissants livrés coûtent 5 €.

a. On considère la fonction f qui, au nombre de croissants achetés, associe le prix facturé en euros. Quelle est sa nature ?

b. Trace la représentation graphique de la fonction f dans un repère orthogonal (1 cm pour un croissant et 2 cm pour un euro).

c. Détermine, par lecture graphique, le montant des frais de livraison.

39 *Extrait du Brevet*

Au cross du collège, les garçons et les filles courent en même temps sur le même parcours.
Les garçons doivent parcourir 2 km.
Les filles partent à 300 mètres du point de départ des garçons sur le parcours.
Akim fait le parcours des garçons à la vitesse de 15 km·h^{-1}. Cécile fait le parcours des filles à la vitesse constante de 12 km·h^{-1}.
Akim et Cécile partent en même temps.

a. Montrer qu'Akim parcourt 250 mètres par minute. Montrer que Cécile court à la vitesse de 200 m·min^{-1}.

b. À quelle distance du départ des garçons se trouvent Akim et Cécile quand ils ont couru pendant cinq minutes ?

c. Depuis le départ, Akim et Cécile ont couru pendant x minutes.
g est alors la fonction donnant la distance en mètres séparant Akim du départ des garçons et f est la fonction donnant la distance séparant Cécile de ce même départ.
Exprimer $g(x)$ et $f(x)$ en fonction de x.

d. Dans un repère où on choisit un centimètre pour une unité en abscisse et un centimètre pour 100 unités en ordonnée, tracer les représentations graphiques des fonctions g et f.

e. Par lectures graphiques, justifiées en faisant apparaître les tracés indispensables, répondre aux questions suivantes :

- Au bout de combien de temps Akim aura-t-il rattrapé Cécile ?
- À quelle distance du départ des garçons, Akim et Cécile seront-ils à cet instant ?

f. Déterminer par le calcul les réponses aux questions posées en **e.**.

40 Une banque annonce un taux d'intérêt annuel de 4 % pour un placement.

a. On appelle x le montant de la somme placée à 4 % par un client. Exprime, en fonction de x, les intérêts produits par cette somme au bout d'un an.

b. Exprime, en fonction de x, la nouvelle somme dont disposera ce client au bout d'une année supplémentaire.

c. La durée minimale du placement est de six ans. Exprime, en fonction de x, la somme d'argent dont disposera ce client au bout de six années de placement.

d. Quelle somme ce client doit-il placer au départ pour avoir 8 000 € à sa disposition au bout de six ans ? Arrondis le résultat à l'unité.

41 *Les résistances électriques*

Le code couleur des résistances indique une valeur annoncée et une tolérance.
La tolérance d'une résistance est comprise entre 0,05 % et 20 %.
Pour être conforme, la valeur mesurée de la résistance doit valoir ce qui est annoncé, plus ou moins cette tolérance.

On étudie des résistances dont la tolérance est de 20 %.

a. La première résistance a une valeur annoncée de 250 Ω.
Donne un encadrement de ses valeurs mesurées conformes.

b. La deuxième résistance, qui est conforme, a une valeur mesurée de 420 Ω.
Donne un encadrement de ses valeurs annoncées possibles.

c. On appelle x la valeur annoncée de la résistance en ohm (Ω).
Exprime, en fonction de x, la valeur minimale $m(x)$ pour laquelle une résistance est conforme.
Exprime, en fonction de x, la valeur maximale $M(x)$ pour laquelle une résistance est conforme.

d. Représente graphiquement ces deux fonctions dans un même repère. Utilise des couleurs différentes. Fais apparaître la zone du plan délimitée par ces deux droites.

e. Par lecture graphique, donne l'encadrement des valeurs mesurées conformes pour des valeurs annoncées de 250 Ω ; 800 Ω et 1 400 Ω.

f. Par lecture graphique, donne l'encadrement des valeurs annoncées possibles pour des résistances mesurées de 510 Ω ; 720 Ω et 1 650 Ω.

42 *Extrait du Brevet*

Un artisan réalise des boîtes métalliques pour un confiseur.
Chaque boîte a la forme d'un parallélépipède rectangle à base carrée ; elle n'a pas de couvercle.
L'unité de longueur est le cm ; l'unité d'aire est le cm^2 ; l'unité de volume est le cm^3.

Partie A

Les côtés de la base mesurent 15 cm et la hauteur de la boîte mesure 6 cm.

a. Préciser la nature des faces latérales de la boîte et leurs dimensions.

b. Montrer que l'aire totale de la boîte est 585 cm^2.

c. L'artisan découpe le patron de cette boîte dans une plaque de métal de 0,3 mm d'épaisseur. La masse volumique de ce métal est 7 g/cm^3, ce qui signifie qu'un centimètre cube de métal a une masse de sept grammes.

Calculer la masse de cette boîte.

Partie B

a. Calculer le volume de cette boîte.

b. Le confiseur décide de recouvrir exactement le fond de la boîte avec un coussin. Ce coussin est un parallélépipède rectangle. Le côté de sa base mesure donc 15 cm et on note x la mesure, en cm, de sa hauteur variable (x est un nombre positif inférieur à 6).

Exprimer, en fonction de x, le volume du coussin.

c. Exprimer, en fonction de x, le volume que peuvent occuper les bonbons dans la boîte.

d. Soit la fonction $f : x \longmapsto 1\,350 - 225x$.

Représenter graphiquement cette fonction pour x positif et inférieur à 6. (On prendra 2 cm pour unité sur l'axe des abscisses et 1 cm pour 100 unités sur l'axe des ordonnées.)

e. Dans la pratique, x est compris entre 0,5 et 2,5.

Colorier la partie de la représentation graphique correspondant à cette double condition.

f. Calculer $f(0,5)$ et $f(2,5)$.

g. On vient de représenter graphiquement le volume que peuvent occuper les bonbons dans la boîte.

Indiquer le volume minimal que peuvent, dans la pratique, occuper les bonbons.

Travailler en groupe

1 Quizz sur Descartes

1re Partie : Questions

En vous documentant, répondez aux questions suivantes sur Descartes.

- Où et à quelle époque a-t-il vécu ?
- Quels sont les domaines dans lesquels il a travaillé ?
- A-t-il inventé la notion de fonction ?
- Quel lien existe-t-il entre lui et Galilée ?

Comparez les réponses de chaque groupe.

2e Partie : Construction d'un questionnaire

Choisissez un thème parmi les quatre suivants :

- La vie de Descartes ;
- Descartes et la physique ;
- Descartes et la philosophie ;
- Descartes et les mathématiques.

Documentez-vous, en consultant Internet, en allant au CDI de votre collège, etc.
Construisez alors un questionnaire et préparez, sur une autre feuille, les réponses à celui-ci.

3e Partie : Recherche

Chaque groupe choisit ensuite le questionnaire d'un autre groupe pour y répondre.

4e Partie : Mise en commun

En classe entière, étudiez les questions posées sur chaque thème ainsi que les réponses apportées par chacun.

2 Lecture graphique

1re Partie : Tracés

Formez des équipes de deux ou trois élèves. Découpez une feuille A4 à petits carreaux en quatre rectangles identiques, chaque rectangle formera une carte.
Pour chaque équipe :

- prenez une carte, écrivez vos noms en haut et dessinez un repère orthonormé utilisant toute la carte ;
- tracez une droite passant par deux points d'intersection du quadrillage et non parallèle à l'axe des ordonnées.

2e Partie : Expressions algébriques

Quelqu'un mélange toutes les cartes et les distribue à nouveau. En équipe, trouvez l'expression algébrique de la fonction affine correspondant à la droite qui vous a été donnée. Au dos de la carte, écrivez vos noms et votre réponse.

3e Partie : Vérification

Rendez chaque carte à ceux qui ont effectué le tracé. Vérifiez la réponse donnée sur votre carte.

3 Un rallye à l'économie

Formez des équipes de deux ou trois élèves. Vous devez effectuer un rallye à deux tronçons, avec un engin qui roule à vitesse à peu près constante sur chacun des tronçons.

- Le 1er tronçon mesure 30 km puis il y a un contrôle (arrêt obligatoire de 30 min) et le 2e tronçon mesure 45 km.

- Vous disposez seulement de 16 litres de carburant et vous devez effectuer le parcours total en deux heures.
- La consommation C de votre engin, pour 100 km et en fonction de sa vitesse V (avec 30 km/h $< V <$ 120 km/h), est donnée par :

1er tronçon : $C = \dfrac{V^2}{900} - \dfrac{V}{15} + 11$.

2e tronçon :

$$C = 8 \times 10^{-4} \times V^2 - 0{,}048 \times V + 5{,}22.$$

1re Partie : Exemple

a. Quel est le temps mis par Albert, qui a roulé à 45 km/h sur le 1er tronçon et à 60 km/h sur le 2e tronçon ?
Quelle a été sa consommation de carburant ?

b. Faites une représentation graphique de la distance parcourue par Albert en fonction du temps écoulé.
Chaque concurrent gagne dix points par décilitre de carburant économisé et en perd trois par minute s'écartant des deux heures.
Calculez le nombre final de points d'Albert.

2e Partie : À vous de rouler

c. Choisissez les vitesses sur vos deux tronçons puis calculez votre temps de parcours et le nombre de litres de carburant consommés.

d. Faites une représentation graphique de la distance que vous avez parcourue en fonction du temps écoulé. Calculez votre nombre final de points au rallye.

e. Échangez vos calculs avec une autre équipe (pour vérification) et déterminez l'équipe gagnante du rallye.

Se tester avec le QCM !

		R1	R2	R3	R4
1	x : 6 ; 9 $f(x)$: -4 ; -6 Le coefficient de la fonction linéaire f est...	$\frac{-3}{2}$	$\frac{-2}{3}$	$-0{,}6$	$\frac{2}{3}$
2	Une réduction de 30 % peut se traduire par la fonction...	$x \longmapsto x - 30$	$x \longmapsto x - 0{,}3$	$x \longmapsto 0{,}7x$	$x \longmapsto \frac{30}{100}x$
3	Parmi les fonctions suivantes, les fonctions linéaires sont...	$x \longmapsto 5x^2$	$x \longmapsto 4x + 3$	$x \longmapsto 6x - 4x$	$x \longmapsto \frac{7}{9}x$
4	La fonction linéaire dont la représentation graphique passe par le point A(1 ; 4) a pour coefficient...	0	0,25	1	4
5	f est une fonction linéaire donc...	$f(8) = f(5) + f(3)$	$f(8) = 5 + f(3)$	$f(6) = f(2) \times f(3)$	$f(6) = 2 \times f(3)$
6	-5 est l'image de -4 par la fonction affine...	$x \longmapsto -5x - 4$	$x \longmapsto 3x + 7$	$x \longmapsto \frac{5}{4}x$	$x \longmapsto 2x + 3$
7	Le nombre qui a pour image 13 par la fonction $x \longmapsto -2x + 3$ est....	-23	5	-5	-29
8	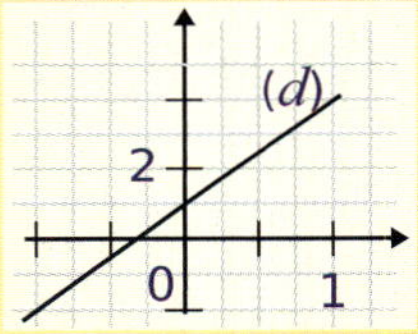 La droite (d) représente la fonction...	$x \longmapsto 3x + 1$	$x \longmapsto 3x + 2$	$x \longmapsto 4x$	$x \longmapsto x + 3$
9	f est une fonction telle que $f(4) = 5$ et $f(1) = 3$ avec $f(x) = ax + b$. Donc...	$\frac{f(4) - 5}{f(1) - 3} = a$	$\frac{f(4) - f(1)}{4 - 1} = a$	$\frac{f(1) - f(4)}{1 - 4} = a$	$a = \frac{2}{3}$

Pour aller plus loin

Coordonnées entières

Dans un repère (O, I, J), on joint l'origine O au point A de coordonnées (72 ; 48).

On veut savoir combien de points dont les deux coordonnées sont entières appartiennent au segment [OA].

a. Quel est le coefficient directeur de la droite (OA) ? Donne le résultat sous la forme d'une fraction irréductible.

b. On appelle (x ; y) les coordonnées d'un point du segment [OA]. Exprime y en fonction de x.

c. Pour que l'ordonnée y de ce point soit entière, que doit donc vérifier x ?

d. Conclus en donnant les coordonnées de tous les points, à coordonnées entières, appartenant au segment [OA].

Statistiques et probabilités

D3

Activité 1 : Histoires de boîtes

1. La moyenne, c'est connu !

Monsieur Misant, fabricant de boîtes de chaussures, doit renouveler son stock. Il veut pour cela concilier différentes contraintes :

- éviter le gaspillage (pas de grandes boîtes pour de petites chaussures) ;
- faire au maximum quatre formats de boîtes car il ne dispose que de quatre chaînes de fabrication ;
- produire la même quantité de boîtes sur chaque chaîne de fabrication.

On a choisi au hasard des clients de Monsieur Misant et on a noté leur pointure.
1 012 adultes ont répondu. Les résultats sont indiqués dans le tableau ci-dessous.

	A	B	C	D	E	F	G	H	I	J	K	L	M
1	Pointure	35	36	37	38	39	40	41	42	43	44	45	46
2	Fréquence (en %)	2,3	4,3	7,6	10,8	11,4	13,6	13,7	11,3	9,4	8,1	5,3	2,2
3													
4													
5													

a. Quels sont la population et le caractère étudiés dans cette enquête ?

b. Calcule la différence entre la pointure maximale et la pointure minimale (cette différence est appelée **étendue de la série statistique**).

c. Reproduis le tableau dans un tableur.

d. M. Misant veut fabriquer 10 000 boîtes. Sur la ligne 3, programme les cellules pour obtenir le nombre de boîtes à fabriquer par pointure. (La répartition observée lors de l'enquête est respectée.)

e. Le fils de M. Misant, grand spécialiste du calcul de moyennes, propose à son père de fabriquer deux types de boîtes : les unes au format de la pointure **moyenne** et les autres au format maximum. Cette répartition permet-elle de produire la même quantité de boîtes sur chaque chaîne de fabrication ? Justifie.

2. Répartir les pointures

a. M. Misant décide de demander de l'aide à sa fille, élève de 4e.

- Sur la ligne 4, elle programme les cellules pour qu'elles calculent le pourcentage de personnes dont la pointure est inférieure ou égale à 35, 36, ...
- Sur la ligne 5, elle programme les cellules pour qu'elles calculent le nombre de personnes ayant une pointure inférieure ou égale à 35, 36, ...

Complète ton tableau en appliquant ses recommandations.

b. M. Misant pense alors faire deux formats de boîtes de chaussures.
Quelles pointures devra contenir la première taille de boîtes (la valeur maximale de ces pointures est appelée **médiane de la série statistique**) pour produire la même quantité de boîtes sur chaque chaîne de fabrication ? Justifie ta réponse.

c. Après réflexion, il décide d'économiser encore du carton en faisant quatre formats de boîtes. Explique pourquoi le premier format de boîtes doit contenir les pointures 35 à 38 (38 est appelé **premier quartile de la série statistique**). Répartis les pointures restantes de façon à ce que chaque intervalle contienne 25 % des chaussures.

Activité 2 : Vers l'étendue

L'entraîneur de l'équipe de football de Sésaville compare le nombre de tirs effectués par ses trois attaquants pendant la première moitié du championnat.

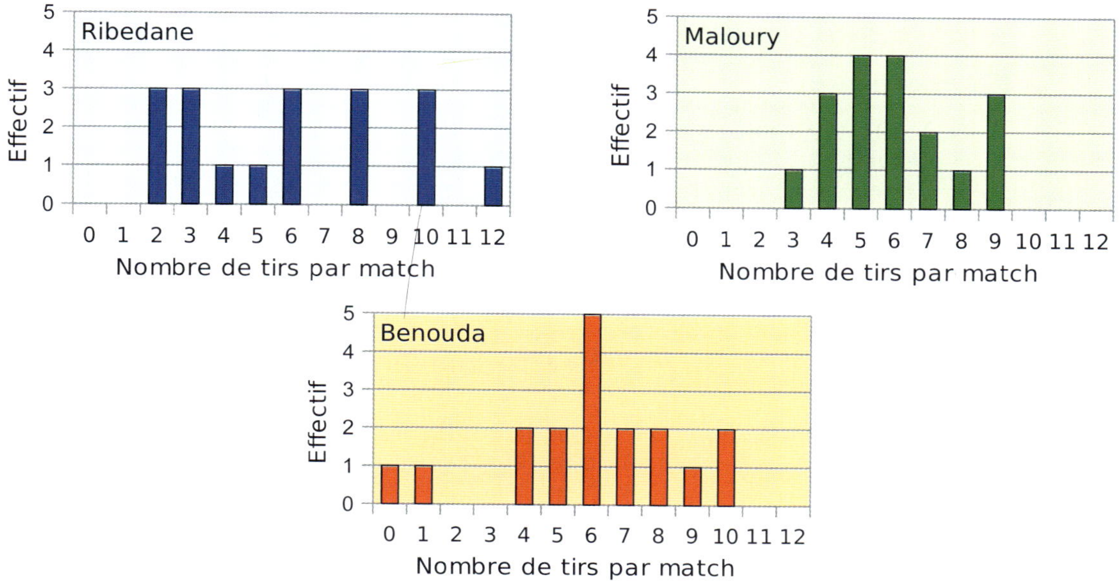

1. Calcule le nombre de tirs au but moyen par match des trois attaquants. Que remarques-tu ?

2. Détermine le nombre de tirs médian pour chacune de ces trois séries. Que remarques-tu ?

3. Les trois joueurs te semblent-ils avoir le même profil ? Explique pourquoi.

4. Que peux-tu dire du nombre de tirs de chacun d'entre eux par rapport à la moyenne et à la médiane ? Propose une caractéristique simple permettant de différencier les profils de ces trois footballeurs.

5. Détermine des valeurs pour les premier et troisième quartiles, ainsi que l'écart entre ces deux valeurs pour chacune des trois séries. Cela confirme-t-il ta réponse donnée au **3.** ?

Activité 3 : Prévisible ?

Fatima lance une pièce de monnaie bien équilibrée.
Elle gagne à chaque fois qu'elle obtient *Pile*.

Léa fait tourner une roue de loterie bien équilibrée divisée en dix secteurs numérotés de 1 à 10.
Elle gagne un lot si la roue s'arrête sur un numéro pair.

Une urne contient 2 boules rouges et 4 boules bleues indiscernables au toucher.
Quentin tire une boule au hasard et gagne s'il sort une boule rouge.

- Fatima dit : « J'ai une chance sur deux de gagner. »
- Léa répond : « J'ai plus de chances que toi de gagner. »
- Quentin annonce : « J'ai autant de chance que Fatima de gagner. »

Que penses-tu de ces affirmations ?

Activités de découverte

Activité 4 : Une expérience

On lance deux dés et on fait la somme des valeurs obtenues.

1. Idée a priori

Sur quel résultat parierais-tu ?

2. Expérience

a. Lance 50 fois deux dés discernables (couleur ou taille) et relève les résultats obtenus. Recopie et complète le tableau ci-dessous.

Somme	2	3	...	Total
Effectif			...	50

b. Tes résultats confirment-ils ton idée a priori ?

c. Mets en commun tes résultats avec ceux de tes camarades. Complète un nouveau tableau, identique à celui de la question précédente.

d. Qu'observes-tu quant à l'évolution des résultats lors de la mise en commun ? Après cette expérience, sur quel résultat parierais-tu ?

3. Avec un grand nombre de lancers

a. Dans un tableur, on va simuler 1 000 lancers. Dans la cellule A1, entre la formule =**alea.entre.bornes(1;6)**+**alea.entre.bornes(1;6)** et recopie cette formule dans les cellules A1 jusqu'à J100.

b. Pour compter les résultats obtenus, réalise le tableau suivant :

	A	B	C	D	E	F	G	H	I	J	K	L
102	Somme obtenue	2	3	4	5	6	7	8	9	10	11	12
103	Effectif											
104	Fréquence en %											

c. Dans la cellule B103, entre la formule : =NB.SI($A$1:$J$100;B102) pour compter le nombre de fois que le résultat 2 est sorti. Recopie la formule pour les autres tirages. En tapant Ctrl+Maj+F9, tu obtiens 1 000 nouveaux tirages.

d. Quels sont les résultats qui apparaissent le plus souvent ?

e. Quel pari faudrait-il faire pour avoir le maximum de chances de gagner ?

4. Un peu de théorie

a. Répertorie tous les tirages possibles que l'on peut obtenir avec les deux dés en utilisant la méthode de ton choix. Calcule ensuite la somme correspondant à chaque tirage.

b. Complète le tableau suivant.

Somme	2	3	...	Total
Nombre de possibilités			...	
$\frac{\text{Nb possibilités}}{\text{Nb total}}$			...	

c. Compare les résultats de ce tableau avec ceux de la question **3.**.

Activité 5 : Du vocabulaire

Dans un jeu " classique " de 32 cartes, on tire une carte au hasard, le résultat n'étant pas prévisible, c'est une **expérience aléatoire**.

1. Issues des événements

a. Combien y a-t-il d'**issues** à cette expérience ?

b. On s'intéresse à la couleur (cœur, carreau, pique ou trèfle) de la carte tirée. « La carte tirée est un cœur » est un **événement**. Quelles sont les issues de cet événement ? Combien y en a-t-il ?

c. Quelles sont les issues de l'événement : « obtenir un as » ?

d. Pour cette expérience, propose un événement composé de trois issues.

2. Probabilités

a. Quelle est la probabilité de chaque événement élémentaire ?

b. Quelle est la probabilité de l'événement : « la carte tirée est un cœur » ?

c. Quelle est la probabilité d' « obtenir un as » ?

3. Les cartes en main !

a. Propose un événement qui a 1 chance sur 8 de se réaliser.

b. Propose un événement qui a 7 chances sur 8 de se réaliser.

c. Propose un événement dont la probabilité est de $\frac{3}{8}$.

Activité 6 : Expérience en deux temps

Un stand de fête foraine propose la loterie suivante. On fait tourner une roue équilibrée partagée en six secteurs identiques numérotés de 1 à 6. Si on obtient un numéro pair, alors on tire une bille dans un sac contenant 3 billes noires et 1 bille blanche indiscernables au toucher. Si on tire une bille blanche, alors on gagne le gros lot.

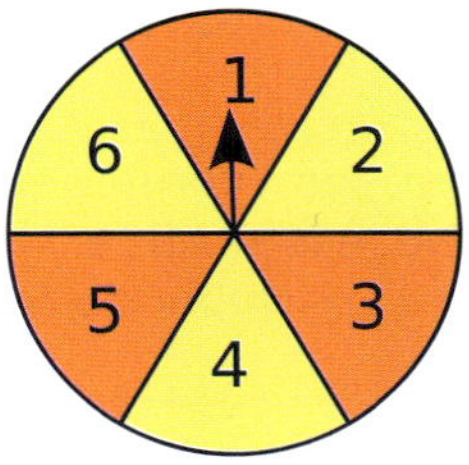

1. Détermine toutes les issues pour cette loterie. Propose une méthode pour les présenter (tableau, arbre, ...).

2. Quelle est la probabilité de pouvoir tirer une bille ?

3. Quelle est la probabilité de gagner à cette loterie ?

4. En une journée, le forain espère que 200 joueurs tenteront leur chance. Combien de lots risque-t-il de distribuer ?

I - Caractéristiques d'une série statistique

→ ex 1

Définitions

- On appelle **médiane** m d'une série statistique dont les valeurs sont ordonnées, tout nombre qui partage cette série en deux sous séries de même effectif.
- Le **premier quartile** d'une série statistique est la plus petite valeur Q_1 telle qu'au moins un quart (ou 25 %) des valeurs sont inférieures ou égales à Q_1.
- Le **troisième quartile** d'une série statistique est la plus petite valeur Q_3 telle qu'au moins trois quarts (ou 75 %) des valeurs sont inférieures ou égales à Q_3.
- L'**étendue** d'une série statistique est la différence entre la plus grande et la plus petite des valeurs prises par cette série.

Exemple : Voici le temps consacré, en minutes, au petit-déjeuner par 16 personnes.

16	12	1	9	17	19	13	10	4	8	7	8	14	12	14	9

Détermine une valeur médiane, les valeurs des premier et troisième quartiles, ainsi que l'étendue de cette série statistique.

On commence par ranger les 16 valeurs dans l'ordre croissant.

1	4	7	**8**	8	9	9	**10**	**12**	12	13	**14**	14	16	17	19

- Tout nombre compris entre la 8e et la 9e valeur peut être considéré comme médiane. En général, on prend la moyenne de ces deux valeurs : $m = \mathbf{11}$.
- 25 % et 75 % de 16 sont égaux à 4 et 12 donc le premier quartile est la 4e valeur, soit $Q_1 = \mathbf{8}$, et le troisième quartile est la 12e valeur, soit $Q_3 = \mathbf{14}$.
- $19 - 1 = 18$ donc l'étendue est 18.

II - Probabilités

→ ex 2

A - Événements

Définitions

- Une **expérience aléatoire** est une expérience dont les résultats, non tous identiques, sont prévisibles mais dont on ne sait pas à l'avance lequel va se produire.
- Les résultats possibles de l'expérience sont appelés les **issues**.

Exemple 1 : Les issues du lancer d'un dé à six faces numérotées de 1 à 6 sont : 1 ; 2 ; 3 ; 4 ; 5 et 6.

Définitions

Un événement est une caractéristique supposée qui sera vérifiée (ou non) lors d'une expérience aléatoire. Lorsque c'est le cas, on dit que l'**événement est réalisé**.
Mathématiquement, un événement est une partie de l'ensemble de toutes les issues possibles d'une expérience aléatoire.

Exemple 2 : Lors du jet d'un dé à six faces, l'événement : « le nombre sorti est compris entre 2 et 4 » est réalisé par les trois issues : « le 2 est sorti » ; « le 3 est sorti » et « le 4 est sorti ».

Définitions

- Un événement est **élémentaire** si une seule issue le réalise.
- Un événement jamais réalisé est dit **impossible** : aucune issue ne le réalise.
- Un événement toujours réalisé est dit **certain** : toutes les issues le réalisent.
- L'événement **contraire** d'un événement A est celui qui se réalise lorsque A n'est pas réalisé.
- Deux événements sont dits **incompatibles** s'ils ne peuvent pas être réalisés en même temps.

Exemple 3 : Dans le tirage d'une carte au hasard dans un jeu classique de 32 cartes :
- L'événement : « le roi de cœur est tiré » est un événement élémentaire.
- L'événement : « un trois est tiré » est un événement impossible.
- L'événement : « une carte du jeu est tirée » est un événement certain.
- L'événement contraire de : « le 10 de cœur est tiré » est : « le 10 de cœur n'est pas tiré ».
- Un événement non élémentaire est par exemple : « un as est tiré ».
- Deux événements incompatibles sont par exemple : « un roi est tiré » et « un 10 est tiré ».

B - Notion de probabilité

Définition

Lors d'une expérience aléatoire répétée n fois, on compte le nombre n_A de fois où l'événement A est réalisé. Lorsque le nombre n d'expériences devient grand, la fréquence d'apparition de A tend à se stabiliser autour d'un nombre particulier, que l'on note $p(A)$ et que l'on appelle **probabilité** de A.

Exemple 1 : En lançant une pièce non truquée un très grand nombre de fois, on constate que l'on obtient « pile » quasiment une fois sur deux. Autrement dit, la fréquence d'apparition de « pile est sorti » se rapproche de $\frac{1}{2}$. On dit que la probabilité de l'événement « pile est sorti » est $\frac{1}{2} = 0,5$.

Propriétés

- La probabilité d'un événement est comprise entre 0 (l'événement est **impossible**) et 1 (l'événement est **certain**).
- La probabilité d'un événement est la somme des probabilités des événements élémentaires qui le réalisent.
- La somme des probabilités de tous les événements élémentaires possibles d'une expérience aléatoire est égale à 1.

Exemple 2 : Dans un jeu classique de 32 cartes, l'événement : « tirer un as ou un trèfle » est réalisé lors d'une des 11 issues : as de cœur, as de pique, as de carreau, as de trèfle et les sept autres trèfles.
Il y a donc onze fois 1 chance sur 32 de tirer un as ou un trèfle, soit une probabilité de $\frac{11}{32}$.

C - Exemples

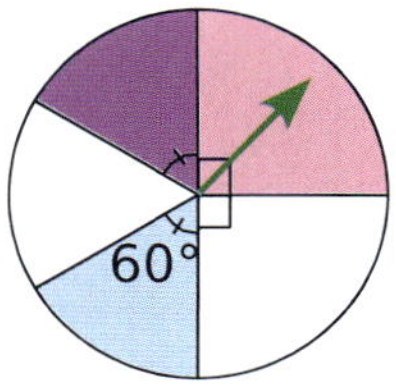

Exemple 1 : On fait tourner la roue ci-contre où la flèche verte est fixe.
Si la roue s'arrête sur une partie blanche, on gagne.

a. Quelle est la probabilité que cela se produise ?

b. Quelle est la probabilité que l'on perde ?

a. La probabilité que la roue s'arrête en face de la flèche verte est proportionnelle à l'angle du secteur. Sachant que si l'on regarde la probabilité que : « la roue s'arrête quelque part sur le disque » est de 1 et que cela correspond à un angle de 360°, on peut dresser le tableau de proportionnalité suivant.

Angle	360°	90°	60°
Probabilité	1	$\frac{1}{4}$	$\frac{1}{6}$

Et donc $p(\text{gagner}) = p(\text{blanc}) = \frac{1}{4} + \frac{1}{6} = \frac{3}{12} + \frac{2}{12} = \frac{5}{12}$.

b. L'événement : « perdre » est réalisé par les issues : « la flèche s'arrête sur le bleu, le rose ou le violet ».
Ainsi $p(\text{perdre}) = p(\text{bleu}) + p(\text{rose}) + p(\text{violet})$.

Ou encore, $p(\text{perdre}) + p(\text{gagner}) = 1$ donc $p(\text{perdre}) = 1 - p(\text{gagner}) = 1 - \frac{5}{12} = \frac{7}{12}$.

Exemple 2 : Dans une urne, il y a trois boules rouges (R) et deux boules bleues (B). On tire successivement et avec remise deux boules. Détermine la probabilité de tirer deux boules de la même couleur.

On peut représenter cette expérience aléatoire par un tableau à double entrée.

		Deuxième tirage				
		R_1	R_2	R_3	B_1	B_2
Premier tirage	R_1	(R_1,R_1)	(R_1,R_2)	(R_1,R_3)	(R_1,B_1)	(R_1,B_2)
	R_2	(R_2,R_1)	(R_2,R_2)	(R_2,R_3)	(R_2,B_1)	(R_2,B_2)
	R_3	(R_3,R_1)	(R_3,R_2)	(R_3,R_3)	(R_3,B_1)	(R_3,B_2)
	B_1	(B_1,R_1)	(B_1,R_2)	(B_1,R_3)	(B_1,B_1)	(B_1,B_2)
	B_2	(B_2,R_1)	(B_2,R_2)	(B_2,R_3)	(B_2,B_1)	(B_2,B_2)

On peut aussi dessiner un arbre de dénombrement.

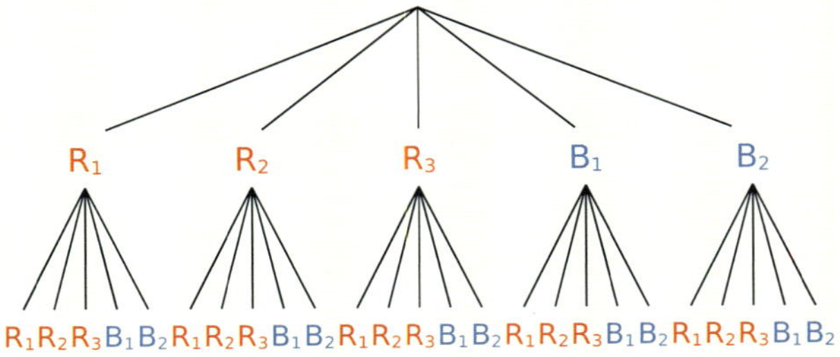

Il y a au total 25 issues possibles. L'événement « les deux boules sont de même couleur » est réalisé par 13 issues. La probabilité d'avoir deux boules de même couleur est donc de $\frac{13}{25}$.

Exercices corrigés par animation

http://manuel.sesamath.fr

1 On donne les longueurs, en km, de chacune des étapes du Tour de France 2008.

195 ; 165 ; 195 ; 29 ; 230 ; 195 ; 158 ; 174 ; 222 ; 154 ; 166 ; 168 ; 182 ; 182 ; 216 ; 157 ; 210 ; 197 ; 163 ; 53 ; 143.

Détermine une valeur médiane, les valeurs des premier et troisième quartiles, et l'étendue de cette série statistique.

2 Dans une urne, il y a une boule rouge, quatre bleues et trois noires, indiscernables au toucher. On tire successivement avec remise deux boules. Détermine la probabilité de tirer deux boules de couleurs différentes.

Ces exercices sont également corrigés à la fin du manuel.

Étendue, moyenne, médiane

1 *Climat*

Ce tableau fournit les températures mensuelles moyennes (en °C) au cours d'une année dans deux villes Alpha (A) et Gamma (G).

	J	F	M	A	M	J	J	A	S	O	N	D
A	– 6	– 9	– 1	10	11	19	24	28	21	10	4	– 3
G	5	7	9	13	17	19	20	23	18	13	8	4

Pour la ville Alpha puis pour la ville Gamma :

a. Calcule la moyenne des températures.

b. Détermine une médiane des températures.

c. Calcule l'étendue des températures.

2 *Club de sport*

Un gérant a relevé le nombre de personnes fréquentant son club de remise en forme sur une semaine.

Lu	Ma	Me	Je	Ve	Sa	Di
32	38	21	49	60	84	24

a. Calcule le nombre moyen de personnes fréquentant le club par jour.

b. Détermine une médiane de cette série.

3

On a relevé les performances, en mètres, obtenues par les élèves d'une classe au lancer du poids.

3,45 ; 5,2 ; 5,35 ; 4,3 ; 6,1 ; 4,28 ; 5,18 ; 4,9 ; 6,21 ; 5,36 ; 5,22 ; 4,9 ; 3,95 ; 4,72 ; 5,5 ; 6,13 ; 5,6 ; 4,19 ; 4,75 ; 5,04 ; 4,88 ; 5,6 ; 6,04 ; 5,43.

a. Quel est l'effectif total de cette série ?

b. Range les données dans l'ordre croissant puis détermine une médiane de cette série.

c. Quelle est l'étendue de cette série ?

d. Quel est le pourcentage des performances inférieures à 5 m ?

4 *Compil*

Sam a relevé les durées des morceaux de sa compilation de rap préférée en min:sec.

4:08 ; 3:19 ; 4:47 ; 3:46 ; 3:15 ; 3:19 ; 3:58 ; 3:50 ; 3:24 : 3 :55 ; 3:16 ; 3:24 ; 3:07 ; 2:51 ; 3:45 ; 4:00 ; 3:26.

a. Calcule la durée moyenne des morceaux.

b. Détermine la durée médiane.

5 *Saut en hauteur*

Un professeur a récapitulé les résultats de deux classes de troisième en saut en hauteur dans un diagramme en barres.

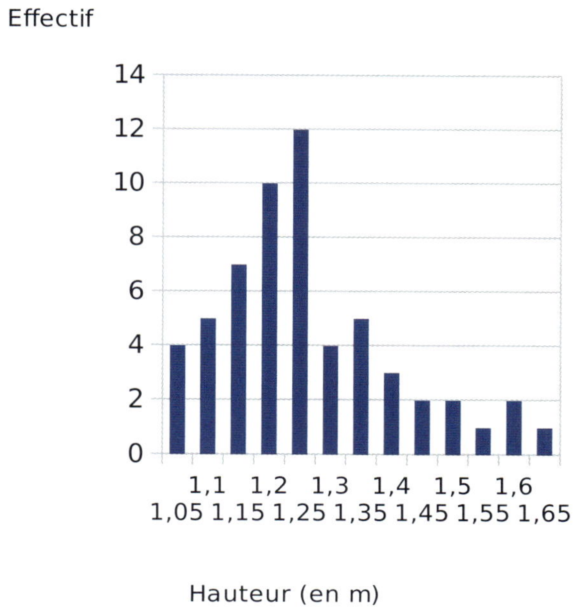

a. Quelle est l'étendue de cette série ?

b. Détermine la hauteur moyenne des sauts.

c. Détermine une médiane de cette série.

d. Quel est le pourcentage des élèves qui ont sauté au moins 1,40 m ?

e. Quel est le pourcentage des élèves qui ont sauté au plus 1,25 m ?

6 *Mesures de grandeur en Physique*

En Physique, on a demandé à 13 groupes d'élèves de mesurer la tension aux bornes d'un conducteur ohmique et l'intensité le traversant. Chaque groupe a un circuit présentant les mêmes caractéristiques.
Grâce à la loi d'Ohm, ils ont ensuite pu donner une valeur pour la résistance de ce conducteur.

Voici leurs résultats (en Ω) :

43,5 ; 46,3 ; 14,7 ; 45,2 ; 43,7 ; 45,2 ; 46,4 ; 45,1 ; 44,9 ; 44,8 ; 45,1 ; 44,8 ; 18,4.

a. Détermine la moyenne, l'étendue et une médiane de cette série.

b. Comment expliques-tu la différence entre la moyenne et la médiane ?

c. Reprends la question **a.** pour la série obtenue après avoir enlevé les deux valeurs suspectes. Que constates-tu ? Justifie.

7 *QCM*

Un professeur a présenté dans le tableau ci-dessous les résultats des élèves de 3e au QCM de 5 questions, donné lors du brevet blanc.

Nombre de bonnes réponses	0	1	2	3	4	5
Fréquence (en %)	3,5	8,5	12,5	38,5	26	

a. Quel pourcentage des élèves a réussi un sans faute au QCM ?

b. Calcule le nombre moyen de bonnes réponses obtenues au QCM ?

c. Détermine le nombre médian de bonnes réponses, donne une interprétation de ce nombre.

8 *Salaires*

Ce tableau donne la répartition des salaires mensuels des employés d'une petite entreprise.

Salaire (en €)	1 000 à 1 200	1 200 à 1 400	1 400 à 1 600	1 600 à 1 800	2 000 à 2 200
Fréquence (en %)	6,5	9,5	38,5	25,5	20

a. Calcule une valeur approchée du salaire moyen d'un employé.

b. Dans quelle classe est situé le salaire médian ? Que signifie-t-il ?

9 *D'après Brevet*

En météorologie, on appelle « insolation » (I) le nombre d'heures d'exposition d'un site au soleil.
Voici des relevés de la station de météorologie de Voglans en Savoie donnant des informations sur l'insolation du mois de juillet de 1990 à 2000.

Année	1990	1991	1992	1993	1994	1995
I (en h)	324	325	257	234	285	261

Année	1996	1997	1998	1999	2000
I (en h)	213	226	308	259	206

a. Calculer la moyenne d'insolation sur cette période. (On donnera le résultat arrondi à l'heure près.)

b. Peut-on dire que la valeur 259 est la médiane de cette série ? Justifier.

Quartiles

10 *Comparaison de notes*

Luc, Samia et Rudy ont obtenu sept notes en français ce trimestre.

Luc	18	2	4	3	1	19	20
Samia	13	9	19	12	1	20	7
Rudy	10	13	11	10	12	13	12

a. Détermine pour chaque élève :

- sa moyenne arrondie au dixième ;
- une note médiane ainsi que les valeurs des premier et troisième quartiles ;
- l'étendue des notes.

b. Comment expliquer la grande différence entre la note moyenne et la note médiane de Luc ?

c. Samia et Rudy ont des caractéristiques en commun. Penses-tu que ces élèves auront la même appréciation sur leurs bulletins ? Justifie.

11 *Plein pot*

Le tableau suivant a été obtenu après avoir relevé la vitesse de 70 véhicules.

Vitesse (en $km \cdot h^{-1}$)	Moins de 70	Moins de 80	Moins de 90	Moins de 100	Moins de 110
Effectifs cumulés	15	36	46	64	70

a. Construis le polygone des effectifs cumulés croissants.

b. Détermine une valeur approchée de la médiane et des premier et troisième quartiles. Donne ensuite la signification de ces valeurs.

12 *Données incomplètes*

Voici une série de données, l'une est manquante et est appelée a.

18 ; 13 ; 17 ; 16 ; 9 ; 15 ; 12 ; 11 ; 18 ; 16 ; 17 ; 13 ; 12 ; 11 ; 14 ; 15 ; 16 ; 12 ; 10 ; 18 ; a.

a. Quelles valeurs peut prendre a pour que la médiane soit 14 ?

b. Quelle autre valeur peut prendre la médiane en changeant la valeur de a ?

c. Propose une valeur de a de sorte que le troisième quartile soit 17.

13 On a interrogé les élèves de troisième d'un collège sur le temps mis (en minutes) pour le trajet aller-retour entre leur domicile et le collège. Les résultats sont représentés par le diagramme en barres suivant.

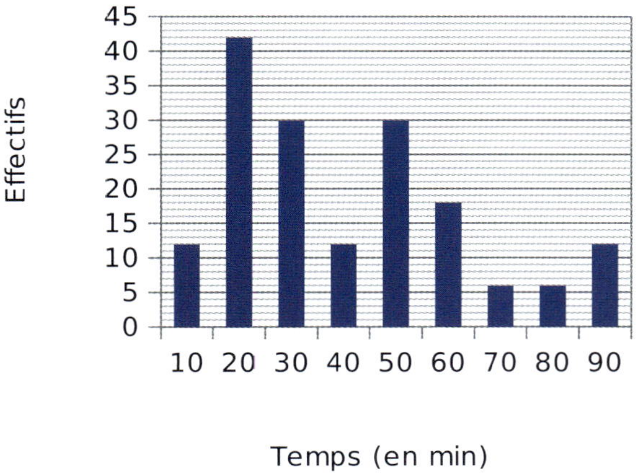

a. Détermine approximativement la moyenne, l'étendue, une médiane, ainsi que les valeurs des premier et troisième quartiles de cette série statistique.

b. Donne la signification de chacune de ces caractéristiques.

14 Voici les relevés des précipitations annuelles (en mm) à Marrakech (M) et Pointe-à-Pitre (P).

	J	F	M	A	M	J	J	A	S	O	N	D
M	19	19	26	24	5	2	0	2	6	14	17	18
P	44	30	34	39	64	55	58	95	86	118	112	70

a. Détermine la moyenne, l'étendue, une médiane, ainsi que les valeurs des premier et troisième quartiles de chaque série.

b. Pour chacune des séries, combien de valeurs diffèrent de la moyenne de moins de 20 % ?

Probabilités

15 On place dans un chapeau dix papiers sur lesquels sont écrits les chiffres de 0 à 9. On tire un papier au hasard et on observe le chiffre obtenu.

a. Précise les différentes issues de cette expérience.

b. Propose un événement qui n'est pas élémentaire.

c. Propose un événement impossible.

16 *Avec un dé à 8 faces*

Sur les faces d'un dé à 8 faces sont écrites les lettres A, B, C, D, E, F, G et H. On lance ce dé et on observe la lettre.

a. Précise les issues de cette expérience.

b. Donne deux événements qui ne sont pas élémentaires.

c. Donne deux événements contraires.

17 Une roue équilibrée de loterie est partagée en sept secteurs identiques sur lesquels sont inscrits les lettres du mot LOTERIE. On la fait tourner, elle s'immobilise et on observe la lettre obtenue.

a. Vrai ou faux.

- "Il y a 7 issues possibles."
- "Obtenir une consonne est une issue possible."
- "Obtenir une consonne est un événement possible."
- 3 issues permettent de réaliser l'événement "obtenir une lettre du mot VICTOIRE".

b. Complète avec le mot qui convient.

- Obtenir une consonne et obtenir une ... sont deux événements contraires.
- Obtenir une lettre du mot MAMAN est un événement ... .
- Obtenir une lettre du mot ETOILE est un événement ... .

18 *Avec des cartes*

On tire une carte dans un jeu ordinaire de cinquante-deux cartes.

Donne les probabilités de chacun des événements suivants :

a. "Obtenir un carreau."

b. "Obtenir un valet."

c. "Obtenir un valet de carreau."

d. On ajoute deux jokers à ce jeu. Les probabilités précédentes vont-elles augmenter ?

19 *Un peu d'imagination*

Décris une expérience de ton choix et cite un événement dont la probabilité vaut $\frac{3}{5}$.

Exercices d'entraînement

20 *Tirage dans une urne*

Une urne contient des boules indiscernables au toucher : cinq blanches, numérotées de 1 à 5 ; huit noires, numérotées de 1 à 8 et dix grises, numérotées de 1 à 10. On tire une boule au hasard.

Quelle est la probabilité de l'événement :

a. "Tirer une boule blanche" ?

b. "Tirer une boule noire" ?

c. "Tirer une boule qui porte le numéro 4" ?

d. "Tirer une boule qui porte le numéro 9" ?

21 *Loterie*

Dans une loterie, une roue est divisée en secteurs de même taille : neuf de ces secteurs permettent de gagner 5 €, six permettent de gagner 10 €, trois permettent de gagner 50 €, deux permettent de gagner 100 € et quatre ne font rien gagner. On fait tourner la roue, elle s'immobilise et on observe le gain.
Quelle est la probabilité de ne rien gagner ? De gagner au moins 50 € ?

22 *Un dé particulier*

Un dé a la forme d'un icosaèdre régulier. Les vingt faces sont numérotées de 1 à 20 et, si on lance le dé, on a autant de chances d'obtenir chacune des faces.

Donne la probabilité de chacun des événements suivants :

a. "Obtenir un multiple de 2".

b. "Obtenir un multiple de 3".

c. "Obtenir un numéro impair".

d. "Obtenir un numéro qui ne soit ni un multiple de 2 ni un multiple de 3".

23 Un jeu consiste à tirer une boule dans le sac ci-dessous puis à lancer un dé ordinaire à six faces.

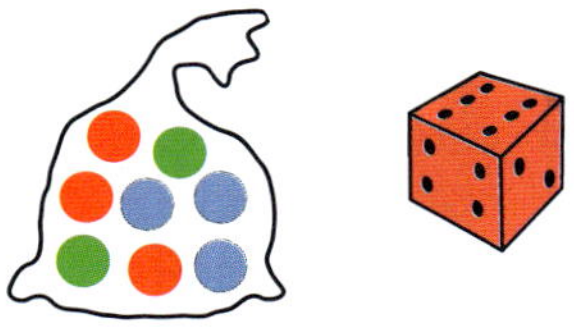

On gagne lorsqu'on a tiré une boule bleue et obtenu un multiple de 3 sur le dé.
Quelle est la probabilité de gagner ?

24 Dans une classe composée de 26 élèves, on choisit un élève au hasard. Donne un événement dont la probabilité vaut $\frac{1}{2}$.

25 On place dans un sac cent jetons, indiscernables au toucher, numérotés de 00 à 99. On tire un jeton et on observe le numéro.

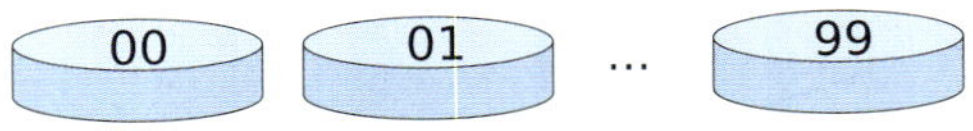

Quelle est la probabilité de tirer :

a. un jeton portant un numéro supérieur à 60 ?

b. un jeton contenant au moins un zéro ?

c. un jeton ne contenant pas de zéro ?

d. un jeton ne contenant que des 5 ou des 7 ?

e. un jeton portant un zéro ou un jeton ne contenant que des 5 ou des 7 ?

26 *Le sang humain*

Le sang humain est classé en quatre groupes distincts : A, B, AB et O.
Indépendamment du groupe, le sang peut posséder le facteur Rhésus. Si le sang d'un individu possède ce facteur, il est dit de Rhésus positif (Rh+) ; sinon, il est dit de Rhésus négatif (Rh−).
La répartition des groupes sanguins dans la population française est la suivante :

A	B	AB	O
45 %	9 %	3 %	43 %

Pour chaque groupe, la répartition des français possédant ou non le facteur Rhésus est la suivante :

Groupe	A	B	AB	O
Rh+	87 %	78 %	67 %	86 %
Rh−	13 %	22 %	33 %	14 %

Un individu de groupe O et de Rhésus négatif est appelé donneur universel car il peut donner de son sang aux personnes de tous les groupes sanguins.

a. Quelle est la probabilité pour qu'un français pris au hasard ait un sang du groupe O ?

b. Quelle est la probabilité pour qu'un français pris au hasard soit un donneur universel ?

c. Quelle est la probabilité pour qu'un français pris au hasard ait un sang de Rhésus négatif ?

27 Une entreprise emploie sept femmes et douze hommes. Leurs salaires nets mensuels sont (en €) :

- Salaires des femmes : 1 090 ; 1 044 ; 3 470 ; 1 224 ; 1 250 ; 1 438 ; 1 072.
- Salaires des hommes : 1 405 ; 1 070 ; 1 948 ; 1 525 ; 1 090 ; 1 002 ; 1 525 ; 1 968 ; 1 224 ; 2 096 ; 1 703 ; 1 126.

a. Calcule l'étendue de chacune des séries.
Comment peux-tu interpréter ces résultats ?

b. Calcule le salaire moyen pour chaque sexe (arrondi à l'euro si nécessaire).
Comment peux-tu interpréter ces résultats ?

c. Détermine une médiane des salaires pour chaque série.
Comment peux-tu interpréter ces résultats ?

d. Dans cette question, on considère la série composée des salaires de tous les employés de cette entreprise.
Calcule l'étendue et la moyenne, puis détermine une médiane de cette série.

e. Reprends les questions précédentes en ne tenant plus compte du salaire le plus élevé de chaque sexe. Compare les résultats obtenus.

28 Une enquête a été réalisée dans une librairie pour étudier le nombre de livres lus par les clients en décembre 2007. Le diagramme en bâtons donne la fréquence associée à chaque nombre de livres lus.

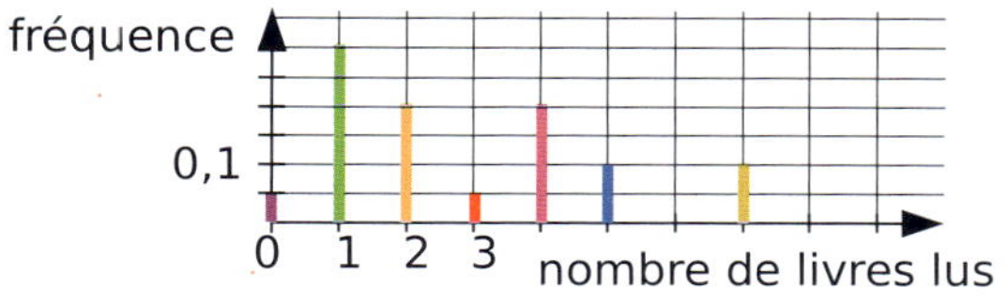

a. Grâce au graphique, détermine le nombre médian de livres lus. Explique ta démarche.

b. Calcule le nombre moyen de livres lus.

29 Le tableau ci-dessous (source : Insee) donne la répartition de la population française âgée de moins de 16 ans au 1er janvier 2010. (Les effectifs sont en milliers d'individus, répartis selon l'âge en années.)

Âge	0	1	2	3	4	5	6
Effectif	789	790	758	775	761	758	759

7	8	9	10	11	12	13	14	15
766	781	795	767	761	750	760	754	736

Trouve une valeur médiane et les valeurs des premier et troisième quartiles de cette série.

30 *Football*

Voici le nombre de buts marqués par journée de championnat de football en France, en Espagne et en Angleterre lors de la saison 2010 - 2011.

France	22	27	17	22	27	18	23	27	16	24
	24	29	21	27	30	30	14	23	17	28
	25	17	26	33	21	16	24	24	17	23
	19	26	25	18	29	21	20	31		
Espagne	22	30	28	19	20	30	24	35	32	28
	18	38	32	22	33	27	26	34	31	33
	26	28	22	17	26	24	24	28	20	35
	25	25	32	23	36	30	23	36		
Angleterre	26	38	22	29	28	24	20	26	24	22
	29	26	24	34	41	28	19	22	29	24
	25	25	29	29	30	43	21	35	35	24
	31	29	24	29	21	33	33	32		

a. Avec un tableur, détermine pour chacune de ces trois séries : la moyenne, l'étendue, une médiane, les premier et troisième quartiles.

b. Quels championnats se ressemblent le plus au regard des caractéristiques ? Justifie ta réponse.

c. Quelles remarques peut-on faire en comparant l'étendue et l'écart inter quartile des championnats espagnol et anglais ?

d. Construis un tableau présentant les données de chaque pays, en classe d'amplitude 4 buts (de 14 à 18, de 18 à 22, ...).

e. Réalise un graphique de ton choix présentant ces données.

f. Explique comment retrouver sur le graphique les comparaisons faites à la question **c.**.

31 *Inflation*

Voici les prix d'articles d'un supermarché.

Lait	Beurre	Sauce	Crème	Yaourt	Fromage
0,8 €	1,59 €	1,7 €	1,29 €	2,18 €	3,21 €

Le supermarché augmente ces prix de 1,5 %.
Justifie chaque réponse.

a. La moyenne de cette série de prix augmente-t-elle de 1,5 % ?

b. La médiane augmente-t-elle de 1,5 % ?

c. Et les premier et troisième quartiles ?

d. L'étendue augmente-t-elle de 1,5 % ?

32 Dans un jeu, on doit tourner deux roues. La première roue donne une couleur :

bleu, avec la probabilité $\frac{3}{4}$, ou rouge.

La deuxième roue donne un chiffre entre 1 et 6 avec la même probabilité.

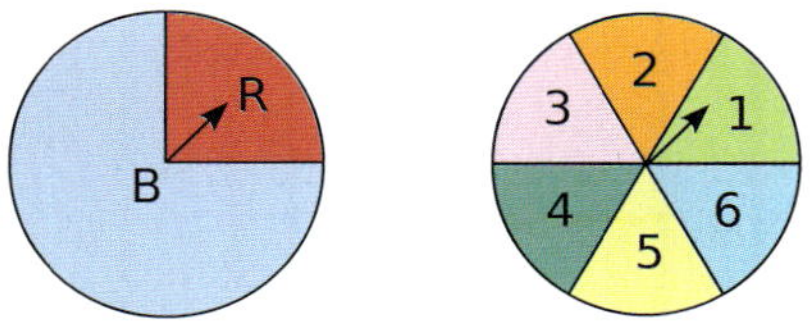

a. Construis et complète un arbre représentant les différents résultats possibles.

Si, après avoir tourné les roues, les aiguilles se trouvent comme sur le schéma, on note (R, 1) le résultat obtenu.

b. Quelle est la probabilité du résultat (R, 1) ?

c. Quelle est la probabilité du résultat (B, 4) ?

d. Quelle est la probabilité d'obtenir « Bleu » et un chiffre pair ?

e. Quelle est la probabilité d'obtenir « Bleu » ou un chiffre pair ?

f. Quelle est la probabilité d'obtenir « Rouge » et un chiffre impair ?

33 Une urne contient sept boules indiscernables au toucher : quatre boules bleues et trois boules rouges.

a. On tire successivement et avec remise deux boules de l'urne. Calcule les probabilités que :

- la première boule soit bleue et la seconde boule soit rouge ;
- les deux boules aient la même couleur.

b. Reprends la question précédente en supposant que le tirage s'effectue sans remise.

c. Reprends les questions précédentes en supposant que l'urne contienne aussi deux boules noires.

34 Une usine fabrique des DVD à l'aide de trois machines dans les proportions suivantes :

- 35 % pour la machine A,
- 45 % pour la machine B,
- 20 % pour la machine C.

On a estimé que 0,3 % des DVD fabriqués par la machine A sont défectueux. 0,1% sont défectueux avec la machine B et 2,2% sont défectueux avec la machine C.

Quel est le pourcentage de DVD défectueux fabriqués dans cette usine ?

35 Ali et Charles jouent à un jeu de rôle. À chaque fois qu'ils doivent combattre, ils lancent deux dés équilibrés, l'un à 8 faces et l'autre à 12 faces.
Celui qui a la plus grande somme gagne le combat.

a. Construis un tableau à double entrée présentant toutes les sommes que l'on peut obtenir en lançant ces deux dés.

b. Charles a obtenu 12. Ali lance le dé à 8 faces et obtient 4. Quelle est la probabilité qu'Ali gagne après avoir lancé le dé à 12 faces ?

c. Charles a obtenu 11.
Quelle est la probabilité qu'Ali gagne ?

d. Charles a obtenu 9.
Quelle est la probabilité qu'il gagne ?

36 Dans une classe de troisième de 29 élèves dont 14 sont des filles, on a décidé de tirer au sort les responsables des cahiers de classe. On a inscrit le nom de chaque élève sur un papier et on les a mis dans une urne.

a. Est-il plus probable que le premier tiré au sort soit un garçon plutôt qu'une fille ?

b. Paul est tiré au sort et est le premier responsable. Mathilde se dit que maintenant elle a autant de chance qu'un garçon d'être tirée au sort. A-t-elle raison ?

37 On lance un dé équilibré à dix faces (numérotées de 1 à 10). Si on obtient un nombre premier, alors on gagne 3 € ; sinon, on perd 2 €. On relance le dé une deuxième puis une troisième fois.

a. Détermine la liste des gains et des pertes possibles pour ce jeu puis calcule la probabilité associée à chaque gain et à chaque perte.

b. En utilisant les réponses précédentes, détermine si on a intérêt à jouer à ce jeu.

38 On lance trois pièces de monnaie et on se demande quelle est la probabilité que les trois tombent du même côté : trois pile ou trois face.
Gilles affirme :
"Quand je lance trois pièces, il y en a forcément deux qui seront déjà du même côté.
Pour la troisième, on a donc une chance sur deux d'avoir la même chose que les deux premières. Il y a donc une chance sur deux que toutes les trois tombent du même côté."
Construis un arbre représentant les différentes possibilités. Que penses-tu de sa conclusion ?

1 « Au Top » contre « Mieux que Top »

Les deux premières parties de cet exercice doivent être réparties entre les différents groupes.

Voici des informations sur la société « Au Top ».

Tableau 1 (chiffre d'affaires entre 2002 et 2006)

Année	2002	2003	2004	2005	2006
Chiffre d'affaires annuel *(en millions d'euros)*	7,41	8,23	5,12	6,22	4,89

Tableau 2 (étude de satisfaction)
À la question *« Que pensez-vous des produits de la société « Au Top » ? »*, il a été répondu :

Très satisfait	Satisfait	Assez satisfait	Peu satisfait	Pas satisfait	Sans opinion
12 %	31 %	25 %	16 %	11 %	5 %

1re Partie : Vive « Au Top » !

La société « Au Top » veut lancer une campagne de publicité. Elle confie cette campagne à une agence qui doit utiliser les données des tableaux 1 et 2 pour mettre en valeur la société « Au Top ».

a. Représentez les données du tableau 1 à l'aide d'un diagramme en bâtons et d'un graphique de votre choix. Vous testerez plusieurs échelles de façon à donner une impression positive.

b. Faites de même avec le chiffre d'affaires cumulé. Vous testerez plusieurs échelles de façon à donner une impression positive.

c. Entre le chiffre d'affaires par année et le chiffre d'affaires cumulé, quelle est, selon vous, l'information qui donne l'impression la plus positive ?

d. Représentez les résultats du tableau 2 à l'aide d'un diagramme de votre choix (en bâtons, circulaire ou demi-circulaire).

e. Quelle représentation vous semble donner l'image la plus positive ? Justifiez.

f. Reprenez la question **c.** en regroupant éventuellement les différentes réponses possibles pour rendre le plus positif possible le sentiment donné.

g. Synthétisez les résultats des questions **a.** à **f.** puis réalisez une page de promotion de la société « Au Top ».
Votre publicité devra contenir au moins trois représentations graphiques avec les textes d'interprétation de chacune d'elles ainsi qu'un texte général utilisant le vocabulaire moyenne, étendue, médiane et quartiles.

2e Partie : À bas « Au top » !

La société « Mieux que Top » veut montrer que la société « Au Top » n'est pas si au top que cela. Elle demande à une autre agence de publicité de réaliser une page de contre-publicité. Pour cela, la deuxième agence dispose aussi des tableaux 1 et 2.

Traitez les questions **a.** à **g.** de la **1re Partie** en veillant cette fois à donner une image négative de la société « Au Top ».

3e Partie : À vous de convaincre

Les groupes ayant traité la première partie présentent positivement la société « Au Top ».

Ceux qui ont traité la deuxième partie présentent négativement la société « Au Top ».

Par un vote, la classe détermine la présentation la plus convaincante.

4e Partie : Dans la réalité

Trouvez dans un journal de votre choix un article illustré par des données statistiques (sous forme de tableaux et/ou de graphiques).

h. Essayez d'expliciter le point de vue défendu par l'auteur de l'article.

i. En utilisant les mêmes données statistiques, mais en modifiant les représentations choisies, argumentez dans un sens différent de celui de l'auteur.

2 À la recherche de l'événement perdu

1re Partie : Avec un seul dé

Quand on lance un dé à six faces, on obtient 5 avec la probabilité $\frac{1}{6}$.

Trouvez des événements associés à toutes les probabilités : $\frac{0}{6}$; $\frac{1}{6}$; $\frac{2}{6}$; ... ; $\frac{6}{6}$. Vous utiliserez les expressions « nombre inférieur », « nombre supérieur » et « nombre premier ».

Échangez vos événements avec un autre groupe et demandez-lui de retrouver la probabilité associée.

2e Partie : Avec deux dés

Reprenez les questions de la **1re Partie**. Cette fois, on lance deux dés à six faces et on additionne le résultat obtenu sur chaque dé.

Choisissez dix fractions parmi $\frac{0}{36}$; $\frac{1}{36}$; ... ; $\frac{36}{36}$. À chaque fraction choisie, vous associerez un événement possible de ce tirage. (Ce peut être une valeur de la somme, un ensemble de valeurs ou une propriété de cette somme.)

Se tester avec le QCM !

<table>
<tr><th></th><th></th><th>R1</th><th>R2</th><th>R3</th><th>R4</th></tr>
<tr><td>1</td><td>Malik a obtenu 7 ; 12 ; 15 ; 8 et 6 en mathématiques ce trimestre.</td><td>La moyenne et la médiane sont égales</td><td>L'étendue est 9</td><td>La moyenne de Malik est 10</td><td>40 % des notes de Malik sont au-dessus de la moyenne</td></tr>
<tr><td>2</td><td>On augmente d'un point toutes les notes de Malik.</td><td>Malik aura la moyenne ce trimestre</td><td>L'étendue augmente de 1</td><td>La moyenne et la médiane sont égales</td><td>Le premier quartile augmente de 1</td></tr>
<tr><td>3</td><td><table><tr><td>Temps (en h)</td><td>0</td><td>0,5</td><td>1</td><td>1,5</td><td>2</td></tr><tr><td>Effectif</td><td>2</td><td>47</td><td>56</td><td>82</td><td>26</td></tr></table>Ce tableau présente le temps de transport des élèves par jour pour se rendre au collège.</td><td>Le temps médian est 1 h</td><td>25 % des élèves ont moins d'une heure de transport</td><td>La médiane est supérieure à la moyenne</td><td>L'étendue est égale à 24</td></tr>
<tr><td>4</td><td>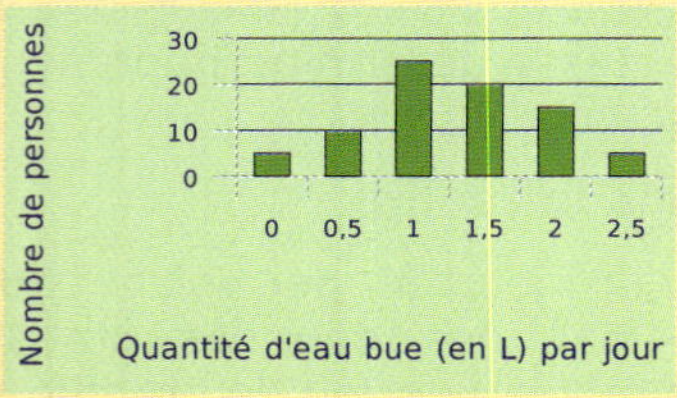
</td><td>Une médiane de la série est 1,25</td><td>Trois quarts des personnes interrogées boivent moins de 2 L d'eau par jour</td><td>L'étendue de cette série est 20</td><td>La quantité moyenne d'eau bue par jour est supérieure à 1 L</td></tr>
<tr><td>5</td><td>On jette un dé cubique non truqué.
La probabilité d'obtenir...</td><td>un nombre pair est 0,5</td><td>un multiple de 3 est 0,3</td><td>7 est 1</td><td>6 est $\frac{1}{6}$</td></tr>
<tr><td>6</td><td>Stéphane a lancé une pièce de monnaie et a obtenu pile.
Au prochain lancer...</td><td>on ne peut pas savoir ce qu'il va obtenir</td><td>il obtiendra forcément face</td><td>il a une chance sur deux d'obtenir face</td><td>la probabilité d'obtenir face est supérieure à 0,5</td></tr>
<tr><td>7</td><td>Léa et Léo jouent à pile ou face. Léa dit : « Face tu perds, pile je gagne ». Quelle est la probabilité que Léa gagne ?</td><td>$\frac{1}{2}$</td><td>0</td><td>1</td><td>$\frac{1}{3}$</td></tr>
</table>

Pour aller plus loin

Le paradoxe du Duc de Toscane

Au XVIIe siècle, un jeu à la cour du Grand Duc de Toscane consistait à lancer trois dés et à totaliser les points obtenus. Grand joueur de dés, le Grand Duc avait observé que la somme 10 était obtenue plus souvent que la somme 9.

a. Écris, de toutes les façons possibles, 10 et 9 comme sommes de trois entiers compris entre 1 et 6. Explique alors pourquoi le Grand Duc pouvait être surpris de son observation.

b. Vérifie, à l'aide d'un tableur, l'observation précédente en simulant 500 lancers de trois dés équilibrés. (Tu pourras t'inspirer de l'activité 5.)

c. Pour expliquer ces résultats, schématise les différentes possibilités avec un arbre en considérant qu'on lance un dé équilibré trois fois de suite. Quelle est alors la probabilité d'obtenir une somme égale à 9 ? Et à 10 ?

d. Combien de fois obtient-on la somme $3 + 3 + 3$? Et la somme $5 + 2 + 2$? Explique alors le paradoxe, comme l'a fait Galilée à son époque au Grand Duc.

Synthèse

Sommaire
Exercices d'entraînement
Exercices d'entraînement
Petits problèmes
Parallèles ou non ?
Mathenpoche
Page 193

Narrations de recherche

1 Qu'est-ce qu'une narration de recherche ?

C'est, avant toute chose, un problème. Tu en trouveras plusieurs sur les pages suivantes, présentés comme celui-ci :

> Un cercle définit deux régions du plan (l'intérieur et l'extérieur). Deux cercles définissent au maximum quatre régions. Trois cercles définissent au maximum huit régions.
> Combien de régions, au maximum, sont définies par 4 cercles ? Et par 5 cercles ? Et par 6 cercles ? Et par 100 cercles ?

Une narration de recherche, ce n'est pas une leçon à apprendre, c'est une façon différente de répondre à un problème posé par ton professeur. Au lieu, comme d'habitude, de chercher la solution au brouillon et d'écrire sur le cahier seulement la bonne solution, tu vas **raconter comment tu as fait pour chercher la solution au problème**. Tu écriras toutes tes idées, même celles qui n'ont pas marché ! Tu pourras te faire aider mais tu devras l'écrire sur ta copie et préciser à quel moment et comment on t'a aidé, et ce que cela t'a apporté.

Ces exercices sont choisis pour être faciles à chercher. Mais trouver leur solution complète est souvent plus difficile que dans les exercices habituels. Des dessins, des calculs et des essais simples à mettre en œuvre permettent de progresser vers le résultat mais, pour cela, il faut être persévérant. Plus que de trouver la réponse, ce qui est important c'est de chercher et de raconter cette recherche. Tu peux d'ailleurs faire une très bonne narration de recherche sans parvenir à résoudre complètement le problème.

Grâce à ce type d'exercice, tu t'apercevras que tu es capable de trouver beaucoup de bonnes idées si tu t'en donnes le temps et l'énergie. Ton professeur pourra ainsi mieux te connaître et apprécier tes efforts. Tu comprendras aussi l'intérêt et le but des démonstrations en mathématiques.

N'oublie pas ! Ce n'est pas une rédaction de français, tu n'as donc rien à inventer et les erreurs de grammaire ou d'orthographe ne te pénaliseront pas. Il suffit simplement de chercher la solution et d'expliquer par écrit ce que tu as fait pour essayer d'y parvenir !

2 Ce que tu dois retenir

1. La qualité narrative. Le lecteur de ton travail doit immédiatement sentir qu'une recherche a eu lieu. Il doit comprendre pourquoi certaines pistes explorées ont été abandonnées ou comment une solution a peu à peu germé dans ton esprit. Si une personne de ton entourage (parent, ami, professeur...) t'a apporté une piste ou une solution, le lecteur doit en être averti car cela fait partie de la recherche ! Aucune pénalité ne sera donnée.

2. La vérification des idées. Chaque fois que cela est possible, tu dois essayer de trouver des moyens de vérifier tes calculs, tes idées. Réfléchis si d'autres arguments ou d'autres idées ne peuvent pas confirmer ou infirmer (c'est-à-dire contredire) ton résultat. Tu indiqueras dans ta rédaction tous les éléments qui t'ont permis de faire évoluer ton point de vue. Si quelqu'un t'a aidé, tu dois pouvoir vérifier la piste ou la solution, expliquer pourquoi cela fonctionne et ce que cette aide t'a apporté.

3. L'explication à un camarade. À la fin de la narration, dans une deuxième partie, le professeur peut te demander d'effectuer une synthèse de tes travaux, **comme si** tu devais expliquer le résultat de tes recherches (fructueuses ou non) à un ami.

4. La richesse de la recherche. N'oublie pas ! Ton professeur évaluera toujours de manière positive un élève qui essaie plusieurs pistes avec ténacité, même s'il ne trouve aucune solution satisfaisante. Il vaut mieux jouer l'honnêteté et raconter tout simplement ce qui s'est passé plutôt que d'essayer de trouver la solution « à tout prix » !

Narrations de recherche

α Alpha

Un château de cartes à un étage est composé de deux cartes.
Un château de cartes à deux étages est composé de sept cartes.
Pour réaliser trois étages, il faut quinze cartes.

Combien faut-il de cartes pour réaliser un château de 7 étages ? De 30 étages ? De 100 étages ?

β Bêta

Dans un triangle quelconque ABC, M est le milieu de [AB], N est le milieu de [MC], P est le milieu de [AN]. La droite (BP) coupe [AC] en I et la droite (BN) coupe [AC] en J.
Les segments [AI] et [IJ] peuvent-ils avoir la même longueur ?

γ Gamma

Vous venez de plaquer l'ex-amour de votre vie ! Vous l'abandonnez sur la jetée (altitude de ses yeux humides : 4 m) et ramez irrésistiblement vers le large (altitude de vos yeux impitoyables : 1 m).

À quelle distance du rivage (mesurée comme si vous marchiez sur l'eau) échapperez-vous à son regard déchirant, en disparaissant de son horizon ?

(d'après Les trésors de Tonton Lulu, *Jacques Lubczanski, Editions Archimède)*

δ Delta

On a un cube de 10 cm d'arête ; on appelle A un sommet de ce cube.

Combien y a-t-il de point(s), sur les arêtes du cube, situés à 5 cm du sommet A ?
À 12 cm du sommet A ? À 15 cm du sommet A ?

ε Epsilon

Trouver le premier chiffre et le nombre de chiffres du nombre $\dfrac{2\,000^{1\,000}}{1\,000^{2\,000}}$.

puis comparer les nombres suivants : $\left(1\,000^{2\,000}\right)^{3\,000}$ et $10^{\left(2\,000^{30}\right)}$.

Narrations de recherche

ζ Dzêta

Une puce saute sur un cercle par bonds réguliers : c'est-à-dire que l'angle au centre formé par deux positions consécutives de la puce est toujours le même.

La puce va-t-elle pouvoir revenir à son point de départ si l'angle fait 80° ? Combien de tours aura-t-elle faits lorsqu'elle atteindra de nouveau le point de départ ?
Et si l'angle fait 60° ? S'il fait 70° ? Et 100° ? Et 40° ? Et 37° ?

Trouver tous les nombres pour lesquels la puce atteint de nouveau son point de départ en ayant effectué un seul tour.
Trouver tous les nombres pour lesquels la puce atteint de nouveau son point de départ en ayant effectué deux tours.

Adapté d'un sujet de recherche proposé par MATh.en.JEANS *(http://**mathenjeans**.free.fr/)*

η Êta

Les pirates de Lioubam le Roux ont retrouvé le trésor de Barbe Bleue. Le coffre, très petit, contient largement moins de 1 500 pièces d'or ! Les 36 pirates décident de partager le trésor en parts égales.

Comme il reste moins de 10 pièces après le partage, le chef Lioubam le Roux décide de les prendre pour lui, en plus de sa part.

Révoltés, les pirates le livrent aux requins et refont le partage : par chance, cette fois-ci, tout le monde reçoit la même part.

Lors d'une escale, un pirate s'enfuit avec sa part. Deux autres, ivres, s'entretuent. Ceux qui restent se partagent alors les parts des deux morts, et une nouvelle fois, par chance, il ne reste pas de pièces !

Combien de pièces contenait le coffre de Barbe Bleue ?

θ Thêta

Si x et y sont deux nombres positifs, on note :

« a » la moyenne arithmétique de x et de y et on définit $a = \dfrac{x+y}{2}$;

« g » la moyenne géométrique de x et de y et on définit $g = \sqrt{xy}$;

« q » la moyenne quadratique de x et de y et on définit $q = \sqrt{\dfrac{x^2+y^2}{2}}$;

Que se passe-t-il si $x = y$?

Si $x \neq y$, ranger les nombres a, g et q par ordre croissant.
Cet ordre est-il valable pour n'importe quelle valeur de x et de y ?

ι Iota

On note 3! (on prononce "factorielle 3") le produit $1 \times 2 \times 3$, on note 4! le produit $1 \times 2 \times 3 \times 4$ et ainsi de suite...
Si on calculait le produit 17! que trouverait-on pour les trois derniers chiffres ?

Combien de fois se répète le dernier chiffre de 627! à la fin de ce nombre ?

Narrations de recherche

κ Kappa

Le problème des deux tours

Deux tours, hautes de 30 m et de 40 m, sont distantes de 50 m.
Un puits est situé entre les deux tours.

Deux oiseaux s'envolent en même temps, du sommet de chaque tour ; ils volent à la même vitesse et se posent au même moment sur le puits.

Déterminer la position de ce puits entre les deux tours.

λ Lambda

LX² – LI² = IM

Dans cette expression, les lettres remplacent des chiffres. Chaque lettre remplace un seul chiffre et chaque chiffre est remplacé par une seule lettre. Il n'y a pas de zéro "inutile", les signes opératoires sont, eux, inchangés. C'est ce qu'on appelle un cryptarithme.

Vérifier que cette égalité est correcte quand on la lit en chiffres romains. Par quels chiffres peut-on remplacer les lettres L, X ,I et M pour que l'égalité reste vraie en chiffres arabes ?

Y a-t-il plusieurs solutions ?

μ Mu

Virginie doit voyager et prévoit d'aller à une certaine vitesse.

Elle remarque que si elle augmentait cette vitesse de 5 km/h, elle arriverait cinq heures plus tôt et si elle l'augmentait de 10 km/h, elle arriverait huit heures plus tôt.

Quelle est la vitesse initialement prévue ?

ν Nu

On dispose de deux programmes de calculs qu'on appelle F et G.

Le programme F double la valeur du nombre qu'on lui fournit.

Le programme G retire 3 au nombre fourni.

En partant du nombre 5 et en employant autant de fois que tu veux et dans l'ordre que tu veux ces deux programmes de calculs, peux-tu obtenir les nombres 1 ? 2 ? 3 ? -7 ? 5,3 ? π ?

Donne tous les nombres que l'on peut atteindre à partir de 5.
Si on part d'un autre nombre, quels sont les nombres que l'on peut atteindre ?

ξ Xi

Le « jeu du huit » se joue à deux : chacun lance deux dés et additionne les valeurs des deux dés.
Si le résultat est un huit, le joueur marque un point. Le gagnant est le premier à atteindre dix points.
Arnaud et Max décident de jouer à ce jeu mais n'ont que trois dés.

Arnaud propose : « Tu n'as qu'à prendre deux dés et moi je lancerai à chaque fois le troisième et j'ajouterai deux. De cette façon, si je fais un 6 avec le dé, je marquerai un point. »

Au bout de plusieurs parties, Max décide d'arrêter : « J'en ai assez, Arnaud ! Je n'ai vraiment pas de chance ! Sur sept parties, je n'en ai gagné qu'une seule ! »

Est-ce uniquement une question de chance si Max perd autant ?

Narrations de recherche

ο Omicron

Demande à un camarade ou à un membre de ta famille de tracer au hasard sur une feuille une droite (d). *(Ne lui lis surtout pas la suite de ce sujet.)*

Trouve comment tracer un repère orthonormé (O, I, J) dans lequel la droite tracée par ton camarade est la représentation graphique de la fonction f qui, à x, associe $-3x+4$.

π Pi

Deux poulies de rayons respectifs 50 cm et 1 cm sont entourées par une courroie tendue. Leurs centres sont espacés de 70 cm. On cherche à calculer une approximation, la meilleure possible, de la longueur de la courroie.

Propose des modèles successifs et des valeurs approchées associées permettant un progrès dans cette approximation.

ρ Rhô

Un couple de souris habite une maison en carton de 13,4 cm sur 5 cm, au fond du garage, contre le mur.

Henri a un scooter dont les roues ont un rayon de 30 cm.
La maison des souris sera-t-elle écrasée si Henri heurte le mur avec son scooter ?

Attention, les dimensions sur le dessin ne sont pas respectées.

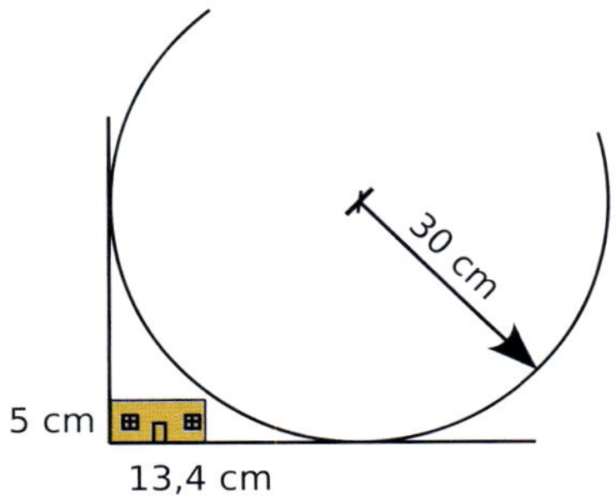

ς Sigma

ABCD est un trapèze dont nous avons perdu les dimensions...
Le point M appartient au segment [AB]. On pose : AM = x.

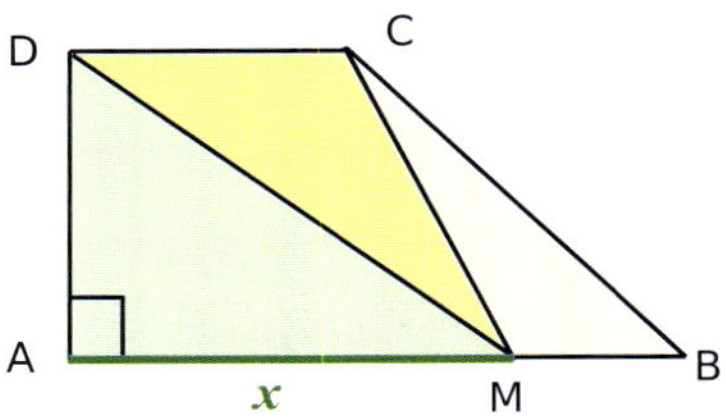

On définit les fonctions f, g et h telles que :

- f est la fonction qui, à x, associe l'aire du triangle AMD ;
- g est la fonction qui, à x, associe l'aire du triangle DMC ;
- h est la fonction qui, à x, associe l'aire du triangle CMB.

Les aires sont données en cm² et les longueurs en cm.

Dans le repère ci-contre, on dispose des courbes représentatives des trois fonctions.

Pouvez-vous retrouver les dimensions du trapèze ABCD, puis le construire en vraie grandeur ?

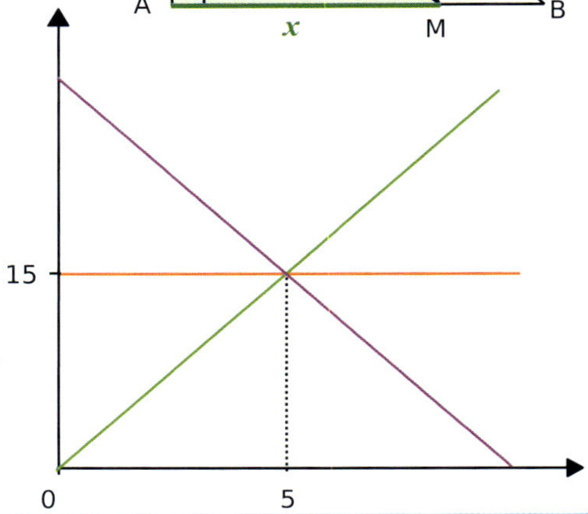

Exercices de synthèse

1 *Calculs numériques (fractions, puissances)*

$A = \frac{11}{3} - \frac{8}{3} \div \left(\frac{-16}{5}\right)$ $B = \frac{1 - \frac{3}{2} + \frac{9}{7}}{\frac{5}{4} - \frac{1}{3}}$ $C = \frac{2 \times 10^3 \times 5 \times (10^{-5})^2}{2 + 18}$ $D = \frac{7 \times 10^{-3}}{63 \times 10^{-5}}$

En précisant les différentes étapes des calculs, écrire chacune des expressions A, B et D sous forme de fractions irréductibles puis donner l'écriture scientifique de C.

2 *Synthèse en statistiques, proportionnalité*

Quinze amis ont participé à un semi-marathon (course à pied de 21 km).

Durée (en min)	90	100	105	120
Effectif	2			

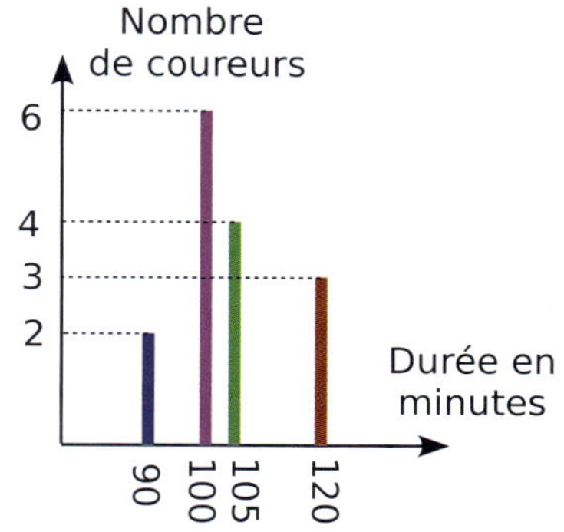

a. Reproduire puis compléter le tableau à partir du diagramme.

b. Déterminer une médiane de la série statistique ainsi définie.

c. Calculer la moyenne puis l'étendue de cette série statistique.

d. Calculer la fréquence de coureurs arrivés en 120 minutes.

e. Quel est le pourcentage de coureurs arrivés en au moins 100 min ?

f. On suppose que les 9 premiers kilomètres sont en montée, les 12 autres sont en descente. Laurent a parcouru les 9 premiers kilomètres en 40 min et les 12 derniers kilomètres en 50 min.

- Calculer, en kilomètres par heure, la vitesse moyenne de Laurent en montée puis celle en descente et enfin celle sur le parcours total.
- Marc a couru, en moyenne, à 12 $km{\cdot}h^{-1}$ en montée et à 16 $km{\cdot}h^{-1}$ en descente.
Calculer la durée de sa course.

g. Marc débute dans le semi-marathon. Au repos, son rythme cardiaque moyen est de 80 pulsations par minute. En s'entraînant, il doit apprendre à stabiliser son rythme cardiaque pendant l'effort à 145 pulsations par minute.
Calculer le pourcentage d'augmentation de son rythme cardiaque entre le repos et l'effort.

h. Après des années d'entraînement, un sportif peut faire baisser son rythme cardiaque au repos de 30 %. Si un sportif de haut niveau a un rythme cardiaque de 56 pulsations par minute au repos, quel devait être son rythme cardiaque au repos avant qu'il ne se mette au sport ?

3 *Problèmes de fractions, PGCD*

a. Dans un club sportif, $\frac{1}{12}$ des adhérents ont moins de 30 ans et les $\frac{3}{4}$ des autres ont plus de 50 ans.
Calculer la fraction des adhérents qui ont entre 30 et 50 ans.

b. Déterminer le PGCD des nombres 693 et 819 puis en déduire la forme irréductible de $Q = \frac{693}{819}$.

c. On pose $N = Q + \frac{80}{13}$. Démontrer que N est un nombre entier.

d. Calculer le PGCD de 462 et 65. Que peut-on en déduire pour la fraction $C = \frac{462}{65}$?

4 *Racines carrées et géométrie*

a. On donne $AB = 2\sqrt{11}$ cm ; $AC = \sqrt{154}$ cm et $BC = 3\sqrt{22}$ cm.
Démontrer que le triangle ABC est rectangle en précisant en quel point.

b. Calculer, sous forme exacte simplifiée, l'aire du triangle ABC puis l'aire de son cercle circonscrit.

Exercices de synthèse

5 *Calcul littéral en géométrie (d'après Brevet des Collèges)*

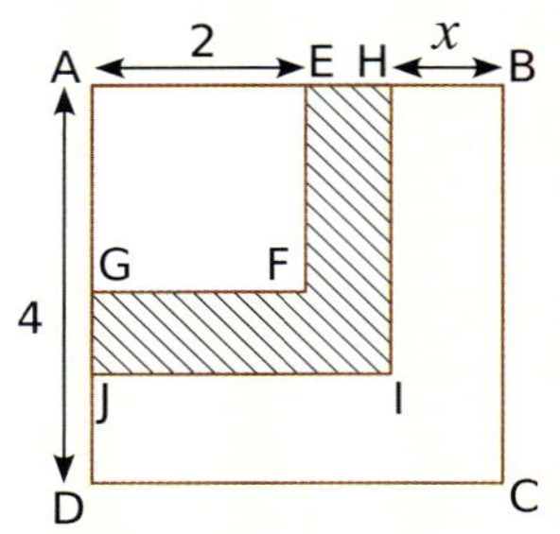

a. Dans la figure ci-contre, AEFG, AHIJ et ABCD sont des carrés. Calculer AH en fonction de x, en déduire l'aire de AHIJ puis préciser, dans la liste ci-dessous, la (ou les) expression(s) algébrique(s) qui correspond(ent) à l'aire de la partie hachurée.

$M = (4 - x)^2 - 2^2$ $\quad$ $N = (4 - x - 2)^2$ $\quad$ $P = 4^2 - x^2 - 2^2$

b. Développer et réduire l'expression $Q = (4 - x)^2 - 2^2$.

c. Factoriser Q.

d. Calculer Q pour $x = 2$. Que traduit ce résultat pour la figure ?

6 *Géométrie, fonction, équation d'après Brevet des Collèges*

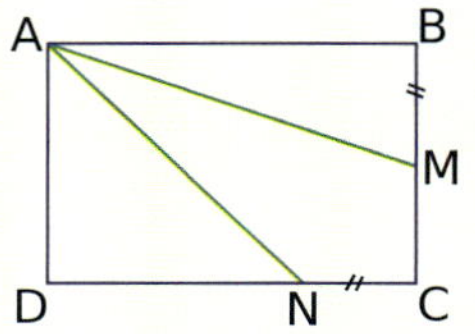

ABCD est un rectangle tel que AB = 6 cm et AD = 4 cm. On pose BM = CN = x.

a. On suppose dans cette question que $x = 2$. Calculer AM.

b. Toujours pour $x = 2$, montrer que AMCN a une aire de 10 cm^2.

c. Pour les questions **c.** et **d.**, x est à nouveau une longueur variable comprise entre 0 et 4 cm.

- Exprimer l'aire du triangle ABM en fonction de x.
- Calculer DN en fonction de x puis l'aire du triangle ADN en fonction de x.

d. On considère les deux fonctions $f_1 : x \longmapsto f_1(x) = 3x$ et $f_2 : x \longmapsto f_2(x) = 12 - 2x$.
Résoudre $f_1(x) = f_2(x)$. Si x est une solution de cette équation, comment cela se traduit-il sur la figure ?

7 *Fonction, racines carrées, équations (vers la seconde)*

a. Soit la fonction h définie par $h(x) = 4x^2 - 20x - 1$. Reproduire puis compléter le tableau de valeurs en calculant les images des nombres donnés. (Noter les résultats sous forme exacte simplifiée.)

x	-1	$\frac{3}{2}$	$2\sqrt{3}$	$1 - \sqrt{5}$
$h(x)$				

b. Déterminer le (ou les) nombre(s) ayant pour image -1 par h (soit le (ou les) antécédent(s) de -1).

c. Résoudre l'équation $h(x) = -26$.

8 *Géométrie, fonction, équation*

M. Tondu possède un terrain rectangulaire dont la longueur, 124 m, est le double de la largeur.
Ce terrain est entouré d'une allée de x mètres de large, le reste est recouvert de gazon.

a. Exprimer, en fonction de x :

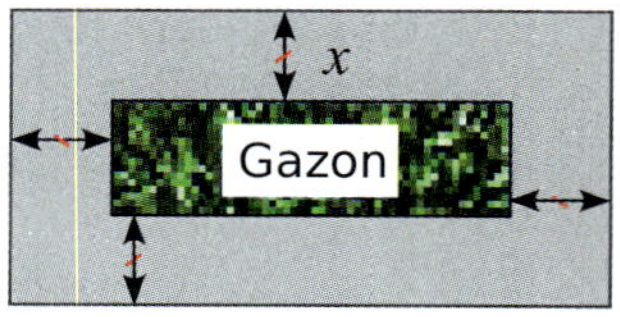

- le périmètre du gazon et noter f la fonction correspondante ;
- l'écart entre le périmètre du terrain et celui du gazon et noter g la fonction correspondante ;
- l'aire de l'allée.

b. Quelle est la nature des fonctions f et g ? Tracer leurs représentations graphiques. Quels sont les éléments caractéristiques de ces deux représentations ?

c. Résoudre l'équation $f(x) = g(x)$.

d. Interpréter la solution de l'équation précédente en comparant alors le périmètre du terrain à celui de la partie recouverte de gazon.

Exercices de synthèse

9 *Pythagore, Thalès et trigonométrie, agrandissement*

a. Construire un triangle ABC tel que AC = 4,5 cm ; AB = 7,5 cm et BC = 6 cm. Démontrer que le triangle ABC est rectangle.

b. La perpendiculaire à la droite (AB) passant par B coupe la droite (AC) en D. En exprimant de deux façons tan $\widehat{BAC}$, montrer que BD = 10 cm.

c. En déduire que AD = 12,5 cm.

d. Placer le point N du segment [AB] tel que AN = 2,7 cm. Prouver que (BD) // (NC).

e. En déduire la longueur NC en centimètres.

f. La parallèle à la droite (AB) passant par C coupe la droite (BD) en M. Prouver que MD = 6,4 cm.

g. Quelle est la nature du quadrilatère NBMC ? En déduire la longueur MN en centimètres.

h. On réalise une maquette correspondant à la figure de cet exercice où l'aire du quadrilatère NBMC vaut alors 17,28 dm^2. Calculer l'échelle de l'agrandissement correspondant à cette réalisation.

i. En déduire la longueur m du segment de la maquette correspondant au segment [MN] de la figure.

10 *Cercle, Pythagore, Thalès et trigonométrie d'après Brevet des Collèges*

L'unité de longueur est le centimètre. Tracer un segment [AB] tel que AB = 12.
Placer le point H du segment [AB] tel que AH = 1.
Tracer ensuite un demi-cercle de diamètre [AB] et la perpendiculaire en H à la droite (AB).
On note C le point d'intersection de cette perpendiculaire avec le demi-cercle.

a. Quelle est la nature du triangle ABC ?

b. Exprimer de deux façons le cosinus de l'angle $\widehat{BAC}$. En déduire que AC = $2\sqrt{3}$.

c. Donner la mesure arrondie au degré de l'angle $\widehat{BAC}$.

d. Placer le point D de la droite (BC) tel que B, C et D soient dans cet ordre et que CD = 6.

- Calculer la valeur exacte de la longueur AD sous la forme $a\sqrt{b}$ où a et b sont deux entiers positifs.
- Calculer la mesure, en degrés, de l'angle $\widehat{ADC}$.

e. Placer le point E du segment [AD] tel que AE = 2 et le point F du segment [AC] tel que $\widehat{AEF}$ = 30°.

- Démontrer que les droites (EF) et (DC) sont parallèles.
- Calculer la longueur AF.

11 *Pythagore, Thalès et trigonométrie (valeurs exactes)*

La figure donnée dans cet exercice n'est pas en vraie grandeur, il n'est pas demandé de la reproduire.
L'unité de longueur est le centimètre et on donne :

- EO = 5, OC = 3 et OA = 6 ;
- E, O et C sont alignés et (AO) coupe (NE) en S ;
- les triangles ENO et OAC sont respectivement rectangles en E et en C.

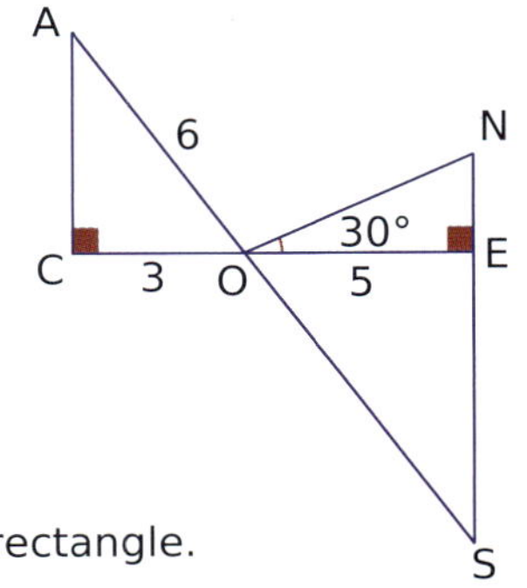

a. Démontrer par le calcul que AC = $3\sqrt{3}$.

b. Montrer que les droites (NS) et (AC) sont parallèles.
Calculer alors les valeurs exactes de OS et ES.

c. Calculer la valeur exacte de ON en utilisant $\widehat{NOE}$ = 30° et cos 30° = $\dfrac{\sqrt{3}}{2}$.

d. Calculer la mesure de l'angle $\widehat{COA}$ puis démontrer que le triangle SON est rectangle.

Exercices de synthèse

12 *Boule, fonction linéaire et tarif, moyenne, pourcentages*

Les trois parties du problème suivant sont indépendantes.

Partie A : Une entreprise fabrique des saladiers ayant la forme d'une demi-sphère de rayon 12 cm.

a. Calculer la valeur exacte, en cm^3, du volume du saladier en fonction de π.

b. Une ménagère a besoin de 1,5 L de lait pour faire des crêpes.
Pourra-t-elle utiliser ce type de saladier pour les préparer ?

Partie B : Les saladiers sont vendus 5,50 € pièce.

a. Quel est le prix de vente de 800 saladiers ?

b. Soit n le nombre de saladiers achetés par un supermarché.
Exprimer, en fonction de n, le prix $f(n)$ en euros qu'il paiera au fabricant.
Déterminer l'antécédent de 6 600 par la fonction f et interpréter ce résultat.

c. Après avoir précisé sa nature et ses éléments caractéristiques, représenter graphiquement la fonction f. Unités du graphique : abscisse, 1 cm pour 200 saladiers ; ordonnée, 1 cm pour 1 000 €.

d. En effectuant une lecture graphique, mettre en évidence l'antécédent calculé à la question **b.**.

Partie C : Le responsable du supermarché a relevé le nombre de saladiers vendus par chacun de ses quatre vendeurs et l'a inscrit dans le tableau suivant.

Nom du vendeur	Karim	Anna	Halsa	Jean
Nombre de saladiers vendus	220	200	290	250

a. Quel est le pourcentage de vente d'Anna (arrondi à 0,1) par rapport au nombre total de ventes ?

b. Quel est le nombre moyen de saladiers vendus par vendeur ?

c. Le responsable du supermarché affirme qu'il a vendu 80 % de son stock de saladiers.
Combien avait-il acheté de saladiers ?

d. Il affirme aussi que, cette année, il s'est vendu 4 % de saladiers de moins que l'année dernière.
Quel nombre de saladiers avait vendu le supermarché l'année dernière ?

13 *Problèmes de tarifs, fonctions affines, équations et inéquations*

Un vidéo-club propose différents tarifs pour l'emprunt de DVD :

- Tarif A : 4 € par DVD emprunté.
- Tarif B : 2,50 € par DVD emprunté, après avoir payé une carte d'abonnement de 18 €.
- Tarif C : abonnement de 70 € pour un nombre illimité de DVD.

a. Lucas compte emprunter 5 DVD, combien paiera-t-il suivant chaque tarif ? Même question pour Bill qui veut en emprunter 15, puis pour Smaïl qui en veut 25 (rassembler les résultats dans un tableau).

b. On désigne par x le nombre de DVD empruntés. Exprimer, en fonction de x, le prix à payer suivant les trois tarifs. Noter f, g et h les trois fonctions correspondantes.

c. Tracer dans un même repère les représentations graphiques de ces trois fonctions après avoir précisé leurs natures. On prendra en abscisse, 1 cm pour 2 DVD et en ordonnée, 1 cm pour 5 €.

d. Résoudre graphiquement, puis par le calcul, l'équation $4x = 2{,}5x + 18$. Interpréter le résultat.

e. Résoudre graphiquement, puis par le calcul, l'inéquation $70 < 2{,}5x + 18$. Interpréter le résultat.

Omar, le copain de Lucas, va dans un autre vidéo-club. Il a une formule d'abonnement du même type que celle correspondant au tarif B mais n'a pas dit à Lucas son prix de location pour un DVD ni combien coûte la carte d'abonnement. Il lui a juste dit qu'il payait 45 € pour 10 DVD et 65 € pour 20 DVD.

f. On note k la fonction qui, au nombre x de DVD empruntés par Omar, fait correspondre le prix qu'il paye en euros. Déterminer l'expression de $k(x)$ en fonction x.

g. Vérifier que pour 8 DVD empruntés, Omar ferait mieux de changer de vidéo-club mais pas pour 18 DVD. Puis déterminer à partir de combien de DVD il ferait mieux de changer de vidéo-club.

Exercices de synthèse

14 *Pyramides, Thalès et Pythagore, équations, fonction*

Dans tout ce problème, l'unité est le centimètre.
Tracer un rectangle ABCD tel que AB = 15 et AD = 9,6.
Placer le point P du segment [BC] tel que $\frac{BP}{BC} = \frac{5}{6}$.
M est un point quelconque de [AD] tel que AM < 8 et on pose AM = x.
La parallèle à (AB) passant par M coupe [BC] en N et [AP] en K.
On considère trois pyramides de même hauteur [TK] :
P_1 est la pyramide TABCD ; P_2 est la pyramide TAMK et P_3 est la pyramide TPNK.

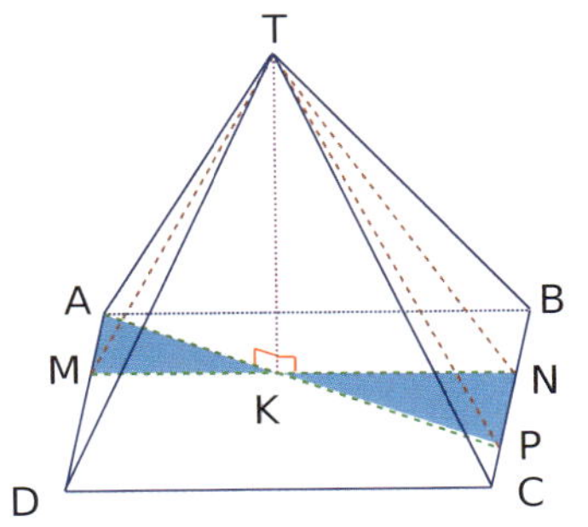

Partie A :

a. On se place dans le triangle ABP où on remarque que BP = 8. Démontrer que AP = 17.

b. Exprimer, en fonction de x, la longueur PN puis la longueur NK.

c. Exprimer, en fonction de x, l'aire du triangle PNK.

d. Montrer que MK = $\frac{15}{8}x$ et en déduire l'aire du triangle AMK en fonction de x.

e. Déterminer x pour que l'aire du triangle AMK soit égale à l'aire du rectangle ABCD divisée par 15.

f. Les triangles AMK et PNK peuvent-ils avoir la même aire ?
Si oui, pour quelle(s) valeur(s) de x ?

Partie B : On donne TK = 10 cm.

a. Calculer le volume V_1 de P_1.

b. Exprimer en fonction de x le volume $V_2(x)$ en cm³ de P_2.

c. Pour quelle valeur exacte de x a-t-on $36\,V_2 = V_1$?

d. Déterminer par lecture graphique :
- l'image de 6 par V_2 ;
- l'antécédent de 50 par V_2.

e. Retrouver les résultats précédents par des calculs.

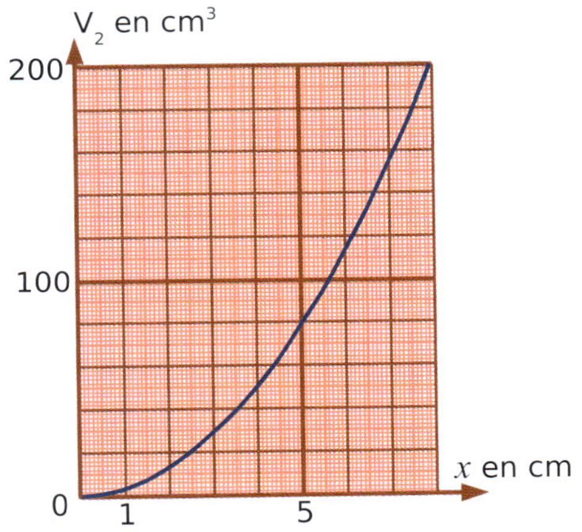

15 *Fonction, équations (vers la seconde)*

Dans un triangle RST rectangle en R, on donne RS = 6 et RT = 5 (l'unité est le centimètre).
M est un point de [RS], la parallèle à [RT] passant par M coupe [ST] en N et la parallèle à [RS] passant par N coupe [RT] en P, formant ainsi un rectangle RMNP.
On pose RM = x (x est un nombre compris entre 0 et 6).

a. Faire une figure pour $x = 2$ puis calculer l'aire du rectangle RMNP.

b. Exprimer MN en fonction de x et en déduire l'aire A du rectangle RMNP en fonction de x.

c. Calculer x pour que l'aire A du rectangle RMNP soit égale à la moitié de celle du triangle RST.

d. Pour la valeur de x trouvée à la question précédente, où se trouve le point M ?

e. On a représenté ci-contre l'aire A en fonction de x.
Déterminer graphiquement :
- le (ou les) antécédent(s) de $\frac{25}{6}$;
- la valeur maximale prise par l'aire A ;
- la valeur de x correspondant à ce maximum.

f. Que vaut l'aire du triangle RST lorsque A est maximale ?

g. Reproduire cette courbe à partir d'un tableur.

QCM de synthèse

QCM 1		R1	R2	R3	R4
1	En développant $(3x+1)(x-4)-5(x-4)$ on trouve...	$3x^2-16x+24$	$3x^2-16x+16$	$(x-4)(3x-4)$	$(x-4)(3x+6)$
2	En factorisant $(3x+1)(x-4)-5(x-4)$ on trouve...	$3x^2-16x+24$	$3x^2-16x+16$	$(x-4)(3x-4)$	$(x-4)(3x+6)$
3	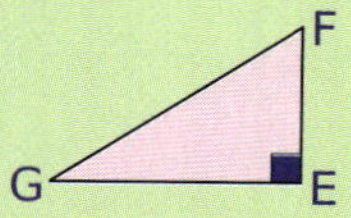	La longueur EG vaut $\cos\widehat{EGF}\times FG$	$EG^2 = FG^2 - EF^2$	$\sin\widehat{EGF} = \frac{EF}{FG}$	$\tan\widehat{EFG} = \frac{EF}{EG}$
4	L'inéquation $7x-4\leqslant 0$...	admet -1 comme solution	admet -1 comme unique solution	a pour solution tout nombre x tel que $x\geqslant\frac{4}{7}$	a pour solution tout nombre x tel que $x\leqslant\frac{4}{7}$
5	S, O et N sont alignés ainsi que T, O et M. 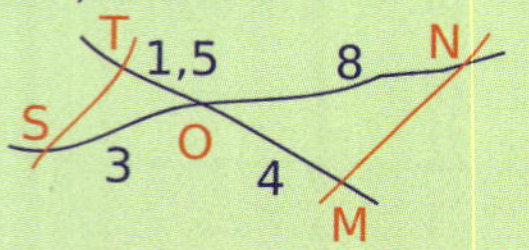	On peut appliquer le théorème de Thalès	(MN) est parallèle à (ST)	Les angles $\widehat{OMN}$ et $\widehat{OTS}$ sont égaux	On peut calculer la longueur MN
6	$A^2 = \left(\frac{4}{3}\right)^2 - \frac{\frac{2}{5}}{\frac{3}{5}}$ donc...	$A^2 = \frac{14}{3}$	$A^2 = \frac{10}{9}$	$A = \frac{\sqrt{10}}{3}$ ou $A = -\frac{\sqrt{10}}{3}$	$A = \frac{\sqrt{14}}{3}$
7	Les disques sont situés dans des plans parallèles. On suppose que $SA' = \frac{1}{5}SA$. 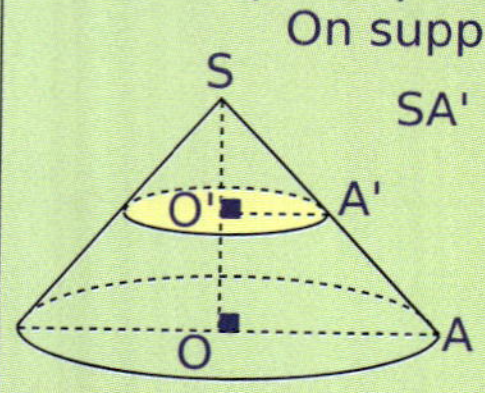	L'aire du petit disque vaut $\frac{1}{5}$ de l'aire du grand disque	Le volume du petit cône vaut $\frac{1}{5}$ du volume du grand cône	Le volume du petit cône vaut $\left(\frac{1}{5}\right)^3$ du volume du grand cône	$\frac{O'A'}{OA} = \frac{SA'}{SA}$
8	-3 est une solution de...	$2-x<5$	$2x^2-10=8$	$3x-9=0$	$2-x\leqslant 5$
9	Les solutions de $-7x+4\leqslant 2x+7$ sont représentées par...	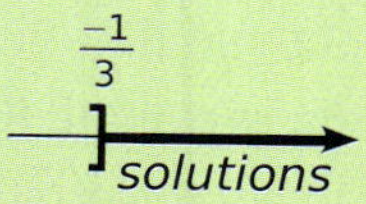	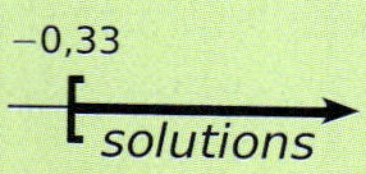	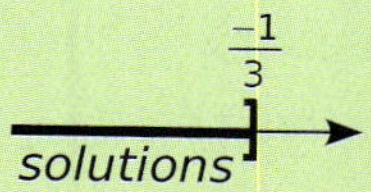	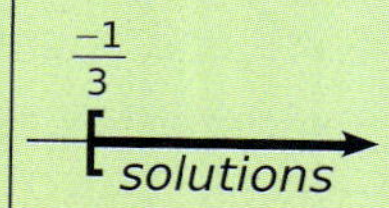
10	KJ = 4 cm KI = 6 cm 	$IJ = 2\sqrt{13}$	L'aire du triangle IJK vaut 1 200 mm²	$\widehat{KIJ}\approx 56{,}3°$ à 10^{-1} près	$\widehat{IJK}\approx 56{,}3°$ à 10^{-1} près
11	$(\sqrt{17}-3)^2$ est égal à...	$(\sqrt{17})^2-3^2$	$26-2\sqrt{51}$	$(\sqrt{17-3})^2$	$26-6\sqrt{17}$
12	$f: x\longmapsto 4x-1$.	L'image de -2 est $-\frac{1}{4}$	L'image de -2 est -9	L'antécédent de -2 est $\frac{-1}{4}$	L'antécédent de -2 est -9

QCM de synthèse

QCM 2		R1	R2	R3	R4
1	$\frac{3^{-5}\times 10^{5}\times 49\times 10^{-2}}{7\times 10^{3}\times 3^{-2}\times 10^{-4}} = \ldots$	2,592 592 593	$\frac{7\times 10^{2}}{3^{3}}$	$\frac{7\times 10^{4}}{3^{3}}$	$\frac{7^{2}\times 10}{3^{3}}$
2	On pioche une boule au hasard dans une urne contenant cinq boules blanches et huit noires, indiscernables au toucher. La probabilité d'obtenir...	une boule blanche est $\frac{5}{8}$	une boule blanche est $\frac{5}{13}$	une boule verte est nulle	une boule noire après avoir sorti une boule noire est $\frac{7}{12}$
3	(EF) // (HD) ; FG = $\sqrt{7}$; EG = 4 et GH = $\sqrt{21}$. 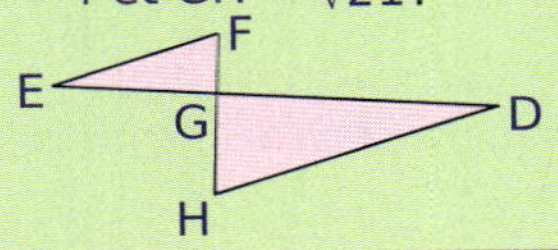	GD = 12	GD = $\sqrt{3}\times 4$	GD = $\sqrt{3\times 4}$	DH = $\frac{\sqrt{21}}{\sqrt{7}}\times$ EF
4	Soit B = $(x+1)^2 - 9$. Sa forme...	factorisée est $(x-2)(x+4)$	factorisée est $(x-10)(x+8)$	développée est $x^2 - 8$	développée est $x^2 + 2x - 8$
5	La sphère de centre O et de rayon 6 cm est coupée par un plan perpendiculaire à (OA). OA = 4 cm. M appartient à la section. 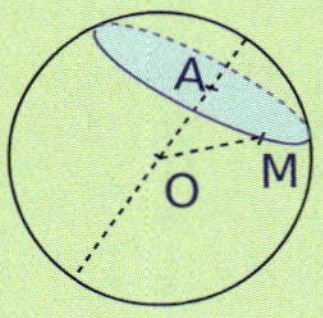	OAM est un triangle rectangle	Le volume de la boule vaut $\frac{64\pi}{3}$ cm³	Le volume de la boule vaut 36π cm³	AM = $2\sqrt{5}$ cm
6	$\frac{\frac{1}{15}-3}{13-\frac{1}{6}} = \ldots$	$\frac{-44}{15} \div \frac{6}{77}$	$\frac{-44}{15} \times \frac{6}{77}$	$\frac{-24}{105}$	$\frac{-8}{35}$
7	Le pentagone ABCDE est régulier. 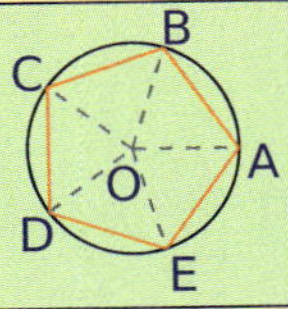	$\widehat{BOA} = 36°$	$\widehat{DOE} = 72°$	$\widehat{BDA} = \widehat{BEA}$	$\widehat{BDA} = \widehat{BOA}$
8	Voici deux séries de notes. (S_1) : 9 – 10 – 12 – 12 – 17 ; (S_2) : 2 – 5 – 7 – 9 – 18 – 19.	La moyenne de (S_1) est 12	L'étendue de (S_2) est de 17	La médiane de (S_1) est 11	Une médiane de (S_2) est 8
9	Sur un cercle de centre S, on place les points C, E, O, N et A. 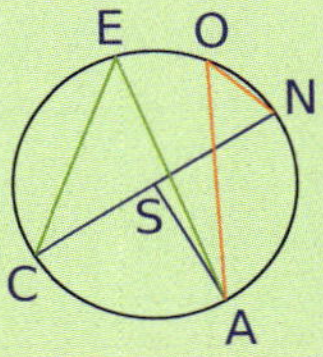	$\widehat{CEA}$ et $\widehat{AON}$ interceptent le même arc	Les angles $\widehat{CNA}$, $\widehat{CEA}$ et $\widehat{COA}$ ont la même mesure	$\widehat{ESA}$ est l'angle au centre qui intercepte le même arc que $\widehat{CEA}$	La mesure de l'angle $\widehat{CSA}$ est le double de la mesure de l'angle $\widehat{CEA}$
10	Soit le système (S) : $\begin{cases} 2x + y = -1 \\ 3x - y = 6 \end{cases}$.	(S) admet deux solutions : 1 et – 3	Une solution de (S) est le couple (2 ; – 5)	Le couple (1 ; – 3) est la solution de (S)	Le couple (1 ; – 3) est une solution de (S)
11	En lançant un dé non truqué, la probabilité d'obtenir un nombre...	pair est $\frac{1}{2}$	impair est $\frac{1}{3}$	plus grand que 4 est $\frac{1}{3}$	plus grand que 4 est $\frac{1}{4}$

QCM de synthèse

	QCM 3	R1	R2	R3	R4
1	Un objet coûtait 60 € avant les soldes.	Après une baisse de 12 %, il coûtera 48 €	Lors d'une baisse de 12 %, le prix est multiplié par 0,88	Il est soldé 45 € : la baisse est de 25 %	Il est soldé 50 € : la baisse est de 10 %
2	Le PGCD de 325 et de 275 est égal...	à 5	à 25	à 35	au PGCD de 325 et de 225
3	(BH) ⊥ (AC) 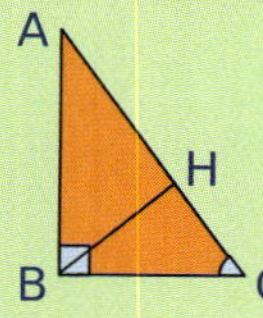	$\tan \widehat{ACB} = \frac{AB}{BC}$	$\tan \widehat{ACB} = \frac{BH}{BC}$	$\tan \widehat{ACB} = \frac{BH}{HC}$	$\tan \widehat{ACB} = \frac{AB}{HC}$
4	Les solutions de $(2x - 1)(x + 3) = 0$ sont...	les solutions de $2x^2 + 3 = 0$	les solutions de $2x - 1 = 0$ et de $x + 3 = 0$	$\frac{-1}{2}$ et -3	$\frac{1}{2}$ et -3
5	ABCD est un carré. MNPQ et ABCD sont situés dans des plans parallèles. On suppose que SA = AB = 8 cm et SM = 2 cm. 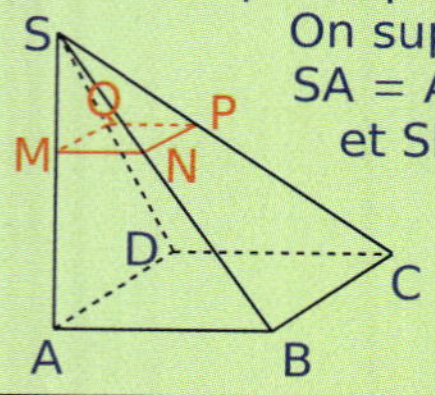	La pyramide SMNPQ est une réduction de rapport 4 de la pyramide SABCD	La pyramide SMNPQ est une réduction de rapport $\frac{1}{4}$ de la pyramide SABCD	Soient V_1 le volume de SMNPQ et V_2 le volume de SABCD, on a $V_1 = \frac{1}{4} V_2$	Soient V_1 le volume de SMNPQ et V_2 le volume de SABCD, on a $V_1 = \frac{1}{64} V_2$
6	Voici les âges relevés durant une colonie de vacances : 10 - 11 - 11 - 11 - 11 - 11 - 11 - 12 - 12 - 12 - 12 - 12 - 13 - 13 - 14 - 15.	La médiane de cette série est 12	Le premier quartile de cette série est 12	Le premier quartile de cette série est 11	Le troisième quartile de cette série est 13
7	T est un point du cercle de diamètre [US]. 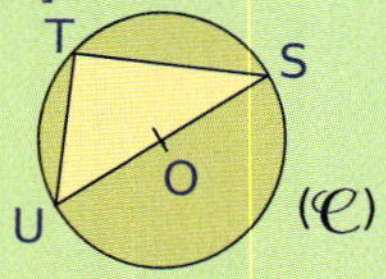	On ne peut pas exprimer le sinus de $\widehat{UST}$ car le triangle TUS n'est pas rectangle	$\tan \widehat{UST} = \frac{UT}{US}$	$TS^2 = SU^2 + UT^2$	$\sin \widehat{UST} = \frac{UT}{US}$
8	L'équation $x^2 = a$ admet...	une unique solution pour $a = 25$	une unique solution pour $a = -3$	deux solutions pour $a = \frac{1}{7}$	deux solutions pour $a = -9$
9	Représentation graphique de la fonction f. 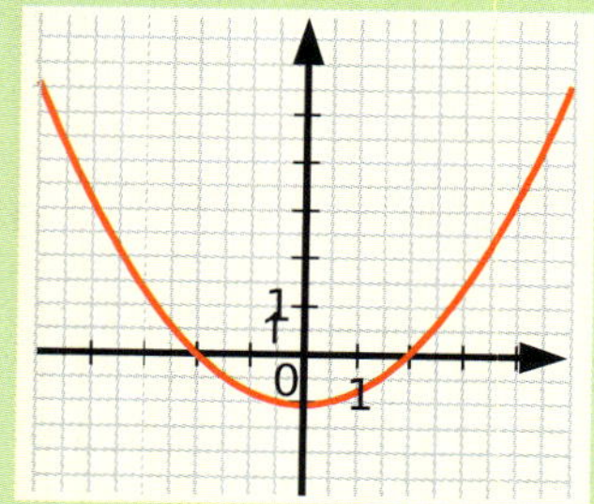	$f(2) = 0$	$f(0) = 2$	$f(0) = -1$	$f(-1) = 0$
10		L'image de 4 est proche de 3	L'image de 3 est 4	L'image de -3 est $-1{,}3$	L'image de -3 est 1,3
11		2 a deux antécédents	-1 a deux antécédents	L'antécédent de -2 est 0	-3 n'a pas d'antécédent

Vrai / Faux

a.	0 et 2 sont les seuls nombres dont le carré est égal au double.	❍ **Vrai** ❍ **Faux**
b.	Si on multiplie un nombre positif par un autre nombre positif alors le produit obtenu est plus grand que le nombre de départ.	❍ **Vrai** ❍ **Faux**
c.	La racine carrée d'un nombre est toujours plus petite que ce nombre.	❍ **Vrai** ❍ **Faux**
d.	100 % des gagnants ont tenté leur chance !	❍ **Vrai** ❍ **Faux**
e.	Dans une malle de dimensions deux fois plus grandes, on peut ranger deux fois plus de choses.	❍ **Vrai** ❍ **Faux**
f.	En lançant une pièce équilibrée, j'ai une chance sur deux d'obtenir *Pile*. Après ces tirages *Face – Pile – Pile – Face – Face*, je suis sûr d'obtenir *Pile*.	❍ **Vrai** ❍ **Faux**
g.	Si le prix d'un article augmente de 10 % puis baisse de 10 %, alors le prix final de cet article est le même que celui de départ.	❍ **Vrai** ❍ **Faux**
h.	L'opposé d'un nombre est négatif.	❍ **Vrai** ❍ **Faux**
i.	Dans un triangle, la bissectrice d'un angle coupe le côté opposé en son milieu.	❍ **Vrai** ❍ **Faux**
j.	La somme de deux multiples de sept est toujours multiple de sept.	❍ **Vrai** ❍ **Faux**
k.	Deux séries statistiques de même médiane ont la même moyenne.	❍ **Vrai** ❍ **Faux**
l.	Si, dans une classe, 80 % des filles sont droitières et 60 % des garçons sont droitiers, alors on peut dire que 70 % des élèves de la classe sont droitiers.	❍ **Vrai** ❍ **Faux**
m.	Un restaurant proposant 2 entrées, 4 plats et 3 desserts offre 9 possibilités de menus différents.	❍ **Vrai** ❍ **Faux**
n.	Si deux triangles ont des angles deux à deux de même mesure, alors leurs côtés sont deux à deux de même longueur.	❍ **Vrai** ❍ **Faux**
o.	Une côte ayant une pente de 45 % fait un angle de 45° avec l'horizontale.	❍ **Vrai** ❍ **Faux**

Tâches complexes

La piscine

La piscine de Monsieur Ducasse mesure 14,8 m de longueur sur 4,8 m de largeur. Elle est entourée d'une plage large de 1,6 m. Il souhaite paver cette plage avec des carreaux carrés dont le côté mesure un nombre entier de centimètres, sans avoir à découper de carreaux. Ci-dessous, une page Internet présentant le prix des dalles. Quel budget doit-il prévoir pour l'achat des carreaux ?

Calcaire vieilli jaune orangé
Surface vieillie - Ép. 16 mm.
- *Utilisation* : salle de bain, terrasse, plage de piscine.
- *Type de pose* : pose collée.
- *Prix* : 35,70 Euros/M².

Pierres reconstituées multicolores
Surface vieillie - Ép. 16 mm.
- *Utilisation* : salle de bain, terrasse, plage de piscine.
- *Type de pose* : pose collée.
- *Prix* : 31,70 Euros/M².

Travertin beige 10x10
Surface vieillie - Ép. 10 mm.
- *Utilisation* : salle de bain, cuisine.
- *Type de pose* : pose collée.
- *Prix* : 37,50 Euros/M².

Travertin clair 10x10
Surface vieillie - Ép. 10 mm.
- *Utilisation* : salle de bain, cuisine.
- *Type de pose* : pose collée.
- *Prix* : 37,50 Euros/M².

Travertin jaune 10x10
Surface vieillie - Ép. 10 mm.
- *Utilisation* : salle de bain, cuisine.
- *Type de pose* : pose collée.
- *Prix* : 39,50 Euros/M².

Travertin clair 15x15
Surface vieillie - Ép. 10 mm.
- *Utilisation* : salle de bain, cuisine.
- *Type de pose* : pose collée.
- *Prix* : 40,00 Euros/M².

Travertin clair 30x30
Surface vieillie - Ép. 10 mm.
- *Utilisation* : salle de bain, salon, séjour, terrasse, plage de piscine.
- *Type de pose* : pose collée.
- *Prix* : 42,00 Euros/M².

Travertin clair 40x40
Surface vieillie - Ép. 10 mm.
- *Utilisation* : salle de bain, salon, séjour, terrasse, plage de piscine.
- *Type de pose* : pose collée.
- *Prix* : 43,50 Euros/M².

Travertin clair, liaison romaine, 4 formats : 20x20, 20x40, 40x40, 40x60
Surface vieillie - Ép. 10 mm.
- *Utilisation* : salon, séjour, terrasse, plage de piscine.
- *Type de pose* : pose collée.
- *Prix* : 42,00 Euros/M².

Tâches complexes

Invitation impromptue

Il est 15 h 10 ce dimanche. Fred vient d'appeler. Les copains débarquent vers 16 h 30 pour le goûter. Armelle ferait bien des crêpes pour tout le monde. Elle ouvre ses placards et son réfrigérateur et fait le bilan des ingrédients qu'il lui reste. Combien de crêpes peut-elle faire ?

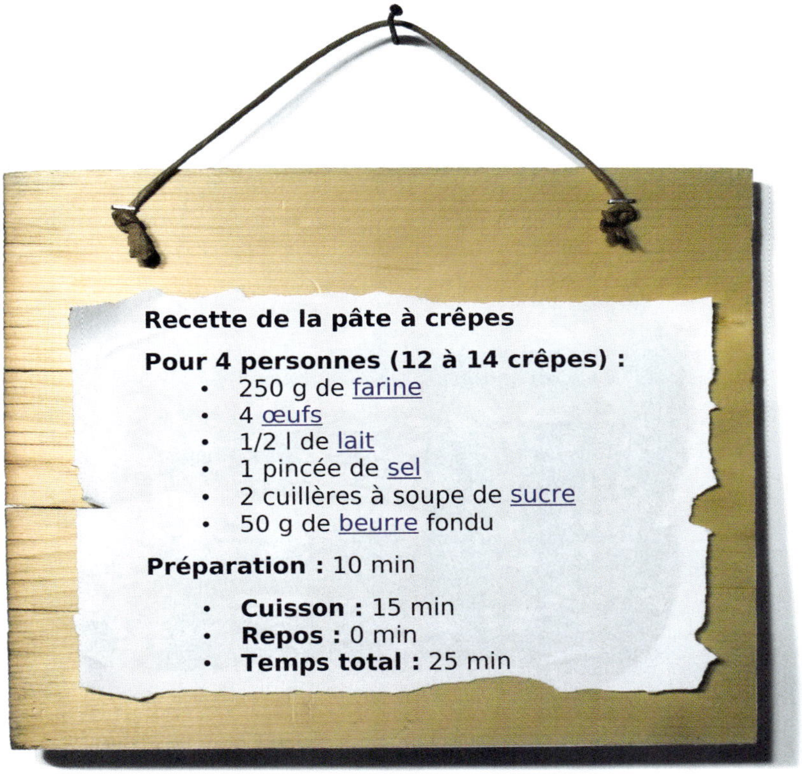

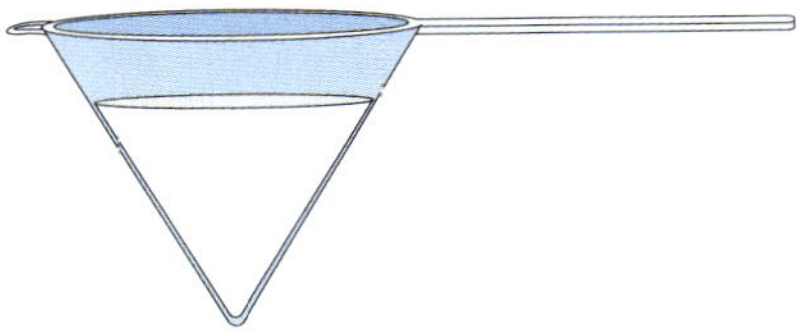

Ce récipient conique plein contient 1 kg de farine.

Ce pot plein contient 1 L de lait.

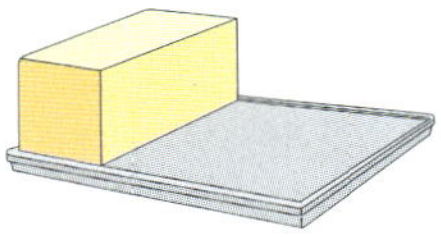

Ce beurrier plein contient 250 g de de beurre.

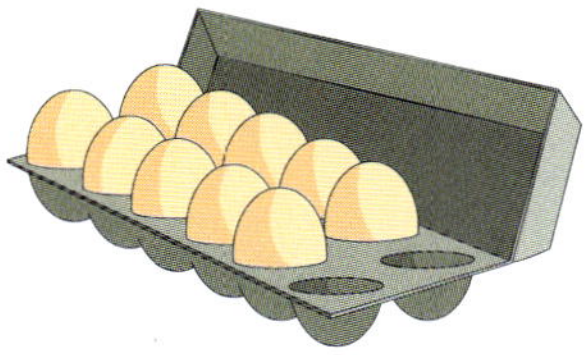

Financement

M. Durand n'a pas d'ordinateur et souhaite s'en acheter un. Comment peut-il le financer ?

Budget du mois de mars

Salaire :	1 076,62 €
Loyer, charges comprises :	754,26 €
Aide au logement :	363,18 €
Allocations Familiales :	125,78 €
Assurances :	70 €
Électricité et eau :	100 €
Remboursement de crédit : *(crédit pris auprès de l'**organisme X**)*	32 €
Dépenses alimentaires :	250 €
Transports :	70 €

Pas d'épargne actuellement car elle a été utilisée pour l'achat comptant de la voiture.

Proposition de l'organisme X

Montant utilisé :	1 000 €
Durée :	36 mois
35 mensualités de :	32,02 €
Dernière mensualité ajustée :	31,76 €
Taux annuel effectif global fixe :	9,9 %
Montant total dû par l'emprunteur :	1 152,46 €
Taux débiteur fixe :	9,477 %

Un crédit vous engage et doit être remboursé. Vérifiez vos capacités de remboursement avant de vous engager.

La simulation ci-dessus concerne notre offre de 1ère utilisation de votre crédit renouvelable.
Exemple d'utilisation de votre crédit renouvelable aux conditions standards :
Pour une utilisation de 1 000,00 € le 21/02/2012 (jour d'échéance le 21), vous rembourserez 35 mensualités de 36,00 € et une 36e ajustée de 33,35 € (hors assurance facultative). Le montant total dû de votre crédit renouvelable est donc de 1 293,35 € au TAEG révisable de 19,100 % et au taux débiteur révisable de 17,607.

Proposition de l'organisme Y

Montant choisi :	1 000 €
Mensualités :	50 €/mois
Durée :	24 mois
TAEG fixe :	20,60 %
Taux débiteur fixe :	18,95 %
Montant total dû par l'emprunteur : hors frais d'assurance	1 200,70 €
Dont frais de dossier :	0 €

Fonctionnement du prêt projets :
C'est un prêt personnel classique de 500 € à 75 000 € (*). TAEG fixe de 3,10 % à 20,60 % (selon la nature, le montant et la durée du prêt). Taux débiteur fixe de 3,07 % à 19,01 %. Durée de remboursement de 12 mois à 96 mois. Échéance de remboursement : de 14,93 € à 6 354,67 €. Frais de dossier de 0 € pour toutes les durées de remboursement.

Proposition de l'organisme Z[1]

1 000 €	+	177,81 €	=	1 177,81 €
(Capital emprunté)		(Intérêts)		(Montant total dû)

Mensualités[2] : 23 mensualités de 50 € et une dernière mensualité ajustée de 27,81 €

TAEG révisable : 17,91 % (taux débiteur révisable de 16,5 %)

Durée de remboursement : 26 mois (offre report incluse)

Offre exclusive : Report gratuit de vos 2 premières mensualités

[1] Crédit renouvelable d'un an reconductible de 500 € à 3 000 € consenti sans frais de dossier sous réserve d'acceptation de votre dossier. TAEG révisable de 10,9 % à 19,13 % ; taux débiteurs révisables de 10,32 % à 17,52 %. Les TAEG dépendent de la vitesse de remboursement choisie.

[2] Les mensualités intègrent les remboursements du capital, des intérêts, ainsi que l'assurance du compte si vous y avez souscrit ; plus la mensualité est basse, plus la durée de remboursement est longue et plus le coût du crédit est élevé.

Tâches complexes

Mode de transport

Je suis chargé de récupérer l'ensemble des signatures pour mener à bien un référendum d'initiative populaire. Quel(s) modèle(s) de véhicule serai(en)t le(s) mieux adapté(s) pour transporter ces signatures ?

Deux procédures permettent de mener à un référendum législatif :

- Le Président de la République, sur proposition du gouvernement ou du Parlement, peut décider la tenue du référendum (procédure présente dès l'origine de la Constitution de 1958) ;
- Un cinquième des parlementaires (soit **184** parlementaires sur 920), soutenus par un dixième des électeurs (soit environ **4,4 millions** de Français), peuvent demander la tenue du référendum. Dans ce cas, la demande prend la forme d'une proposition de loi. Cette nouvelle procédure résulte d'un amendement adopté par l'Assemblée nationale en première lecture et a été présentée comme un « référendum d'initiative populaire » en raison de l'accord nécessaire d'une fraction des électeurs, mais l'initiative relève techniquement des parlementaires.

(source : Wikipedia)

5 à 6 m^3

Largeur utile : entre 1,370 m et 1,690 m
Longueur utile : entre 2,400 m et 2,800 m
Hauteur utile : entre 1,662 m et 1,656 m
Hauteur extérieure : entre 1,942 m et 1,978 m
Charge utile : 1 200 kg

8 à 9 m^3

Largeur utile : entre 1,765 m et 1,870 m
Longueur utile : entre 2,583 m et 3,100 m
Hauteur utile : entre 1,662 m et 1,894 m
Hauteur extérieure : entre 2,254 m et 2,499 m
Charge utile : entre 1 615 kg et 1 656 kg

11 à 12 m^3

Largeur utile : entre 1,76 m et 1,8 m
Longueur utile : entre 3,08 m et 3,73 m
Hauteur utile : entre 1,89 m et 1,9 m
Hauteur extérieure : entre 2,5 m et 2,6 m
Charge utile : entre 1 345 kg à 1 620 kg

20 m^3 100 % Diesel

Largeur utile : entre 2,116 m et 2,150 m
Longueur utile : entre 4,100 m et 4,150 m
Hauteur utile : entre 2,180 m et 2,200 m
Hauteur extérieure : entre 3,230 m et 3,250 m
Charge utile : entre 760 kg et 1 059 kg

Tâches complexes

Recouvrement

Johanne adore les chevaux... Elle souhaite faire les plus grands agrandissements possibles (posters) d'une photo de son cheval favori pour couvrir le maximum de surface sur sa porte de chambre (sans couper les photos). Johanne parie avec son père que les animaux (la tête et l'encolure) couvriront alors plus d'un mètre carré de surface. A-t-elle raison ?

Liste des agrandissements possibles :

30 × 20 cm	3/2	3,99 €
45 × 30 cm	3/2	9,99 €
60 × 40 cm	3/2	12,99 €
75 × 50 cm	3/2	15,99 €
90 × 60 cm	3/2	19,99 €
105 × 70 cm	3/2	23,99 €
120 × 80 cm	3/2	28,99 €
150 × 100 cm	3/2	39,99 €
180 × 120 cm	3/2	55,99 €
216 × 144 cm	3/2	76,99 €
28 × 21 cm	4/3	3,99 €
40 × 30 cm	4/3	9,99 €
60 × 45 cm	4/3	13,99 €

80 × 60 cm	4/3	9,99 €
100 × 75 cm	4/3	14,99 €
120 × 90 cm	4/3	17,99 €
140 × 105 cm	4/3	39,99 €
160 × 120 cm	4/3	49,99 €
180 × 135 cm	4/3	64,99 €
192 × 144 cm	4/3	68,99 €
20 × 20 cm	Carré	1,99 €
30 × 30 cm	Carré	5,99 €
40 × 40 cm	Carré	11,99 €
50 × 50 cm	Carré	13,99 €
60 × 60 cm	Carré	15,99 €
70 × 70 cm	Carré	18,99 €

Tâches complexes

Télésiège

Pour rejoindre le haut de la piste, j'emprunte un télésiège. Je suis assis dans le siège numéro 27, devant moi se trouve le siège 26. Au moment où je croise le siège numéro 65, je me demande dans combien de temps je vais arriver.

Caractéristiques géométriques :

- Altitude de la gare aval : 1 109 m
- Altitude de la gare amont : 1 513 m
- Longueur : 1 454 m
- Dénivelé : 404 m
- Pente moyenne : 29 %
- Pente maximale : 55 %

Caractéristiques techniques :

- Emplacement de la station motrice : aval
- Type de gare motrice : gare Alpha
- Emplacement de la station de tension : amont
- Type de tension : hydraulique
- Nombre de vérins : 2
- Puissance : 262 kW
- Aide à l'embarquement : tapis d'embarquement
- Capacité des sièges : 3 personnes
- Nombre de sièges : 189
- Type de sièges : sièges "arceau"
- Dispositif d'accouplement : pince fixe

Caractéristiques de la ligne et d'exploitation :

- Nombre de pylônes : 16
- Nombre de virages : 0
- Sens de montée : droite
- Vitesse en ligne : 2.5 m/s
- Temps de montée : 9 min 42 s
- Débit : 1 750 p/h

Tâches complexes

Appareils électriques en veille

Dans sa maison, Erwan a beaucoup d'appareils électriques qui restent en veille lorsqu'ils ne sont pas utilisés. Détermine l'économie que sa famille ferait en coupant ces appareils.

Calcul de l'énergie électrique :

L'énergie électrique consommée par un système électrique se calcule à l'aide de la formule suivante :

$$E = P \times t$$

où **E** est l'énergie électrique consommée en **Wattheures** (Wh),
P est la puissance de l'appareil électrique en **Watts** (W),
t est le temps en heures (h).

Appareils électriques	Consommation électrique en veille
Télévision	8 à 20 W
Magnétoscope	5 à 19 W
Chaîne stéréo	0 à 5 W
Ordinateur PC	0 à 4 W
Box internet	15 à 25 W
Lecteur CD	0 à 21 W
Système d'alarme	10 à 15 W
Radio réveil	1 à 3 W
Imprimante	0 à 3 W
Lampe halogène	0 à 10 W
Four à micro-ondes	2 à 9 W

Période tarifaire	Heures pleines de 5 h 30 à 21 h 30	Heures creuses de 21 h 30 à 5 h 30
Tarif électricité pour 1 kWh en €	0,1312	0,0895

Voici une estimation des horaires d'utilisation des appareils chez Erwan. Par ailleurs, il y a la box Internet et l'imprimante qui sont allumées en permanence.

Horaires	7h		8h		12h		13h		14h		16h		17h		18h		19h		20h		21h		22h		23h	
Ordinateur							■					■	■	■	■	■	■	■	■	■	■	■				
Téléviseur			■	■			■	■								■	■	■	■	■	■	■	■	■	■	■
Lampe halogène																■	■	■	■	■	■	■	■	■	■	■
Chaîne stéréo												■	■	■	■											
Four micro-ondes		■				■																				
Four																		■	■							

Théorème de Thalès

G1

Activités de découverte

Activité 1 : Théorème de Thalès

1. Avec le logiciel TracenPoche

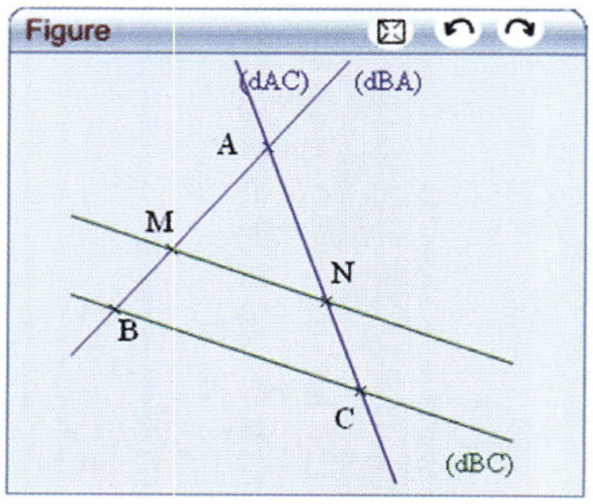

a. Place trois points distincts A, B et C, non alignés.
Trace les droites (AB), (BC) et (CA).
Place un point M sur la droite (AB) puis construis la droite parallèle à la droite (BC) passant par le point M. Appelle N le point d'intersection de cette droite avec la droite (AC).

b. Quelles sont les différentes possibilités pour la position du point M ? Pour chacune d'elles, fais un dessin sur ton cahier.

c. En utilisant le bouton , affiche les longueurs AM, AB, AN, AC, MN et BC sur la figure.
Dans la fenêtre *Analyse*, saisis les expressions ci-contre puis appuie sur la touche F9. Que remarques-tu lorsque M décrit chacune des positions définies au **b.** ?

Analyse
calc(AM/AB)=
calc(AN/AC)=
calc(MN/BC)=

2. 1er cas : M appartient au segment [AB]

a. Que peux-tu dire des longueurs des côtés des triangles AMN et ABC ?

b. Applique alors le théorème vu en quatrième pour justifier ce résultat.

3. 2e cas : M appartient à la demi-droite [AB) mais pas au segment [AB]

a. En te plaçant dans le triangle AMN, démontre que les quotients $\frac{AB}{AM}$, $\frac{AC}{AN}$ et $\frac{BC}{MN}$ sont égaux.

b. Qu'en déduis-tu pour les quotients $\frac{AM}{AB}$, $\frac{AN}{AC}$ et $\frac{MN}{BC}$? Justifie.

4. 3e cas : M appartient à la droite (AB) mais pas à la demi-droite [AB)

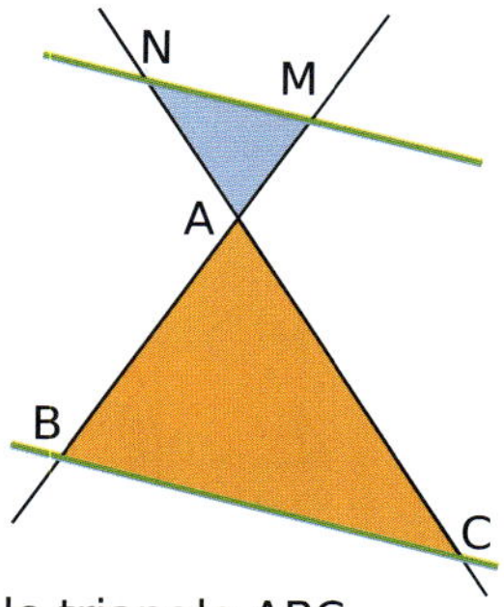

a. Trace un triangle ABC. Place un point M appartenant à la droite (AB) sans appartenir à la demi-droite [AB).
Construis la parallèle à la droite (BC) passant par M. Elle coupe la droite (AC) en N.
Construis le point M' symétrique du point M par rapport au point A et le point N' symétrique du point N par rapport au point A.

b. Montre que les droites (MN) et (M'N') sont parallèles.
Déduis-en que les droites (BC) et (M'N') sont parallèles.

c. Applique la propriété de proportionnalité des longueurs dans le triangle ABC.

d. Que peux-tu dire des longueurs AM et AM' ? Des longueurs AN et AN' ?
Des longueurs MN et M'N' ? Justifie.

e. En utilisant les questions **c.** et **d.**, montre que $\frac{AM}{AB} = \frac{AN}{AC} = \frac{MN}{BC}$.

5. Conclusion

Recopie et complète le théorème (appelé théorème de Thalès) :

> Soient (....) et (....) deux droites sécantes en A.
> Si les droites .... et .... sont .... alors .... .

Activité 2 : Avec un guide-âne

1. Construction

Sur une feuille blanche, trace une série de 15 droites parallèles espacées de 1 cm : cet outil s'appelle un guide-âne.
Ce nom fait référence à l'âne qui tirait les barges le long des bords parallèles des rivières. La corde tendue suivait un chemin parallèle aux bords de la rivière.

1. Explication

a. On a placé un segment sur le guide-âne, explique ce qui lui arrive. Trace cette figure puis complète-la pour pouvoir le démontrer.

b. À ton avis, quel est l'intérêt d'un tel outil ?

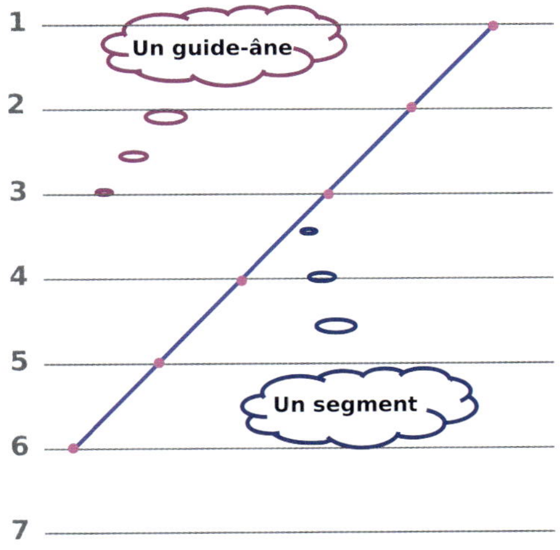

2. Utilisation

a. Sur une feuille de papier calque, trace un segment [AB] de 5 cm de longueur.
Utilise le guide-âne pour couper ce segment en trois segments de même longueur.
Place un point M sur le segment [AB] tel que $\frac{AM}{AB} = \frac{2}{3}$.

b. Avec ce guide-âne, peux-tu partager le segment [AB] en sept segments de même longueur ? Pourquoi ? Que faudrait-il pour que tu puisses le faire ?

c. Trace un segment [CD] de 8 cm de longueur sur la feuille de papier calque puis partage-le en sept segments de même longueur. Place alors un point P sur la droite (CD) tel que $\frac{CP}{CD} = \frac{6}{7}$. Que remarques-tu ?

d. Trace un segment [EF] de 6,3 cm de longueur. Place un point R sur la droite (EF) tel que $\frac{ER}{EF} = \frac{5}{3}$. Où se trouve le point R ?

3. Avec le logiciel TracenPoche

a. Trace un segment [AB]. À l'aide du bouton , partage le segment [AB] en cinq segments de même longueur. Explique comment tu procèdes.

b. Sur quels éléments du guide-âne peux-tu jouer ?
Quel est l'intérêt d'un tel outil ?

Activité 3 : Papillon ?

Que peux-tu démontrer à partir de cette figure ?

Quel théorème utilises-tu ?

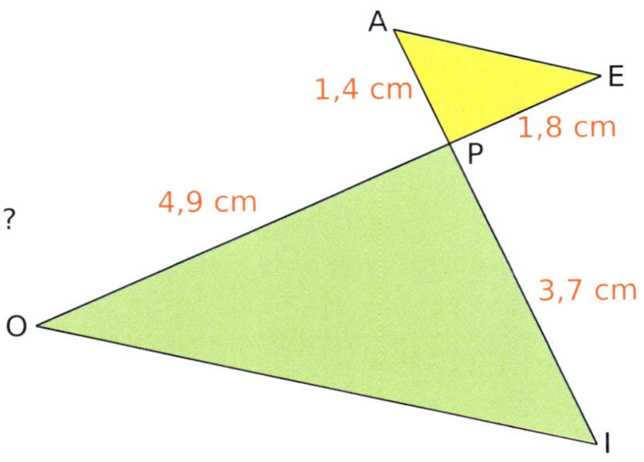

Activité 4 : Réciproque

1. Une conjecture

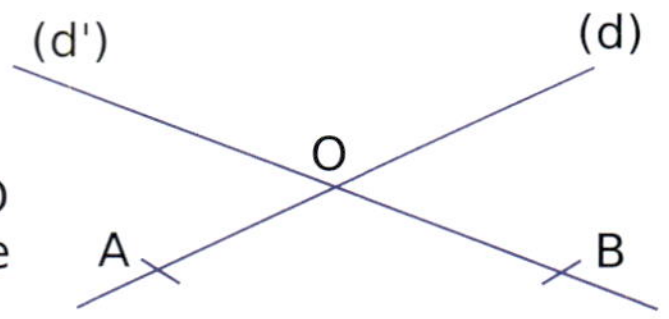

a. Énonce la réciproque du théorème de Thalès.
Le but est maintenant de savoir si elle est vraie ou fausse.

b. Sur ton cahier, trace deux droites (d) et (d') sécantes en O puis place les points A et B comme sur la figure ci-contre avec OA = 9 cm et OB = 8 cm.

Dans la suite de cette partie, on considère que **les points O, M, A d'une part et les points O, N, B d'autre part sont alignés dans le même ordre**. M sera nommé successivement M_1, M_2, M_3 et N sera nommé successivement N_1, N_2, N_3.

c. Place les points M_1 sur [OA] et N_1 sur [OB] tels que $\frac{OM_1}{OA} = \frac{3}{5}$ et $\frac{ON_1}{OB} = \frac{3}{5}$.
Que remarques-tu ?

d. Place les points $M_2 \in [OA]$ et $N_2 \in [OB]$ tels que $\frac{OM_2}{OA} = \frac{ON_2}{OB} = \frac{5}{4}$. Que remarques-tu ?

e. Dans cette question, $M_3 \in (OA)$ mais $M_3 \notin [OA]$ et $N_3 \in (OB)$ mais $N_3 \notin [OB]$.
Complète la figure précédente en plaçant les points M_3 et N_3 tels que $\frac{OM_3}{OA} = \frac{ON_3}{OB} = \frac{1}{2}$.
Que remarques-tu ?

f. Cette réciproque semble-t-elle vraie ou fausse ?

2. Démonstration

On suppose que les points O, M, A d'une part et les points O, N, B d'autre part sont alignés dans le même ordre et que $\frac{OM}{OA} = \frac{ON}{OB}$.

On appelle K le point d'intersection de (OB) et de la parallèle à (AB) passant par M.

a. Si M appartient à [OA], où se trouve le point K ? Fais un dessin.
Et si M appartient à (OA) mais pas à [OA] ? Fais un dessin.

b. Dans quelle configuration peux-tu appliquer le théorème de Thalès ?
Écris alors les égalités de quotients.

c. Qu'en déduis-tu pour les rapports $\frac{ON}{OB}$ et $\frac{OK}{OB}$? Justifie.

d. Que peux-tu conclure pour les points K et N ?

e. Que peux-tu dire alors des droites (MN) et (AB) ?

f. Qu'en conclus-tu ?

3. Attention à la position des points

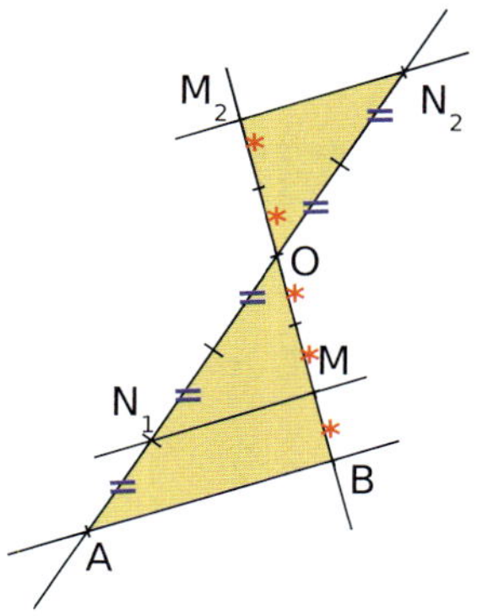

On considère la figure ci-contre.

a. Que valent les rapports $\frac{OM}{OB}$, $\frac{ON_1}{OA}$ et $\frac{ON_2}{OA}$? Qu'en déduis-tu ?

b. Que dire des droites (MN_1) et (AB) ? Justifie.

c. Que dire des droites (MN_2) et (AB) ?
Quelle condition de la réciproque du théorème de Thalès n'est pas respectée ? Conclus.

Activité 5 : Avec un pantographe

1. Description et utilisation

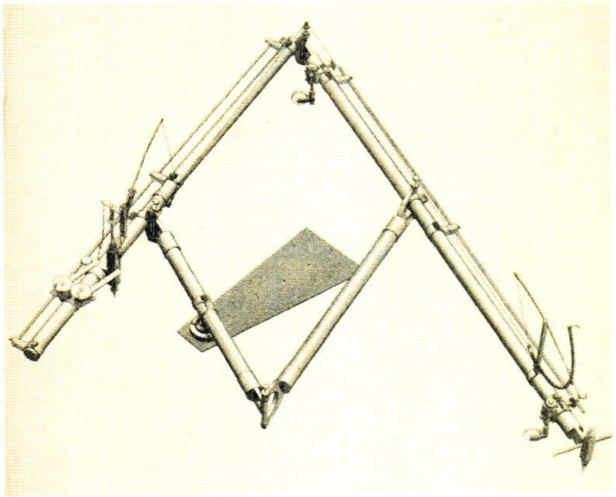

Source Wikimedia Commons

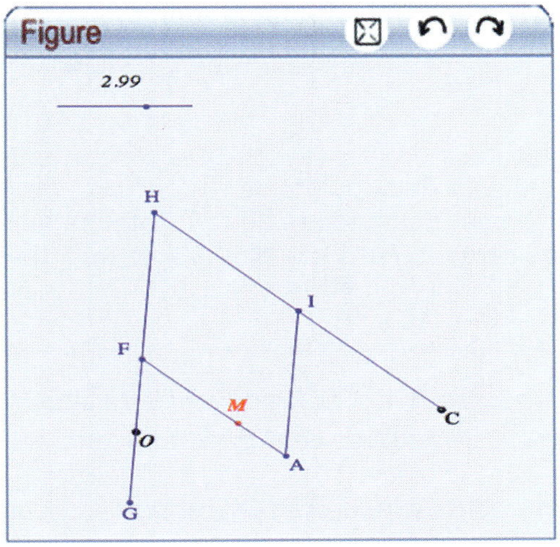

a. Voici ci-dessus la photo d'un pantographe. À ton avis, à quoi cet objet peut-il servir ?

b. Dans le logiciel TracenPoche, on a simulé un pantographe virtuel (voir ci-dessus).

Déplace le point M. Que se passe-t-il ? (Pour faire plusieurs tentatives, appuie sur la touche F9.)

c. Que se passe-t-il si on modifie la valeur avec le curseur ? À quoi cette valeur correspond-elle ?

2. Démonstration dans un cas simple

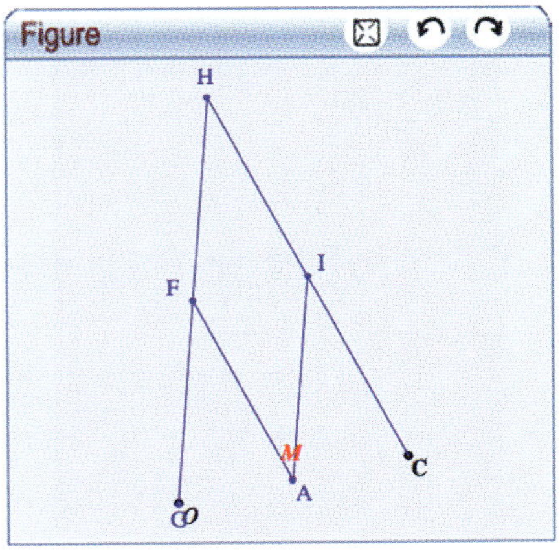

a. On se place dans le cas où le point M se retrouve sur le point A. Que se passe-t-il dans ce cas ? C'est ce que nous allons démontrer.

b. Sachant que les points O, M et C sont alignés, que F est le milieu de [OH] et que FHIM est un parallélogramme, démontre que M est le milieu de [OC].

c. Voici les positions finales et initiales du point M quand il parcourt le segment $[M_1M_2]$.
Code la figure et démontre que C_1C_2 est le double de M_1M_2.

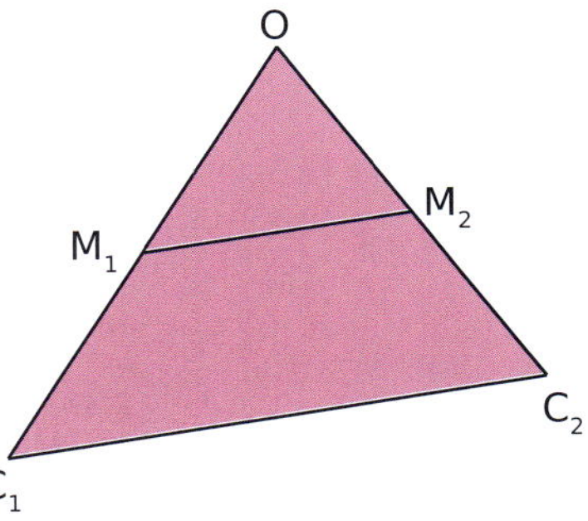

I - Théorème de Thalès

A - Énoncé du théorème

Théorème

Soient deux droites (d) et (d') sécantes en A.
B et M sont deux points de (d) distincts de A.
C et N sont deux points de (d') distincts de A.
Si les **droites (BC) et (MN) sont parallèles**
alors $\frac{AM}{AB} = \frac{AN}{AC} = \frac{MN}{BC}$.

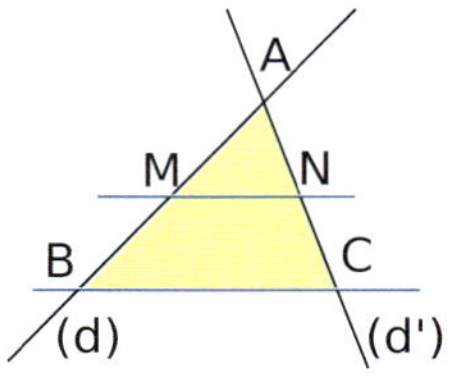

ou

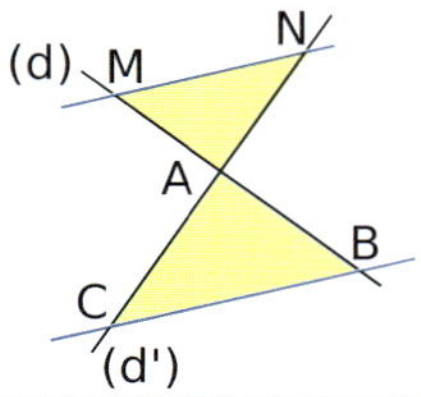

Remarque 1 : M et N peuvent être situés de l'autre côté de A par rapport à B et C. On parle alors d'une configuration « en papillon » ou « croisée ».

Remarque 2 : Le premier rapport $\frac{AM}{AB}$ comporte les noms des points de la droite (d), tandis que le second rapport comporte les noms des points de (d').

B - Calcul d'une longueur

→ ex 1 et 2

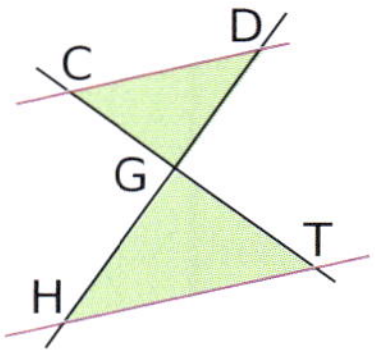

Exemple : Sur la figure ci-contre, les droites (CD) et (HT) sont parallèles. On donne DG = 25 mm ; GH = 45 mm ; CG = 20 mm et HT = 27 mm. Calcule GT et CD.

Les droites (DH) et (CT) sont sécantes en G. Les droites (CD) et (HT) sont parallèles.

D'après le théorème de Thalès, on a $\frac{GC}{GT} = \frac{GD}{GH} = \frac{CD}{HT}$, soit $\frac{20}{GT} = \frac{25}{45} = \frac{CD}{27}$.

Calcul de GT : **25 × GT = 45 × 20**.
$GT = \frac{45 \times 20}{25}$
donc GT = 36 mm.

Calcul de CD : **25 × 27 = 45 × CD**.
$CD = \frac{25 \times 27}{45}$
donc CD = 15 mm.

C - Montrer que deux droites ne sont pas parallèles

→ ex 3

Théorème

Soient deux droites (d) et (d') sécantes en A.
B et M sont deux points de (d) distincts de A. C et N sont deux points de (d') distincts de A.
Si $\frac{AM}{AB} \neq \frac{AN}{AC}$ alors les droites **(BC) et (MN) ne sont pas parallèles**.

Exemple : Sur la figure ci-contre, TR = 11 cm ; TS = 8 cm ; TM = 15 cm et TE = 10 cm.
Montre que les droites (RS) et (ME) ne sont pas parallèles.

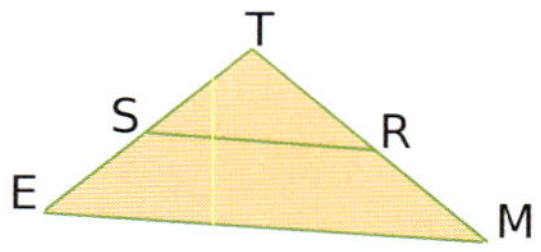

Les droites (ES) et (MR) sont sécantes en T.

D'une part, $\frac{TR}{TM} = \frac{11}{15} = \frac{22}{30}$.

D'autre part, $\frac{TS}{TE} = \frac{8}{10} = \frac{24}{30}$.

On constate que $\frac{TR}{TM} \neq \frac{TS}{TE}$.

Or, si les droites (RS) et (ME) étaient parallèles, d'après le théorème de Thalès, il y aurait égalité. Comme ce n'est pas le cas, les droites (RS) et (ME) ne sont pas parallèles.

II - Réciproque du théorème de Thalès

→ ex 4

Théorème

Soient (d) et (d') deux droites sécantes en A.
B et M sont deux points de (d) distincts de A.
C et N sont deux points de (d') distincts de A.
Si les points A, B, M d'une part et les points A, C, N d'autre part sont alignés dans le même ordre et si $\frac{AM}{AB} = \frac{AN}{AC}$ alors **les droites (BC) et (MN) sont parallèles**.

Remarque 1 : Attention, il ne suffit pas de vérifier l'égalité des rapports : il faut aussi s'assurer que les points sont bien placés dans le même ordre.

Remarque 2 : Attention, il ne faut pas utiliser les valeurs approchées pour affirmer que deux quotients sont égaux.

Exemple : Les droites (LA) et (HT) sont-elles parallèles ?

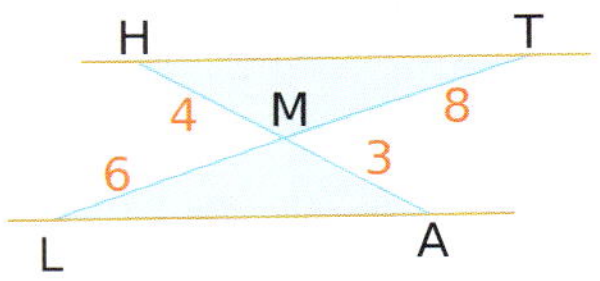

D'une part, $\frac{MH}{MA} = \frac{4}{3}$.

D'autre part, $\frac{MT}{ML} = \frac{8}{6} = \frac{4}{3}$.

On constate que $\frac{MH}{MA} = \frac{MT}{ML}$. De plus, les points A, M, H d'une part et les points L, M, T d'autre part sont alignés dans le même ordre.
Donc d'après la réciproque du théorème de Thalès, les droites (AL) et (HT) sont parallèles.

III - Agrandissements ou réductions

→ ex 5

Définition

Lorsque deux figures ont la **même forme** et des **longueurs proportionnelles**, on dit que l'une est un agrandissement ou une réduction de l'autre.

Remarque : Si $\mathcal{F}$ est un agrandissement de $\mathcal{F}'$ alors $\mathcal{F}'$ est une réduction de $\mathcal{F}$. Le coefficient de proportionnalité k est le rapport d'agrandissement ($k > 1$) ou de réduction ($0 < k < 1$).

Propriété

Dans un agrandissement ou une réduction, les **mesures des angles**, la **perpendicularité** et le **parallélisme** sont conservés.

Exemple : La pyramide SIJKL est une réduction de la pyramide SABCD.
On donne AB = 6 cm ; SA = 15 cm et SI = 5 cm.

a. Calcule IJ.

b. Que dire des angles $\widehat{SIJ}$ et $\widehat{SAB}$?

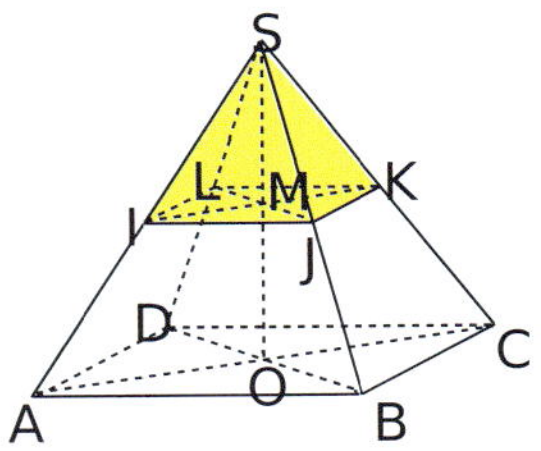

a. On sait que la pyramide SIJKL est une réduction de rapport k de la pyramide SABCD.
Donc les longueurs des deux pyramides sont proportionnelles.

[SI] étant une réduction de rapport k de [SA], on en déduit que : $k = \frac{SI}{SA} = \frac{5}{15} = \frac{1}{3}$.

De même, [IJ] est une réduction de rapport $\frac{1}{3}$ de [AB]. Donc $IJ = k \times AB = \frac{1}{3} AB = \frac{1}{3} \times 6 = 2$ cm.

b. Les angles $\widehat{SIJ}$ et $\widehat{SAB}$ ont la même mesure car le triangle SIJ est une réduction du triangle SAB.

http://manuel.sesamath.fr

1 Dans chacun des cas suivants, calcule, si c'est possible, la valeur de x, y et z indiquée sur la figure.

a.

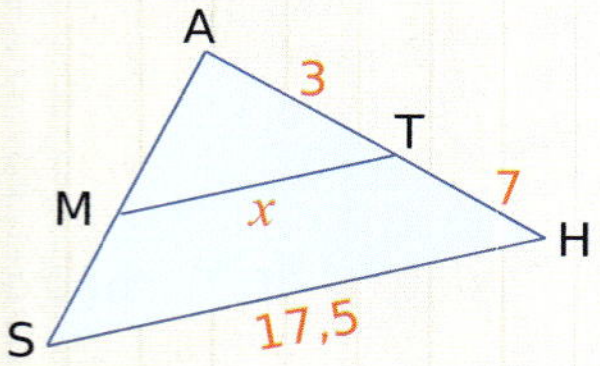

(MT) // (SH)

b.

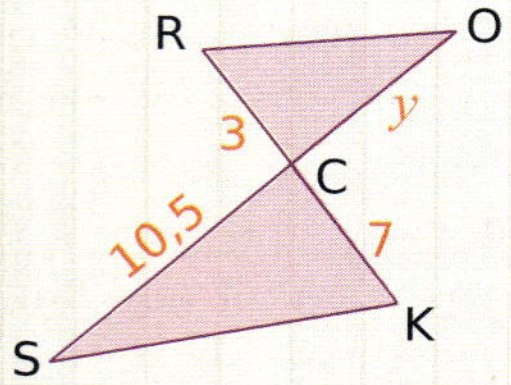

(RO) // (SK)

c.

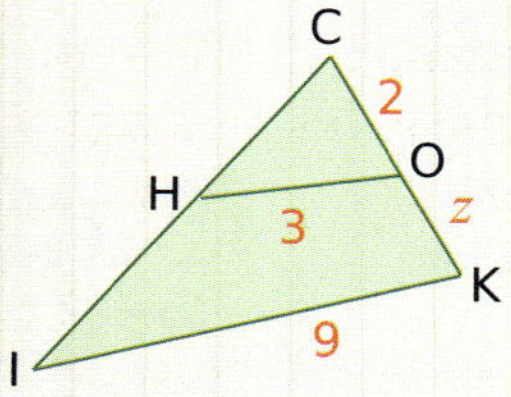

2 Dans le triangle DOT, E est un point de [DO]. La parallèle à (OT) passant par E coupe [DT] en F. On sait que DO = 6 cm ; DT = 5 cm ; OT = 8 cm et DF = 1 cm. Calcule DE et EF.

3 Montre que les droites bleues ne sont pas parallèles.

a.

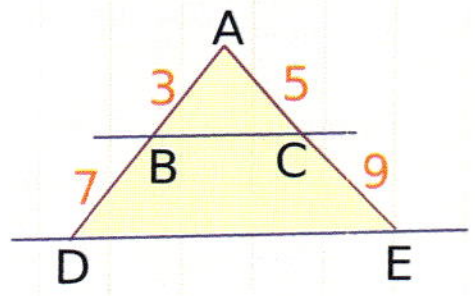

b.

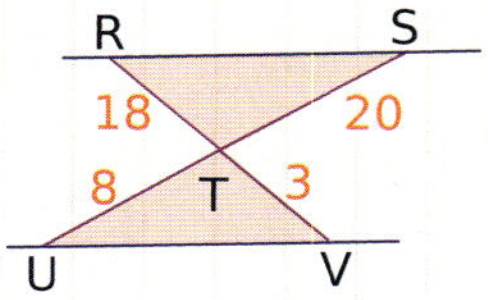

4 Montre que les droites bleues dans les figures ci-dessous sont parallèles.

a.

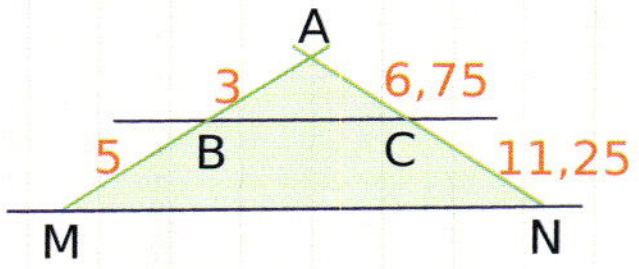

b.

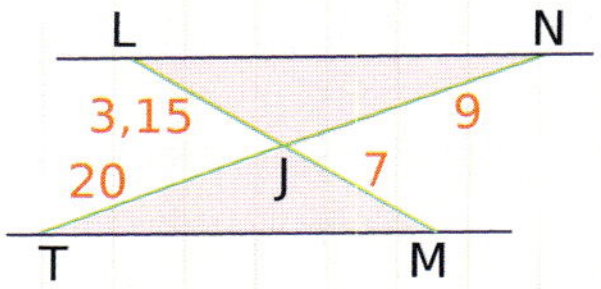

5 Soit TRAN un losange tel que TR = 5 cm et tel que l'angle $\widehat{TRA}$ mesure 30°.
On sait que JEDI est un agrandissement de rapport $\frac{3}{2}$ de TRAN. Construis JEDI.

Tous ces exercices sont également corrigés à la fin du manuel.

Théorème de Thalès

1 Peux-tu utiliser le théorème de Thalès dans les figures ci-dessous ? Justifie ta réponse.

a.

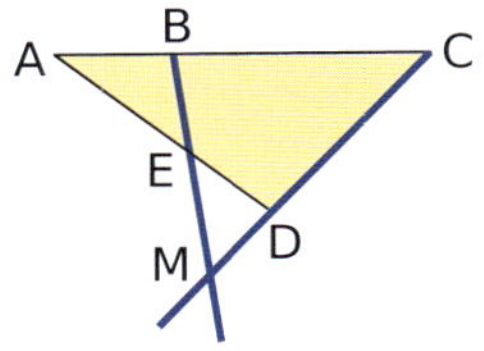

b.

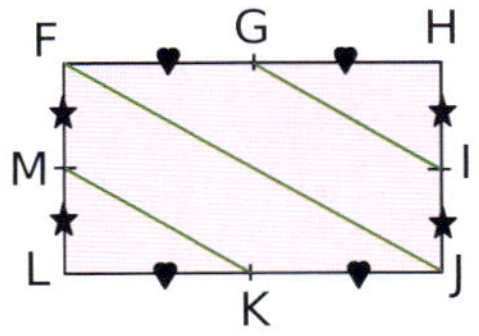

c.

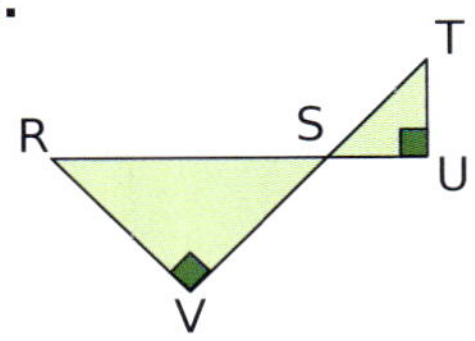

d.

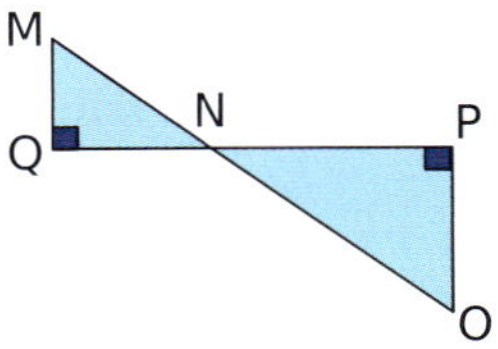

e. [WX] est un diamètre du cercle $\mathcal{C}$ et [XZ] est un diamètre du cercle $\mathcal{C}'$.

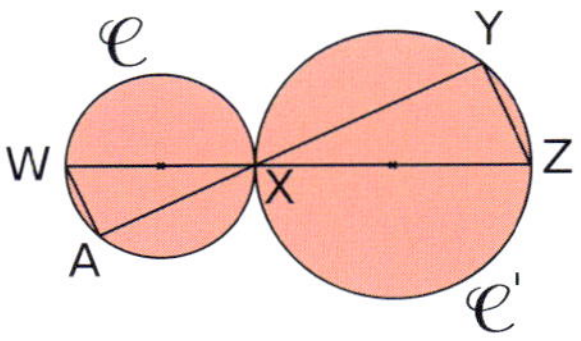

2 *Rapports égaux*

Dans chacun des cas suivants, écris tous les rapports de longueurs égaux. Tu préciseras les droites parallèles utilisées. Les droites représentées en bleu sont parallèles.

a.

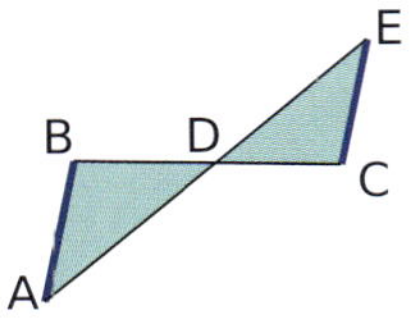

b.

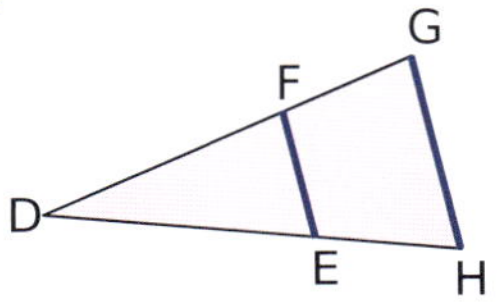

c.

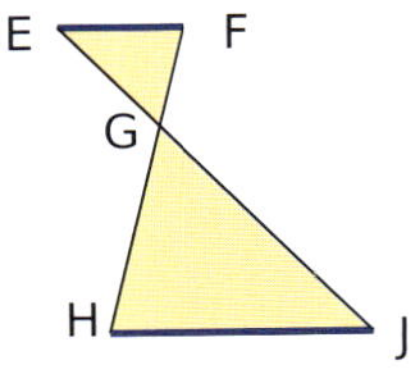

d.

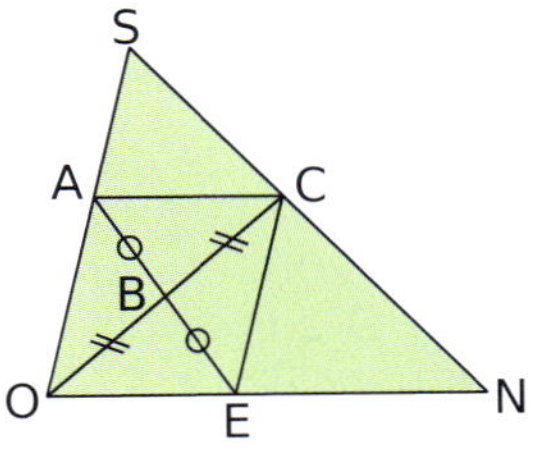

e. [AT] est un diamètre du cercle $\mathcal{C}$.

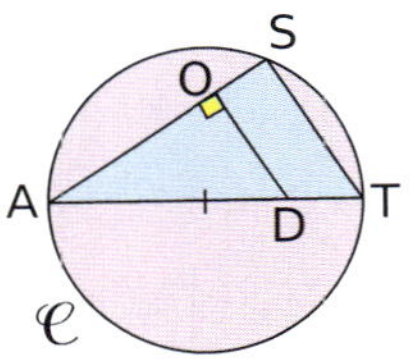

f.

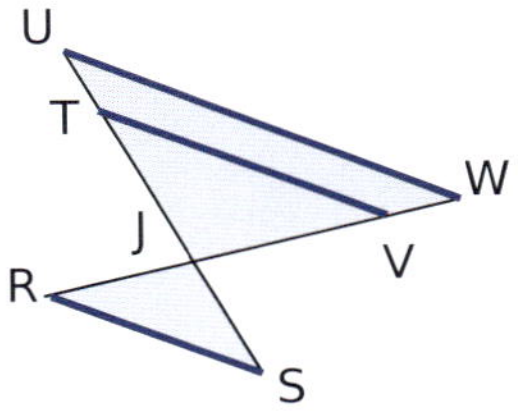

3 Les points L, I, Z sont alignés et les points R, I, T aussi. Les droites (RZ) et (LT) sont parallèles.

On donne RZ = 5 cm ;
RI = 2 cm et IT = 3 cm.

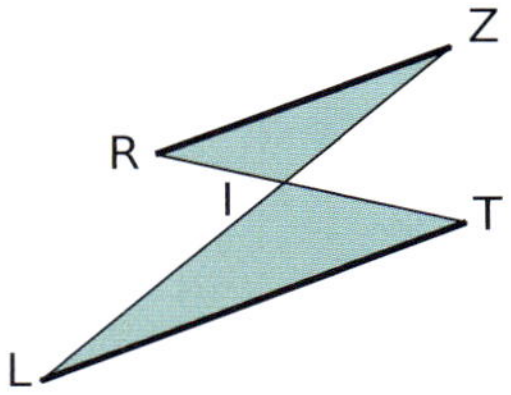

a. Reproduis cette figure à main levée et reportes-y les données de l'énoncé.

b. Écris les rapports de longueurs égaux.

c. Quelle(s) longueur(s) pourrais-tu calculer ?

4 *Des lacets*

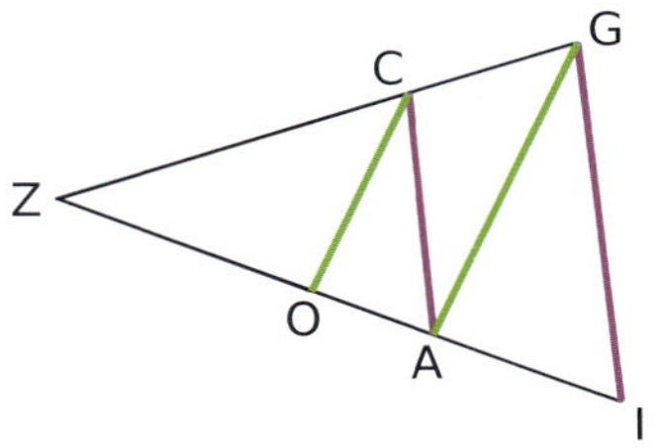

Sur la figure ci-dessus, les droites représentées en vert et en violet sont parallèles deux à deux.

a. Décris les deux configurations de Thalès présentes dans cette figure.

b. Écris tous les rapports de longueurs égaux à $\frac{ZC}{ZG}$. Tu préciseras les droites parallèles que tu as utilisées.

5 Construis le triangle NAF tel que NA = 5,6 cm ; FA = 4,2 cm et $\widehat{NAF}$ = 70°.

Place sur [NA) le point R tel que AR = 8 cm.
La parallèle à la droite (NF) passant par R coupe (FA) en T.

a. Trace en couleur les droites parallèles. Écris les rapports de longueurs égaux.

b. Calcule la longueur AT. Vérifie sur ta figure.

6 Un triangle SEL est tel que SE = 6 cm et SL = 3 cm. Le point I est le point de [LS) tel que SI = 5,1 cm. La parallèle à la droite (EL) passant par I coupe (ES) en X. On a alors IX = 6,8 cm.

a. Trace une figure à main levée. Code la figure avec les données de l'énoncé.

b. Calcule les longueurs SX et EL.

7 Soit PEM un triangle. A est un point du segment [PE] et B est un point du segment [PM] tels que BM = 30 cm ; AB = 30 cm ; ME = 50 cm et (AB) // (ME). À l'aide du théorème de Thalès, on obtient PM = 45 cm.
Vrai ou faux ? Explique ta démarche.

8 Les droites en vert sont parallèles.

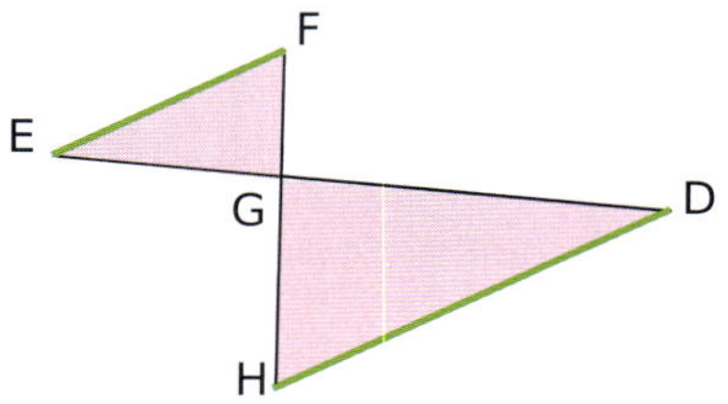

On sait que GH = 15 cm ; GF = 6 cm ; GD = 14,2 cm et HD = 7,3 cm.

Calcule les longueurs EF et EG.

9 *Extrait du Brevet*

Les deux cônes de révolution de rayons KA et IB sont opposés par le sommet.

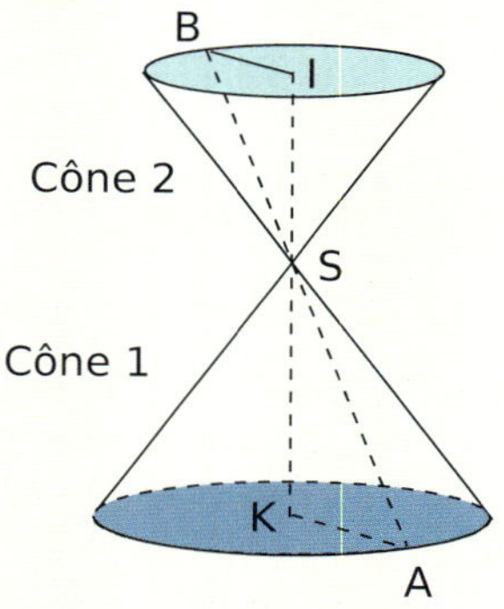

Les droites (AB) et (KI) se coupent en S, et de plus (BI) et (KA) sont parallèles.

On a KA = 4,5 cm ; KS = 6 cm et SI = 4 cm.

Calculer BI.

10 *À la recherche des parallèles perdues*

BANC est un parallélogramme tel que BA = 4 cm ; BC = 6 cm et AC = 8 cm.

P est le point de [AC] tel que AP = 2,4 cm.

La parallèle à (BC) passant par P coupe [CN] en O.

a. Trace une figure en vraie grandeur.

b. Montre que les droites (PO) et (AN) sont parallèles.

c. Calcule les longueurs CO et PO.

11 LOT est un triangle tel que OL = 9 cm ; OT = 7 cm et LT = 5 cm.

On appelle M le milieu du segment [LO] et N le milieu du segment [TL].

a. Montre que les droites (MN) et (OT) sont parallèles.

b. Calcule la longueur MN.

12 Les points T, O, I sont alignés et les points R, O, E aussi.

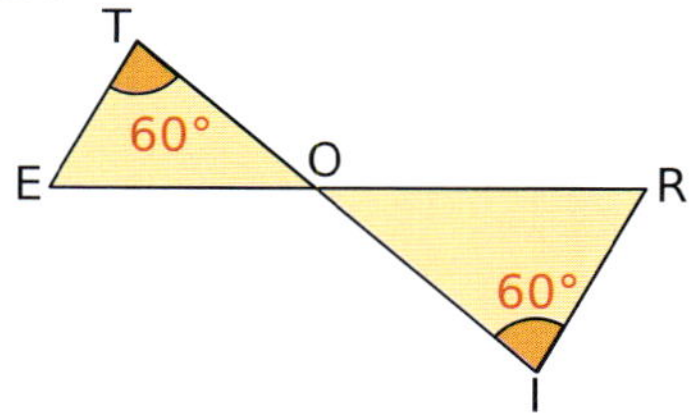

On donne ET = 2,4 cm ; OT = 6,4 cm ; OR = 7 cm et RI = 3 cm.

Calcule, en justifiant, les longueurs OE, OI et ER.

13 EURO est un parallélogramme tel que EO = 5 cm et OR = 6 cm.

Le point P est le point de (OE) qui n'appartient pas à [OE] tel que EP = 3 cm. La droite (PR) coupe [EU] en A.

Calcule les longueurs EA et AU.

Petits problèmes

14 *Aux sports d'hiver*

Un skieur dévale, tout schuss, une piste rectiligne représentée ci-dessous par le segment [BC] de longueur 1 200 m.

À son point de départ C, le dénivelé par rapport au bas de la piste, donné par la longueur AC, est de 200 m. Après une chute, il est arrêté au point D sur la piste. Le dénivelé, donné par la longueur DH, est alors de 150 m.

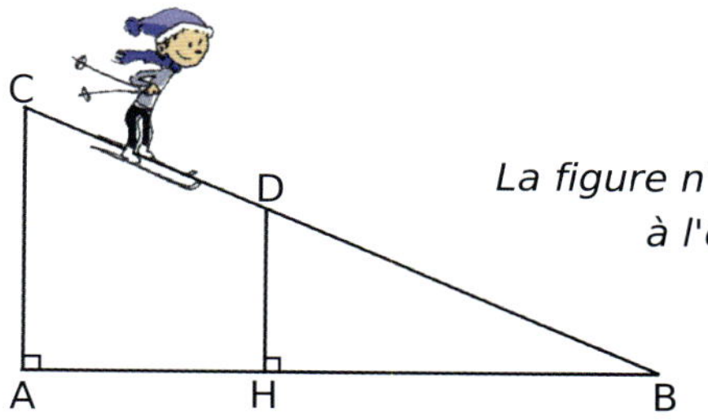

La figure n'est pas à l'échelle.

Calcule la longueur DB qu'il lui reste à parcourir.

15 *Sécurité routière*

D'après le code de la route (Article R313 - 3) :

Les feux de croisement d'une voiture permettent d'éclairer efficacement la route, la nuit par temps clair, sur une distance minimale de 30 m.

Afin de contrôler régulièrement la portée des feux de sa voiture, Jacques veut tracer un repère sur le mur au fond de son garage.

La figure n'est pas à l'échelle.

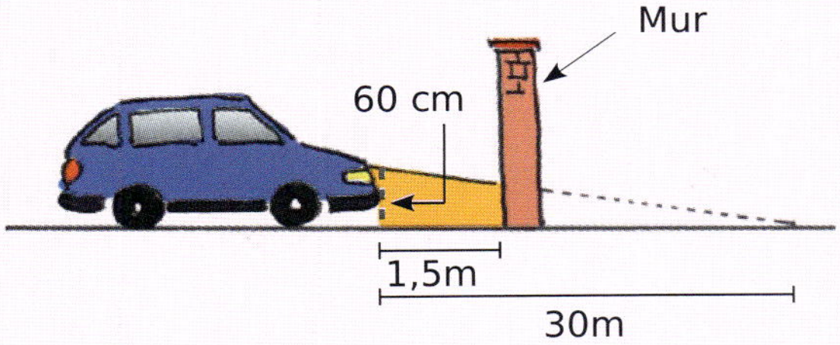

Les feux de croisement sont à 60 cm du sol.

À quelle hauteur doit-il placer le repère sur son mur pour pouvoir régler correctement ses phares ?

16 *Promenons-nous dans les bois*

Par un beau dimanche ensoleillé, Julien se promène au pied de la montagne Sainte Victoire, au bord de la rivière Arc.

Il se demande quelle est la largeur de cette rivière.

Il prend des repères, compte ses pas et dessine le schéma ci-dessous.

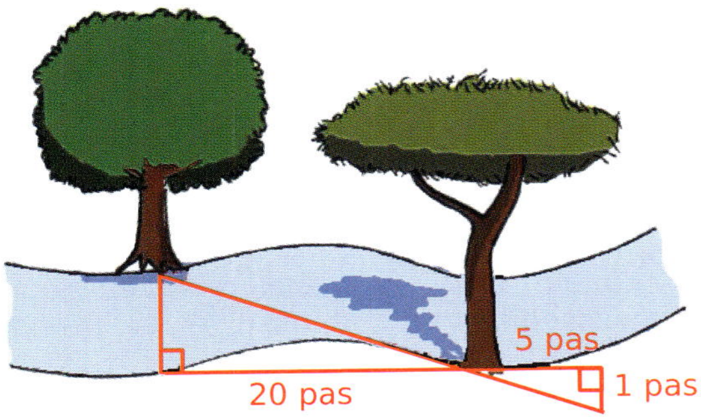

a. Quelle est, en nombre de pas, la largeur de la rivière qu'obtient approximativement Julien ?

b. Julien estime la longueur de son pas à 65 cm. Donne une valeur approximative de la largeur de cette rivière, au centimètre près.

17 *Extrait du Brevet*

Voici un schéma du fonctionnement d'un appareil photographique argentique : un objet [AB] situé à une distance d de l'objectif O a une image [A'B'] située à une distance d' de O.

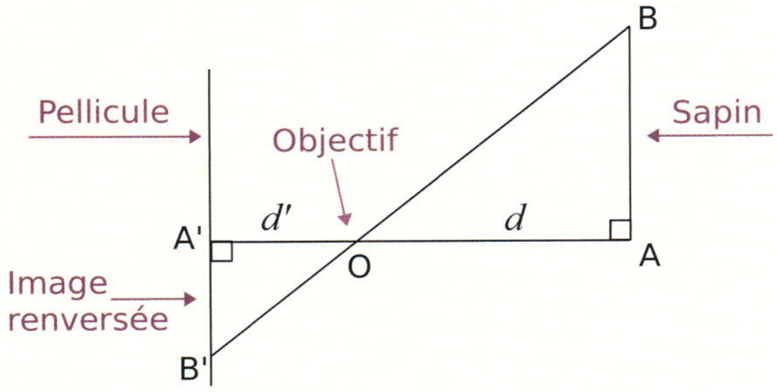

a. Prouver que les droites (AB) et (A'B') sont parallèles.

b. Démontrer l'égalité : $\frac{d}{d'} = \frac{\text{AB}}{\text{A'B'}}$.

c. Pour un certain appareil, $d' = 50$ mm.
Un sapin d'une hauteur de 12 m se trouve à 15 m de l'objectif. Quelle est la hauteur de l'image qui se forme sur la pellicule ?

Parallèles ou non ?

18 *Prenons de bonnes habitudes*

ABC est un triangle. D est un point de [AB] et E est un point de (AC) n'appartenant pas à [AC]. On donne AB = 4 cm ; AC = 3 cm ; AD = 1,2 cm et AE = 0,9 cm.

a. Alixien a écrit sur sa copie :

« *Les droites (EC) et (DB) sont sécantes en A.*

D'une part, $\frac{AD}{AB} = \frac{1,2}{4} = \frac{12}{40} = \frac{3}{10}$.

D'autre part, $\frac{AE}{AC} = \frac{0,9}{3} = \frac{9}{30} = \frac{3}{10}$.

Comme $\frac{AD}{AB} = \frac{AE}{AC}$, alors les droites (BC) et (ED) sont parallèles. »

Quel théorème Alixien a-t-il utilisé ?

b. Trace une figure.

c. La réponse d'Alixien est-elle juste ? Si non, rédige la bonne réponse.

19 Démontre que les droites (MN) et (ST) sont parallèles.

On donne OM = 2,8 cm ;
ON = 5,4 cm ;
OS = 2,7 cm
et OT = 1,4 cm.

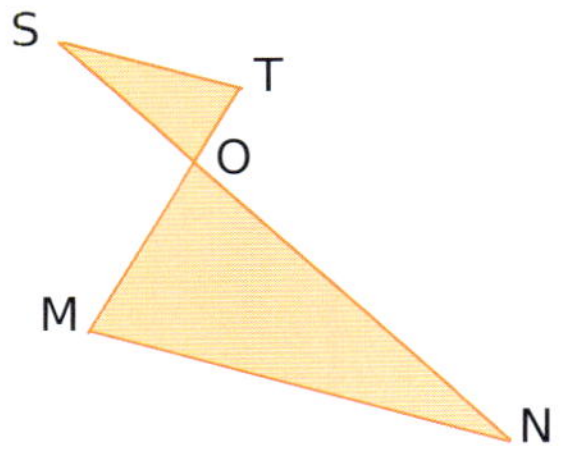

20 ABC un triangle tel que BC = 3,3 cm ; AC = 2,4 cm et AB = 2,5 cm.

a. Réalise une figure. Place le point D sur [AC] tel que CD = 6 cm et le point E sur [BC] tel que CE = 9 cm.

b. Explique pourquoi les droites (ED) et (AB) ne sont pas parallèles.

21 *Thalès incontournable ?*

ABC est un triangle rectangle en A tel que AB = 12 cm et AC = 8 cm.

Le point F est le point du segment [AC] tel que AF = 4 cm et le point E est le point de [AB] tel que AE = 6 cm.

a. Dessine une figure en vraie grandeur.

b. Démontre que la droite (EF) est parallèle à la droite (BC).

22 ABCDEFGH est un parallélépipède rectangle tel que AB = 7 cm ; AD = 3 cm et AE = 2,5 cm.

La figure n'est pas en vraie grandeur.

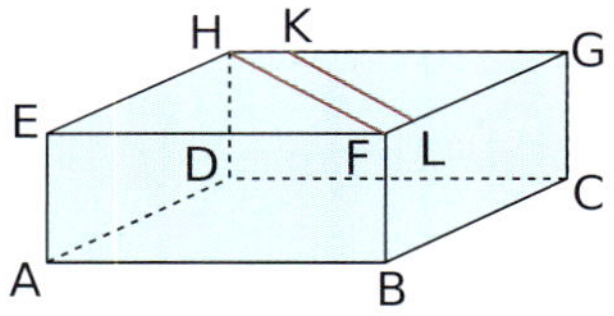

Le point K appartient à l'arête [GH] et le point L appartient à l'arête [GF].

On donne GK = 6 cm et GL = 2,6 cm.

Les droites (KL) et (HF) sont-elles parallèles ? Justifie ta réponse.

23 On donne les longueurs suivantes :
AB = 6,3 cm ; BC = 4,9 cm ; AE = 16 cm et DE = 7 cm.

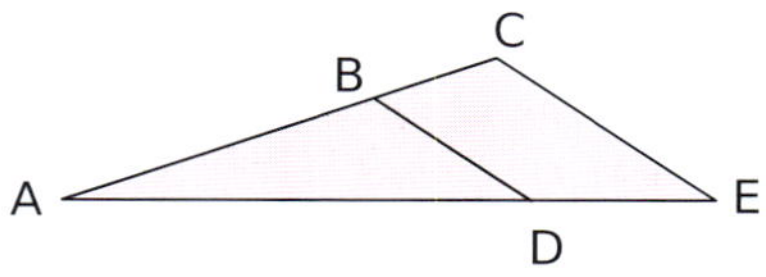

Les droites (BD) et (CE) sont-elles parallèles ? Justifie ta réponse.

24 L'unité de longueur choisie est le mètre.

a. Pour $x = 2{,}5$, les droites (AB) et (CD) ne sont pas parallèles. Vrai ou faux ? Explique ta démarche.

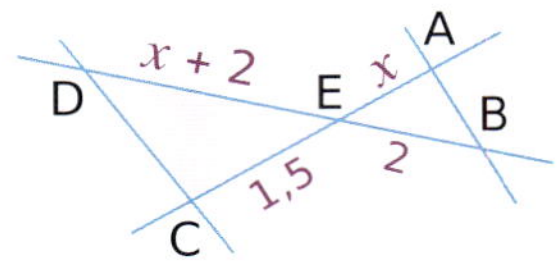

b. Pour $x = 1$, les droites (AB) et (DC) ne sont pas parallèles.
Vrai ou faux ? Explique ta démarche.

25

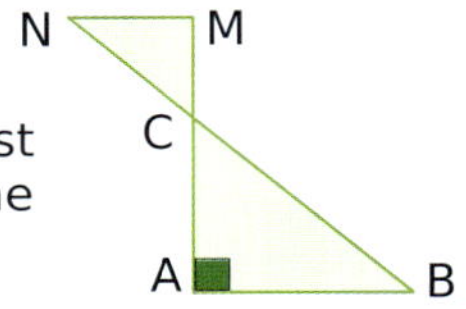

a. Le triangle ABC est rectangle en A. On donne AB = 6 cm et BC = 10 cm. Démontre que AC = 8 cm.

b. On donne CM = 2,56 cm et CN = 3,2 cm. Explique pourquoi les droites (AB) et (MN) sont parallèles.

26 *Extrait du Brevet*

Pour consolider un bâtiment, des charpentiers ont construit un contrefort en bois.
(Sur le schéma ci-dessous, les mesures sont en mètres.)

a. En considérant que le montant [BS] est perpendiculaire au sol, calculer la longueur AS.

b. Calculer les longueurs SM et SN.

c. Démontrer que la traverse [MN] est bien parallèle au sol.

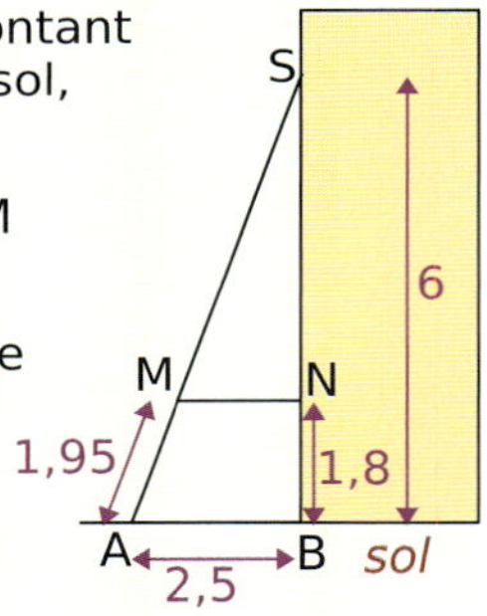

Agrandissements, réductions

27 Pour chaque figure ci-dessous, indique si le triangle OMN est une réduction ou un agrandissement du triangle OAB ou ni l'un ni l'autre. Justifie ta réponse.

a.

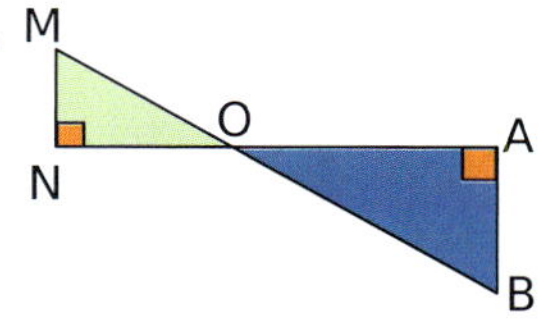

b.

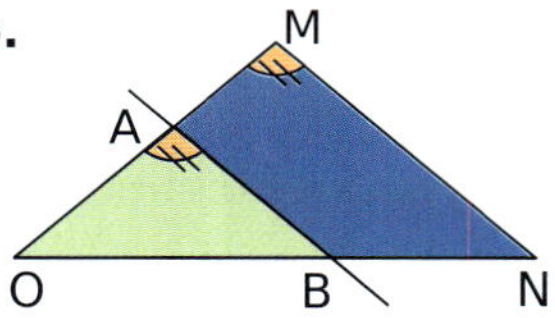

c.

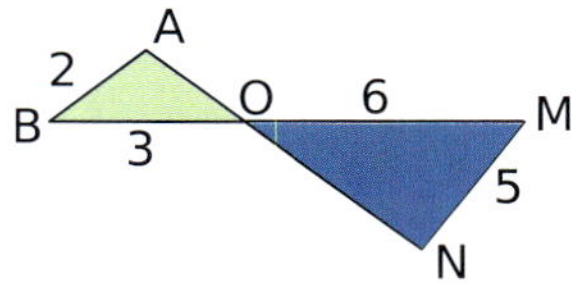

28 *Grandir*

a. Construis un parallélogramme RAVI tel que RI = 6 cm ; IV = 4 cm et $\widehat{RIV}$ = 130°.

b. Construis un agrandissement de rapport $\frac{5}{4}$ du parallélogramme RAVI.

c. Quelle est la nature de la figure obtenue ? Justifie ta réponse.

d. Déduis-en la mesure des angles de la figure agrandie. Justifie.

29 *Ainsi font font font*

Julien souhaite préparer un spectacle de marionnettes en ombres chinoises. Son écran mesure 2 m. Sa marionnette mesure 24 cm. Perché sur une estrade, il tient sa marionnette à 30 cm de la lumière, placée sous l'estrade.

À quelle distance de la source de lumière doit-il placer l'écran pour agrandir sa marionnette au maximum ?

30 *Extrait du Brevet*

Un artisan fabrique des boîtes en forme de tronc de pyramide pour un confiseur. Pour cela, il considère une pyramide régulière SABDC à base carrée où O est le centre du carré ABCD. On a OA = 12 cm et SA = 20 cm.

a. Préciser la nature du triangle AOS et montrer que SO = 16 cm.

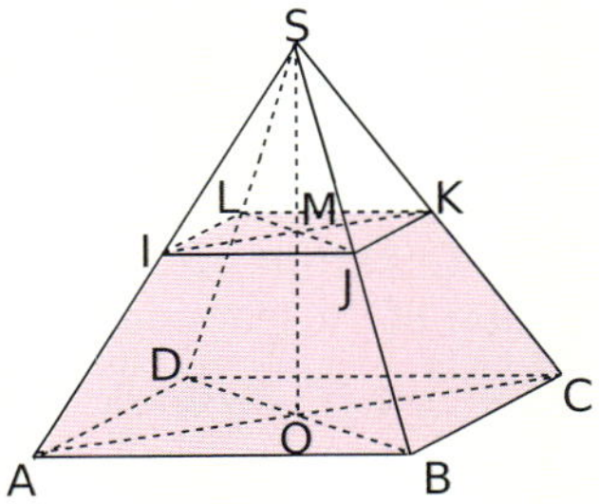

b. L'artisan coupe cette pyramide SABCD par un plan parallèle à la base tel que SM = 2 cm où M est le centre de la section IJKL ainsi obtenue. Calculer le coefficient de réduction transformant la pyramide SABCD en la pyramide SIJKL.

c. En déduire la longueur SI puis la longueur IA.

31 *Extrait du Brevet*

On veut réduire la taille de la flèche RE.

Pour cela, on réalise le schéma ci-après dans lequel (RE) et (R'E') sont parallèles.

Données :

RE = 8 cm ; OE' = 9 cm ; EE' = 15 cm.

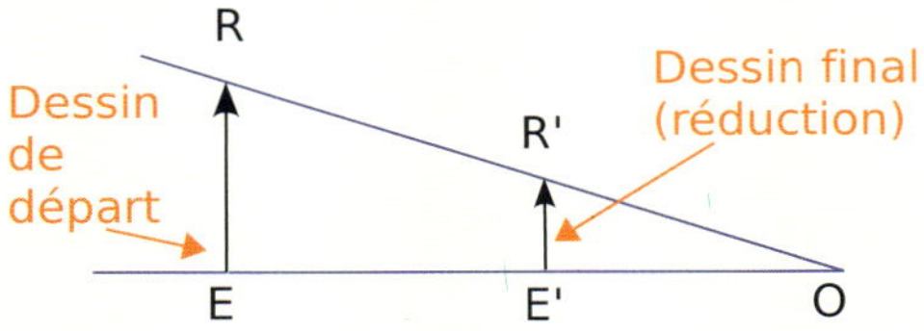

a. Calculer la longueur de la flèche réduite R'E'.

b. Quel est le coefficient de réduction ?

c. En utilisant le même schéma, on veut obtenir une flèche R''E'' dont la longueur est la moitié de la flèche de départ RE. À quelle distance de O sera placé le nouveau point E'' ?

32 *Noir & blanc*

La photo ci-dessous représente un agrandisseur pour le tirage des photographies noir et blanc argentiques.
Une source de lumière est diffusée à travers le négatif et une lentille appelée objectif. Une image agrandie du négatif est alors projetée sur un plateau.

Les deux pyramides ci-dessous représentées en perspective schématisent le faisceau de lumière.
La petite hauteur mesure 10 cm et la grande hauteur mesure 60 cm.

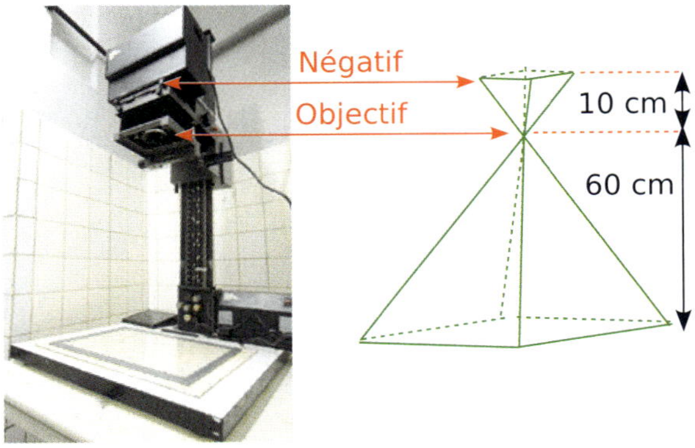

Les formats des négatifs utilisés sont 24 mm × 36 mm, 6 cm × 6 cm et 4'' × 5''.
(*Le symbole '' représente l'unité de longueur anglo-saxonne, appelée inch, qui correspond environ à 2,54 cm.*)
Avec chacun des négatifs, quel agrandissement maximum peut-on obtenir ?

33 *Thalès et les grands nombres*

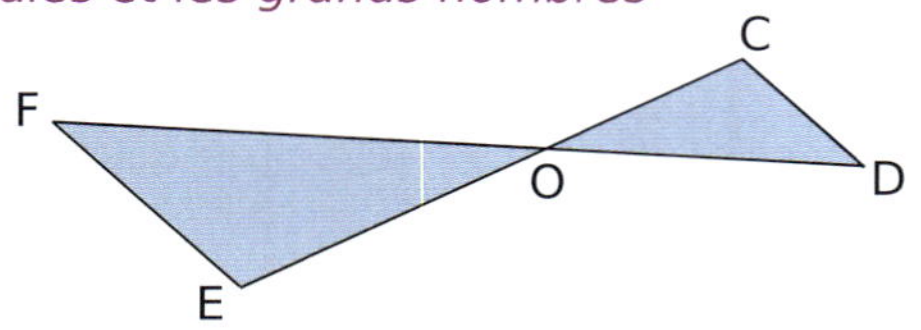

Sur la figure ci-dessus, les droites (DF) et (CE) sont sécantes en O. De plus, on donne OE = 1 203,17 ; OC = 1 056,23 ; OF = 1 264,09 et OD = 1 109,71.
Démontre que les droites (EF) et (CD) sont parallèles.

34 *Extrait du Brevet*

On considère le schéma ci-dessous.

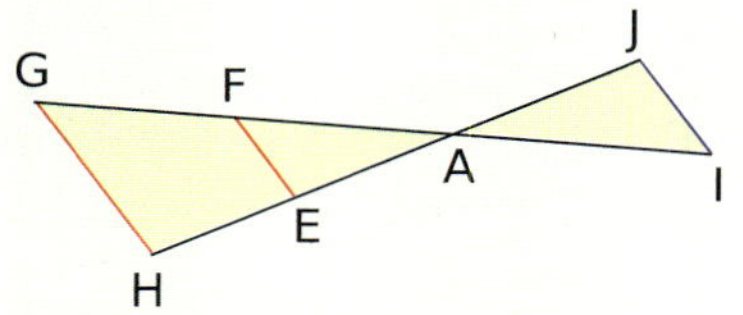

a. Les droites (IG) et (JH) se coupent en un point A. Le point E est sur (JH) et le point F est sur (IG). Les droites (EF) et (HG) sont parallèles. On a AE = 3 cm ; AF = 4 cm ; AH = 7 cm et EF = 6 cm.

Calculer les longueurs AG et HG en justifiant la démarche utilisée. Donner les résultats sous la forme d'un nombre entier ou d'une fraction irréductible.

b. On a AI = 6 cm et AJ = 4,5 cm. Les droites (IJ) et (EF) sont-elles parallèles ? Justifier la démarche utilisée.

35 Dans un triangle ABC, on place un point D sur le segment [BC]. La parallèle à (AB) passant par D coupe [AC] en E et la parallèle à (AC) passant par D coupe [AB] en F.

a. Compare $\frac{AF}{AB}$ et $\frac{CD}{CB}$ puis $\frac{AE}{AC}$ et $\frac{BD}{BC}$.

b. Où faut-il placer le point D pour que les droites (EF) et (BC) soient parallèles ?

36 Soit $\mathscr{C}$ un cercle de centre O de rayon 3 cm et $\mathscr{C}'$ un cercle de centre O' de rayon 5 cm, tangent en I au cercle $\mathscr{C}$.

a. On considère une tangente commune aux deux cercles qui ne passe pas par I ; elle coupe le cercle $\mathscr{C}$ en T, le cercle $\mathscr{C}'$ en T' et la droite (OO') en A.
Démontre que (OT) et (O'T') sont parallèles.

b. À quelle distance du point O se trouve le point A ? Justifie ta réponse.

37 On considère un triangle ADF tel que AD = 6,4 cm ; AF = 8 cm et DF = 4,8 cm.

a. Construis le triangle ADF puis démontre qu'il est rectangle en D.

b. Place le point B sur (AD) tel que AB = 4 cm et B ∉ [AD]. La perpendiculaire à (AD) passant par B coupe (AF) en C.
Démontre que les droites (BC) et (DF) sont parallèles.

c. Calcule AC et BC.

38 *Extrait du Brevet*

Sur la figure ci-dessous, les droites (AG) et (RB) sont parallèles ; les droites (AB) et (RG) se coupent en E.

L'unité de longueur est le centimètre.

On donne BE = 3 ; AE = 5 ; AG = 10 et EG = 8.

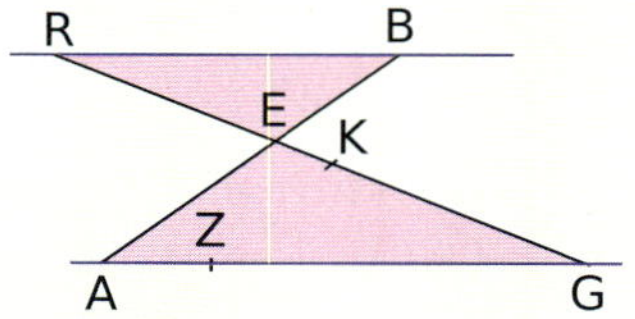

a. Calculer les distances RB et RE.

b. On donne GK = 6,4 et GZ = 8. Montrer que les droites (ZK) et (AE) sont parallèles.

39 Dans le triangle ABC ci-dessous, on donne AB = 6 cm et BC = 9 cm.
M est le point de [AB] tel que AM = 2 cm. La droite parallèle à (BC) passant par M coupe [AC] en N.

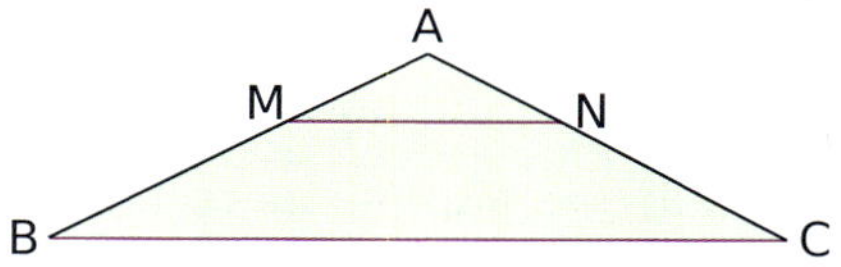

a. Calcule MN.

b. Calcule la valeur exacte de $\frac{AN}{AC}$.

c. On suppose que [NC] mesure 4,4 cm.
Calcule AN et AC.

40 Construis un triangle EFG rectangle en E tel que EG = 15 cm et EF = 10 cm.

a. Calcule FG arrondie au millimètre.

b. Calcule la mesure de l'angle $\widehat{EFG}$ arrondie au degré.

c. La bissectrice (d) de l'angle $\widehat{EFG}$ coupe [EG] en H. Calcule FH et EH, arrondies au millimètre.

d. La parallèle à (EF) passant par G coupe (d) en K. Calcule GK arrondie au millimètre.

41 *Thalès et réciproque*

a. Construis un triangle ROC et un triangle ARC de telle sorte que les points A et O soient placés de part et d'autre de la droite (RC).

b. Place un point F sur [AR]. La parallèle à (AC) passant par F coupe [RC] en G et la parallèle à (OC) passant par G coupe [RO] en H.

c. Montre que $\frac{RF}{RA} = \frac{RG}{RC}$ puis que $\frac{RG}{RC} = \frac{RH}{RO}$.

d. Démontre que les droites (FH) et (OA) sont parallèles.

42 *Thalès et calcul littéral*

Construis un triangle RST tel que RS = 10 cm ; RT = 14 cm et ST = 12 cm. Place un point M sur [RS]. On pose RM = x cm. La parallèle à (ST) passant par M coupe [RT] en N.

a. Exprime le périmètre du triangle RMN en fonction de x.

b. Exprime le périmètre du trapèze MSTN en fonction de x.

c. Où faut-il placer le point M pour que les deux périmètres soient égaux ?

43 *Thalès et résolution d'équation*

Soit ABC un triangle tel que AC = 11 cm ; AB = 7 cm et BC = 8 cm. Soit M un point du segment [BC]. On pose BM = x. La parallèle à (AC) passant par M coupe [AB] en P et la parallèle à (AB) passant par M coupe [AC] en Q.
Le but de l'exercice est de déterminer la position du point M pour que MP + MQ = 9 cm.

a. Exprime MP puis MQ en fonction de x.

b. Détermine la position du point M sur le segment [BC] à l'aide d'une résolution d'équation.

44 Trace un rectangle ABCD et place le point M du segment [BC] tel que $\frac{BM}{BC} = \frac{2}{3}$.

On appelle N le point d'intersection des droites (AM) et (DC).

a. Démontre que le triangle MNC est une réduction du triangle ABM et précise le coefficient de réduction.

b. Démontre que le triangle MNC est aussi une réduction du triangle AND et précise le coefficient de réduction.

c. Pour AB = 12 cm et BC = 9 cm, calcule l'aire du triangle MNC.

45 BLEU est un parallélogramme tel que LE = 50 cm ; EU = 40 cm et BE = 75 cm. O est le point de la droite (BE) tel que OE = 30 cm et O n'appartient pas à [BE]. La parallèle à (EU) passant par O coupe (LE) en S et la parallèle à (LE) passant par O coupe (EU) en R.

a. Calcule ES et ER.

b. Montre que ROSE est un parallélogramme. Déduis-en que ROSE est une réduction du parallélogramme BLEU et détermine le coefficient de réduction.

c. On appelle h la hauteur issue de B dans le triangle BEU. Sachant que l'aire de BLEU est égale à 1 550 cm², détermine h.

d. Calcule l'aire de ROSE.

46 L'unité de longueur est le centimètre.

ABC est un triangle tel que AB = 9 ; AC = 15 et BC = 12.

a. Démontre que ABC est rectangle en B.

b. Calcule l'aire du triangle ABC.

c. Trace en vraie grandeur le triangle ABC.
E est le point du segment [AB] tel que AE = 3.
F est le point du segment [AC] tel que AF = 5.

d. Démontre que la droite (EF) est parallèle à la droite (BC).

e. Calcule EF.

f. Calcule l'aire du trapèze BEFC de deux façons différentes.

47 *Extrait du Brevet*

[AD] est un diamètre d'un puits de forme cylindrique. Le point C est à la verticale de D, au fond du puits.

Une personne se place en un point E de la demi-droite [DA] de sorte que ses yeux soient alignés avec les points A et C.
On note Y le point correspondant aux yeux de cette personne.

On sait que AD = 1,5 m ; EY = 1,7 m et EA = 0,6 m.

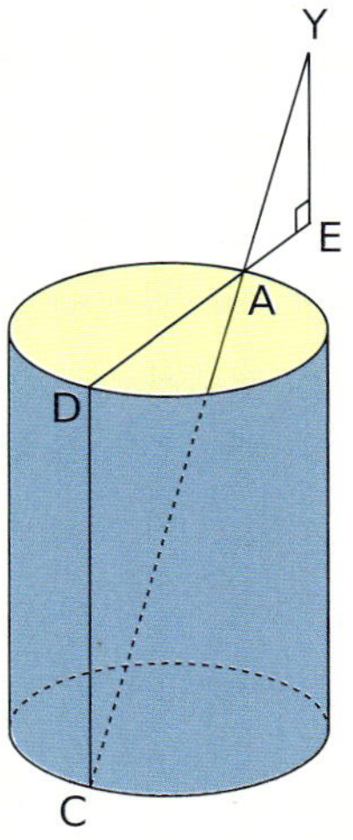

a. Démontrer que les droites (DC) et (EY) sont parallèles.

b. Calculer DC, la profondeur du puits.

48 *Thalès et autres propriétés*

La figure commencée ci-dessous est à construire et à compléter au fur et à mesure des questions.

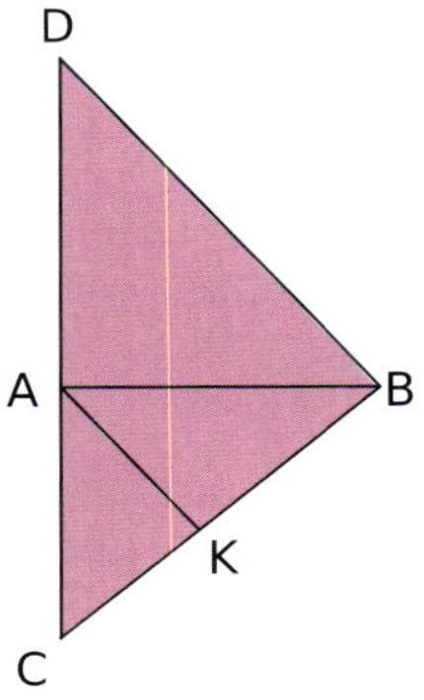

On donne AC = 4,2 cm ; AB = 5,6 cm et BC = 7 cm.
K est le point du segment [BC] tel que CK = 3 cm. La parallèle à la droite (AK) passant par B coupe la droite (AC) en D.

a. Démontre que le triangle ABC est rectangle.

b. Calcule CD.

c. Calcule AD ; déduis-en que le triangle ADB est un triangle rectangle isocèle.

d. Détermine la mesure de l'angle $\widehat{DBA}$.

e. Démontre que l'angle $\widehat{KAB}$ est égal à 45°.
Que peux-tu en déduire pour la droite (AK) ?

f. La perpendiculaire à (AB) passant par K coupe (AB) en E et la perpendiculaire à (AC) passant par K coupe (AC) en F.
Démontre que le quadrilatère AEKF est un rectangle.

g. Calcule KE et KF.
Quelle précision peux-tu alors apporter quant à la nature du quadrilatère AEKF ?

49 *Thalès et bissectrice*

Voici l'énoncé d'une propriété de la bissectrice d'un angle dans un triangle :

Dans un triangle ABC, la bissectrice de l'angle $\widehat{BAC}$ partage le côté [BC] en deux segments [BK] et [CK] qui vérifient l'égalité $\frac{KC}{KB} = \frac{AC}{AB}$.

a. Soit ABC un triangle. La bissectrice de l'angle $\widehat{BAC}$ coupe le côté [BC] en K. La parallèle à (AK) passant par C coupe (AB) en D.
Démontre que le triangle ADC est isocèle en A.

b. Démontre l'égalité proposée dans la propriété ci-dessus.

50 *Des rectangles*

a. Construis un rectangle CUBE.
On pose CU = L et CE = l.

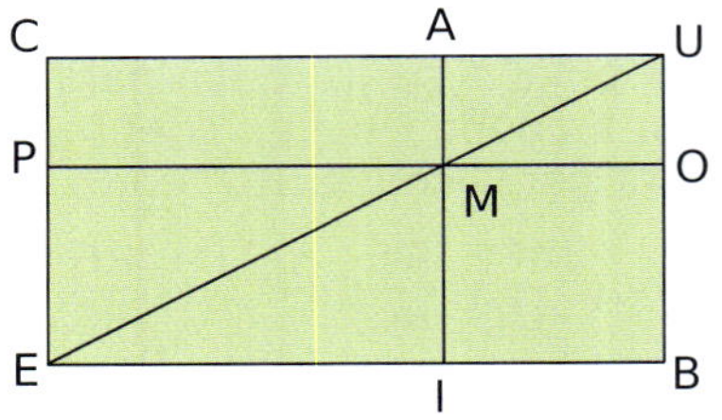

b. Construis à la règle et au compas le point M du segment [UE] tel que UM = $\frac{2}{5}$ UE.

c. On appelle A, P, I et O les points d'intersection respectifs des droites passant par M et perpendiculaires aux droites (CU), (CE), (EB) et (BU).

d. Exprime en fonction de L ou l les longueurs MA, MI, MP et MO.

e. Compare les aires des rectangles CAMP et MOBI.

51 *Thalès sans valeur numérique*

Dans un triangle ABC, la hauteur issue de B coupe [AC] en D et la hauteur issue de C coupe [AB] en E. Dans le triangle ADE, la hauteur issue de D coupe [AE] en F et la hauteur issue de E coupe [AD] en G.

a. Démontre les égalités :

$$AD \times AE = AB \times AG = AC \times AF.$$

b. Démontre que les droites (FG) et (BC) sont parallèles.

52 *Dur, dur, dur*

On considère un rectangle ABCD. On place sur les côtés [AB], [BC], [CD] et [DA], les points E, F, G et H tels que $\frac{AE}{AB} = \frac{AH}{AD} = \frac{CF}{CB} = \frac{CG}{CD} = k$ où k est un nombre compris entre 0 et 1.

a. Démontre que les droites (EH) et (FG) sont parallèles.

b. Démontre que $\frac{BE}{BA} = \frac{BF}{BC}$ puis que $\frac{DG}{DC} = \frac{DH}{DA}$.

c. Démontre que le quadrilatère EFGH est un parallélogramme.

d. Démontre que le périmètre du parallélogramme EFGH reste constant lorsque k varie.

1 Pris dans la toile

1re Partie : Papier-Crayon

a. Vous allez devoir réaliser trois figures.

Figure 1 : On construit trois demi-droites (d_1), (d_2) et (d_3) d'origine O. On place des points A et B sur (d_1), C sur (d_2) et E sur (d_3).
D est un point sur (d_2) tel que (AC) et (BD) sont parallèles. F est un point sur (d_3) tel que (EC) et (FD) sont parallèles.

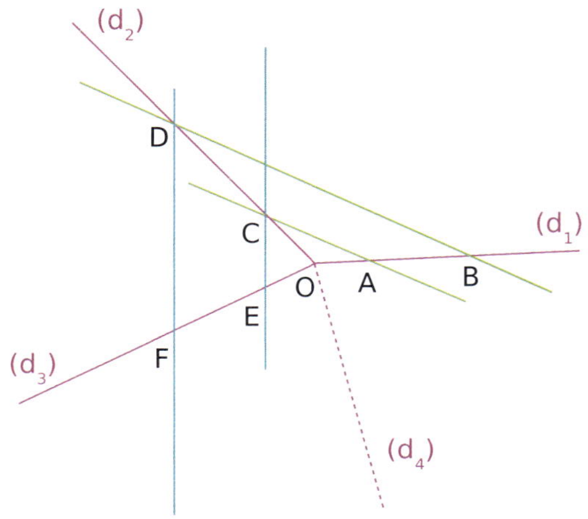

Figure 2 : Même construction que la **figure 1** en ajoutant entre (d_3) et (d_1) une demi-droite (d_4) et les points G et H.

Figure 3 : Même construction que la **figure 2** en ajoutant entre (d_4) et (d_1) une demi-droite (d_5) et les points I et J.

b. Que remarquez-vous sur la **figure 1** concernant les droites (AE) et (BF) ?

c. Que remarquez-vous sur les autres figures ?

2e Partie : Avec la géométrie dynamique

d. Construisez la **figure 1** à l'aide du logiciel TracenPoche. Interrogez le logiciel sur votre conjecture établie à la question **b.**.
Déplacez les points sur les demi-droites. Leur position a-t-elle une influence ?

e. Complétez votre figure en ajoutant les demi-droites (d_4) et (d_5). De la même façon, interrogez le logiciel.

f. Ajoutez une demi-droite (d_6) puis (d_7)...
Est-ce que le nombre de demi-droites a une importance ?

3e Partie : Démonstration

g. Proposez une démonstration pour la conjecture trouvée à partir de la **figure 1**.

h. S'il y avait 500 demi-droites, la conjecture serait-elle toujours vraie ? Comment le démontrer ? Proposez un raisonnement.

2 Quizz sur Thalès

1re Partie : Questions

En vous documentant, répondez aux questions suivantes :

- Où et à quelle époque Thalès a-t-il vécu ? Quel est son vrai nom ?
- Quels sont les domaines dans lesquels Thalès a travaillé ?
- Est-ce Thalès qui a démontré le théorème qui, en France, porte son nom ?
- Quel lien existe-t-il entre Thalès et la hauteur d'une pyramide ?

Comparez les réponses de chaque groupe.

2e Partie : Construction d'un questionnaire

Choisissez un thème parmi les quatre suivants :

- La vie de Thalès ;
- Thalès et l'astronomie ;
- Thalès et la philosophie ;
- Thalès et les mathématiques.

Documentez-vous en consultant Internet, le CDI de votre collège, etc...

Construisez alors un questionnaire et préparez, sur une autre feuille, les réponses à celui-ci.

3e Partie : Recherche

Chaque élève choisit ensuite le questionnaire d'un autre groupe pour y répondre en travail à la maison.

4e Partie : Mise en commun

En classe entière, étudiez les questions posées sur chaque thème ainsi que les réponses apportées par chacun.

Thalès, l'un des sept sages de la Grèce.
Source Wikipedia Commons.

Se tester avec le QCM !

		R1	R2	R3	R4
1	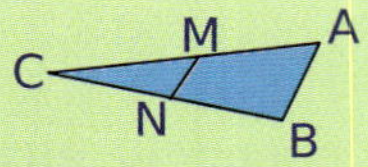 Si M ∈ [AC], N ∈ [BC] et (MN) // (AB) alors...	$\frac{AM}{AC}=\frac{BN}{BC}=\frac{MN}{AB}$	$\frac{CM}{CN}=\frac{CA}{CB}=\frac{MN}{AB}$	$\frac{CM}{CA}=\frac{CN}{CB}=\frac{MN}{AB}$	$\frac{CM}{CA}=\frac{CB}{CN}=\frac{MN}{AB}$
2	Dans le cas précédent, CM = 4,5 ; MA = 3 et CN = 3 donc...	CB = 2	CB = 5	BN = 2	$CB=\frac{9}{5}$
3	Avec les données précédentes, que peux-tu affirmer ?	Le triangle CMN est une réduction du triangle ABC de coefficient $\frac{3}{5}$	Le triangle CMN est un agrandissement du triangle ABC de coefficient 0,6	Le triangle ABC est un agrandissement du triangle CMN de coefficient $\frac{5}{3}$	Le triangle CMN est une réduction du triangle ABC de coefficient $\frac{5}{3}$
4	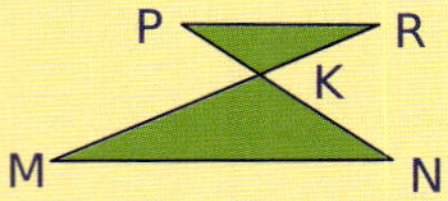 (RM) et (PN) sont sécantes en K et (PR) // (MN) donc...	$\frac{KN}{KP}=\frac{KR}{KM}=\frac{NR}{PM}$	$\frac{KN}{KP}=\frac{KM}{KR}=\frac{MN}{PR}$	$\frac{KN}{KP}=\frac{KM}{KR}=\frac{PR}{MN}$	$\frac{RK}{RM}=\frac{PK}{PN}=\frac{PR}{MN}$
5	Avec les données de la question 4, KR = 6 ; KP = 9 et KM = 15 donc...	$KN=\frac{18}{5}$	KN = 22,5	on ne peut pas calculer de longueur	KN = 10
6	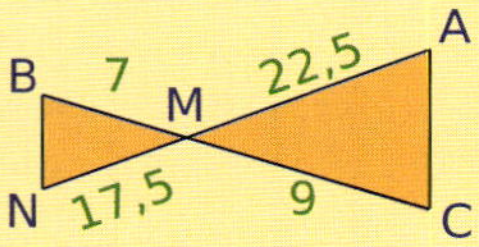	(AC) et (BN) sont parallèles	(AC) et (BN) ne sont pas parallèles	On ne peut pas savoir si (AC) et (BN) sont parallèles	$\frac{NB}{AC}=\frac{AM}{AN}$
7	Les diagonales du quadrilatère ABCD se coupent en O. OC = 3 OA et OD = 3 OB donc...	ABCD est un trapèze	ABCD est un parallélogramme	$AB=\frac{1}{3}CD$	ABCD est quelconque

Pour aller plus loin

Construire la multiplication à la règle et au compas

Dans tout l'exercice, [Ox) et [Oy) sont deux demi-droites d'origine O et E est le point de [Ox) tel que OE = 1 cm.

a. Construis la figure. Place sur [Ox) les points A et B tels que OA = 2 cm et OB = 3 cm puis, sur [Oy), place un point M. La droite parallèle à (EM) passant par A coupe [Oy) en N et la droite parallèle à (BM) passant par N coupe [Ox) en C. Vérifie que OC = 6 cm.

b. Sur une nouvelle figure, place sur [Ox) deux points A et B puis sur [Oy), place un point M. La droite parallèle à (EM) passant par A coupe [Oy) en N et la droite parallèle à (BM) passant par N coupe [Ox) en C. Démontre que OC = OB × OA.

c. Écris une méthode analogue permettant de construire le point C' tel que $OC'=\frac{OA}{OB}$ avec OA < OB.

d. Sur une autre figure, place un point A puis construis un point B tel que OB = OA^2.

e. Avec TracenPoche, construis une figure. Place un point A. Construis un point C tel que $OC=\sqrt{OA}$.

Trigonométrie

G2

Activités de découverte

Activité 1 : Un angle aigu

EFG est un triangle rectangle en E tel que EG = 4 cm et EF = 7 cm.
Détermine la mesure de l'angle $\widehat{EFG}$ arrondie au degré.

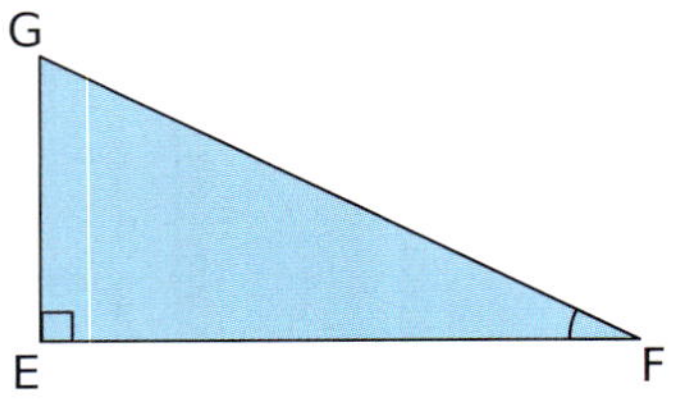

Activité 2 : Avec le logiciel TracenPoche

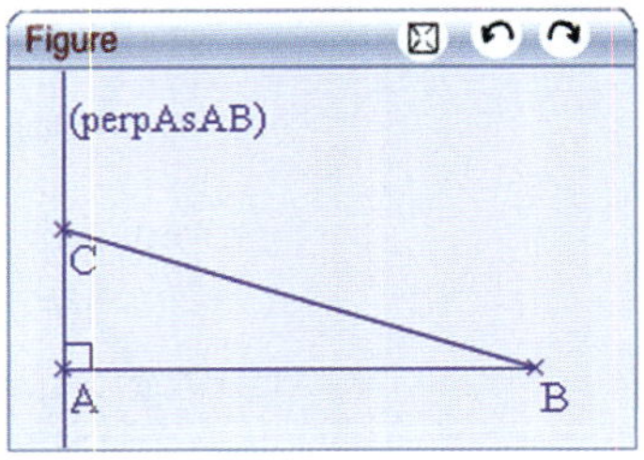

Construis un triangle ABC rectangle en A. Place sur le côté [AB] un point M à l'aide du bouton et construis la perpendiculaire à (AB) passant par M. Nomme N le point d'intersection de cette droite avec le côté [BC].

1. Mesure l'angle $\widehat{ABC}$ en utilisant le bouton et les côtés [BM] et [BN] à l'aide du bouton .

a. Complète la fenêtre *Analyse* comme ci-contre.
Déplace le point M. Qu'en déduis-tu pour BM et BN ?

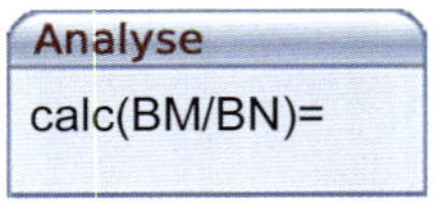

b. Que faut-il faire pour changer la valeur de $\frac{BM}{BN}$?

De quoi dépend-elle ?

Comment se nomme ce rapport vu en 4e ?

2. Fixe une mesure pour l'angle $\widehat{ABC}$ puis recopie et complète le tableau suivant pour différentes positions de M sur [AB].

$\widehat{ABC}$ = ...	Cas 1	Cas 2	Cas 3	Cas 4
MN				
BN				
$\frac{MN}{BN}$				

a. Que peux-tu dire de ton tableau ? Compare ton résultat avec celui de tes camarades.

b. Calcule, dans la fenêtre *Analyse*, le quotient $\frac{MN}{BN}$. Déplace le point M. Que remarques-tu ?

c. Que faut-il faire pour changer cette valeur ?
De quoi dépend-elle ?

$\frac{MN}{BN}$ s'appelle le **sinus de l'angle** $\widehat{ABC}$. On note $\sin \widehat{ABC} = \frac{MN}{BN}$.

3. Fixe une mesure pour l'angle $\widehat{ABC}$ puis recopie et complète le tableau suivant pour différentes positions de M sur [AB].

$\widehat{ABC}$ = ...	Cas 1	Cas 2	Cas 3	Cas 4
MN				
BM				
$\frac{MN}{BM}$				

a. Que peux-tu dire de ton tableau ? Compare ton résultat avec celui de tes camarades.

b. Calcule, dans la fenêtre *Analyse*, le quotient $\frac{MN}{BM}$. Déplace le point M. Que remarques-tu ?

c. Que faut-il faire pour changer cette valeur ?
De quoi dépend-elle ?

$\frac{MN}{BM}$ s'appelle la **tangente de l'angle** $\widehat{ABC}$ et on note $\tan \widehat{ABC} = \frac{MN}{BM}$.

Activité 3 : Démonstration

1. Sur la figure ci-contre, A et A' sont deux points de la demi-droite [Ox).
Les perpendiculaires à [Ox) passant respectivement par A et A' coupent [Oy) en B et B'.

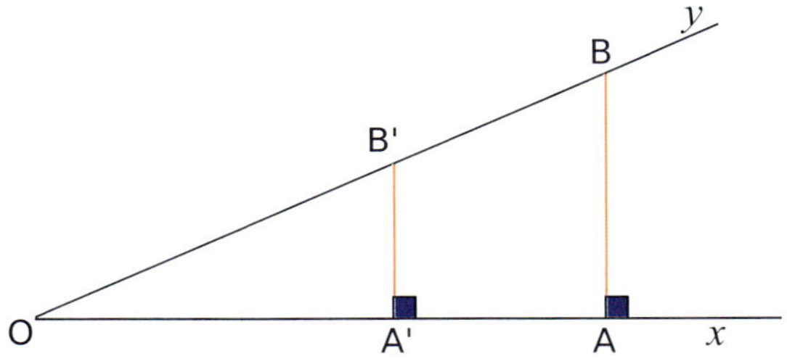

Démontre que $\frac{OA'}{OA} = \frac{OB'}{OB} = \frac{A'B'}{AB}$.

2. Cosinus et sinus d'un angle aigu

a. Démontre, à l'aide de l'égalité précédente, que $\frac{OA'}{OB'} = \frac{OA}{OB}$.

b. Démontre que $\frac{A'B'}{OB'} = \frac{AB}{OB}$.

c. La valeur de ces quotients dépend-elle de la position de A' sur [Ox) ?
Si non, de quoi dépend-elle ? Conclus.

3. Tangente d'un angle aigu

a. Démontre maintenant que $\frac{A'B'}{OA'} = \frac{AB}{OA}$.

b. De quoi dépend cette valeur ? Conclus.

Activité 4 : Repérons-nous

1. Synthèse

a. Recopie et complète la phrase suivante.

Dans le triangle ... rectangle en ...,

$\cos \widehat{ABC} = \frac{...}{...} = \frac{\text{côté........à....}}{......}$

$\sin \widehat{ABC} = \frac{...}{...} = \frac{\text{côté........à....}}{......}$

$\tan \widehat{ABC} = \frac{...}{...} = \frac{\text{côté........à....}}{\text{côté........à....}}$.

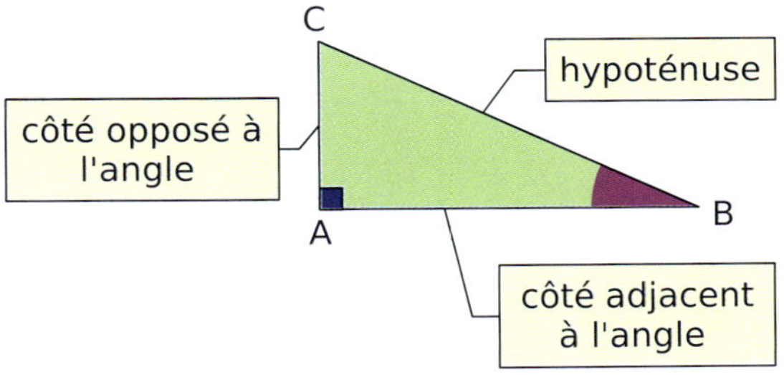

b. Reproduis la figure ci-dessus et marque l'angle $\widehat{ACB}$.
Repère alors le côté adjacent à l'angle $\widehat{ACB}$ et le côté opposé à $\widehat{ACB}$.

c. Exprime le cosinus, le sinus et la tangente de l'angle $\widehat{ACB}$.

2. Pour chaque triangle ci-dessous, repère l'hypoténuse, le côté adjacent et le côté opposé de l'angle aigu marqué puis exprime son cosinus, son sinus et sa tangente.

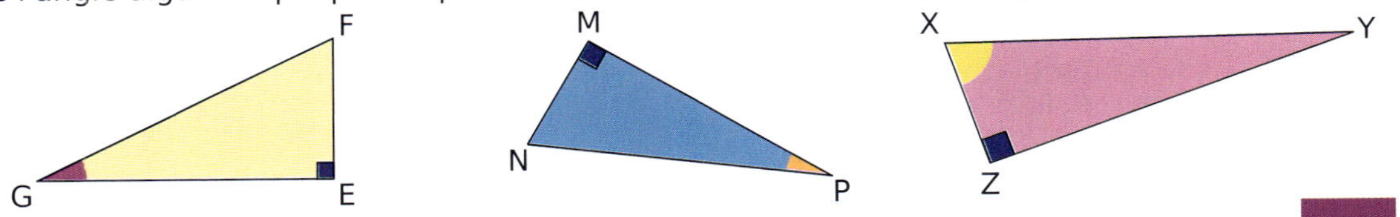

Activité 5 : À l'aide de la calculatrice

1. Calcul de la mesure d'un angle

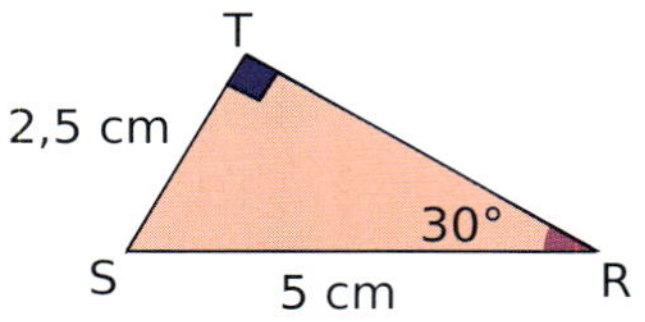

a. Quelle est l'hypoténuse du triangle RST rectangle en T ?
Que représente le côté [TS] pour l'angle donné ?

b. Écris l'égalité reliant l'angle $\widehat{TRS}$ et les longueurs SR et TS.
Avec ta calculatrice, vérifie que l'unité de mesure d'angle est bien le degré puis calcule sin 30°. Compare avec le résultat trouvé à l'aide de SR et TS.

Retrouve la mesure de l'angle $\widehat{TRS}$ en utilisant les touches SHIFT SIN (SIN^{-1}).

2. Utilisation de la calculatrice

a. Recopie et complète le tableau suivant. Tu donneras les valeurs arrondies à 0,01 du cosinus, du sinus et de la tangente de l'angle aigu.

Angle x	15°	30°	45°	68°	75°	80°
cos x						
sin x						
tan x						

b. Détermine la mesure de l'angle aigu x arrondie au degré sachant que :

- cos $x = 0,54$
- sin $x = 0,7$
- tan $x = 0,9$
- tan $x = 2,5$.

Activité 6 : Formules de trigonométrie

1. Recopie et complète le tableau suivant.

Angle x	cos x	sin x	$(\cos x)^2$	$(\sin x)^2$	$(\cos x)^2 + (\sin x)^2$
20°					
35°					
57°					

Que remarques-tu ?

2. Une preuve

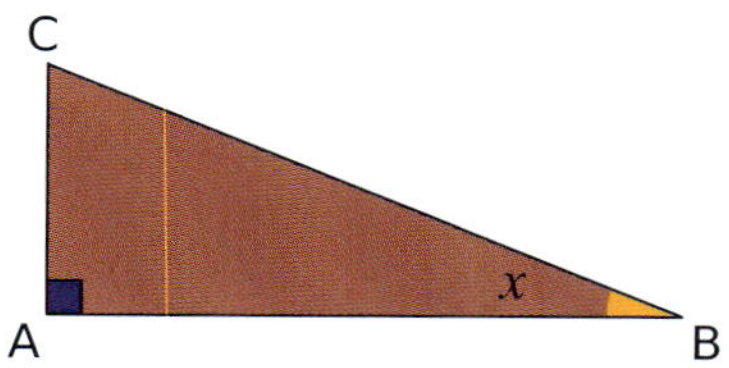

a. Dans le triangle ABC rectangle en A, exprime AB et AC en fonction de x et de BC.

b. Prouve que $AB^2 + AC^2 = BC^2$.

c. Déduis-en la valeur de $(\cos x)^2 + (\sin x)^2$.

3. Une autre formule

a. Exprime tan x dans le triangle ABC rectangle en A.

b. En remplaçant AB et AC par les expressions trouvées au **2.** **a.**, trouve l'expression de la tangente d'un angle aigu en fonction de son sinus et de son cosinus.

c. Sachant que cos $x = 0,6$, détermine la valeur exacte de sin x puis celle de tan x.

Activité 7 : Le quart de cercle trigonométrique

Sur une feuille de papier millimétré, reproduis la figure en prenant le décimètre comme unité pour OI. Tu placeras O en bas à gauche de ta feuille.

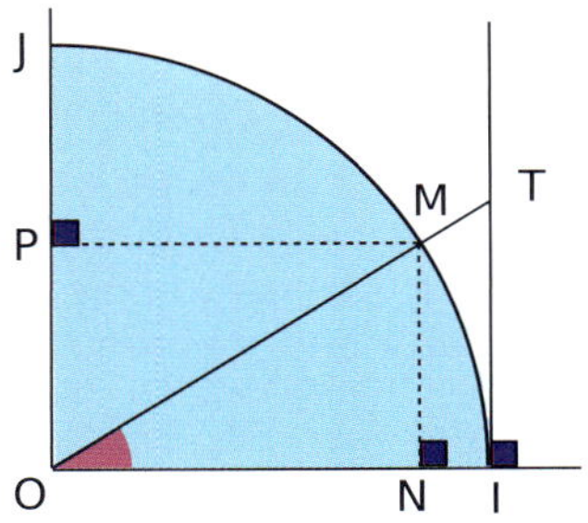

1. Coordonnées du point M

a. Calcule $\cos \widehat{MOI}$ et $\sin \widehat{MOI}$.

b. Déduis-en les coordonnées de M dans le repère (O, I, J) en fonction de l'angle $\widehat{MOI}$.

c. Exprime IT en fonction de l'angle $\widehat{MOI}$.

2. Applications

a. Construis un angle $\widehat{M_1OI}$ mesurant 50° puis lis sur la figure des valeurs approchées à un centième près de sin 50°, de cos 50° et de tan 50°.

b. Construis un angle $\widehat{M_2OI}$ sachant que $\cos \widehat{M_2OI} = 0,4$.
Détermine la valeur de $\sin \widehat{M_2OI}$ puis une mesure de l'angle $\widehat{M_2OI}$ à un degré près.

c. On sait que $\sin x = 0,5$. À l'aide du graphique, détermine $\cos x$ à un centième près puis une mesure de x à un degré près.

d. Peux-tu déterminer tan 75° à l'aide du graphique ?

3. Premier cas particulier : un angle de 60°

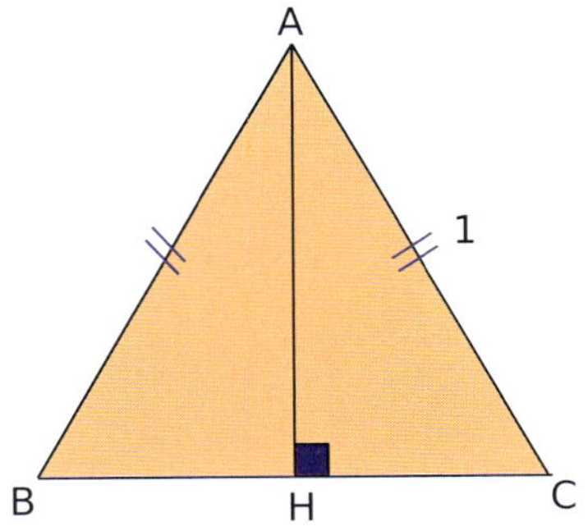

a. Quels polygones ont tous leurs angles égaux à 60° ?

b. Considérons le triangle ABC équilatéral de côté 1 unité.
Que peux-tu dire de H ? Justifie ta réponse.
Déduis-en la longueur de [BH].

c. Calcule la longueur exacte de [AH].

d. Dans le triangle ABH rectangle en H, calcule les valeurs exactes de cos 60°, de sin 60° et de tan 60°.

e. Sur la figure du **2.**, lis des valeurs approchées de cos 60°, de sin 60° et de tan 60°.

f. À l'aide de ta calculatrice, compare ces valeurs avec les valeurs exactes du **d.**.

g. Quelles sont alors les valeurs exactes du cosinus, du sinus et de la tangente d'un angle mesurant 30° ?

4. Deuxième cas particulier : un angle de 45°

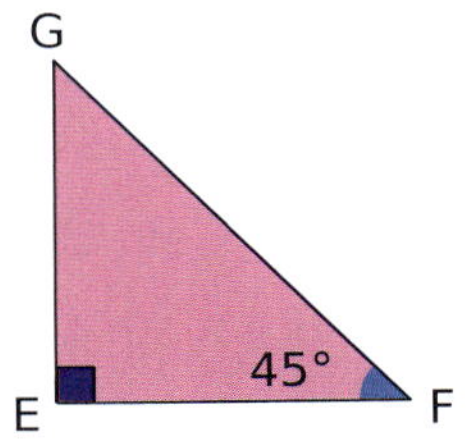

a. Le triangle EFG est rectangle en E et l'angle $\widehat{EFG}$ mesure 45°.
Précise la nature de ce triangle. Justifie.

b. On pose EF = 1 unité. Calcule la valeur exacte de FG.

c. Calcule les valeurs exactes de cos 45°, de sin 45° et de tan 45°.

d. Sur la figure du **2.**, construis un angle de 45° et lis des valeurs approchées de cos 45°, sin 45° et tan 45°.

e. À l'aide de ta calculatrice, compare ces valeurs avec les valeurs exactes du **c.**.

I - Cosinus, sinus et tangente d'un angle aigu

A - Définitions

→ ex 1 à 3

Définitions Dans un **triangle rectangle**,

le sinus d'un angle aigu est le quotient de la longueur du côté opposé à cet angle par la longueur de l'hypoténuse.

le cosinus d'un angle aigu est le quotient de la longueur du côté adjacent à cet angle par la longueur de l'hypoténuse.

la tangente d'un angle aigu est le quotient de la longueur du côté opposé à cet angle par la longueur du côté adjacent à cet angle.

Exemple : Le triangle COR est rectangle en R. Écris les formules donnant le sinus et le cosinus de l'angle $\widehat{COR}$ puis la formule donnant la tangente de l'angle $\widehat{OCR}$.

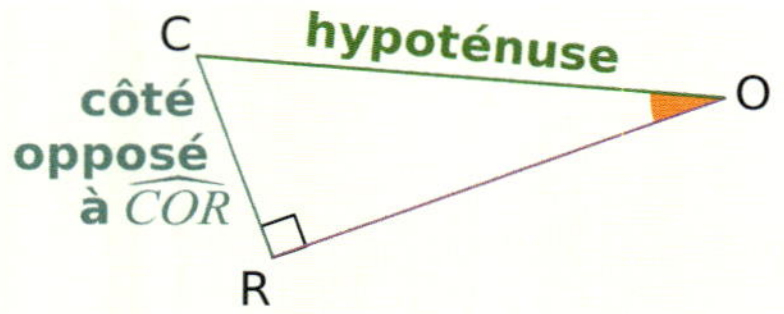

$\text{Sin}\ \widehat{COR} = \dfrac{\text{côté Opposé à } \widehat{COR}}{\text{Hypoténuse}}$

$\sin \widehat{COR} = \dfrac{RC}{CO}$

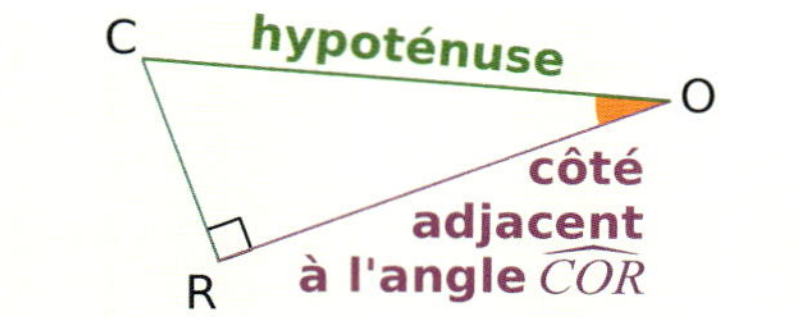

$\text{Cos}\ \widehat{COR} = \dfrac{\text{côté Adjacent à } \widehat{COR}}{\text{Hypoténuse}}$

$\cos \widehat{COR} = \dfrac{RO}{CO}$

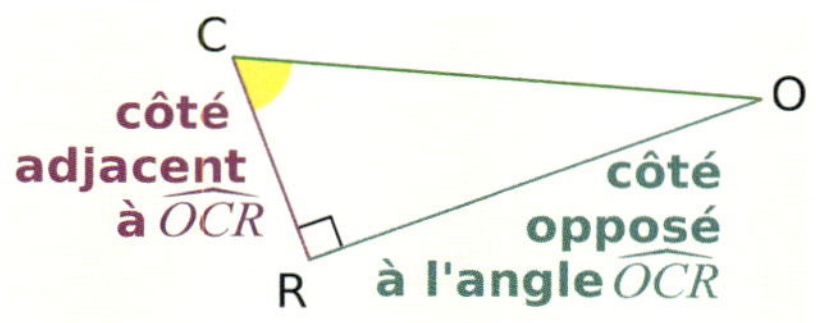

$\text{Tan}\ \widehat{OCR} = \dfrac{\text{côté Opposé à } \widehat{OCR}}{\text{côté Adjacent à } \widehat{OCR}}$

$\tan \widehat{OCR} = \dfrac{RO}{RC}$

Remarques :

- Le cosinus et le sinus d'un angle aigu sont toujours compris entre 0 et 1.
- La tangente d'un angle aigu est un nombre strictement positif.

B - Applications

→ ex 4 à 8

Exemple 1 : Calculer une longueur

On considère un triangle LEO rectangle en E tel que :
LO = 5,4 cm et $\widehat{ELO} = 62°$.

a. Calcule la longueur du côté [OE] arrondie au millimètre.

b. Puis, calcule la longueur du côté [EL] arrondie au millimètre.

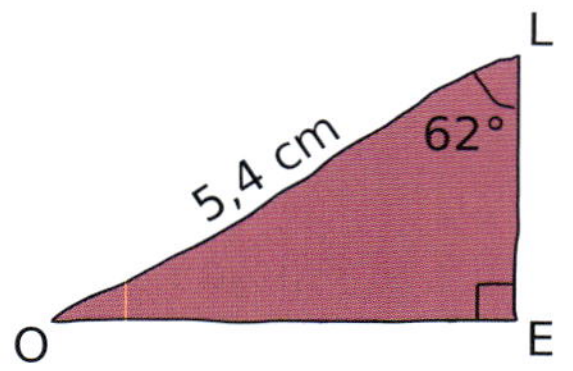

a. Dans le triangle LEO rectangle en E,
[LO] est l'hypoténuse ;
[OE] est le côté opposé à l'angle $\widehat{ELO}$.
→ On cite les données de l'énoncé qui permettent de choisir la relation trigonométrique à utiliser. On doit utiliser le sinus de l'angle $\widehat{ELO}$.

$\sin \widehat{ELO} = \dfrac{\text{côté opposé à } \widehat{ELO}}{\text{hypoténuse}}$

$\sin \widehat{ELO} = \dfrac{OE}{LO}$
→ On écrit le cosinus de l'angle connu. (La longueur cherchée doit apparaître dans le rapport.)

$OE = LO \times \sin \widehat{ELO}$ → On applique la règle des produits en croix.

$OE = 5{,}4 \times \sin 62°$ → On saisit 5,4 × [SIN] 62 à la calculatrice.

$OE \approx 4{,}8$ cm → OE est inférieure à LO. Le résultat est cohérent.

b. Pour calculer la longueur du segment [EL], on peut utiliser deux méthodes différentes.

Première méthode : On utilise le théorème de Pythagore dans le triangle LEO rectangle en E.

$LO^2 = OE^2 + EL^2$

$5{,}4^2 \approx 4{,}8^2 + EL^2$

$EL^2 \approx 5{,}4^2 - 4{,}8^2 \approx 6{,}12$

$EL \approx \sqrt{6{,}12}$ donc $EL \approx 2{,}5$ cm.

Deuxième méthode : On utilise une deuxième relation trigonométrique.

Dans le triangle LEO rectangle en E, [LO] est l'hypoténuse ; [EL] est le côté adjacent à l'angle $\widehat{ELO}$.	→	On cite les données de l'énoncé qui permettent de choisir la relation trigonométrique à utiliser. On doit utiliser le cosinus de $\widehat{ELO}$.
$\cos \widehat{ELO} = \dfrac{\text{côté adjacent à } \widehat{ELO}}{\text{hypoténuse}}$ $\cos \widehat{ELO} = \dfrac{EL}{LO}$	→	On écrit le cosinus de l'angle connu. (La longueur cherchée doit apparaître dans le rapport.)
$EL = LO \times \cos \widehat{ELO}$	→	On applique la règle des produits en croix.
$EL = 5{,}4 \times \cos 62°$	→	On saisit 5,4 × COS ($\cos^{-1}$) 62 à la calculatrice.
$EL \approx 2{,}5$ cm.	→	EL est inférieure à LO. Le résultat est cohérent.

Exemple 2 : Calculer un angle

Soit FUN un triangle rectangle en U tel que :
UN = 8,2 cm et UF = 5,5 cm.
Calcule la mesure de l'angle $\widehat{UNF}$ arrondie au degré.

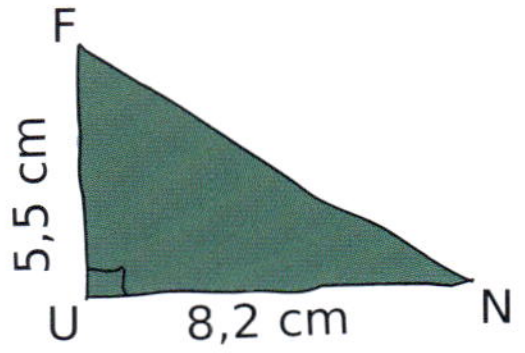

Dans le triangle FUN rectangle en U, [FU] est le côté opposé à l'angle $\widehat{UNF}$; [UN] est le côté adjacent à l'angle $\widehat{UNF}$.	→	On cite les données de l'énoncé qui permettent de choisir la relation trigonométrique à utiliser. On doit utiliser la tangente de $\widehat{UNF}$.
$\tan \widehat{UNF} = \dfrac{\text{côté opposé à } \widehat{UNF}}{\text{côté adjacent à } \widehat{UNF}}$ $\tan \widehat{UNF} = \dfrac{UF}{UN}$	→	On écrit la tangente de l'angle recherché.
$\tan \widehat{UNF} = \dfrac{5{,}5}{8{,}2}$ $\widehat{UNF} \approx 34°$.	→	On saisit 2nde ou SHIFT puis TAN ($\tan^{-1}$) (5,5 ÷ 8,2) à la calculatrice.

II - Relations trigonométriques

→ ex 9

Propriétés

Pour tout angle aigu $\widehat{A}$, $(\cos \widehat{A})^2 + (\sin \widehat{A})^2 = 1$ et $\tan \widehat{A} = \dfrac{\sin \widehat{A}}{\cos \widehat{A}}$.

Remarque : La première formule peut aussi s'écrire $\cos^2 \widehat{A} + \sin^2 \widehat{A} = 1$.

Exemple :

a. Calcule la valeur exacte de $\sin \widehat{A}$ sachant que $\widehat{A}$ est un angle aigu tel que $\cos \widehat{A} = 0{,}8$.

b. Puis calcule la valeur exacte de $\tan \widehat{A}$.

a. $\cos^2 \widehat{A} + \sin^2 \widehat{A} = 1$ donc $\sin^2 \widehat{A} = 1 - \cos^2 \widehat{A} = 1 - 0{,}8^2 = 1 - 0{,}64 = 0{,}36$.
Le sinus d'un angle aigu est un nombre positif donc $\sin \widehat{A} = \sqrt{0{,}36} = 0{,}6$.

b. $\tan \widehat{A} = \dfrac{\sin \widehat{A}}{\cos \widehat{A}} = \dfrac{0{,}6}{0{,}8} = 0{,}75$.

Exercices corrigés par animation

http://manuel.sesamath.fr

1 ENT est un triangle rectangle en E. Écris les rapports de longueurs donnant cos $\widehat{TNE}$, sin $\widehat{TNE}$ et tan $\widehat{TNE}$.

2 NOE est un triangle rectangle en O. Pour chacun des rapports suivants, précise s'il s'agit du cosinus, du sinus ou de la tangente d'un des angles aigus du triangle NOE : $\frac{NO}{NE}$; $\frac{OE}{ON}$; $\frac{EO}{EN}$ et $\frac{ON}{OE}$.
Tu préciseras lequel.

3 Sur la figure ci-dessous, H est le pied de la hauteur issue de A dans le triangle ABC rectangle en A.

a. Écris de deux façons différentes les rapports de longueurs donnant cos $\widehat{ACB}$, sin $\widehat{ACB}$ et tan $\widehat{ACB}$.
b. Recommence avec l'angle $\widehat{ABC}$.

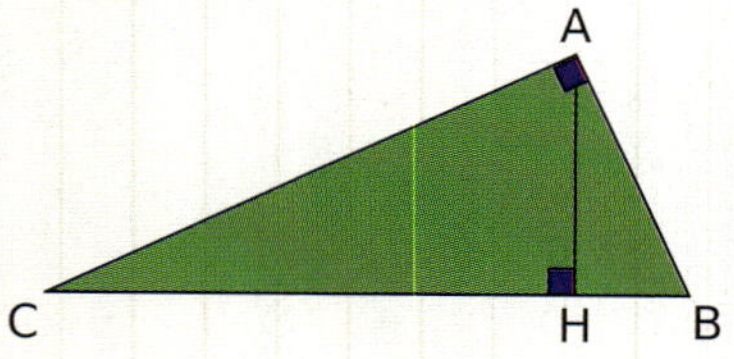

4 Le triangle NIV est rectangle en N ; VN = 4 m et l'angle $\widehat{VIN}$ mesure 12°.
Calcule la longueur NI arrondie au centimètre.

5 Le triangle AUE est rectangle en U ; AE = 10 cm et $\widehat{EAU}$ = 19°.
Donne la valeur arrondie au millimètre de la longueur du côté [UE].

6 Le triangle VLR est rectangle en V ; LR = 8,7 cm et $\widehat{VRL}$ = 72°.
Donne la valeur arrondie au millimètre de la longueur du côté [VR].

7 Le triangle EXO est rectangle en X tel que EX = 3 cm et OE = 7 cm.
Calcule les valeurs arrondies au degré de la mesure des angles $\widehat{EOX}$ et $\widehat{XEO}$.

8 Le triangle JUS est rectangle en U. Calcule la valeur arrondie au degré de la mesure de l'angle $\widehat{UJS}$ sachant que UJ = 6,4 cm et US = 4,8 cm.

9 Calcule la valeur exacte de cos $\hat{B}$ et tan $\hat{B}$ sachant que $\hat{B}$ est un angle aigu tel que sin $\hat{B} = \frac{5}{13}$.

Tous ces exercices sont également corrigés à la fin du manuel.

Exercices d'entraînement

Vocabulaire

1 Soit ABC un triangle rectangle en B.

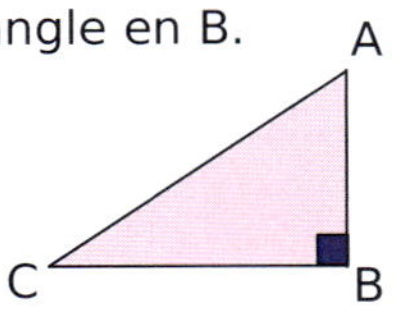

a. Quelle est son hypoténuse ?

b. Quel est le côté opposé à l'angle $\widehat{ACB}$?

c. Quel est le côté adjacent à l'angle $\widehat{ACB}$?

d. Quel est le côté opposé à l'angle $\widehat{CAB}$?

e. Quel est le côté adjacent à l'angle $\widehat{CAB}$?

2 *Le bon triangle*

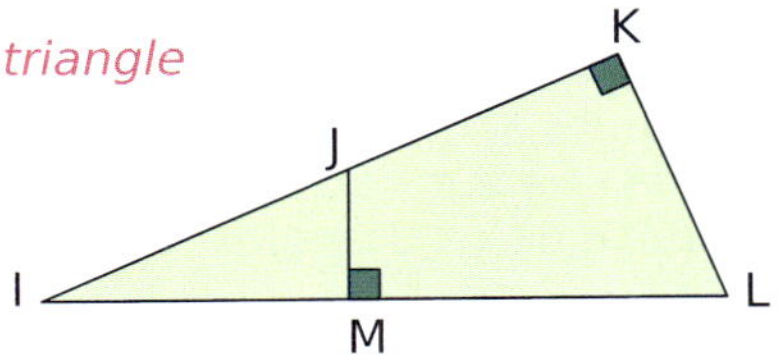

On se place dans le triangle IKL rectangle en K.

a. Quelle est son hypoténuse ?

b. Quel est le côté opposé à l'angle $\widehat{KLI}$?

c. Quel est le côté opposé à l'angle $\widehat{KIL}$?

On se place dans le triangle IJM rectangle en M.

d. Quelle est son hypoténuse ?

e. Quel est le côté opposé à l'angle $\widehat{JIM}$?

3 *À toi de jouer !*

a. Construis un triangle BON rectangle en O tel que OB = 2,5 cm et ON = 4,5 cm.

b. Repasse en rouge l'hypoténuse, en vert le côté opposé à l'angle $\widehat{BNO}$ et en bleu le côté adjacent à l'angle $\widehat{BNO}$.

4 *Écritures*

EFG est un triangle rectangle en E.

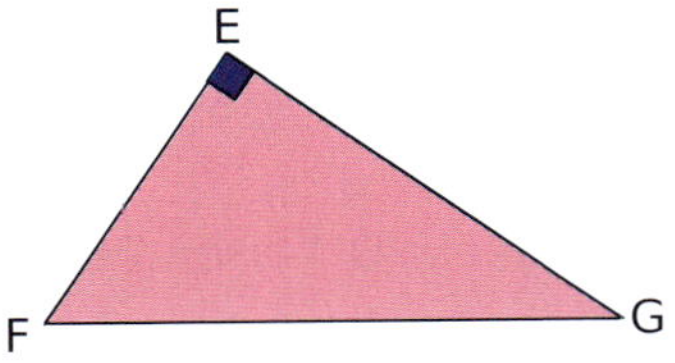

Écris les relations donnant le sinus, le cosinus et la tangente de l'angle $\widehat{EGF}$ dans le triangle EFG.

5 AMI est un triangle rectangle en I. Écris les relations donnant le sinus, le cosinus et la tangente de l'angle $\widehat{AMI}$ dans ce triangle.

6 Dans quel(s) triangle(s) peut-on écrire que $\sin \widehat{IKJ} = \dfrac{IJ}{IK}$? Justifie ta réponse.

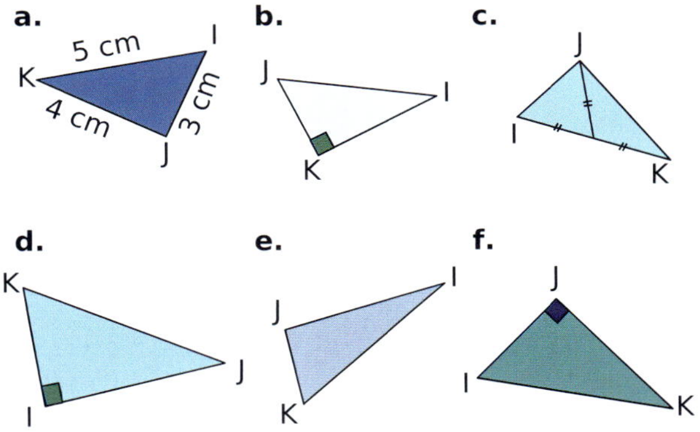

7 Indique pour chaque figure à main levée si, à l'aide des données, on peut calculer le sinus, le cosinus ou la tangente de l'angle marqué.

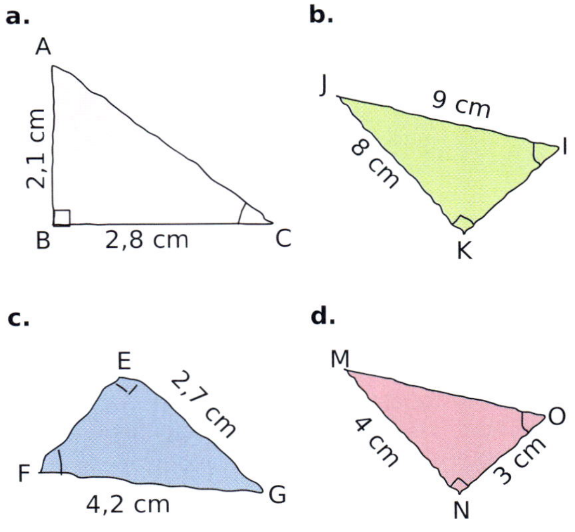

8 *Quels rapports ?*

MOI est un triangle rectangle en O.
Que calcules-tu lorsque tu écris :

a. $\dfrac{OI}{MI}$? **b.** $\dfrac{OI}{MO}$? **c.** $\dfrac{MO}{OI}$? **d.** $\dfrac{MO}{MI}$?

Il peut y avoir plusieurs réponses possibles.

Précise l'angle pour chaque réponse donnée.

Avec la calculatrice

9 À l'aide de la calculatrice, donne la valeur arrondie au centième de :

a. sin 75° **b.** cos 26° **c.** tan 83° **d.** sin 18°

10 Donne la valeur arrondie au degré de x.

a. $\sin x = 0{,}24$ **b.** $\tan x = 52$ **c.** $\cos x = 0{,}75$

d. $\tan x = \dfrac{7}{2}$ **e.** $\cos x = \dfrac{2}{3}$ **f.** $\sin x = \dfrac{9}{10}$

11 Recopie et complète le tableau suivant avec des arrondis au dixième.

Mesure de l'angle	35°			89°	
Sinus		0,5	0,33		0,02

12 Calcule x dans chacun des cas suivants.

a. $\dfrac{x}{5{,}5} = 0{,}6$ **b.** $\dfrac{13}{x} = 0{,}25$ **c.** $0{,}8 = \dfrac{36}{x}$

Calculs de longueurs

13 *Calcul de la longueur d'un côté*

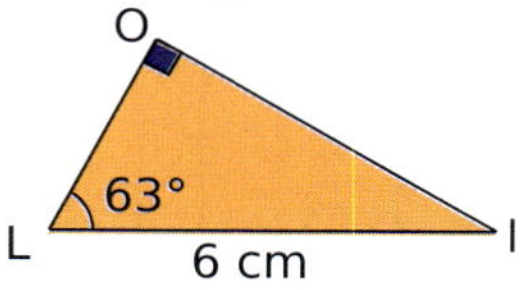

a. Exprime le cosinus de l'angle $\widehat{OLI}$ en fonction des longueurs des côtés du triangle.

b. Quelle longueur peux-tu calculer à l'aide de ce cosinus ? Calcule l'arrondi au dixième de cette longueur.

c. Exprime le sinus de l'angle $\widehat{OLI}$ en fonction des longueurs des côtés du triangle.

d. Quelle longueur peux-tu calculer à l'aide de ce sinus ? Calcule l'arrondi au dixième de cette longueur.

14 *Que faut-il choisir ?*

a. Quelle relation trigonométrique dois-tu utiliser pour calculer BN ?

b. Calcule l'arrondi au dixième de cette longueur.

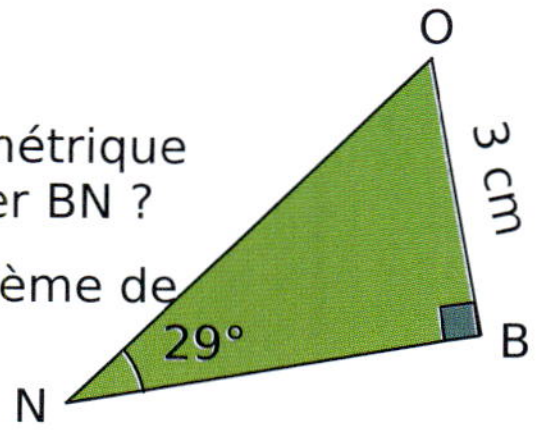

15 *À toi de construire*

a. Construis un triangle KOA rectangle en A tel que AK = 5 cm et $\widehat{AKO}$ = 40°.

b. Calcule la longueur OA arrondie au mm.

16 *Calcul de l'hypoténuse*

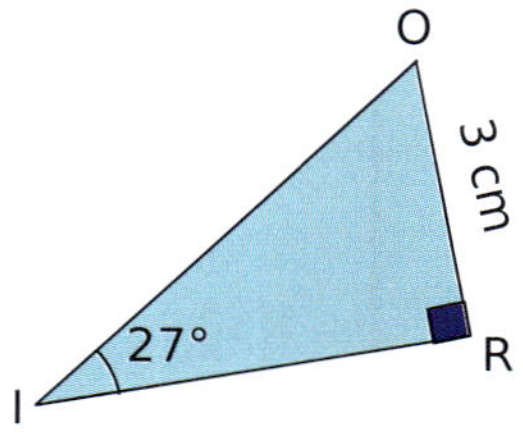

a. Exprime le sinus de l'angle $\widehat{RIO}$ en fonction des longueurs des côtés du triangle.

b. Déduis-en la valeur arrondie au dixième de l'hypoténuse du triangle RIO.

17 Construis un triangle TOY rectangle en O tel que TO = 4,5 cm et $\widehat{YTO}$ = 73°.
Calcule la valeur arrondie au dixième de l'hypoténuse de ce triangle.

18 *À toi de choisir !*

Dans chaque cas, calcule la valeur arrondie au dixième de la longueur SO.

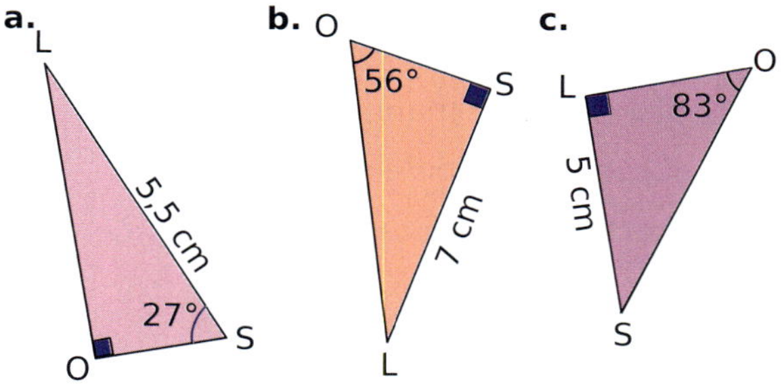

19 *Avec deux triangles*

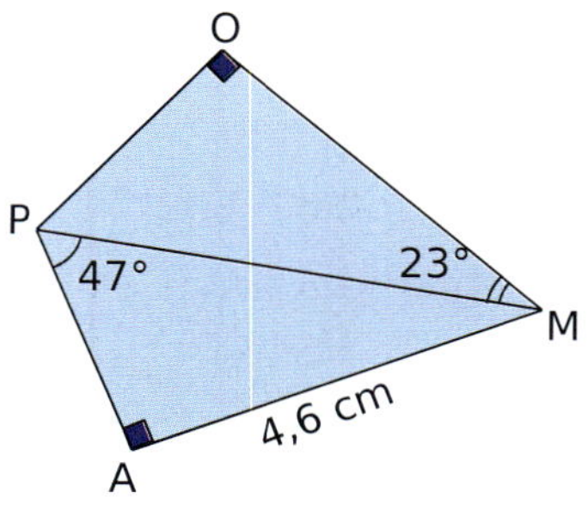

Calcule la longueur OM arrondie au millimètre.

20 RAT est un triangle rectangle en T tel que $\widehat{RAT}$ = 56° et RT = 2,7 cm. Calcule les arrondis au dixième des longueurs TA et RA.

21 *Triangle rectangle ?*

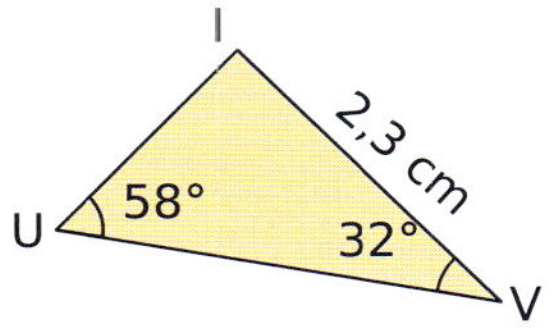

a. Démontre que le triangle IUV est rectangle.

b. Calcule les longueurs IU et UV arrondies au dixième.

22 Construis un triangle ABC tel que AB = 4,5 cm, $\widehat{BAC}$ = 27° et $\widehat{CBA}$ = 63°.

a. Ce triangle est-il rectangle ? Pourquoi ?

b. Calcule les longueurs AC et BC arrondies au dixième.

23 *Extrait du Brevet*

a. Effectuer avec soin les différentes constructions suivantes.

Tracer un demi-cercle ($\mathscr{C}$) de centre O et de diamètre [AB] sachant que AB = 10 cm.

Placer sur ($\mathscr{C}$) un point C tel que l'angle $\widehat{BAC}$ mesure 40°.

Tracer la tangente (d) à ($\mathscr{C}$) en B. Celle-ci coupe la droite (AC) au point D.

b. Calculer au dixième de centimètre près les mesures des distances AC et CB, après avoir justifié la nature du triangle ABC.

c. Indiquer les mesures exactes des angles $\widehat{ADB}$ et $\widehat{DBC}$ en justifiant vos réponses.

d. Calculer au dixième de centimètre près les mesures des distances CD, BD et AD.

Calculs de mesures d'angles

24 Soit RDS un triangle rectangle en S.

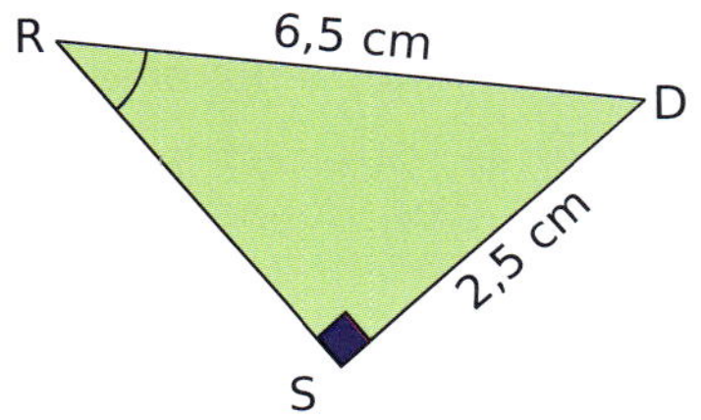

a. Exprime le sinus de l'angle $\widehat{DRS}$ en fonction des longueurs des côtés du triangle.

b. Déduis-en la mesure arrondie au degré de l'angle $\widehat{DRS}$.

25 UVB est un triangle rectangle en B tel que BV = 2 cm et UV = 3,5 cm.
Calcule la mesure arrondie au degré de chacun des angles de ce triangle.

26 Dans chaque cas, calcule la mesure de l'angle $\widehat{MNO}$; donne la valeur arrondie au degré.

a.

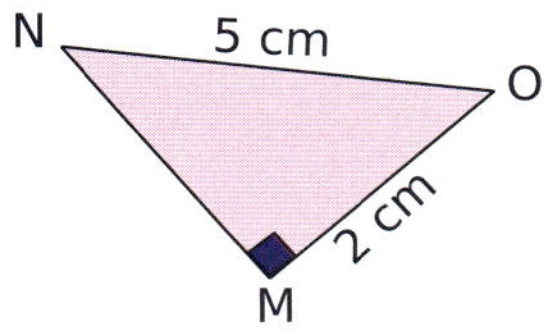

b.

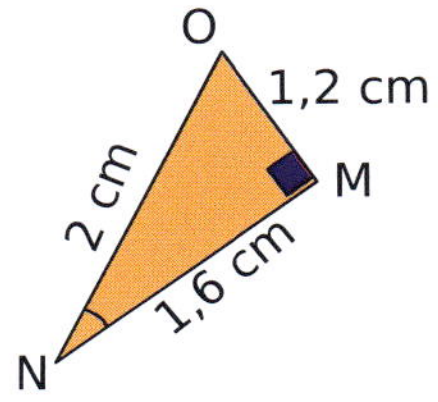

c.

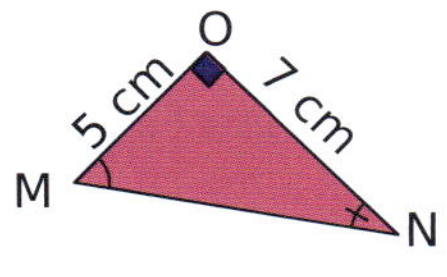

d.

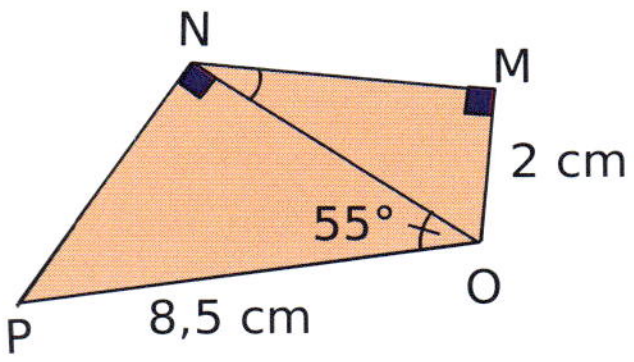

27 *Triangles croisés*

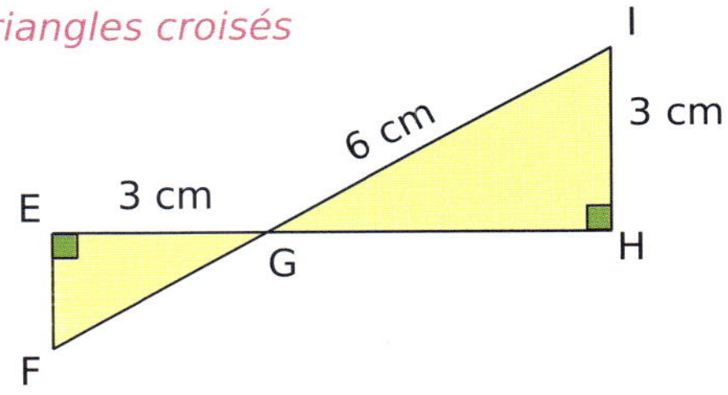

a. Calcule la mesure de l'angle $\widehat{IGH}$.

b. Déduis-en la mesure de l'angle $\widehat{EGF}$.

c. Calcule les longueurs EF et FG arrondies au dixième.

28 MOI est un triangle tel que MO = 15 cm, OI = 25 cm et IM = 20 cm.

a. Ce triangle est-il rectangle ? Justifie ta réponse.

b. Calcule la mesure arrondie au degré de chacun des angles de ce triangle.

29 *Dans un losange*

BIEN est un losange de centre O tel que IN = 7 cm et BE = 4 cm.
Calcule la mesure arrondie au degré de chacun des angles de ce losange.

30 *Extrait du Brevet*

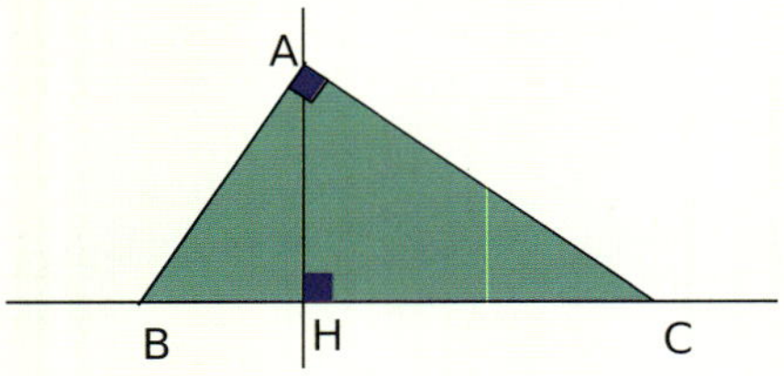

AHC est un triangle rectangle en H. La droite passant par A et perpendiculaire à la droite (AC) coupe la droite (HC) en B.
On sait que AH = 4,8 cm et HC = 6,4 cm.

a. Justifier l'égalité : $\widehat{ACH} = 90° - \widehat{HAC}$.

b. Justifier l'égalité : $\widehat{BAH} = 90° - \widehat{HAC}$.

c. Que peut-on en déduire pour les angles $\widehat{ACH}$ et $\widehat{BAH}$?

d. Montrer que $\tan \widehat{ACH} = \dfrac{3}{4}$.

e. En utilisant le triangle BAH, exprimer $\tan \widehat{BAH}$ en fonction de BH.

f. Déduire des questions précédentes que BH = 3,6 cm.

g. Calculer la mesure en degrés, arrondie au degré, de l'angle $\widehat{ACH}$.

Problèmes

31 Trace un cercle ($\mathscr{C}$) de diamètre [BC] tel que BC = 7 cm.

Place un point A sur le cercle ($\mathscr{C}$) tel que AB = 2,5 cm.

a. Soit H le pied de la hauteur issue de A dans le triangle ABC. Place le point H.

b. Quelle est la nature du triangle ABC ? Justifie ta réponse.

c. Calcule la valeur de l'angle $\widehat{ACB}$ arrondie au degré.

d. Calcule la longueur AH arrondie au millimètre.

32 *Dans un trapèze rectangle*

À l'aide des informations de la figure, calcule la mesure arrondie au degré de l'angle $\widehat{AIO}$.

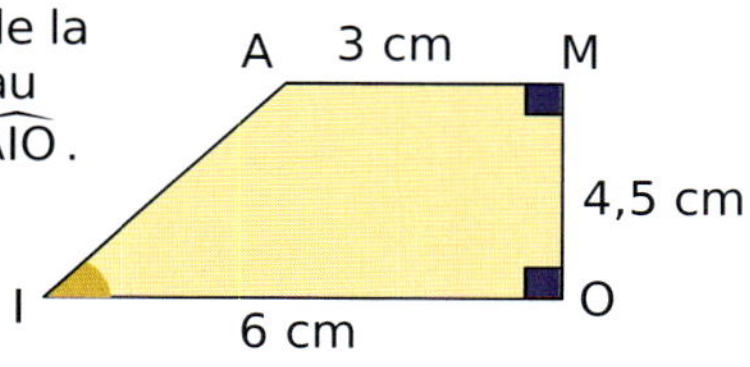

33 MNOP est un rectangle de longueur MN = 18 cm et de largeur MP = 7,5 cm.

a. Calcule la mesure de l'angle $\widehat{OMN}$ arrondie au degré.

b. Calcule la longueur de la diagonale de ce rectangle arrondie au millimètre.

c. Soit H le pied de la hauteur issue de N dans le triangle MNO. Calcule la longueur NH arrondie au millimètre.

34 RIEN est un rectangle tel que $\widehat{RIN} = 40°$ et RE = 8,5 cm.

a. Construis une figure en vraie grandeur.

b. Calcule la longueur et la largeur de ce rectangle, arrondies au millimètre.

35 *Piste noire*

Un skieur descend une piste ayant une pente de 25°. Des fanions sont plantés aux positions S et P de la piste.

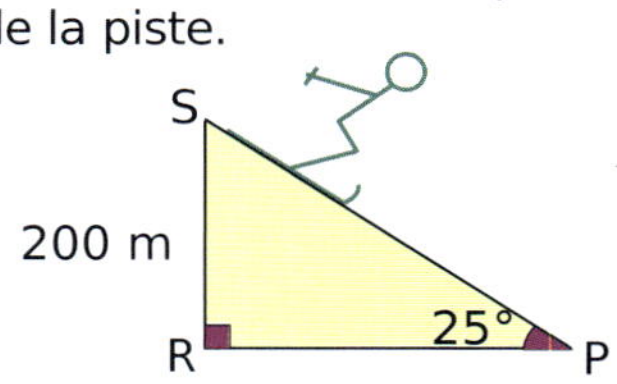

Calcule la distance entre les deux fanions S et P arrondie au dixième de mètre.

36 *Extrait du Brevet*

Un câble de 20 m de long est tendu entre le sommet d'un poteau vertical et le sol horizontal. Il forme un angle de 40° avec le sol.

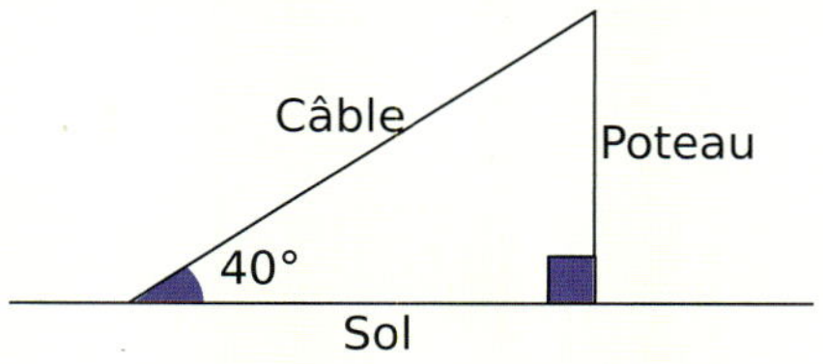

a. Calculer la hauteur du poteau ; donner la valeur approchée au dixième près par défaut.

b. Représenter la situation par une figure à l'échelle 1/200. (Les données de la situation doivent être placées sur la figure.)

37 *Triangle isocèle*

MAI est un triangle isocèle en A tel que MI = 5 cm. La hauteur [AH] mesure 3 cm.
Calcule la mesure arrondie au degré de chacun des angles de ce triangle.

38 *Extrait du Brevet*

Sur le schéma ci-dessous :

- ($\mathscr{C}$) est un cercle de centre O et de diamètre BF = 40 mm ;
- A est un point du cercle ($\mathscr{C}$) tel que AB = 14 mm ;
- La perpendiculaire à la droite (AF) passant par O coupe le segment [AF] en E.

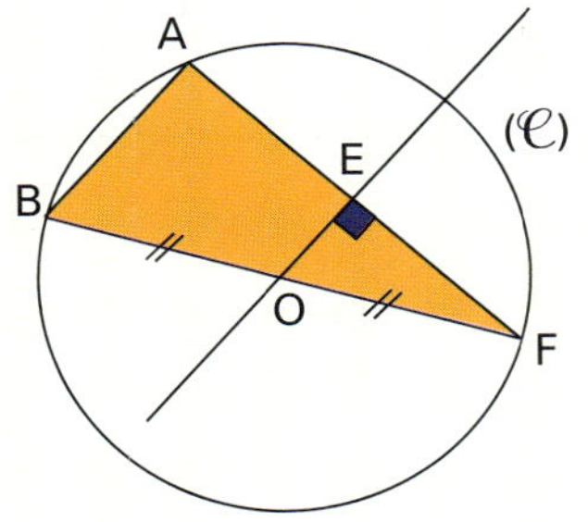

a. Quelle est la nature du triangle ABF ? Justifier la réponse.

b. Calculer la valeur arrondie au dixième de degré de l'angle $\widehat{AFB}$.

c. Calculer la valeur arrondie au millimètre de la longueur EF.

39 *Méli-mélo de triangles*

Construis un triangle ABC rectangle en A, tel que $\widehat{ABC} = 40°$ et BC = 8 cm. E désigne le milieu de [BC]. La parallèle à la droite (AE) passant par C coupe la droite (AB) en F.

a. Montre que AE = 4 cm.

b. Calcule la longueur AB. Donne la valeur arrondie au millimètre.

c. Calcule la longueur AC. Donne la valeur arrondie au millimètre.

d. Montre que (AC) est la médiatrice de [BF].

40 *Histoire de périmètre*

Observe le dessin ci-dessous.
On a $\widehat{ADB} = 52°$; BD = 20 dm et $\widehat{BDC} = 8°$.

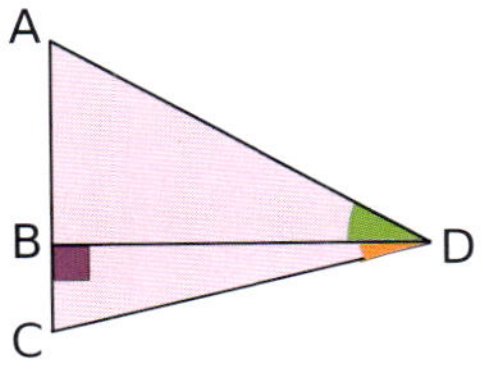

Calcule le périmètre du triangle ACD arrondi au décimètre.

41 *Trapèze et aire*

On considère MNRP un trapèze rectangle tel que le côté [MN] est perpendiculaire aux bases [MP] et [RN].
On a MN = 4 cm ; $\widehat{MNP} = 60°$ et RP = RN.
La perpendiculaire à la droite (NP) passant par R coupe [NP] en H.

a. Construis une figure à main levée.

b. Calcule les longueurs MP, NP, RH et RN ; arrondis si besoin les longueurs au millimètre.

c. Détermine la valeur arrondie au centimètre carré de l'aire du trapèze MNRP.

42 *Triangle isocèle*

Soit OAB un triangle isocèle en O tel que OA = 10 cm et $\widehat{AOB} = 36°$.

a. Construis ce triangle. Trace la bissectrice de l'angle $\widehat{AOB}$, elle coupe le segment [AB] en H.

b. Montre que le triangle OHB est rectangle en H et que H est le milieu du segment [AB].

c. Calcule la longueur AB arrondie au millimètre.

43 *Château d'eau*

Juliette mesure l'angle entre l'horizontale et le haut du réservoir d'un château d'eau grâce à un appareil placé à 1,70 m du sol. Elle trouve 58°.

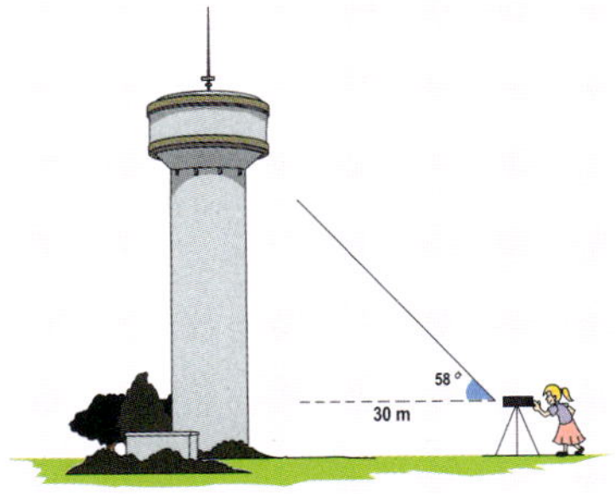

a. Calcule la hauteur du château d'eau arrondie au mètre.

b. La contenance de celui-ci est de 500 m^3 d'eau. Calcule le diamètre de la base en considérant que le réservoir du château d'eau est cylindrique. Arrondis au décimètre.

44 *Sans calculatrice*

Pour chaque question, justifie la construction.

a. Construis un angle $\widehat{A}$ tel que $\tan \widehat{A} = \frac{8}{9}$.

b. Construis un angle $\widehat{B}$ tel que $\sin \widehat{B} = 0{,}6$.

45 *Cerf-volant*

Elsa joue au cerf-volant sur la plage.
La ficelle est déroulée au maximum et tendue.
L'angle de la ficelle avec l'horizontale est de 48°.
Elsa tient son dévidoir à 60 cm du sol.
Le cerf-volant vole à 12 m du sol.

(source : fr.wikipedia.org)

a. Dessine un schéma de la situation.

b. Calcule la longueur de la ficelle déroulée. Donne la valeur arrondie au décimètre.

46 *Course*

Rafaël et Léo nagent pour atteindre la bouée P. Ils sont respectivement en position R et L.
On a BL = 50 m et $\widehat{BPL} = 72°$.

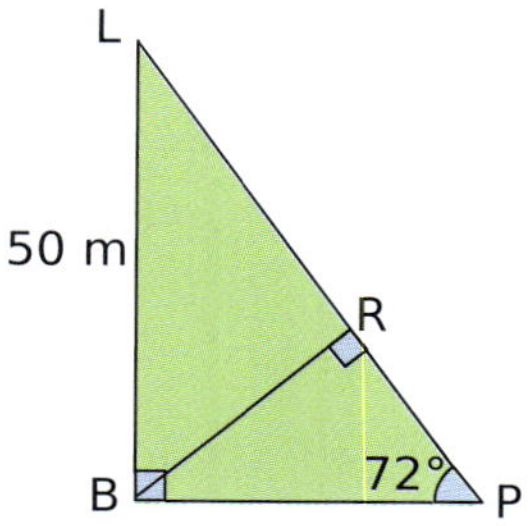

Calcule la distance entre les deux nageurs, arrondie au mètre.

47 *Extrait du Brevet*

Monsieur Schmitt, géomètre, doit déterminer la largeur d'une rivière. Voici le croquis qu'il a réalisé :
AB = 100 m ;
$\widehat{BAD} = 60°$;
$\widehat{BAC} = 22°$;
$\widehat{ABD} = 90°$.

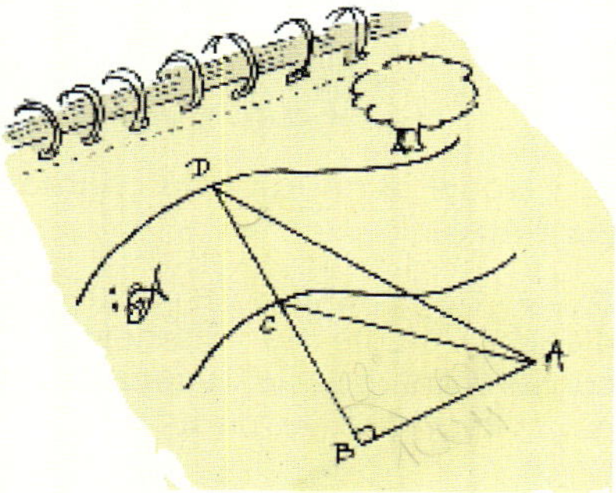

a. Calculer la longueur BC au dixième près.

b. Calculer la longueur BD au dixième près.

c. En déduire la largeur de la rivière à un mètre près.

48 *Histoire de pendule*

Un pendule est constitué d'une bille suspendue à un fil inextensible, fixé en un point O. La longueur du fil est de 90 cm. Le fil du pendule est initialement vertical.

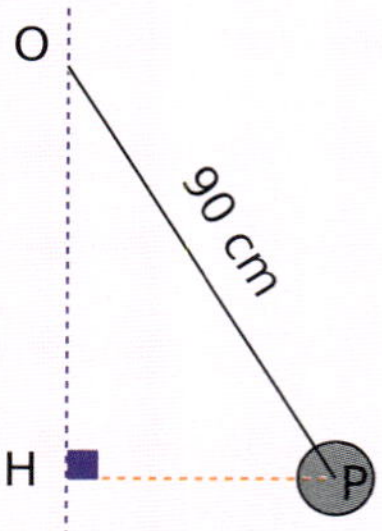

a. Premier cas : on l'écarte de 520 mm de sa position initiale. Détermine la mesure arrondie au degré de l'angle obtenu entre le fil et la verticale.

b. Deuxième cas : une fois écarté, le fil fait un angle de 48° avec la verticale. Détermine la distance entre le pendule et la verticale, arrondie au centimètre.

49 Charlotte navigue le long d'une falaise. Pour des questions de sécurité, elle ne doit pas aller au-delà du point C. Elle a jeté l'ancre au point B.
On a SH = 100 m, $\widehat{HCS} = 75°$ et $\widehat{HBS} = 65°$.

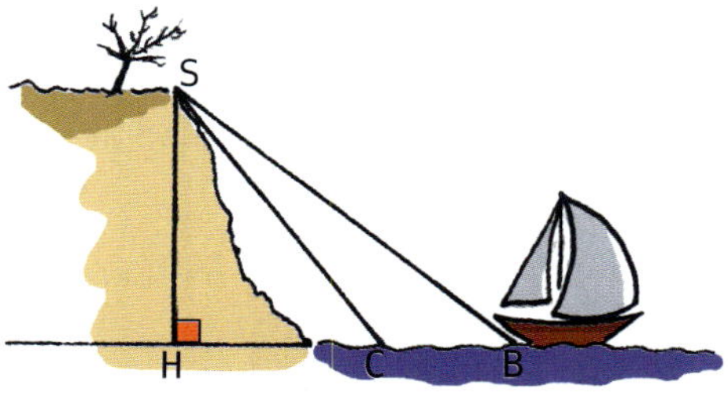

À quelle distance du point C le bateau de Charlotte se trouve-t-il ? Donne la valeur approchée par excès au dixième de mètre près.

50 *Tangentes*

($\mathscr{C}$) est un cercle de centre O et de rayon 4 cm. Soient A et B deux points de ce cercle tels que $\widehat{AOB} = 64°$.
La droite (d) est la tangente en A et la droite (d') est la tangente en B au cercle ($\mathscr{C}$). Elles se coupent au point S.

a. Fais un dessin.

b. Calcule les longueurs SA et SO arrondies au millimètre.

c. Trace le cercle de diamètre [SO]. Montre que ce cercle passe par A et B.

51 *Cône de révolution*

Soit un cône de révolution de sommet S engendré par le triangle ci-contre.

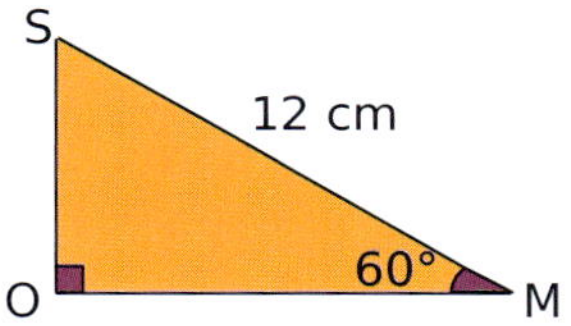

a. Calcule la valeur exacte de la hauteur de ce cône.

b. Déduis-en la valeur exacte du volume de ce cône puis la valeur arrondie au centimètre cube.

52 *Pavé droit*

Soit le parallélépipède rectangle ABCDEFGH ci-contre.

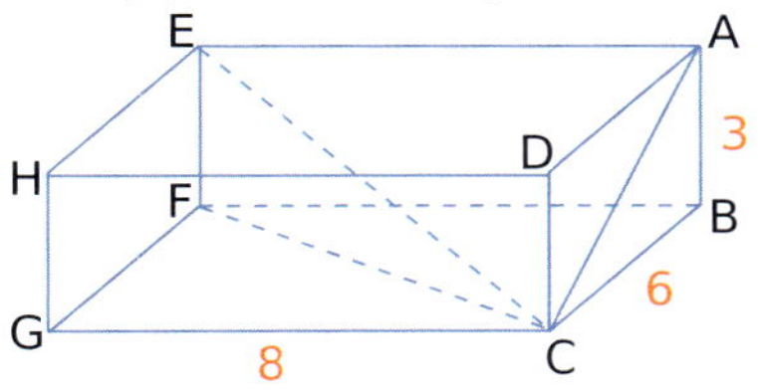

On admet que les triangles EFC et ACE sont rectangles respectivement en F et en A.

a. Calcule la valeur exacte de la longueur EC.

b. Calcule la mesure de l'angle $\widehat{CEF}$ arrondie au degré.

c. Calcule la mesure de l'angle $\widehat{CEA}$ arrondie au degré.

d. Calcule le volume de la pyramide CABFE.

53 *Extrait du Brevet*

SABCD est une pyramide régulière dont la base est le carré ABCD de côté 5 cm et de centre I. La hauteur [SI] de la pyramide a pour longueur SI = 3 cm.

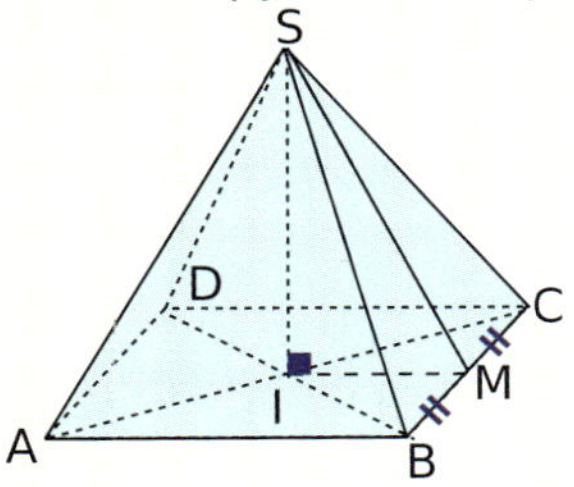

a. Calculer le volume de la pyramide.

b. Soit M le milieu de l'arête [BC]. Démontrer que la longueur IM est égale à 2,5 cm.

c. On admet que le triangle SIM est rectangle en I. Calculer tan $\widehat{MSI}$.

d. En déduire une mesure de l'angle $\widehat{MSI}$ à 1° près.

54 *Cube*

ABCDEFGH est un cube de côté 5 cm.

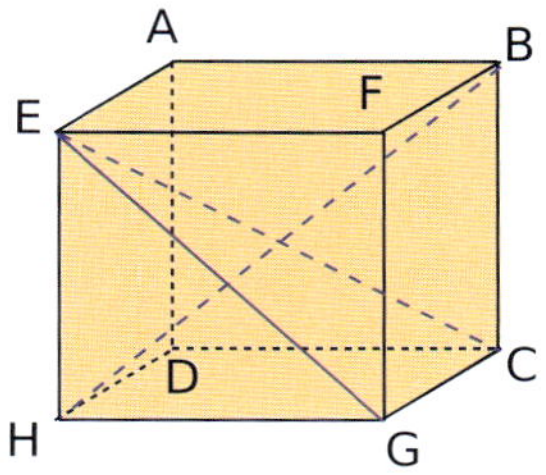

a. Calcule les longueurs AF et EC.

b. On admet que le triangle EGC est rectangle en G.
Calcule la mesure de l'angle $\widehat{ECG}$ arrondie au degré.

c. Calcule la mesure de l'angle $\widehat{BHC}$ arrondie au degré.

d. Réalise le patron de la pyramide EHGC.

55 Le triangle ABC est rectangle en B. Le segment [BH] est la hauteur du triangle issue de B. Il coupe le segment [AC] en H.

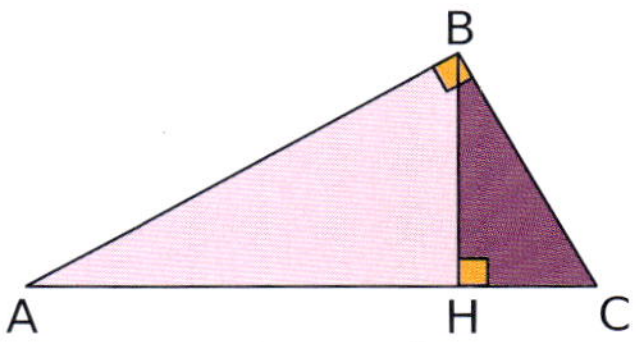

a. Démontre que $\widehat{ABH} = \widehat{BCH}$.

b. Exprime tan $\widehat{ABH}$ en utilisant les longueurs des côtés du triangle ABH.

c. Exprime tan $\widehat{BCH}$ en utilisant les longueurs des côtés du triangle CBH.

d. Démontre que $BH^2 = AH \times CH$.

56 *Valeurs exactes*

Dans cet exercice, tu utiliseras les données du tableau suivant.

Angle	Cosinus	Sinus	Tangente
30°	$\frac{\sqrt{3}}{2}$	$\frac{1}{2}$	$\frac{\sqrt{3}}{3}$

a. Trace un triangle BEH rectangle en E tel que EH = 12 cm et $\widehat{BHE} = 30°$.

b. Montre que la longueur HB est égale à $8\sqrt{3}$ cm.

c. Trace la hauteur du triangle BEH issue de E. Elle coupe le segment [BH] en P.

d. Calcule la valeur exacte de la longueur PE.

e. Calcule la valeur exacte de la longueur BP.

f. Calcule la valeur exacte de l'aire du triangle BPE puis donne l'arrondi au centième.

57 Soit le triangle MTS tel que MS = 23 cm et TM = 15 cm. Les droites (AH) et (MS) sont parallèles.

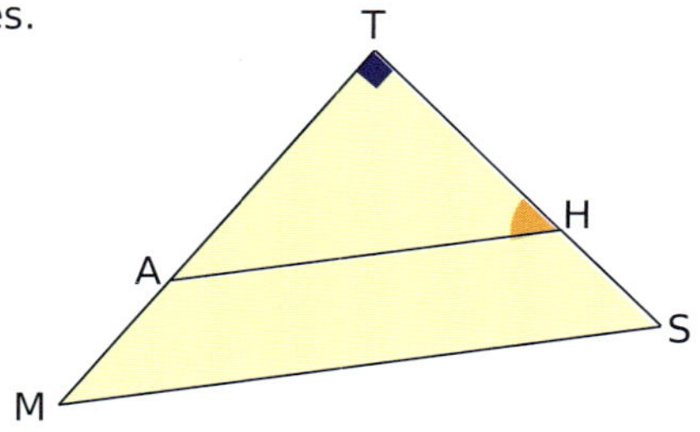

a. En justifiant ta réponse, écris les rapports de longueurs qui sont égaux.

b. Écris la relation donnant le sinus de l'angle $\widehat{AHT}$.

c. Déduis des questions **a.** et **b.** la mesure arrondie au degré de l'angle $\widehat{AHT}$.

58 *Relations entre sinus, cosinus et tangente*

Soit MOT un triangle rectangle en M.

a. Que peux-tu dire des angles $\widehat{MTO}$ et $\widehat{TOM}$?

b. Écris les rapports entre les longueurs des côtés donnant le sinus, le cosinus et la tangente des angles $\widehat{MTO}$ et $\widehat{TOM}$.

c. Utilise la question **b.** pour écrire trois égalités.

d. Déduis de ces égalités deux propriétés sur les angles complémentaires d'un triangle rectangle.

59 *Possible ou impossible ?*

Existe-t-il un angle aigu $\widehat{A}$ tel que :

a. $\cos \widehat{A} = \frac{3}{4}$ et $\sin \widehat{A} = \frac{\sqrt{7}}{4}$?

b. $\cos \widehat{A} = \frac{2\sqrt{5}}{5}$ et $\sin \widehat{A} = \frac{2}{5}$?

60 *Avec une formule trigonométrique*

Calcule la valeur exacte de $\sin \widehat{B}$ et de $\tan \widehat{B}$ sachant que $\widehat{B}$ est un angle aigu tel que $\cos \widehat{B} = \frac{\sqrt{2}}{3}$.

61 *Avec une formule trigonométrique (bis)*

Calcule la valeur exacte de $\cos \widehat{C}$ et de $\tan \widehat{C}$ sachant que $\widehat{C}$ est un angle aigu tel que $\sin \widehat{C} = \frac{\sqrt{6} - \sqrt{2}}{4}$.

62 *Avec les formules trigonométriques*

Soit $\widehat{B}$ un angle aigu tel que $\tan \widehat{B} = \frac{1}{2}$.

a. Exprime $\sin \widehat{B}$ en fonction de $\cos \widehat{B}$.

b. Déduis-en la valeur exacte de $\cos \widehat{B}$ et $\sin \widehat{B}$.

63 On considère $\widehat{A}$ un angle aigu.

En utilisant les formules trigonométriques, démontre les égalités suivantes.

a. $1 + \tan^2 \widehat{A} = \frac{1}{\cos^2 \widehat{A}}$

b. $1 + \frac{1}{\tan^2 \widehat{A}} = \frac{1}{\sin^2 \widehat{A}}$

c. $\cos^2 \widehat{A} - \sin^2 \widehat{A} = 1 - 2\sin^2 \widehat{A}$

d. $(\cos \widehat{A} + \sin \widehat{A})^2 = 1 + 2\sin \widehat{A} \cos \widehat{A}$

64 *Extrait du Brevet*

L'unité de longueur est le centimètre.
Le rectangle ci-dessous représente une table de billard. Deux boules de billard N et B sont placées telles que CD = 90 ; NC = 25 et BD = 35. (Les angles $\widehat{ECN}$ et $\widehat{EDB}$ sont droits.)
Un joueur veut toucher la boule N avec la boule B en suivant le trajet BEN, E étant entre C et D, et tel que $\widehat{CEN} = \widehat{DEB}$.

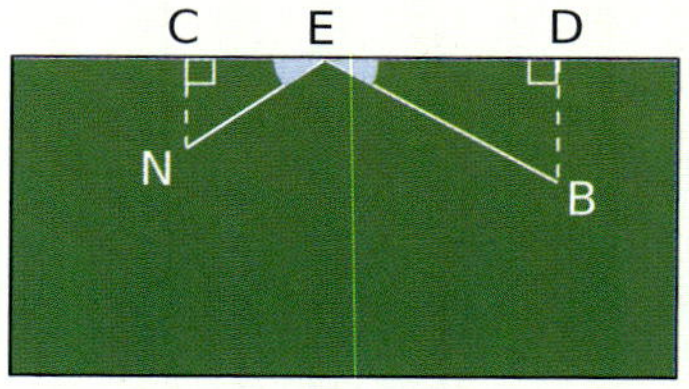

On pose ED = x.

a. Donner un encadrement de x.

b. Exprimer CE en fonction de x.

c. Dans le triangle BED, exprimer $\tan \widehat{DEB}$ en fonction de x.

d. Dans le triangle NEC, exprimer $\tan \widehat{CEN}$ en fonction de x.

e. En égalant les deux quotients trouvés aux questions **c.** et **d.**, on trouve l'équation $35(90 - x) = 25x$. (On ne demande pas de justification.) Résoudre cette équation.

f. En déduire la valeur commune des angles $\widehat{CEN}$ et $\widehat{DEB}$ arrondie au degré.

Travailler en groupe

1 Formules d'Al-Kashi

1re Partie : Un peu de recherche

a. Recherchez dans un dictionnaire, une encyclopédie ou sur Internet, des informations sur les mathématiciens Al-Kashi et Pythagore.

b. Al-Kashi est célèbre pour les formules suivantes qui portent son nom.

> « Dans un triangle ABC, on a :
> $BC^2 = AB^2 + AC^2 - 2 \times AB \times AC \times \cos \widehat{BAC}$,
> $AC^2 = AB^2 + BC^2 - 2 \times AB \times BC \times \cos \widehat{ABC}$,
> $AB^2 = AC^2 + BC^2 - 2 \times AC \times BC \times \cos \widehat{ACB}$. »

Expliquez pourquoi chacune de ces formules porte aussi le nom de « théorème de Pythagore généralisé ».

c. Préparez avec ces informations un panneau ou un diaporama.

2e Partie : Quelques tests

a. Chaque membre du groupe construit un triangle ABC tel que AB = 6 cm et AC = 5 cm. Pour le premier, $\widehat{BAC} = 45°$; pour le deuxième, $\widehat{BAC} = 60°$ et pour le troisième, $\widehat{BAC} = 30°$.

b. À l'aide des formules d'Al-Kashi et des valeurs remarquables de cos 30° ; cos 45° et cos 60°, calculez la valeur exacte de BC dans chacun des trois triangles.
Calculez ensuite les valeurs arrondies au centième de chacun des résultats.

3e Partie : Démonstration

Sur la figure ci-dessous, [BH] est la hauteur issue de B dans le triangle ABC.

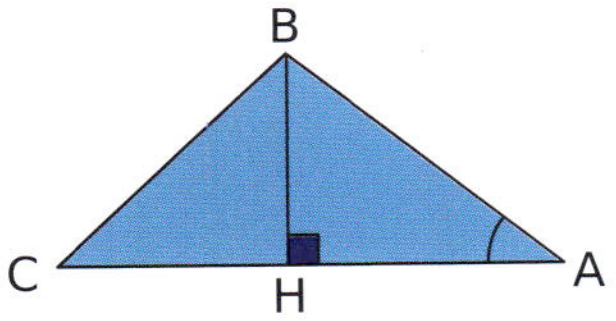

a. Pourquoi peut-on utiliser les formules de trigonométrie dans les triangles ABH et BCH ?

b. Calculez HA en fonction de l'angle $\widehat{BAC}$ et de AB.

c. Déduisez-en une expression de CH en fonction de l'angle $\widehat{BAC}$, de AB et de AC.

d. En utilisant le théorème de Pythagore dans le triangle ABH, calculez une expression de BH^2.

e. En utilisant le théorème de Pythagore dans le triangle BCH, calculez une expression de BC^2.

f. En utilisant les identités remarquables, réduisez l'expression de BC et retrouvez la première formule d'Al-Kashi (donnée dans la première partie).

2 Triangulation

1re Partie : Fabrication d'un viseur

a. Dans une feuille de carton rigide, découpez un disque de rayon 10 cm.

b. En son centre, avec une attache parisienne, fixez une aiguille plus longue que le diamètre du cercle et un fil au bout duquel vous nouerez une petite gomme.

c. Sur un quart du cercle, graduez tous les degrés (inspirez-vous du modèle ci-dessous.). Tracez le diamètre au niveau de la graduation 90°. (Il servira à positionner le viseur verticalement au moment de prendre des mesures sur le terrain.)

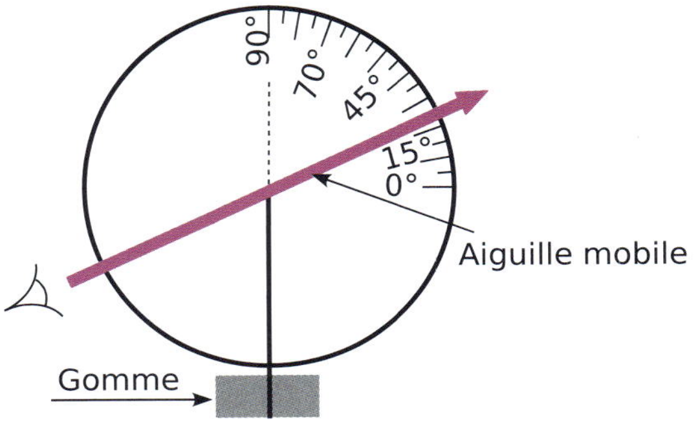

2e Partie : Sur le terrain

a. Choisissez un objet à mesurer (clocher, arbre...). Munissez-vous du viseur et d'un mètre.

b. À l'aide du viseur, prenez les deux mesures d'angles $\hat{a}$ et $\hat{b}$ comme indiqué ci-dessous.

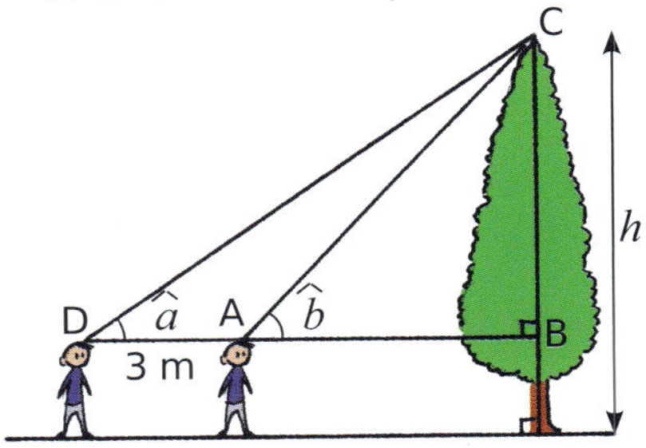

3e Partie : Interprétation des observations

a. Dans le triangle ABC, exprimez la longueur AB en fonction de BC et de $\hat{b}$. Déduisez-en la longueur DB en fonction de BC et de $\hat{b}$.

b. Dans le triangle BCD, exprimez tan $\hat{a}$.
Vous venez d'obtenir une équation d'inconnue BC. Résolvez cette équation.

c. Utilisez les données obtenues avec le viseur pour calculer la longueur BC.
Déduisez-en une valeur approchée de la hauteur h.

Se tester avec le QCM !

		R1	R2	R3	R4
1	[AC] est le côté adjacent à l'angle aigu $\widehat{BAC}$ dans le triangle...	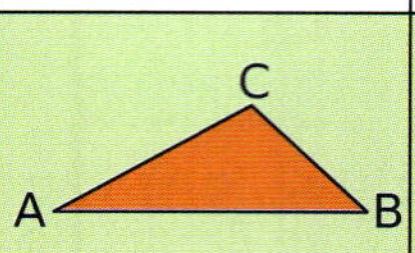	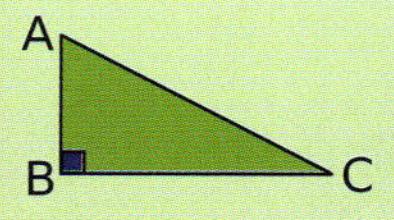	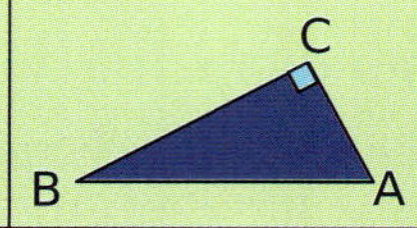	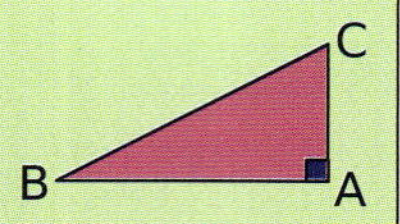
2	[AB] est le côté opposé à l'angle aigu $\widehat{BCA}$ dans le triangle...	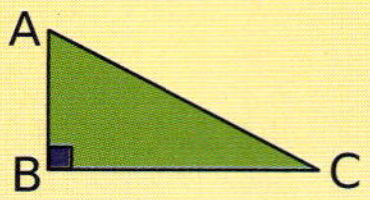	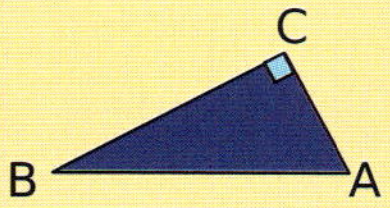	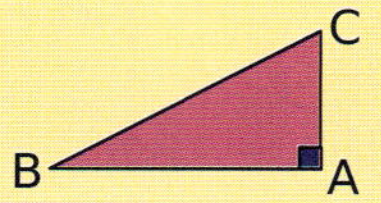	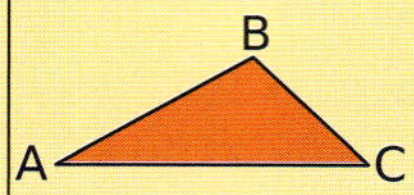
3	TGP est un triangle rectangle en P donc...	$\cos \widehat{TGP} = \dfrac{GP}{TP}$	$\sin \widehat{GTP} = \dfrac{GP}{TG}$	$TG^2 = TP^2 + PG^2$	$\tan \widehat{GTP} = \dfrac{GP}{TP}$
4	$\tan 45° = \dfrac{AB}{7}$ donc...	$AB = 7 \times \tan 45°$	$AB = \dfrac{\tan 45°}{7}$	$AB = \dfrac{7}{\tan 45°}$	$AB \approx 7$
5	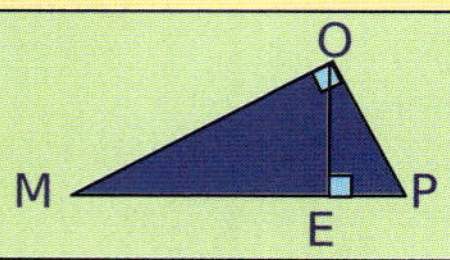	$\sin \widehat{OMP} = \dfrac{OM}{OP}$	$\cos \widehat{OPE} = \dfrac{MO}{OP}$	$\tan \widehat{EPO} = \dfrac{OE}{PO}$	$\sin \widehat{OPM} = \dfrac{OE}{OP}$
6	LNT est un triangle rectangle en N tel que TN = 7 cm et LN = 5 cm. On a donc...	$\widehat{TLN} = \dfrac{5}{7}$	$\widehat{TLN} \approx 54°$	$\tan \widehat{TLN} = 1{,}4$	$\tan \widehat{LTN} \approx 0{,}7$
7	QRS est un triangle rectangle en R tel que SQ = 10 et RQ = 8 (en cm). On a donc...	$\widehat{RSQ} = 53°$	$\widehat{RSQ} \approx 37°$	$\widehat{RSQ} = 37°$	$\widehat{RSQ} \approx 53°$
8	Le triangle ISO est un triangle rectangle et isocèle en S donc...	$OI = SO \times \sqrt{2}$	$\dfrac{OS}{OI} = \dfrac{\sqrt{2}}{2}$	$\tan \widehat{IOS} = 1$	$\tan \widehat{OIS} = 1$
9	Le sinus d'un angle aigu est...	un nombre quelconque	un nombre supérieur à 1	un rapport de longueurs	compris entre 0 et 1
10	$\hat{x}$ et $\hat{y}$ sont deux angles complémentaires donc...	$\tan \hat{x} = \tan \hat{y}$	$\cos \hat{x} = \sin \hat{y}$	$\sin \hat{x} = \cos \hat{y}$	$\sin \hat{x} = \sin \hat{y}$

Récréation mathématique

Terre, terre !

Un voilier suit un cap fixe à la vitesse constante de 22 km·h^{-1}.
Le capitaine du bateau note l'heure à laquelle l'angle entre la direction du cap et celle de l'îlot I mesure 24° (position A) puis 38° (position B).
Il déclare : « Entre les deux relevés, il s'est écoulé 12 minutes. J'en déduis que nous passerons donc à 4,6 km environ de l'îlot (distance d sur la figure). »
Justifie l'affirmation du capitaine.

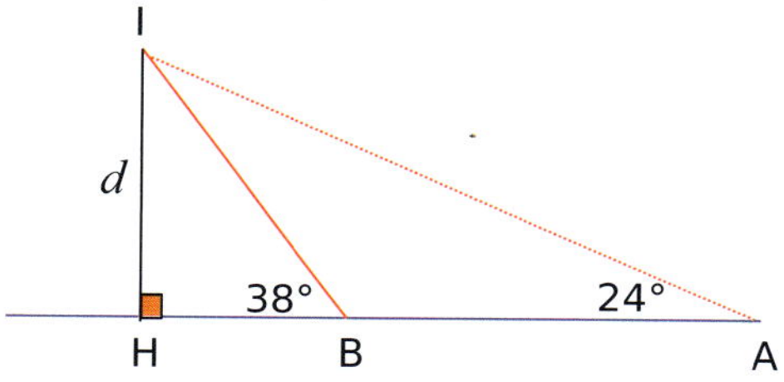

Indication : Exprime AB en fonction de d, tan 24° et tan 38° puis déduis-en d en utilisant une calculatrice.

Géométrie dans l'espace

G3

Activité 1 : Solides de révolution

1. On fait tourner un rectangle autour de l'un de ses côtés et un triangle rectangle autour de l'un des côtés de l'angle droit.

Quels sont les solides engendrés par ces deux rotations ? Donne leurs caractéristiques.

2. La sphère, la boule

Dans du papier épais, découpe un disque de centre O et de rayon 4 cm. Colle une ficelle le long d'un diamètre et fais tourner le disque autour de la ficelle.

a. Les solides engendrés par le disque ou par le cercle de rayon 4 cm sont-ils identiques ? Si non, donne les ressemblances et les différences entre ces deux solides.

b. Quelle autre figure pourrait-on faire tourner pour engendrer ces mêmes solides ?

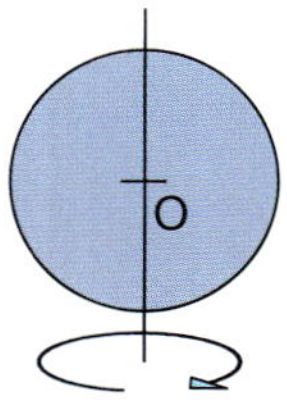

3. Grands cercles

La figure ci-contre est une représentation d'une sphère de rayon 2 cm.

a. En réalité, quelle est la longueur de [AB] ? De [FH] ? Justifie tes réponses.

b. En réalité, quelle est la nature des triangles AOF et IOB ? Justifie tes réponses. Cite tous les triangles de la figure qui ont la même nature que ceux-ci.

c. Quelle est la nature du triangle EIG ? Justifie ta réponse.

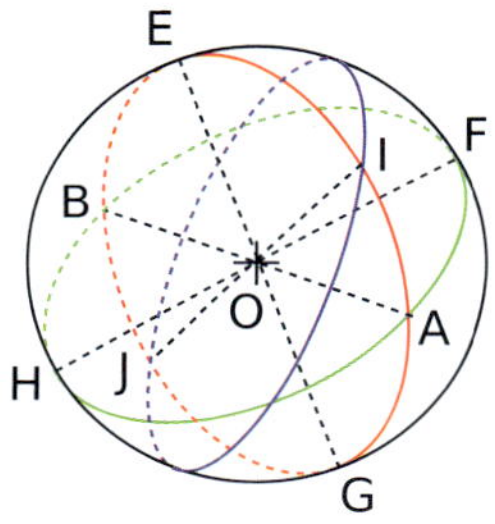

Activité 2 : Aire, volume

1. Une toile de parachute a la forme d'une demi-sphère de 8 m de diamètre.

a. Recherche la formule donnant l'aire d'une sphère puis détermine la superficie de la toile arrondie au mètre carré.

b. Recherche la formule donnant le volume d'une boule puis détermine le volume d'air contenu dans la toile, au mètre cube près, lorsque le parachute est entièrement déployé.

Source Wikipedia.

2. La citerne ci-contre est composée d'un cylindre de révolution, d'une demi-sphère et d'un cône de révolution de même rayon.

a. Calcule son volume exact en fonction de π puis sa valeur arrondie au décimètre cube.

b. Est-il vrai que la citerne peut contenir plus de 3 000 L ?

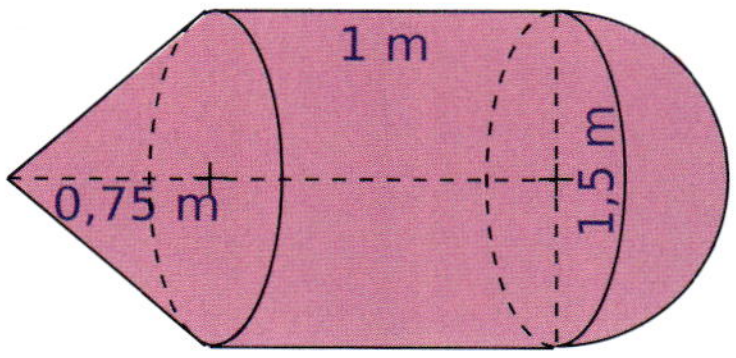

Activité 3 : Sections d'un pavé, d'un cylindre

1. Sections d'un pavé droit

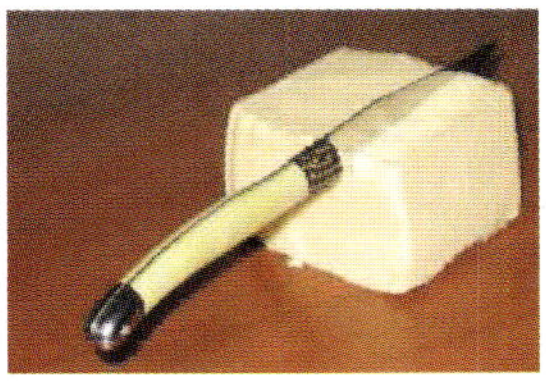

a. Pour faire un gâteau, on coupe une plaquette de beurre parallèlement à l'une de ses faces. Quelle est la forme de la section ? Et si on coupe parallèlement à l'une de ses arêtes mais sans être parallèle à une face ?

b. On considère le pavé droit ABCDEFGH ci-dessous, où AB = 3 cm ; AD = 1,5 cm et AE = 4 cm.

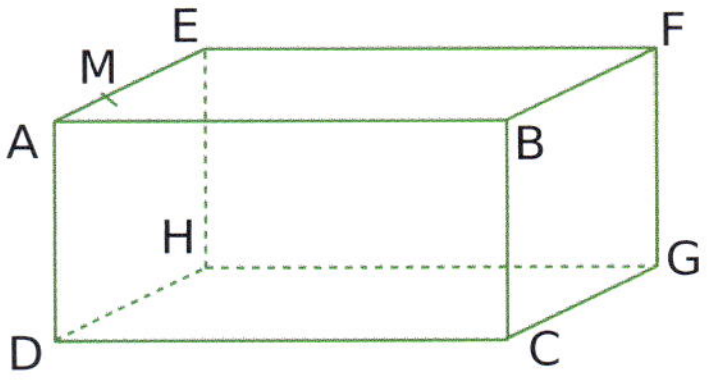

On place un point M sur [AE] tel que AM = 1 cm et on coupe le solide parallèlement à la face ABCD.
Reproduis le pavé ci-contre puis trace en rouge la ligne de section passant par M. Quelle est la nature de la section ? Dessine-la en vraie grandeur.

c. En coupant le pavé par un plan parallèle à la face AEFB, quelle sera la nature de la section ? Fais-en une représentation en vraie grandeur.

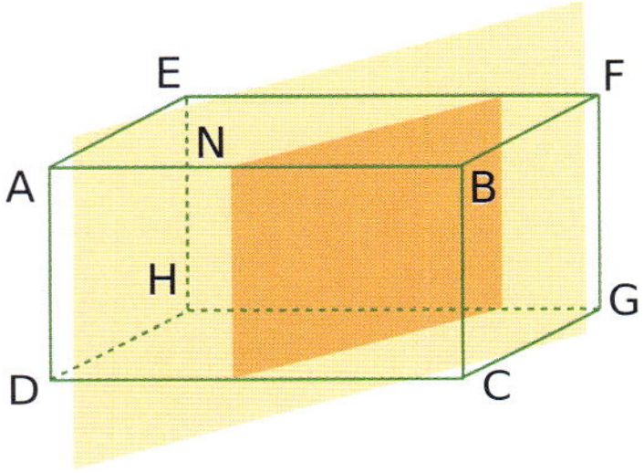

d. Même question pour un plan parallèle à la face BFGC.

e. On coupe cette fois le pavé ABCDEFGH par un plan parallèle à l'arête [AD] et passant par un point N de [AB].

Quelle est la nature de la section ? Que peux-tu dire de ses dimensions ?

2. Sections d'un cube

On considère ci-contre un cube ABCDEFGH d'arête 5 cm.

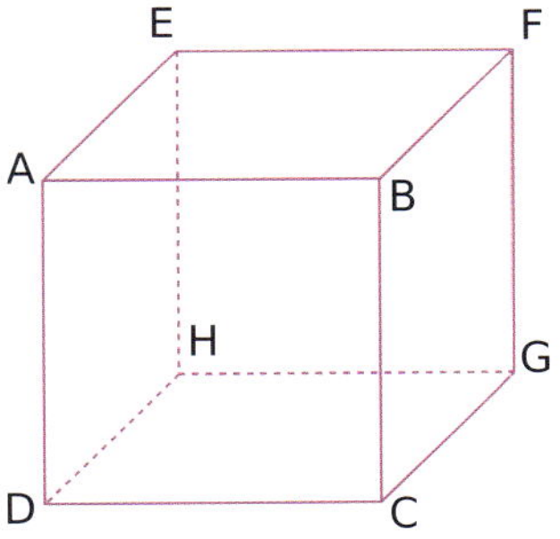

a. Dessine une représentation en perspective du cube et place un point M sur [AD].
Dessine la ligne de la section du cube par le plan parallèle à la face AEFB qui passe par le point M. Dessine alors la section en vraie grandeur.

b. Dessine, sur les représentations en perspective puis en vraie grandeur, la plus grande section du cube qu'on puisse obtenir en le coupant par un plan parallèle à l'arête [FB].

3. À la scierie

On débite un tronc d'arbre assimilé à un cylindre de révolution de rayon 0,4 m et de hauteur 2 m.

a. On le coupe perpendiculairement à l'axe du tronc. Quelle est la forme de la section ? Représente celle-ci à l'échelle 1/20.

b. En sectionnant le tronc parallèlement à son axe, quelle forme obtient-on ? Fais une représentation possible à l'échelle 1/40.

c. Pour obtenir une planche, on coupe le tronc par un plan parallèle à son axe.
Fais un schéma en perspective de la section.
Quelle est la forme réelle de la section ? Quelles sont ses dimensions possibles ?

Activité 4 : Section d'une sphère

1. Observation

a. On coupe une orange. Quelle forme voit-on apparaître ?
Que peut-on dire de la droite passant par le centre de l'orange et le centre de la section ?

b. On coupe une balle de ping-pong. Quelle est la section apparente ?

2. On considère une sphère de centre O et sa section par un plan passant par un point O' du diamètre [NS] et perpendiculaire à ce diamètre.

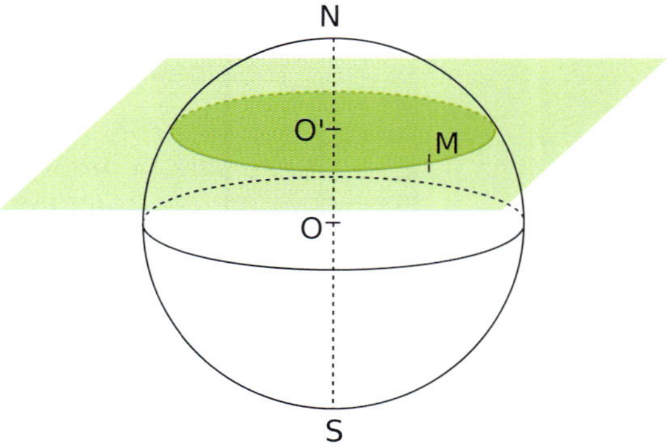

a. M est un point du cercle de section.
Que peut-on dire du triangle OO'M dans la réalité ?

b. Que peut-on dire de la section lorsque le plan passe par le point O ?

c. Que peut-on dire de la section lorsque le plan passe par le point N ?

d. On a coupé une sphère de centre O et de rayon 5 cm par un plan et on a obtenu un cercle de section de centre O' et de rayon 3 cm.
À quelle distance OO' du centre de la sphère a-t-on coupé ?

Activité 5 : Agrandissement, réduction

a. Combien de cubes contiennent les empilements A et B ?
On a commencé l'empilement C et on souhaite obtenir un cube. Combien de petits cubes y aura-t-il en tout dans ce nouvel empilement ?

b. Quel est le coefficient d'agrandissement permettant d'obtenir les dimensions de chacun de ces trois empilements à partir de l'arête du petit cube ?

c. Combien de petits carrés peut-on voir sur chaque face de ces empilements cubiques ?
Par combien est multipliée l'aire d'une face du petit cube pour obtenir l'aire d'une face de l'empilement A ? De l'empilement B ? De l'empilement C ?
Compare avec les échelles trouvées au **b.**

d. Par combien est multiplié le volume du petit cube pour obtenir celui des trois empilements cubiques ? Compare avec les échelles trouvées au **b.**

Activité 6 : Maquette

Un immeuble de 24 m de long, de 12 m de large et de 15 m de haut a la forme d'un pavé droit. On en fait une maquette à l'échelle 1/300.

a. Calcule les dimensions de la maquette.

b. Joël dit que la surface au sol occupée par la maquette est 300 fois plus petite que celle occupée par l'immeuble. Qu'en penses-tu ?
Fais les calculs utiles pour justifier ta réponse.

c. Que pourrait-on annoncer à propos de la comparaison des volumes de la maquette et de l'immeuble ? Fais les calculs utiles pour vérifier ton affirmation.

Activité 7 : Section d'une pyramide, d'un cône de révolution

1. Section d'une pyramide par un plan parallèle à la base

On considère la pyramide régulière SABCD à base carrée de centre O représentée ci-dessous.
Par un point O' de [SO], on coupe la pyramide parallèlement à sa base.
On donne AB = 4,5 cm ; SO = 6 cm et SO' = 2 cm.

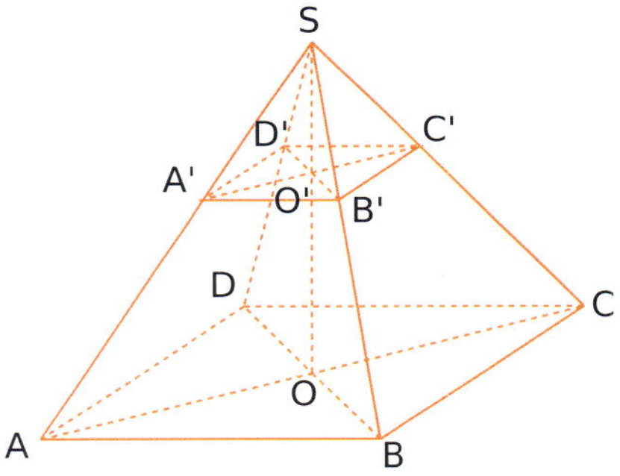

a. Que peut-on dire des droites (OA) et (O'A') ? (AB) et (A'B') ? (BC) et (B'C') ? Justifie.

b. Représente les triangles SOA et SAB en vraie grandeur.

c. Démontre que $\frac{A'B'}{AB} = \frac{B'C'}{BC} = \frac{C'D'}{CD} = \frac{D'A'}{DA}$.
Déduis-en la nature du quadrilatère A'B'C'D'.

d. Quelle est la nature de la pyramide SA'B'C'D' ?

e. Calcule le volume de la pyramide SABCD puis déduis-en celui de la pyramide SA'B'C'D'.

2. Section d'un cône de révolution par un plan parallèle à la base

Le triangle SOA rectangle en O engendre un cône de révolution de hauteur 20 cm et de rayon de base 5 cm. On réalise la section de ce cône par le plan parallèle à la base passant par O', un point de [SO], tel que SO' = 2 cm.

a. Calcule O'A' et SA'.

b. Calcule les valeurs exactes des volumes des deux cônes.

c. Par quel coefficient faut-il multiplier le volume du grand cône pour obtenir celui du petit cône ?

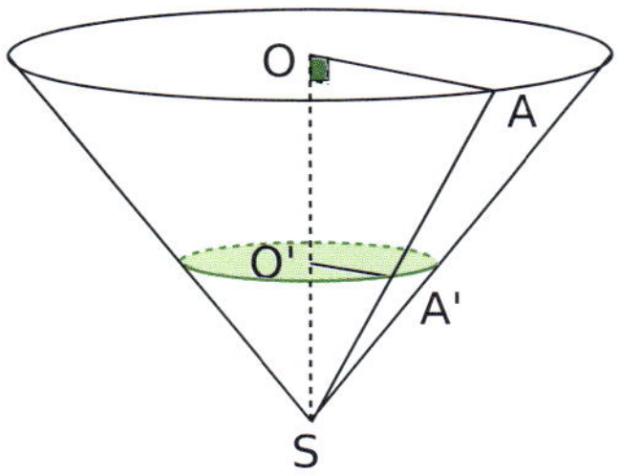

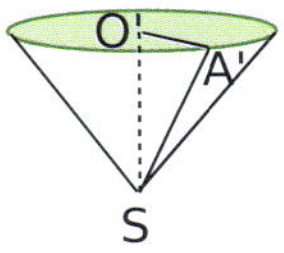

I - La sphère et la boule

A - Définitions

Définitions

La **sphère** de centre O et de rayon r ($r > 0$) est **l'ensemble des points M** tels que **OM** $= r$.
La **boule** de centre O et de rayon r ($r > 0$) est **l'ensemble des points M** tels que **OM** $\leqslant r$.

Remarques :

- On peut dire que la sphère est l'enveloppe de la boule (comme la peau d'une orange) tandis que la boule est l'intérieur.
- [AB] est un diamètre de la sphère (segment qui joint 2 points de la sphère passant par le centre de la sphère).
- Le cercle vert est un **grand cercle** de la sphère (cercle de centre O et de rayon r).

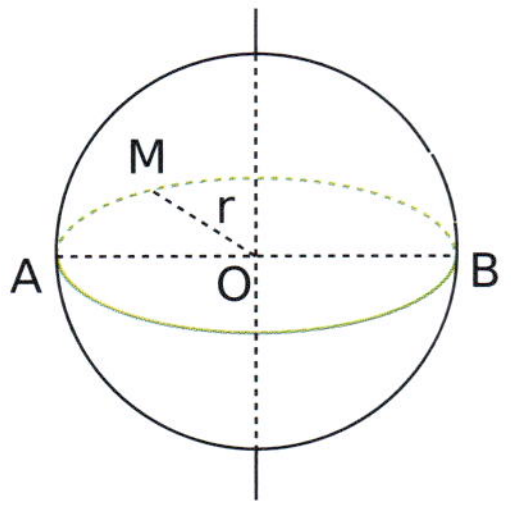

B - Section d'une sphère par un plan

→ ex 1 et 2

Propriétés

La section d'une sphère de centre O par un plan est un **cercle** de centre O'.
Lorsque le plan ne passe pas par le centre de la sphère, la droite (OO') est perpendiculaire au plan de section.

Quand la distance OO' correspond au rayon de la sphère, la section est alors réduite au point O'. On dit que le plan est **tangent à la sphère en O'**.

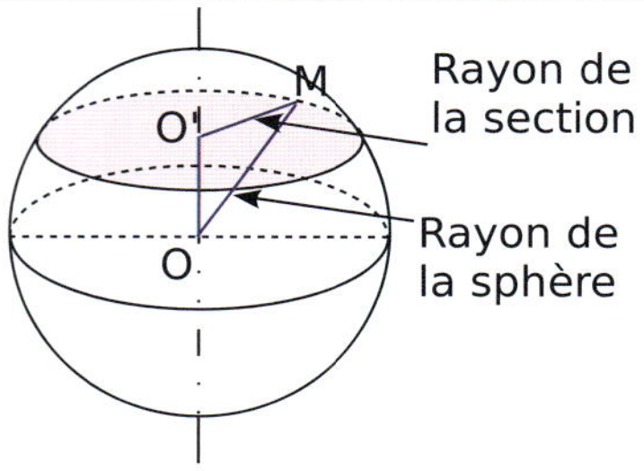

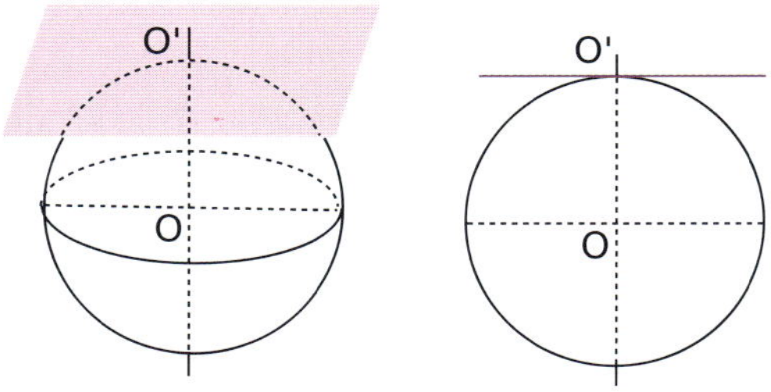

Exemple : Une sphère de rayon 4 cm est coupée par un plan à 3 cm de son centre. Donne la nature et les dimensions de la section.

La section d'une sphère par un plan est un cercle. M est un point de la section. La droite (OO') est perpendiculaire au plan de section et en particulier au rayon de la section [O'M].
Donc le triangle OO'M est rectangle en O'.

D'après le théorème de Pythagore :
$OM^2 = O'M^2 + O'O^2$.
$16 = O'M^2 + 9$
$O'M^2 = 16 - 9$
$O'M^2 = 7$
d'où $O'M = \sqrt{7}$ cm.

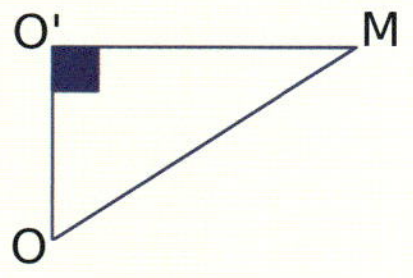

Le rayon de la section de cette sphère mesure $\sqrt{7}$ cm.

Remarques :

- Le rayon de la section est toujours plus petit ou égal au rayon de la sphère.
- Dans le cas où le plan de section passe par le centre de la sphère, le rayon de la section est égal au rayon de la sphère. La section est alors appelée grand cercle.

II - Sections de solides

A - Sections d'un parallélépipède rectangle

→ ex 3 à 5

Propriétés

La section d'un parallélépipède rectangle par **un plan parallèle à une face** est un **rectangle** de mêmes dimensions que cette face.

La section d'un pavé droit ou d'un cube par **un plan parallèle à une arête** est un **rectangle**, dont l'une des dimensions correspond à la longueur de cette arête.

Exemple 1 : On coupe le pavé droit ABCDEFGH par un plan parallèle à la face ABCD.

Donne la nature et les dimensions de la section.

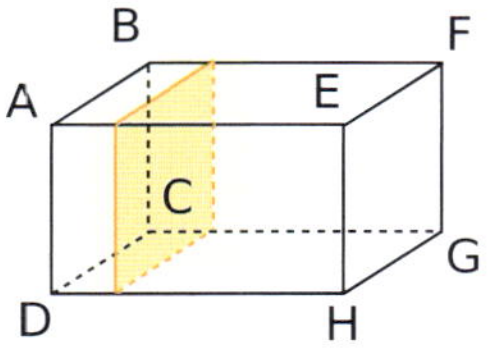

La section est un rectangle de mêmes dimensions que ABCD.

Remarque : Dans le cas particulier du cube, la section par un **plan parallèle à une face** est un **carré** de même dimension que cette face.

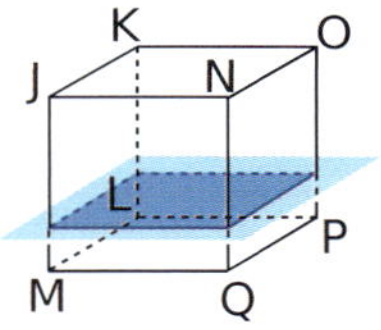

Exemple 2 : On coupe le pavé droit ABCDEFGH par un plan parallèle à l'arête [EH] de longueur 4 cm. Donne la nature et les dimensions de la section MNOP, sachant que EM = 3 cm et EP = 2 cm.

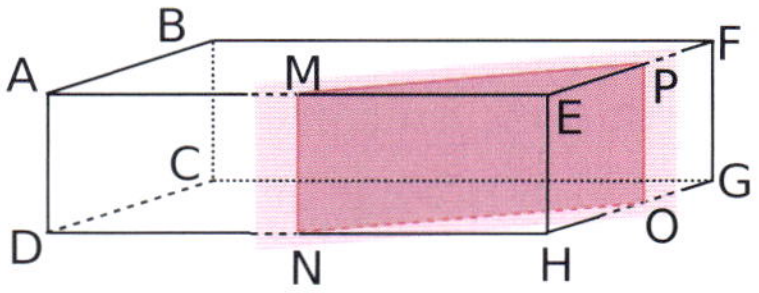

La section est le rectangle MNOP où MN = EH.
La face AEFB du pavé droit est un rectangle donc le triangle MEP est rectangle en E.
En appliquant le théorème de Pythagore dans ce triangle, on démontre que MP = $\sqrt{13}$.
Les dimensions de MNOP sont 4 cm et $\sqrt{13}$ cm.

B - Sections d'un cylindre de révolution

→ ex 6

Propriétés

La section d'un cylindre de révolution par **un plan perpendiculaire à son axe** est un **cercle** de même rayon que la base.

La section d'un cylindre de révolution par un **plan parallèle** à son axe est un **rectangle**.

Exemple 1 : On coupe un cylindre de révolution par un plan perpendiculaire à son axe.
Donne la nature et les dimensions de la section.

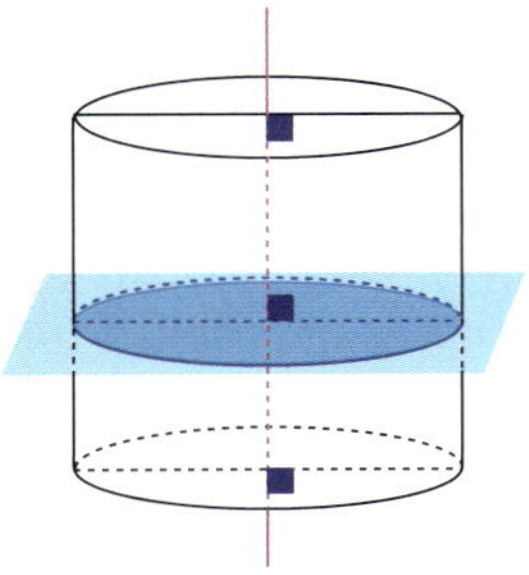

La section est un cercle de même rayon que la base.

Exemple 2 : On coupe un cylindre de révolution de hauteur 10 cm dont le rayon de la base est 3 cm, parallèlement à son axe, à 2 cm de celui-ci. Donne la nature et les dimensions de la section.

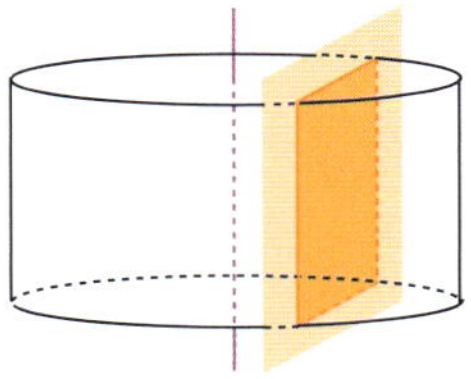

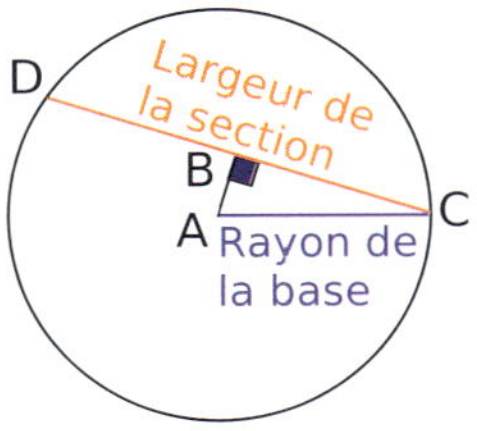

Vue de dessus

La section est un rectangle de longueur la hauteur du cylindre : ici, 10 cm.
En appliquant le théorème de Pythagore dans le triangle ABC, on démontre que DC = $2\sqrt{5}$.
Les dimensions de la section rectangulaire de ce cylindre sont 10 cm et $2\sqrt{5}$ cm.

C - Sections de pyramides et cônes

→ ex 7

Propriété

La section d'une pyramide ou d'un cône de révolution par un **plan parallèle à la base** est une **réduction de la base**.

Exemple 1 : On coupe une pyramide SABCD à base carrée de côté 3 cm et de hauteur 5 cm, par un plan parallèle à sa base à 4 cm du sommet.
Donne la nature et les dimensions de la section A'B'C'D'.

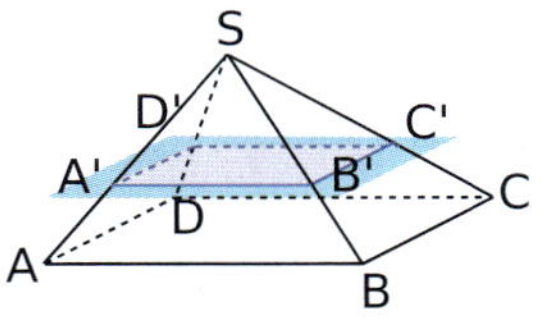

Le coefficient de réduction est

$k = \frac{4}{5}$ donc A'B' $= k \times$ AB $= \frac{4}{5} \times 3 = 2{,}4$ cm.

La section est donc un carré de côté 2,4 cm.

Exemple 2 : On coupe un cône de révolution par un plan parallèle à sa base. Donne la nature de la section.

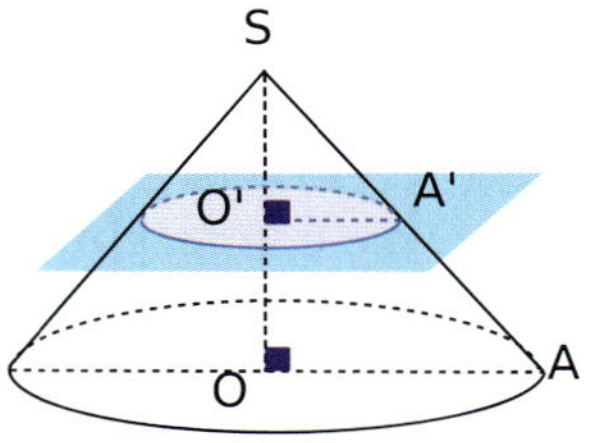

La section est une réduction de la base, c'est donc un cercle.

III - Aires et volumes

A - Aire et volume de la boule

→ ex 8 et 9

Formules

Pour calculer l'**aire $\mathcal{A}$ d'une sphère**, on utilise la formule : $\mathcal{A} = 4 \times \pi \times rayon^2$.

Pour calculer le **volume $\mathcal{V}$ d'une boule**, on utilise la formule : $\mathcal{V} = \frac{4}{3} \times \pi \times rayon^3$.

Exemple : Calcule l'aire d'une sphère et le volume d'une boule, toutes deux de rayon 5 cm.
Donne les valeurs exactes puis des valeurs approchées au dixième près.

$\mathcal{A} = 4 \times \pi \times rayon^2 = 4 \times \pi \times 5^2$

$\mathcal{A} = 100\pi$ cm² **valeur exacte**

$\mathcal{A} \approx 314{,}2$ cm² **valeur approchée**

$\mathcal{V} = \frac{4}{3} \times \pi \times rayon^3 = \frac{4}{3} \times \pi \times 5^3$

$\mathcal{V} = \frac{500}{3} \pi$ cm³ **valeur exacte**

$\mathcal{V} \approx 523{,}6$ cm³ **valeur approchée**

B - Effets des agrandissements ou réductions

→ ex 10

Propriété

Lors d'un agrandissement ou d'une réduction de **rapport k**,

- les longueurs sont **multipliées par k**,
- les aires sont **multipliées par k^2**,
- les volumes sont **multipliés par k^3**.

Exemple : Un aquarium a pour dimensions : **L 60 cm × l 30 cm × H 30 cm, la surface de ses vitres est 7 200 cm² et son volume est 54 000 cm³.** Thomas a réalisé une maquette de cet aquarium au sixième. Quels en sont les dimensions, la surface des vitres et le volume ?

Le coefficient de réduction est $k = \frac{1}{6}$.

- Les dimensions de la maquette sont : L 10 cm × l 5 cm × H 10 cm.
- La surface des vitres de la maquette est : $7\,200 \times \frac{1^2}{6^2} = 7\,200 \times \frac{1}{36} = 200$ cm².
- Le volume de la maquette est : $54\,000 \times \frac{1^3}{6^3} = 54\,000 \times \frac{1}{216} = 250$ cm³.

Exercices corrigés par animation

http://manuel.sesamath.net

1 Une sphère de rayon 7 cm est coupée par un plan à 5 cm de son centre.

a. Quelle est la nature de la section ?

b. Représente la section en vraie grandeur.

2 Une sphère de rayon 13 cm est coupée par un plan à 12 cm du centre.

a. Représente la sphère et la section en perspective.

b. Quel est le rayon de la section ?

3 Un pavé droit ABCDEFGH a pour dimensions AB = 5 cm, AD = 6 cm et AE = 8 cm. Il est coupé par un plan parallèle à l'arête [EH], le long de la diagonale [AF].

a. Représente en vraie grandeur la face ABFE et la section AFGD.

b. Détermine les dimensions exactes de cette section.

c. Donne la valeur arrondie au dixième de l'aire de cette section.

4 Reproduis la figure et complète le tracé du pavé droit en noir, et de la section parallèle aux faces horizontales en vert.

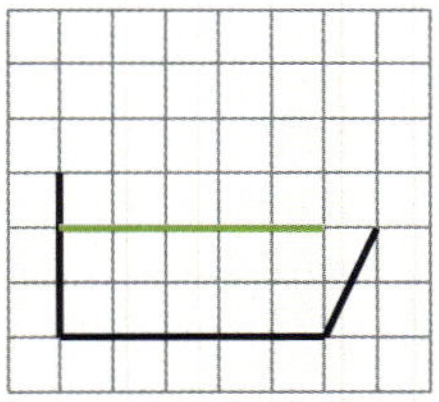

5 Reproduis la figure complète le tracé du cube en noir, et de la section parallèle aux faces verticales en bleu.

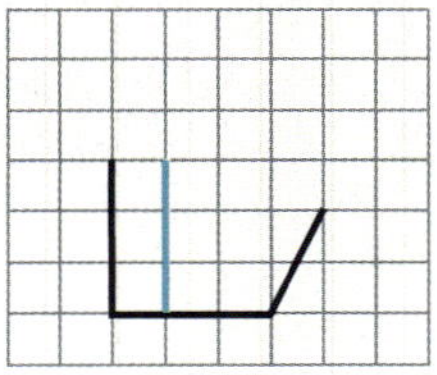

6 La section d'un cylindre de révolution de hauteur 12 cm par un plan parallèle à son axe a pour largeur 8 cm. La distance entre l'axe et la section est 3 cm. Quel est le rayon de la base de ce cylindre ?

7 Un verre à cocktail de forme conique de contenance 12,8 cL est rempli aux trois quarts de sa hauteur par un mélange de jus de fruits. Quel volume de jus de fruits contient-il ?

8 Calcule l'aire exacte d'une sphère de rayon 6,2 cm puis arrondis le résultat au cm^2.

9 Calcule le volume exact d'une boule de rayon 9 cm puis l'arrondi au mm^3.

10 Mihail fabrique deux pyramides dans du papier doré. Il réalise la deuxième en divisant toutes les longueurs de la première par 2. La surface de papier utilisé est-elle deux fois plus petite ? Le volume de l'objet obtenu est-il deux fois plus petit ?

Tous ces exercices sont également corrigés à la fin du manuel.

Sphères, boules

1 *Définitions*

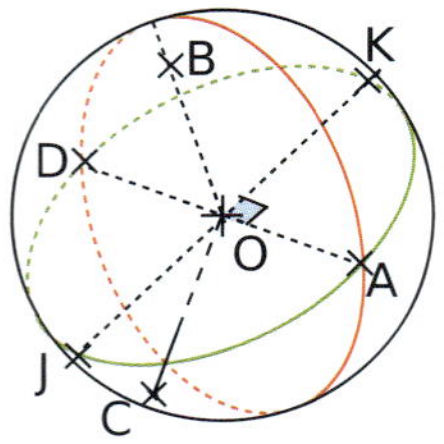

Le dessin ci-contre, qui n'est pas en vraie grandeur, représente une sphère de centre O et de rayon 5 cm. Les cercles rouge et vert sont des grands cercles.

a. Sur la figure, quels sont les points qui appartiennent à cette sphère ? Justifie.

b. En réalité, quelle est la longueur du segment [AD] ? Pourquoi ?

c. En réalité, quelle est la nature du triangle KAD ? Pourquoi ?

d. Calcule la longueur réelle du segment [AK].

2 *Perspective*

a. Représente en perspective une sphère de 4 cm de diamètre. On appelle O le centre de cette sphère.

b. Place sur cette sphère un point M puis un point N diamétralement opposé à M.

c. Place un point P à 2 cm du point O.

d. Indique la nature du triangle MPN. Justifie.

3 Un cornet de glace est assimilé à un cône de révolution de diamètre de base 6 cm et de hauteur 10 cm, surmonté d'une demi-boule de même diamètre.

a. Donne la hauteur totale du cornet de glace.

b. Représente ce cornet en perspective.

4 *Planète Terre*

On assimile la Terre à une sphère de rayon 6 378 km. L'équateur et les méridiens sont des grands cercles de cette sphère.

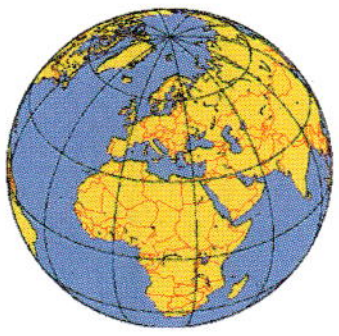

Source Wikipédia

a. Calcule la longueur de l'équateur.

b. Quelle est la distance entre le pôle Nord et le pôle Sud ?

c. L'aventurier Kévin Fog a réédité l'exploit de son arrière-grand-père : le tour du monde en quatre-vingts jours en survolant l'équateur à une hauteur de 1 000 m. Quelle a été sa vitesse moyenne en $km \cdot h^{-1}$?

Aires et volumes

5 *Un peu de calculs*

Dans chaque cas, donne la valeur exacte.

a. Volume d'une boule de 0,4 dm de rayon.

b. Aire d'une sphère de 24 cm de diamètre.

c. Volume d'un ballon rond de 240 mm de diamètre.

6 *Notre étoile*

Le Soleil est assimilé à une boule de 1 392 000 km de diamètre.

a. Calcule la surface du Soleil. Donne la réponse en notation scientifique.

b. Calcule le volume du Soleil. Donne la réponse en notation scientifique.

c. Sachant que la Terre a un rayon de 6 378 km, calcule son volume et donne la réponse en notation scientifique.

d. De combien de fois le Soleil est-il plus volumineux que la Terre ?

7 *Mon beau sapin*

Un pâtissier décide de fabriquer des boules de Noël en chocolat (fourrées). Sachant que le diamètre d'une boule est 2,5 cm, de quelle quantité de chocolat (en litres) ce pâtissier a-t-il besoin pour préparer 500 boules ?

8 *Comparaison*

Range dans l'ordre décroissant les volumes suivants :

- celui d'une boule de 3 dm de diamètre ;
- celui d'un cylindre de révolution de 3 dm de hauteur et de 3 dm de diamètre de base ;
- celui d'un cône de révolution de 3 dm de hauteur et de 3 dm de diamètre de base.

9 *Volume*

Un silo à grain est formé d'un cylindre de révolution de rayon 4,5 m et de hauteur 10 m, surmonté d'un cône de révolution de 2,5 m de hauteur et de même rayon.
Calcule le volume de ce silo, arrondi au m^3.

10 *Peinture*

Observatoire Tähtikallio en Finlande
GnuFDL 1.2 Seppo Linnaluoto

Un astronome décide de repeindre son observatoire formé d'un bâtiment cylindrique de 4,5 m de diamètre de base et de 3,5 m de haut, surmonté d'une demi-sphère (de même diamètre).
De quelle quantité de peinture mono-couche cet astronome aura-t-il besoin, sachant qu'il faut 1 L de peinture pour 12 m^2 ?

11 *Extrait du Brevet*

Une cloche à fromage en forme de demi-sphère de rayon 9 cm et une boîte cylindrique de même rayon ont le même volume.

a. Calculer le volume de la cloche. Donner la valeur exacte puis la valeur arrondie au cm^3.

b. Calculer la hauteur de la boîte cylindrique.

12 *Maquette*

On désire réaliser une maquette à l'échelle $\frac{1}{1\,500}$ de la pyramide de Khéops. C'est une pyramide régulière à base carrée de 231 m de côté et de 147 m de hauteur.

a. Quelles sont les dimensions de la maquette ? (Donne les arrondis au centimètre.)

b. Calcule le volume de cette maquette.

Sections

13 *Avec une boule*

Une boule de centre O, de rayon 8 cm, est coupée par un plan qui passe par le point A.
M est un point de cette section.

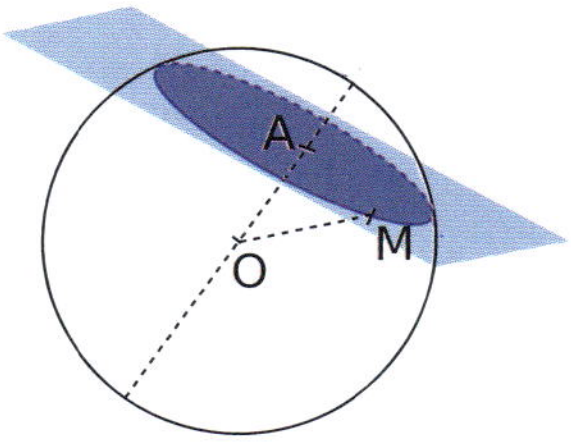

OA = 3 cm

a. Quelle est la nature de la section ?

b. Calcule l'aire exacte de la surface de cette section en cm^2.

14 *Quelle figure ?*

a. Quelle est la nature de cette section ?

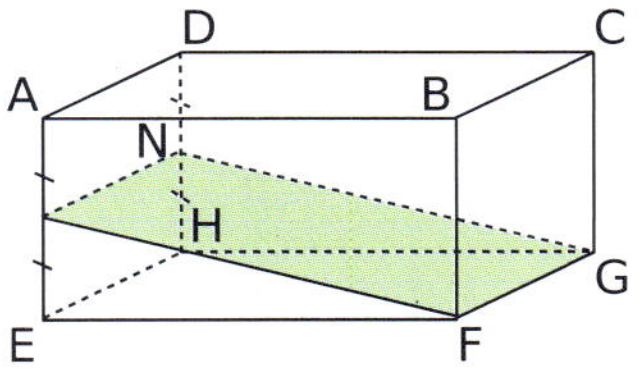

Justifie.

b. Représente-la en grandeur réelle sachant que AB = 5 cm ; BC = 3 cm ; BF = 2 cm et que N est le milieu du segment [DH].

15 *Avec un pavé droit*

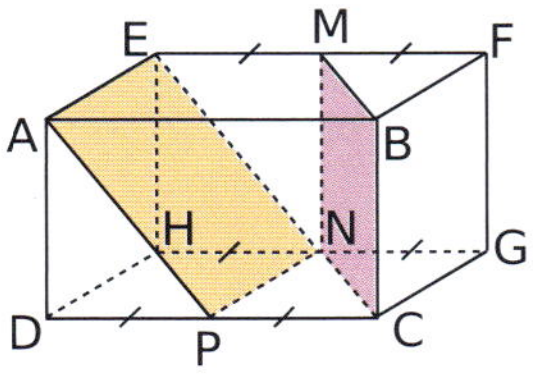

Un pavé droit ABCDEFGH est tel que AB = 6 cm ; BC = 4 cm et BF = 3 cm.
M, N et P sont les milieux respectifs de [EF], [HG] et [DC].

a. Quelle est la nature des quadrilatères AENP et BMNC ? Justifie ta réponse.

b. Compare les aires de ces deux quadrilatères.

16 *Avec un cylindre de révolution*

On réalise une section d'un cylindre de révolution de 3,5 cm de rayon de base et de 6 cm de hauteur, par un plan perpendiculaire à la base et passant par les centres des deux bases.

a. Quelle est la nature de la section ?

b. Représente cette section en grandeur réelle.

c. Calcule l'aire de la section en cm^2.

17 *Extrait du Brevet*

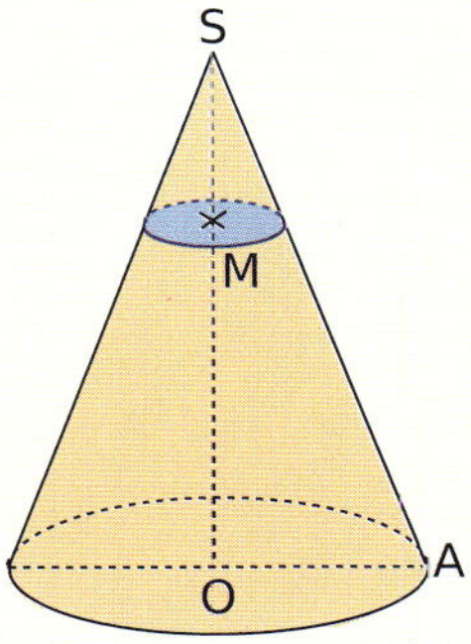

Le cône de révolution ci-contre, de sommet S, a une hauteur [SO] de 9 cm et un rayon de base [OA] de 5 cm.

a. Calculer le volume V_1 de ce cône au cm^3 près par défaut.

b. Soit M le point du segment [SO] tel que SM = 3 cm. On coupe le cône par un plan parallèle à la base passant par M. Calculer le rayon de cette section.

c. Calculer le volume V_2 du petit cône de sommet S ainsi obtenu, au cm^3 près par défaut.

18 *Avec une pyramide*

a. Dessine une représentation en perspective cavalière d'une pyramide régulière à base carrée de hauteur 9 cm et de côté de base 4,5 cm.

b. Calcule la valeur exacte de son volume.

c. Complète la représentation en traçant la section de la pyramide par un plan parallèle à la base, coupant la hauteur aux deux-tiers en partant du sommet.

d. Quelle est la nature de la section ? Justifie.

e. Calcule la valeur exacte du volume de la petite pyramide.

Agrandissement, réduction

19 *Agrandissement ?*

Le rectangle ANES est-il un agrandissement du rectangle FIGH ? Justifie.

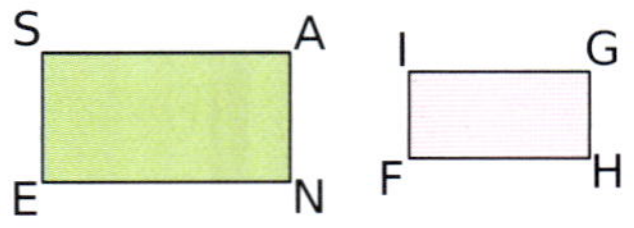

IG = 14 cm
GH = 9 cm
AS = 21 cm
SE = 12 cm

20 *Réduire*

a. On divise par trois le rayon d'une boule. Par quel coefficient sera divisé son volume ?

b. On multiplie par 0,75 les dimensions d'un cube. Par combien sera multipliée sa surface latérale ?

21 *Agrandissement*

On augmente les longueurs des côtés d'un carré de 20 %.

a. Quel est le coefficient d'agrandissement ?

b. De quel pourcentage augmente son périmètre ?

c. De quel pourcentage augmente son aire ?

22 *Quel coefficient ?*

a. Sur une carte, la distance entre Paris et Bordeaux est 23,3 cm et dans la réalité, 582,5 km. Quelle est l'échelle de cette carte ?

b. La surface de la France est 675 417 km². Quelle est la superficie de la France sur cette carte ? Donne la valeur approchée au cm² près par défaut.

23 *Un peu d'aire*

a. L'aire d'une sphère est 154 cm².
On multiplie son rayon par 2,5.
Calcule la nouvelle aire de la sphère.

b. La surface d'un champ est de 12 hectares.
On divise ses dimensions par 2,5.
Quelle sera sa nouvelle surface en m² ?

24 *Histoire de ballons*

a. Un ballon rond a un rayon de 12 cm. Calcule l'aire exacte de l'enveloppe de ce ballon.

b. Calcule la valeur exacte de son volume.

c. Quel serait le volume exact d'un autre ballon ayant une aire totale 16 fois plus petite ?

25 *Extrait du Brevet*

On considère qu'une boule de pétanque a pour volume 189 cm³ et que son rayon est le triple de celui du cochonnet.

Source Wikipédia. Domaine public.

a. Quel est le rapport de réduction du rayon ? (Donne une écriture fractionnaire ou décimale.)

b. En déduire le volume du cochonnet.

26 *Que d'eau !*

La Terre est assimilée à une sphère de rayon 6 378 km.

a. Calcule l'aire de la surface du globe terrestre. (Donne la valeur arrondie à l'unité.)

b. Les océans occupent 70,8 % de la surface du globe terrestre. Calcule l'aire de cette surface en km². (Donne la valeur arrondie à l'unité.)

27 *Pyramides*

On réalise la section d'une pyramide SABCD à base rectangulaire par un plan parallèle à sa base et passant par A'.

AB = 6,4 cm
BC = 4,8 cm
A'H' = 1,5 cm
SH = 15 cm

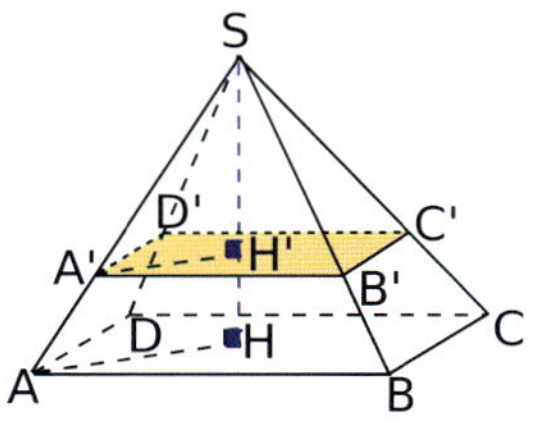

a. Calcule AH.

b. Quel est le coefficient de réduction entre les pyramides SABCD et SA'B'C'D' ?

c. Calcule les valeurs exactes des volumes des deux pyramides.

Exercices d'approfondissement

Calculs de volumes

28 *Ça déborde ?*

Un verre, représenté par un cylindre de révolution, de hauteur 10 cm et de rayon 4 cm, est rempli d'eau aux trois-quarts.

a. Exprime le volume d'eau en fonction de π.

b. On fait tomber par mégarde dans ce verre un glaçon assimilé à une boule de rayon 3 cm. Montre que le volume du glaçon, en cm^3, est 36π.

c. L'eau dans le verre va-t-elle déborder ? Si non, donne la hauteur atteinte par l'eau contenant le glaçon (avant qu'il ne fonde).

29 *Tennis*

Une boîte de forme parallélépipédique contient trois balles de tennis comme indiqué dans la figure ci-contre.

Calcule le pourcentage, arrondi à l'unité, du volume de la boîte occupé par les balles.

30 *Extrait du Brevet*

Une calotte sphérique est un solide obtenu en sectionnant une sphère par un plan.

Un doseur de lessive, représenté ci-contre, a la forme d'une calotte sphérique de centre O et de rayon OA = 4,5 cm. L'ouverture de ce récipient est délimitée par le cercle de centre H et de rayon HA = 2,7 cm. La hauteur totale de ce doseur est HK.

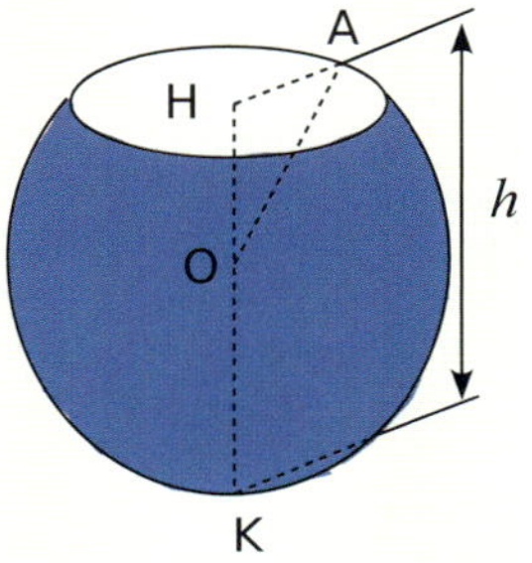

a. Dessiner en vraie grandeur le triangle AHO.

b. Calculer OH en justifiant puis en déduire que la hauteur totale [HK] du doseur mesure exactement 8,1 cm.

c. Le volume V d'une calotte sphérique de rayon R et de hauteur h est donné par la formule :

$$V = \frac{1}{3}\pi h^2(3R - h).$$

Calculer, en fonction de π, le volume exact du doseur en cm^3. En déduire la capacité totale arrondie au millilitre du doseur.

31 *Un peu de tout*

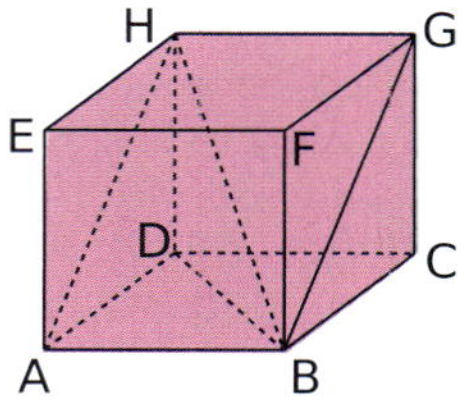

ABCDEFGH est un pavé droit dont les dimensions sont :
AB = 7,5 cm, BC = 6 cm, AE = 8 cm.

a. Montre que HA = 10 cm.

b. Justifie que ABGH est un rectangle puis fais-en une représentation en vraie grandeur.

c. Calcule la valeur exacte de HB. Déduis-en la mesure arrondie au degré de l'angle $\widehat{AHB}$.

d. Calcule le volume de la pyramide HABD.

e. Soit I le point de [HD] tel que HI = 2 cm.
Le plan parallèle à la face ABCD et passant par le point I coupe [HA] en J et [HB] en K.
La pyramide HIJK est une réduction de la pyramide HABD.
Détermine le rapport de cette réduction.

f. Déduis-en l'aire du triangle IJK et le volume de la pyramide HIJK.

32 *Mmm...*

Un cornet de glace est formé par un cône de révolution de hauteur 10 cm et une demi-boule de rayon 3 cm.

Calcule la quantité de glace, en cL, nécessaire pour confectionner ce cornet (le cône étant rempli complètement de glace).

Sections

33 *Quille*

On veut construire une quille formée d'un cylindre de révolution surmonté d'une calotte sphérique. On dispose d'un cylindre de 8 cm de diamètre et de hauteur 18 cm et d'une boule de 10 cm de diamètre. À quelle distance de son centre faut-il couper la boule pour pouvoir l'assembler exactement avec le cylindre ?

34 *Section d'un cylindre*

Un cylindre de révolution a pour hauteur 5 m. On le coupe par un plan parallèle à son axe situé à 4 m de celui-ci. La section est un rectangle dont les dimensions sont 5 m et 24 m. Calcule la longueur exacte du rayon du cylindre et donne son arrondi au centimètre.

35 *Repérage sur la sphère terrestre*

On assimile la Terre à une boule de centre O et de rayon 6 378 km.
La ville de Madrid est située sur le parallèle de latitude 40° Nord. H est le centre du cercle correspondant à ce parallèle.

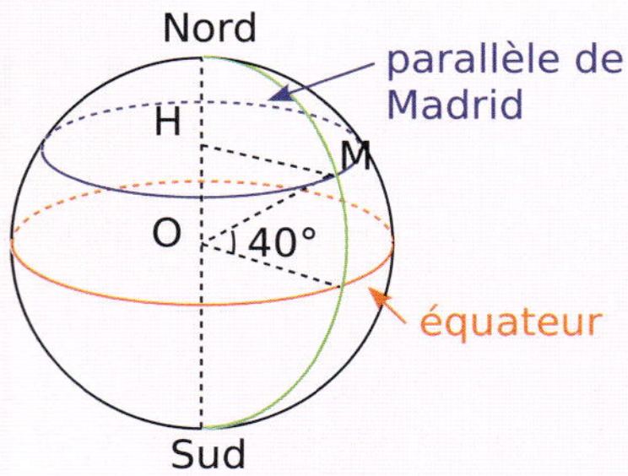

a. Quelle est la longueur HM ? Justifie.

b. Calcule la longueur du parallèle de Madrid.

c. La longitude de Madrid est 3° Ouest.
Recherche les coordonnées géographiques d'une ville de même latitude que Madrid.
Calcule alors la distance séparant ces deux villes sur leur parallèle, sachant que la longueur d'un arc de cercle est proportionnelle à l'angle au centre.

36 *Repérage sur la sphère terrestre (bis)*

On assimile la Terre à une boule de centre O et de rayon 6 378 km.
Les coordonnées géographiques de Stockholm, Le Cap et Pécs sont données dans le tableau.

Lieu	Latitude	Longitude
Le Cap	33° S	18° E
Stockholm	59° N	18° E
Pécs	46° N	18° E

a. Que remarques-tu concernant les coordonnées géographiques de ces trois villes ? Représente les données de l'énoncé par un schéma similaire à celui de l'exercice précédent où figurera le méridien de Greenwich.

b. Quel est l'angle entre Stockholm, le centre de la Terre et Le Cap ? Déduis-en la distance séparant ces deux villes sur ce méridien, sachant que la longueur d'un arc de cercle est proportionnelle à l'angle au centre.

c. De même, calcule la distance entre Pécs et Stockholm le long de leur méridien commun.

d. Recherche la définition du mot « antipode ». Donne les coordonnées géographiques du point de la Terre aux antipodes de Stockholm. Dans quel océan est-il situé ? Près de quel pays ?

Réduction, agrandissement

37 *À moitié vide ou à moitié pleine ?*

Une salière est représentée par un cône de révolution de rayon 3 cm et de hauteur 7 cm. Le sel forme un tronc de cône de hauteur h en cm et dont le disque supérieur est de rayon r en cm.

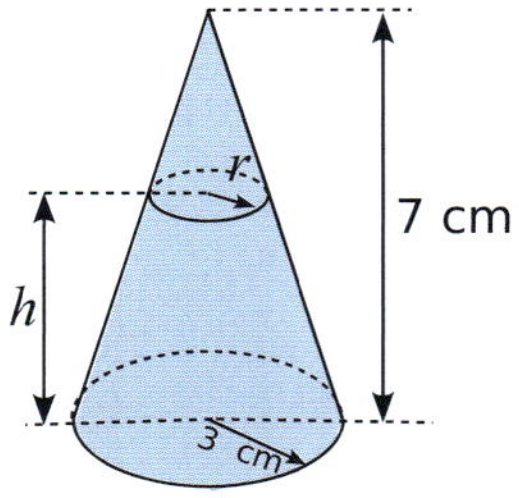

a. Calcule le volume de la salière.

b. Montre que $\frac{7-h}{7} = \frac{r}{3}$.

c. Montre que la hauteur h en cm, atteinte par le sel pour que la salière soit remplie à la moitié de son volume, doit vérifier l'équation :

$$(7-h)^3 = 171{,}5$$

d. En utilisant un tableur, déduis-en l'arrondi au mm de la hauteur atteinte par le sel lorsque la salière est remplie à moitié.

38 *Extrait du Brevet*

Sur la figure ci-contre, SABCD est une pyramide à base carrée de hauteur [SA] telle que AB = 9 cm et SA = 12 cm. Le triangle SAB est rectangle en A.

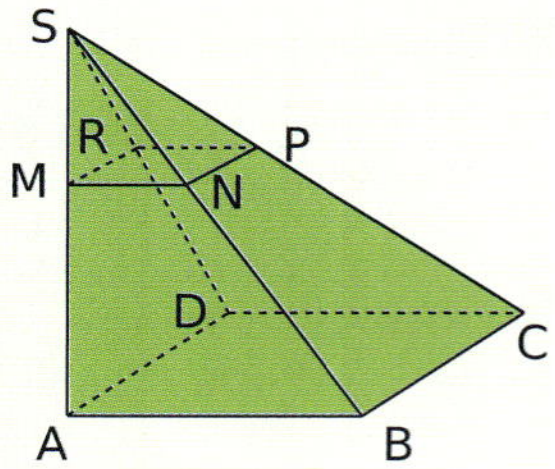

Soit M un point de [SA] tel que SM = x cm, où x est compris entre 0 et 12. On appelle MNPR la section de la pyramide SABCD par le plan parallèle à la base passant par M.

a. Montrer que MN = 0,75 x.

b. Soit $A(x)$ l'aire du carré MNPR en fonction de x. Montrer que $A(x) = 0{,}562\ 5\ x^2$.

c. Recopier et compléter le tableau ci-dessous.

x en cm	0	2	4	6	8	10	12
$A(x)$ en cm²							

d. Placer dans un repère les points d'abscisse x et d'ordonnée $A(x)$ donnés par le tableau.

e. L'aire de MNPR est-elle proportionnelle à la longueur SM ? Justifier à l'aide du graphique.

Travailler en groupe

1 *Sections planes d'un solide*

1re Partie : Sections rectangulaires

Toutes les longueurs seront arrondies au millimètre.

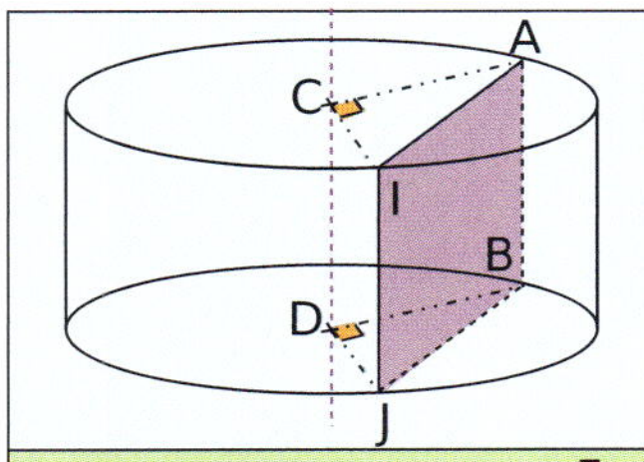

Figure 1 :

CA = 8 cm
CD = AB = IJ = 5 cm

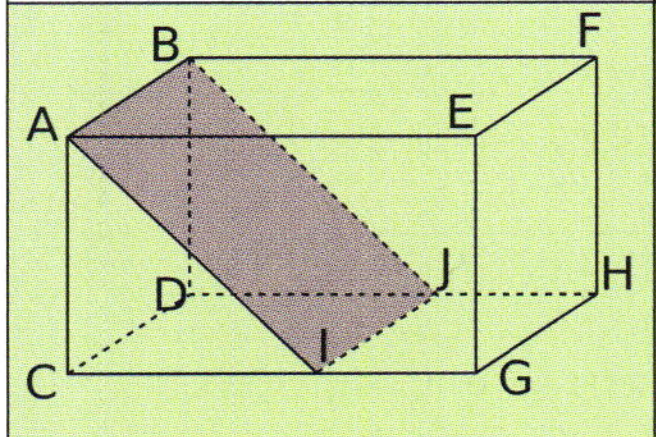

Figure 2 :

AB = 5 cm
AC = 6 cm
CI = DJ = 6 cm
CG = 10 cm

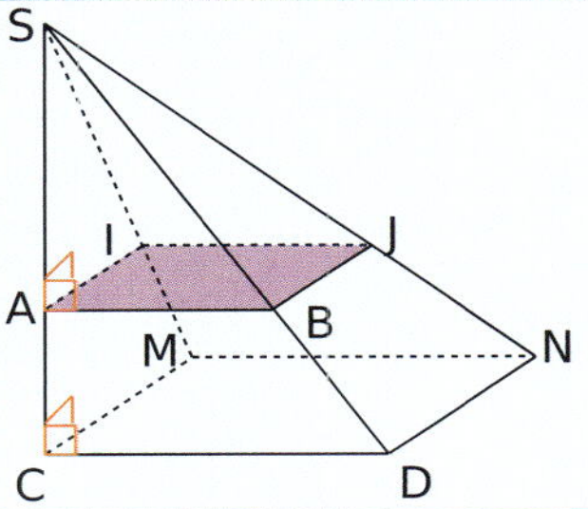

Figure 3 :

CD = 8 cm
CM = 6 cm
SC = 7 cm
SA = 5 cm
Le plan contenant A, B, J et I est parallèle à la base.

Représentez en vraie grandeur les rectangles ABJI issus des sections des trois solides représentés ci-dessus.

2e Partie : Triangles dans l'espace

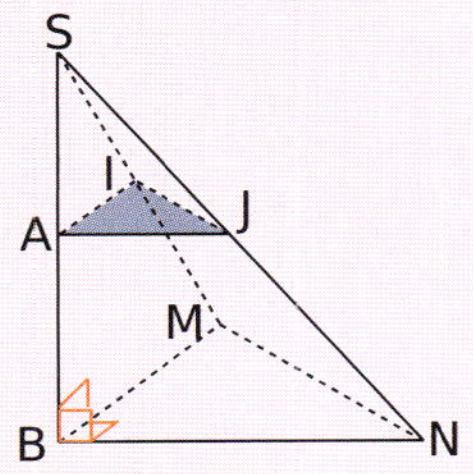

Figure 4 :

BN = 10 cm
MN = 14 cm
SA = 5 cm
SB = 12 cm
Le plan contenant A, J et I est parallèle à la base.

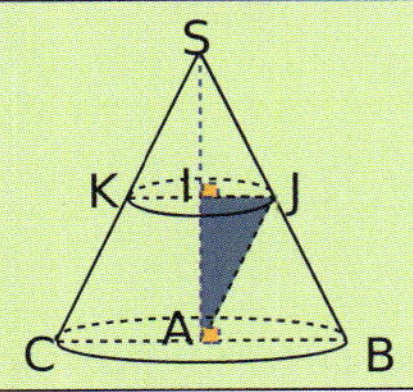

Figure 5 :

SA = 9 cm
SB = 11 cm
SJ = 5 cm
Le disque de centre I est parallèle à la base.

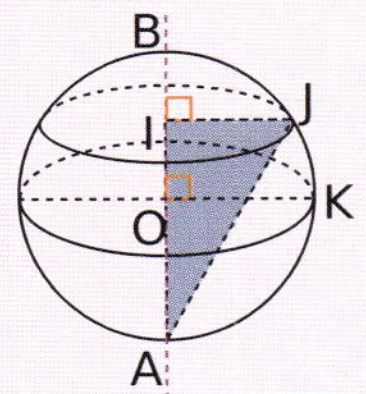

Figure 6 :

OI = 3 cm
OK = 7 cm
Le disque de centre I est parallèle au disque de centre O.

Retrouvez le solide dont le triangle AIJ est une section dans chacun des cas suivants.

- Cas 1 : AI = $\frac{54}{11}$ cm
- Cas 2 : AJ = $\frac{25}{6}$ m
- Cas 3 : IJ = $2\sqrt{10}$ cm

3e Partie : Sections indéterminées

a. À l'aide des six figures précédentes et sans créer de nouveaux points, construisez en vraie grandeur trois sections : une circulaire, une triangulaire et une rectangulaire.

b. Échangez, avec les autres groupes, les dessins des trois sections en indiquant sur chacune d'elles le numéro de la figure dont elle est issue.
Retrouvez alors, sur la figure indiquée, le plan de coupe pour chaque section dessinée.

2 *Optimisation*

Le but de cet exercice est d'étudier l'optimisation de l'emballage de trois boules de pétanque de diamètre 8 cm chacune.

1re Partie : Étude de différents emballages

Choisissez une forme d'emballage parmi celles proposées ci-dessous, puis calculez le volume intérieur de la boîte, le taux de remplissage et la surface extérieure de la boîte, pour l'emballage choisi.

- Cylindre de révolution, permettant d'empiler les trois boules verticalement, dont les dimensions sont à déterminer.
- Parallélépipède rectangle dont les dimensions sont à déterminer.
- Prisme à base triangulaire dont les trois côtés du triangle mesurent 21,9 cm et la hauteur mesure 8 cm.
- Sphère de 8,7 cm de rayon.
- Cylindre de révolution de rayon 8,7 cm et de hauteur 8 cm.
- Une figure dont la forme et les dimensions sont au libre choix du groupe.

2e Partie : Comparaison et optimisation

a. La classe regroupe alors les informations de chaque groupe dans un tableau. Le tableau comportera trois lignes indiquant la forme de boîte choisie, le taux de remplissage et la surface extérieure.

b. À l'aide de ce tableau, chaque groupe indique quelle est la boîte qui lui semble la plus intéressante à fabriquer en indiquant les critères qu'il a retenus.

Se tester avec le QCM !

		R1	R2	R3	R4
1	L'aire d'une sphère de rayon 3 cm est...	12π cm²	36π cm²	113 cm²	24π cm²
2	Le volume d'une boule de rayon 5 cm est...	523 cm³	$\frac{500}{3}\pi$ cm³	167π cm³	$\frac{125}{3}\pi$ cm³
3	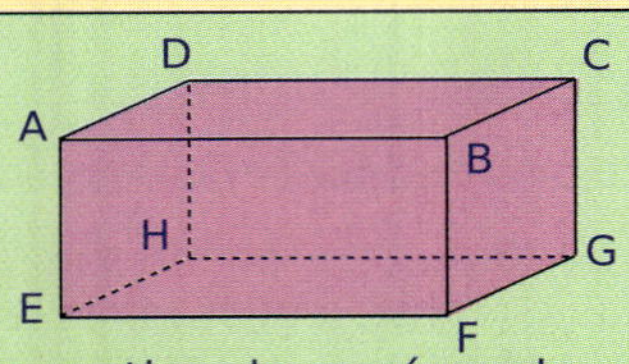 La section du pavé par le plan parallèle à l'arête [BF] passant par A et C est...	le rectangle ACGE	le triangle ACE	le rectangle ABCE	le rectangle ADHE
4	La section d'un cylindre par un plan peut être...	un rectangle	un disque	un triangle	un carré
5	La section d'une sphère de rayon R par un plan peut être...	un cercle de rayon inférieur à R	un cercle de rayon R	un cercle de rayon supérieur à R	un point
6	Un objet est agrandi à l'échelle 2 donc...	on ajoute 2 à chaque longueur	on multiplie chaque longueur par 2	son aire est multipliée par 2	son volume est multiplié par 2
7	On triple le rayon d'une sphère, son volume est multiplié par...	3	6	9	27
8	Une pyramide est réduite à l'échelle $\frac{2}{3}$, son volume est...	multiplié par $\frac{8}{27}$	divisé par $\frac{8}{27}$	multiplié par 0,296	divisé par 3,375
9	Un cône de révolution a une hauteur [SO] de 10 cm et son rayon de base est de 4 cm. On coupe ce cône par un plan parallèle à la base et passant par O', un point de [SO], tel que SO' = 8 cm, donc...	la section est un triangle isocèle	la section est un disque de rayon 2 cm	la section est un disque de rayon 3,2 cm	on obtient un « petit cône » qui est une réduction du cône de départ à l'échelle 0,8

Pour aller plus loin

Volume et échelle

a. Sur une maquette à l'échelle d'un parc de loisirs, un bâtiment a pour volume 3,6 cm³.

Le volume réel de ce bâtiment est 450 m³.

Calcule l'échelle de la maquette. (Tu donneras le résultat sous la forme d'un nombre décimal puis sous la forme $\frac{1}{n}$ avec n un nombre entier.)

b. Dans ce même parc, un bassin a la forme d'une demi-sphère dont le rayon est égal à 2 m.

- Calcule la quantité d'eau, en litres, que peut contenir ce bassin.
- Déduis-en la quantité d'eau que peut contenir le bassin de la maquette.

Angles et polygones

G4

Activité 1 : Des angles dans un cercle

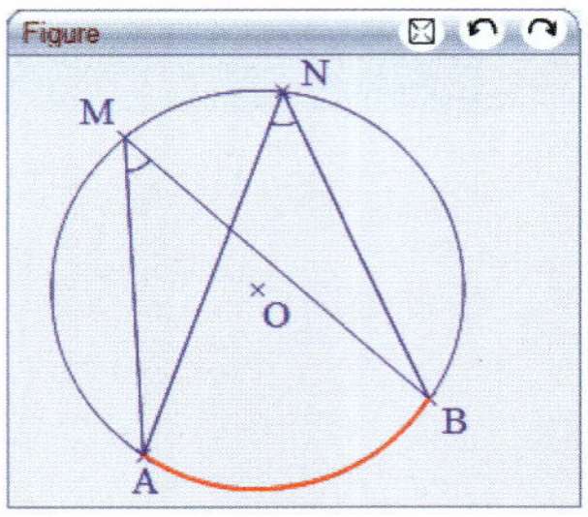

1. Conjecture avec TracenPoche

Construis un cercle de centre O et de rayon 5 unités en utilisant le bouton . À l'aide du bouton , place quatre points A, B, M et N sur le cercle. Marque les angles $\widehat{AMB}$ et $\widehat{ANB}$ (utilise).

a. Les angles $\widehat{AMB}$ et $\widehat{ANB}$ sont appelés **angles inscrits** dans le cercle.
Quel te semble être le sens de cette appellation ?

b. Mesure les angles $\widehat{AMB}$ et $\widehat{ANB}$ en utilisant le bouton .
Compare les mesures des angles $\widehat{AMB}$ et $\widehat{ANB}$ pour différentes positions de M.

c. Comment caractériserais-tu les positions de M lorsque les angles $\widehat{AMB}$ et $\widehat{ANB}$ ont la même mesure ?

d. Que faut-il faire pour changer la mesure de l'angle $\widehat{ANB}$?

2. Angle au centre avec TracenPoche

Construis l'angle au centre $\widehat{AOB}$.

a. Pourquoi l'angle $\widehat{AOB}$ est-il appelé angle au centre du cercle ?

b. Quel est l'arc de cercle intercepté par l'angle $\widehat{AOB}$?

c. Fais apparaître la mesure de l'angle $\widehat{AOB}$.
Quelle relation semble-t-il y avoir entre les mesures de $\widehat{AOB}$ et $\widehat{AMB}$ lorsque ces deux angles interceptent le même arc de cercle ?

3. Démonstration

A, B et M sont trois points du cercle de centre O de telle sorte que les angles $\widehat{AMB}$ et $\widehat{AOB}$ interceptent l'arc de cercle $\overset{\frown}{AB}$. Montrons que $\widehat{AOB} = 2 \times \widehat{AMB}$.

a. Premier cas : [AM] est un diamètre du cercle.
On désigne par x la mesure en degrés de l'angle $\widehat{AMB}$.

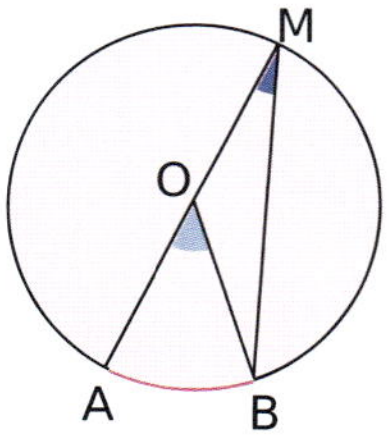

- Quelle est la nature du triangle OMB ? Justifie ta réponse.
- Exprime les mesures des angles du triangle OMB en fonction de x.
- Déduis-en la mesure de l'angle $\widehat{AOB}$.

b. Deuxième cas : Le point O appartient au secteur angulaire $\widehat{AMB}$.
On appelle N le point du cercle de sorte que [MN] soit un diamètre.

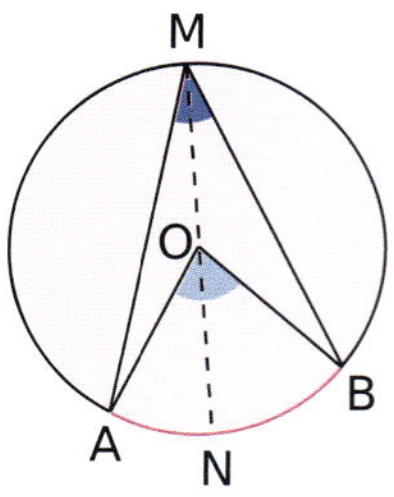

- Que dire des angles $\widehat{AMN}$ et $\widehat{AON}$?
- Que dire des angles $\widehat{NMB}$ et $\widehat{NOB}$?
- Montre alors que, dans ce cas, la propriété est vérifiée.

c. Troisième cas : Le point O n'appartient pas au secteur angulaire $\widehat{AMB}$.
En considérant le diamètre [MN], montre comme au deuxième cas que $\widehat{AOB} = 2 \times \widehat{AMB}$.

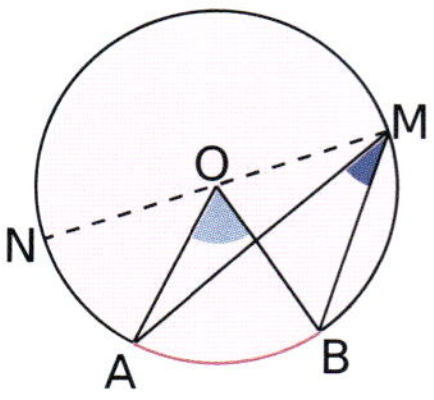

Activité 2 : Polygones réguliers

1. Les polygones

a. Recherche le nom des polygones qui ont entre 3 et 12 côtés.

b. Recherche les particularités que possèdent les polygones réguliers.

2. Les triangles

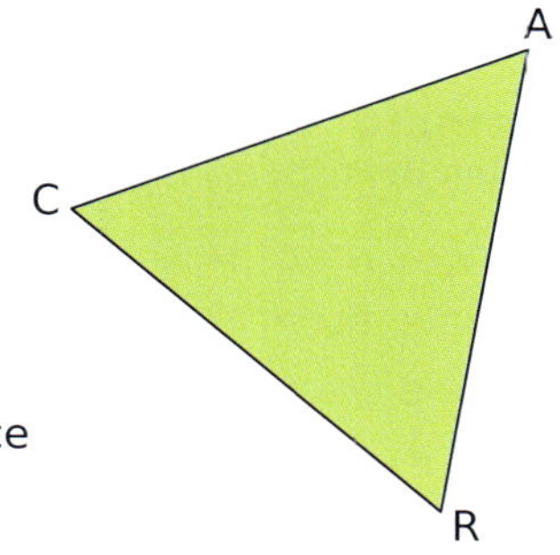

a. Parmi les triangles, lesquels sont des polygones réguliers ?

b. Construis un tel triangle CAR de côté 5 cm.
On appelle O le centre de son cercle circonscrit.

c. Que représentent les droites (AO), (RO) et (CO) pour ce triangle ?

d. Détermine la mesure des angles $\widehat{COA}$, $\widehat{AOR}$ et $\widehat{ROC}$.

e. Construis un triangle équilatéral inscrit dans un cercle de centre O et de rayon 6 cm.

3. Les quadrilatères

a. Parmi les quadrilatères, lesquels sont des polygones réguliers ?

b. Construis un tel quadrilatère DIME de côté 5 cm.
On appelle O le centre de son cercle circonscrit.

c. Détermine la mesure des angles $\widehat{DOI}$, $\widehat{IOM}$, $\widehat{MOE}$ et $\widehat{EOD}$.

d. Construis un carré inscrit dans un cercle de centre O et de rayon 4 cm.

4. Une rosace

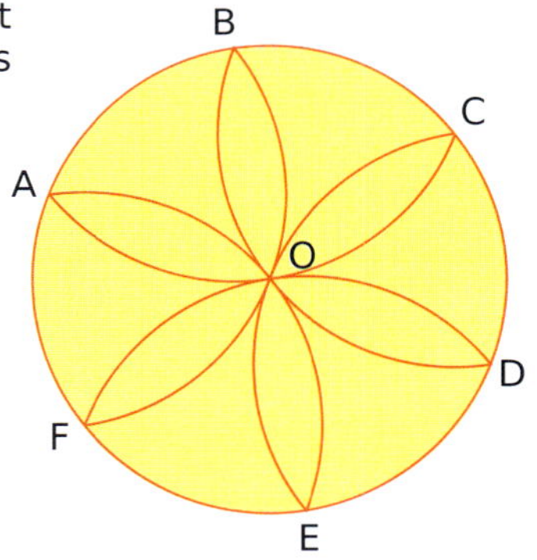

a. Construis un cercle ($\mathscr{C}$) de centre O et de rayon 4 cm et la rosace inscrite dans ce cercle dont les sommets s'appellent A, B, C, D, E et F.

b. Quelle est la nature du polygone ABCDEF ?

c. Quelle est la nature des triangles AOB, BOC, COD, DOE, EOF et AOF ? Justifie ta réponse.

d. Montre que les angles de ce polygone ont la même mesure.

e. Quelles sont les mesures des angles au centre $\widehat{AOB}$, $\widehat{BOC}$, $\widehat{COD}$, $\widehat{DOE}$, $\widehat{EOF}$ et $\widehat{FOA}$?

f. Propose une méthode de construction de ce polygone en utilisant le rapporteur.

5. Polygone régulier à n côtés

a. En t'aidant des réponses aux questions précédentes, détermine la mesure d'un angle au centre déterminé par deux sommets consécutifs d'un polygone régulier à n côtés.

b. Propose une méthode de construction d'un polygone régulier à n côtés.

c. Construis un polygone régulier à huit côtés inscrit dans un cercle de centre O et de rayon 5 cm.

d. Calcule la mesure de l'angle formé par deux côtés consécutifs de cet octogone.

Cours et méthodes essentielles

I - Angle inscrit

→ ex 1 et 2

Définitions

Un **angle inscrit dans un cercle** est un angle dont le sommet est un point du cercle et dont les côtés coupent le cercle en des points distincts du sommet.
La portion de cercle comprise entre les deux côtés de l'angle s'appelle l'**arc de cercle intercepté**.

Exemple 1 : Donne le nom des arcs de cercle interceptés par les angles inscrits dans le cercle ci-dessous.

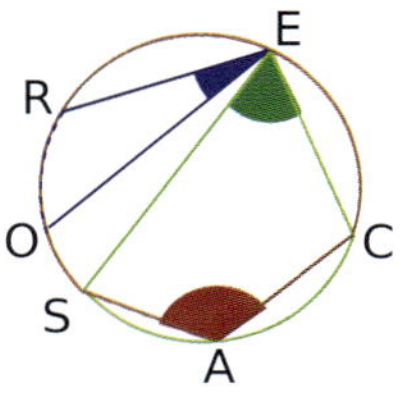

L'angle inscrit $\widehat{REO}$ intercepte le petit arc de cercle $\overset{\frown}{RO}$.
L'angle inscrit $\widehat{SEC}$ intercepte le petit arc de cercle $\overset{\frown}{SC}$.
L'angle inscrit $\widehat{SAC}$ intercepte le grand arc de cercle $\overset{\frown}{SC}$.

Exemple 2 : Les angles $\widehat{UNE}$; $\widehat{AVE}$ et $\widehat{ANS}$ sont-ils des angles inscrits dans le cercle $(\mathscr{C})$? Si oui, donne le nom de l'arc intercepté.

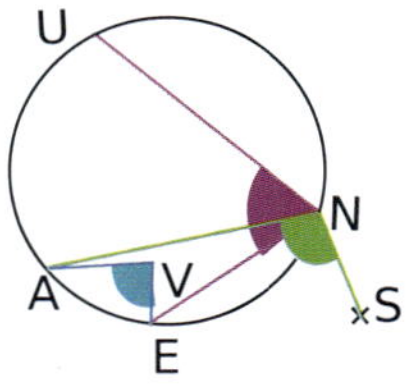

- Le sommet de l'angle $\widehat{UNE}$ appartient au cercle et ses côtés recoupent le cercle $(\mathscr{C})$ en U et E : l'angle $\widehat{UNE}$ est un angle inscrit dans le cercle $(\mathscr{C})$. Il intercepte l'arc $\overset{\frown}{UE}$.
- Le sommet de l'angle $\widehat{AVE}$ n'est pas un point du cercle : l'angle $\widehat{AVE}$ n'est pas un angle inscrit dans le cercle $(\mathscr{C})$.
- Le côté [NS) de l'angle $\widehat{ANS}$ ne coupe le cercle qu'en N : l'angle $\widehat{ANS}$ n'est pas un angle inscrit dans le cercle $(\mathscr{C})$.

Propriété

Si deux angles sont **inscrits dans un même cercle** et s'ils **interceptent le même arc**, alors ils ont la même mesure.

Exemple 3 : Sur la figure ci-contre, l'angle $\widehat{OTE}$ mesure 67°.
Détermine la mesure de l'angle $\widehat{OLE}$.

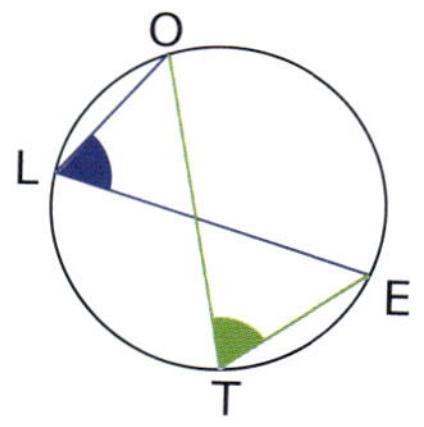

Les angles $\widehat{OTE}$ et $\widehat{OLE}$ sont inscrits dans le cercle $(\mathscr{C})$.
Ils interceptent tous les deux l'arc $\overset{\frown}{OE}$.
Donc ils ont la même mesure.
L'angle $\widehat{OTE}$ mesure 67°.
Donc l'angle $\widehat{OLE}$ mesure 67°.

II - Angle au centre

→ ex 3

Définitions

Un **angle au centre** du cercle $(\mathscr{C})$ est un angle dont le sommet est le centre du cercle $(\mathscr{C})$.
La portion de cercle comprise entre les deux côtés de l'angle s'appelle l'**arc de cercle intercepté**.

Exemple 1 : Sur la figure ci-contre, I est le centre du cercle.
Quel est l'angle au centre associé à l'angle inscrit $\widehat{MER}$?

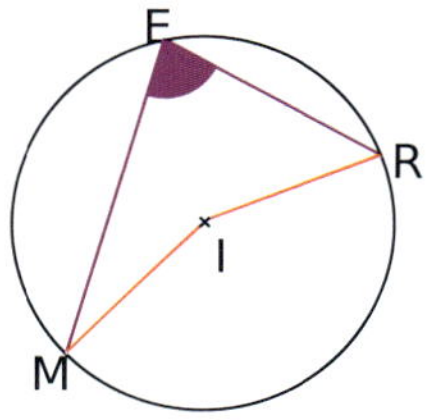

L'angle au centre associé à l'angle inscrit $\widehat{MER}$ est l'angle $\widehat{MIR}$.
Ces deux angles interceptent le même arc.

Propriété

Si un **angle inscrit** dans un cercle et un **angle au centre** (son sommet est le centre du cercle) interceptent le même arc de cercle, alors l'angle au centre mesure le double de l'angle inscrit.

Exemple 2 : La figure ci-contre représente un cercle ($\mathscr{C}$) de centre O. L'angle $\widehat{CIL}$ mesure 76°. Détermine la mesure de l'angle $\widehat{COL}$.

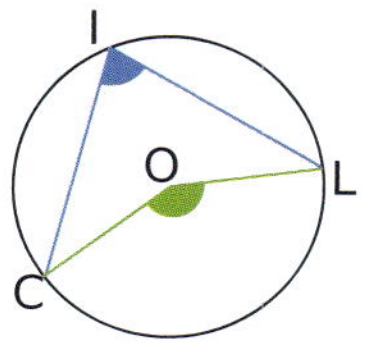

Dans le cercle, l'angle inscrit $\widehat{CIL}$ et l'angle au centre $\widehat{COL}$ interceptent le même arc $\overset{\frown}{CL}$.
Donc l'angle au centre $\widehat{COL}$ mesure le double de l'angle inscrit $\widehat{CIL}$.
$\widehat{COL} = 2 \times \widehat{CIL} = 2 \times 76^\circ = 152^\circ$

III - Polygones réguliers

→ ex 4 et 5

Définition

Un **polygone** est **régulier** lorsque tous ses côtés ont la même longueur et tous ses angles ont la même mesure.

Exemple 1 : Quelle est la mesure des angles d'un hexagone régulier ?

ABCDEF est un hexagone de centre O inscrit dans le cercle ($\mathscr{C}$) de centre O. Tous ses côtés sont donc égaux au rayon du cercle.
Les triangles OAB, OBC, OCD, ODE, OEF et OFA sont équilatéraux donc leurs angles sont tous égaux à 60°. On en déduit donc que tous les angles d'un hexagone sont égaux à 60° × 2 = 120°.

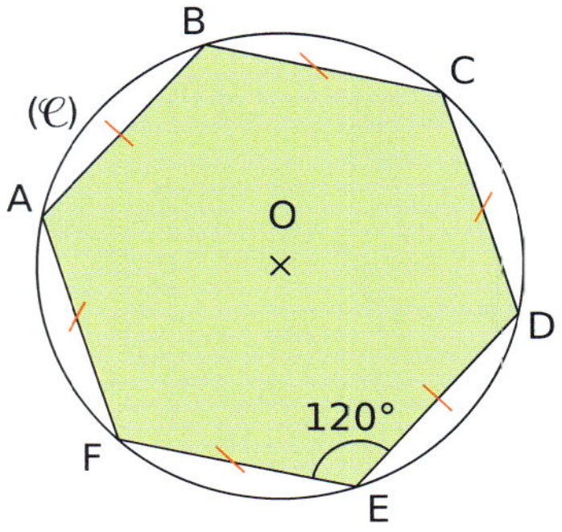

Propriété

Un polygone régulier à n côtés est **inscriptible** dans un cercle. Tous les angles au centre déterminés par deux sommets consécutifs du polygone ont la même mesure.

Exemple 2 : Construis un cercle de centre O. Inscris un pentagone ABCDE dans ce cercle.

Un pentagone a cinq côtés. Les angles au centre déterminés par deux sommets consécutifs du polygone sont tous égaux à 72° (360 ÷ 5 = 72).

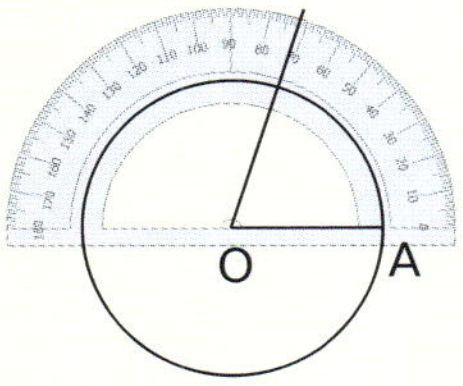

On construit le cercle et l'un de ses rayons [OA] et un autre rayon [OB] tel que $\widehat{AOB}$ = 72°.

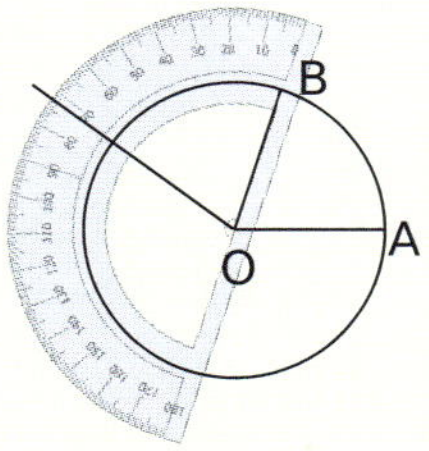

On trace un autre rayon [OC] tel que $\widehat{BOC}$ = 72°.

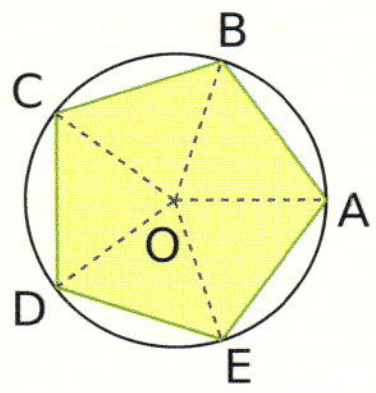

Ainsi de suite jusqu'à obtenir le pentagone ABCDE.

Exercices corrigés par animation

http://manuel.sesamath.fr

1 Sur la figure ci-dessous, les angles $\widehat{ASO}$ et $\widehat{ATO}$ ont-ils la même mesure ?

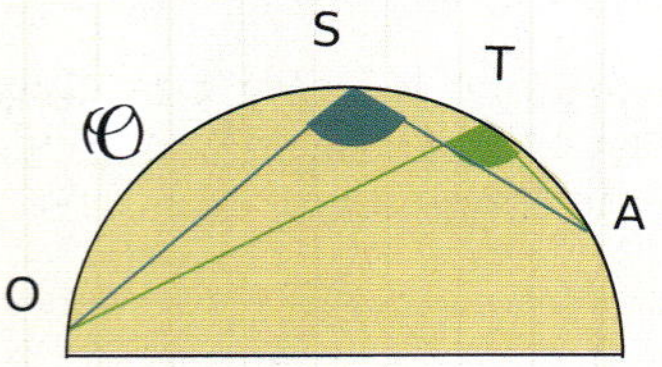

2 Sur la figure ci-dessous, les angles $\widehat{LAS}$ et $\widehat{LES}$ ont-ils la même mesure ?

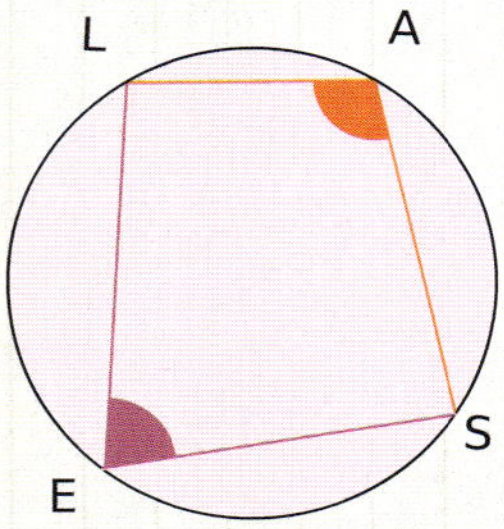

3 La figure ci-dessous représente un cercle (𝒞) de centre D. L'angle $\widehat{ODE}$ mesure 122°.
Détermine la mesure de l'angle $\widehat{OLE}$.

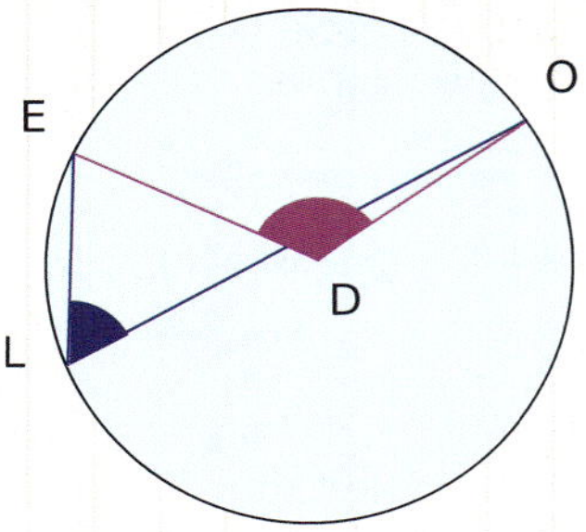

4 Quel est le nom du triangle régulier ? Du quadrilatère régulier ?

5 Trace un cercle de centre O et de rayon 4 cm. Inscris-y un triangle équilatéral.

Exercices d'entraînement

Angles inscrits

1 La figure ci-dessous représente un cercle ($\mathscr{C}$) de centre O. Les points B, O, D et H sont alignés.

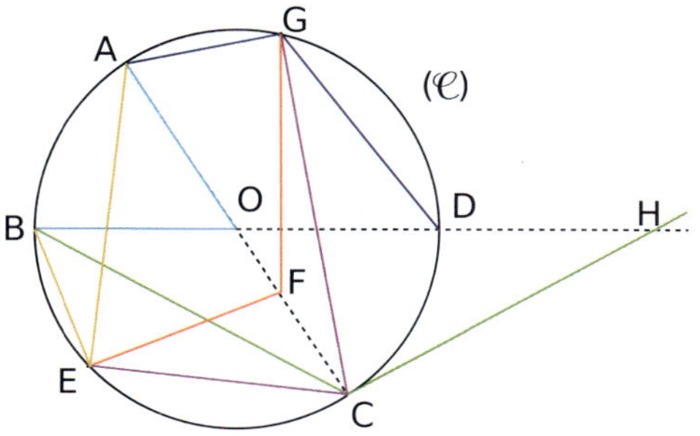

Les angles cités ci-après sont-ils des angles inscrits dans le cercle ($\mathscr{C}$) ?
Justifie chaque réponse.

a. $\widehat{BOA}$ **c.** $\widehat{AGD}$ **e.** $\widehat{GFE}$

b. $\widehat{ECG}$ **d.** $\widehat{BCH}$ **f.** $\widehat{BEA}$

2 La figure ci-contre représente un cercle ($\mathscr{C}$) de centre C.

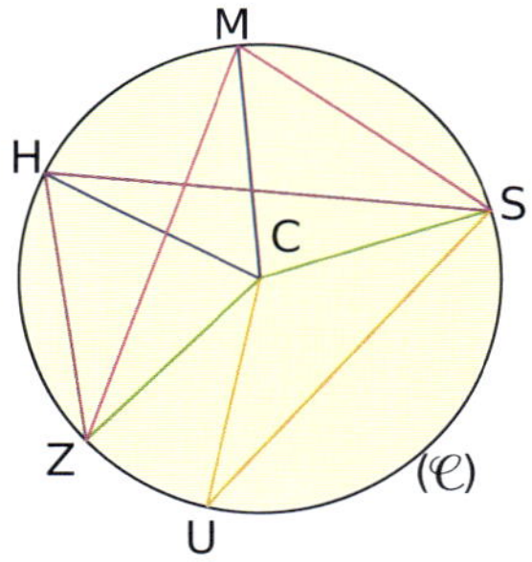

Les angles cités ci-après sont-ils des angles au centre dans ce cercle ?

a. $\widehat{SMZ}$ **c.** $\widehat{MCH}$ **e.** $\widehat{ZHS}$

b. $\widehat{ZCS}$ **d.** $\widehat{SUC}$ **f.** $\widehat{HCU}$

3 Reproduis la figure ci-dessous. Trace et cite tous les angles inscrits interceptant l'arc vert $\overset{\frown}{RC}$ et tous les angles inscrits qui interceptent l'arc rouge $\overset{\frown}{SF}$.

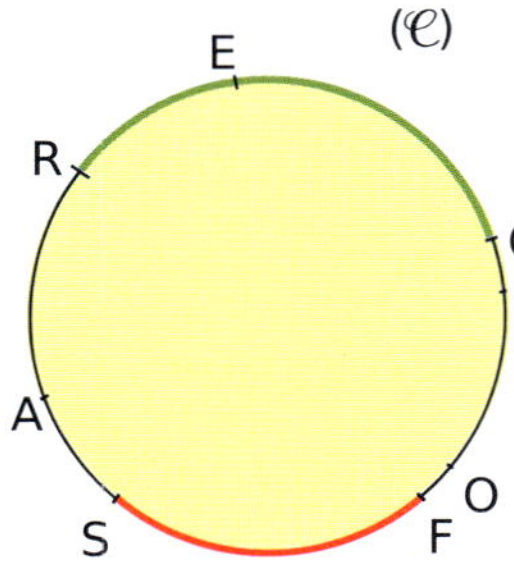

4 La figure ci-dessous représente un cercle ($\mathscr{C}$) de centre A.

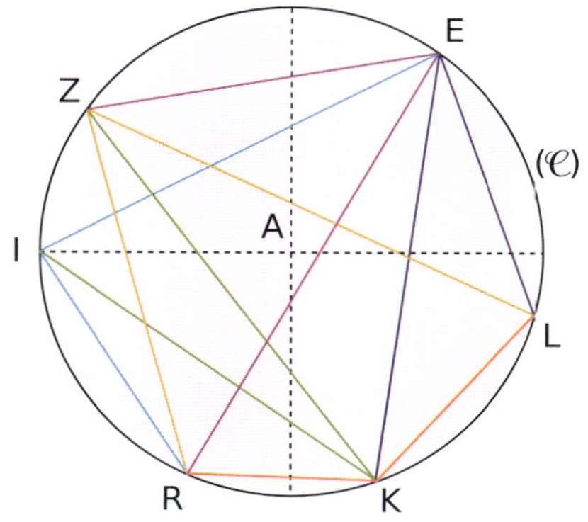

Pour chaque angle inscrit cité ci-après, indique l'angle au centre qui intercepte le même arc et précise le nom de l'arc.

a. $\widehat{ZER}$ **c.** $\widehat{KEL}$ **e.** $\widehat{RIE}$

b. $\widehat{RZL}$ **d.** $\widehat{RKL}$ **f.** $\widehat{IKZ}$

5 La figure ci-dessous représente un cercle ($\mathscr{C}$).

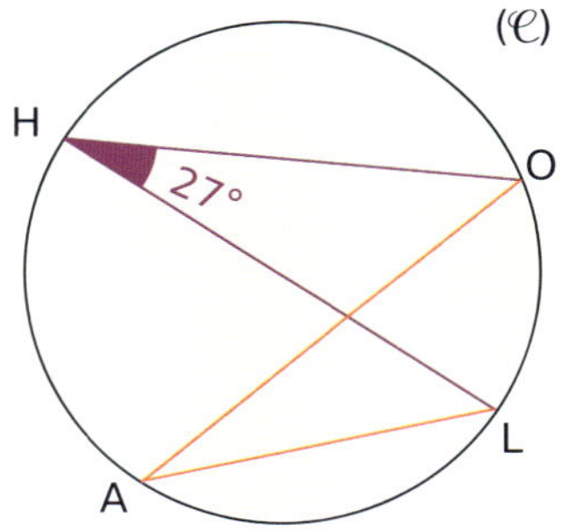

Détermine la mesure de l'angle $\widehat{LAO}$. Justifie ta réponse.

6 La figure ci-dessous représente un cercle de centre I.

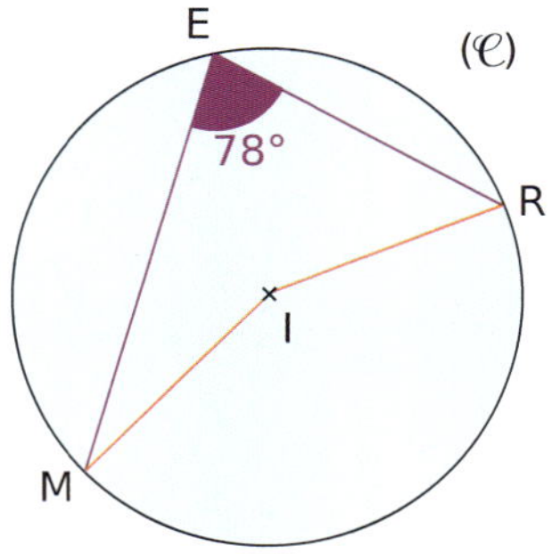

Détermine, en justifiant, la mesure de l'angle $\widehat{MIR}$.

7 La figure ci-dessous représente un cercle ($\mathscr{C}$) de centre S.

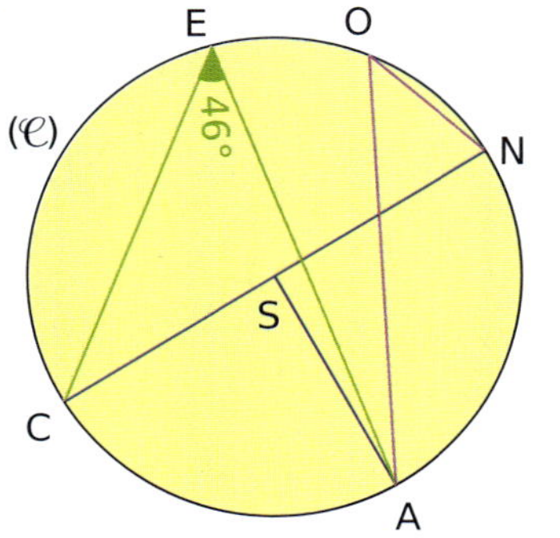

Détermine, en justifiant, la mesure de l'angle $\widehat{NOA}$.

8 Sur la figure ci-dessous, les droites (NC) et (AE) se coupent en I, point d'intersection des cercles ($\mathscr{C}_1$) et ($\mathscr{C}_2$).

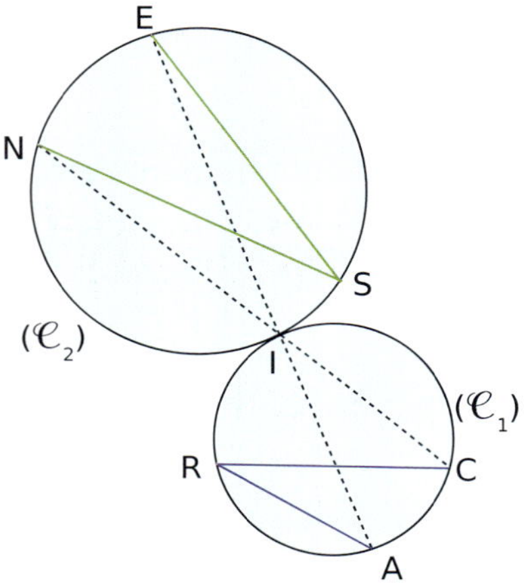

Explique pourquoi $\widehat{NSE} = \widehat{ARC}$.

9 Sur la figure ci-dessous, les droites (NR) et (AE) sont parallèles.

Les cercles ($\mathscr{C}_1$) et ($\mathscr{C}_2$) se coupent en R et A.

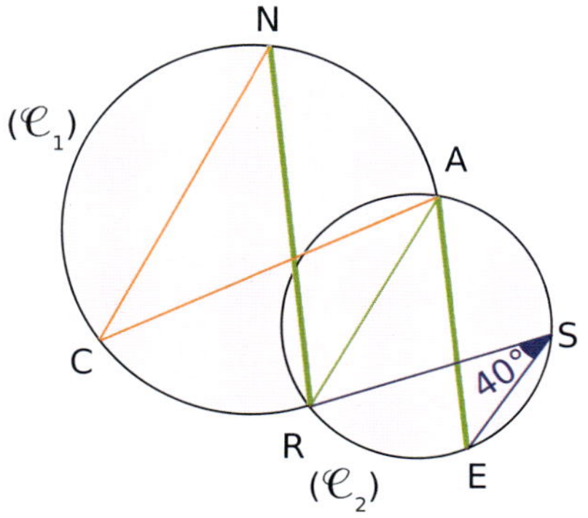

Détermine, en justifiant, la mesure de l'angle $\widehat{NCA}$.

10 Sur la figure ci-dessous, les droites (EB) et (CN) se coupent en R, point d'intersection des cercles ($\mathscr{C}_1$) et ($\mathscr{C}_2$). Le point O est le centre du cercle ($\mathscr{C}_1$).

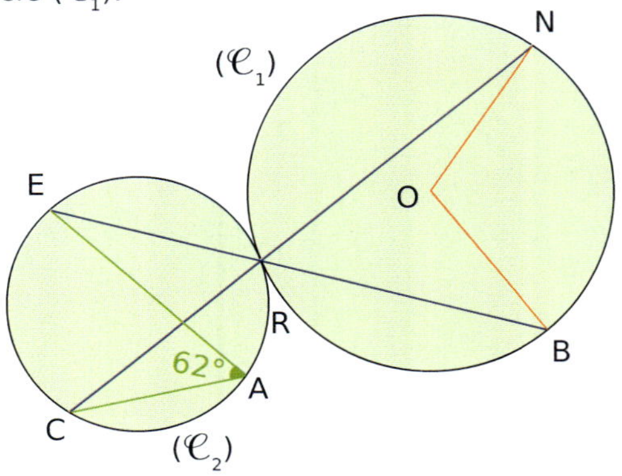

Calcule la mesure de l'angle $\widehat{NOB}$.
Justifie ta démarche.

11 Sur la figure à main levée ci-dessous, les droites (AC) et (BD) se coupent en E.

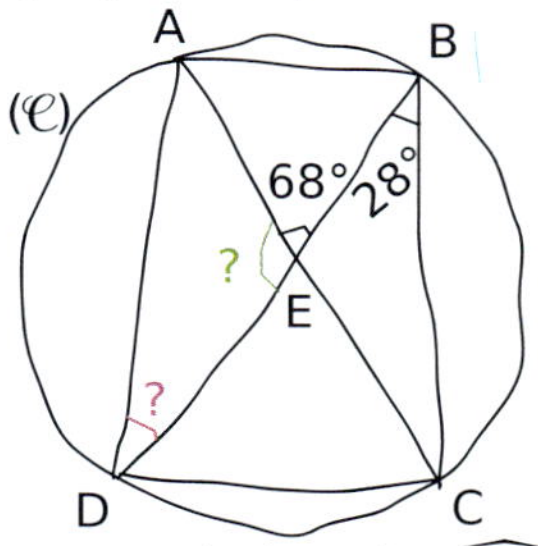

a. Calcule la mesure de l'angle $\widehat{AED}$ puis celle de l'angle $\widehat{ADB}$. Justifie ta démarche.

b. Le point E est-il le centre du cercle ? Justifie.

Polygones réguliers

12 Les polygones ci-dessous sont-ils réguliers ? Justifie tes réponses.

a.

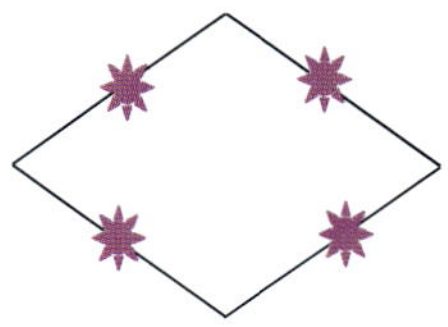

b.

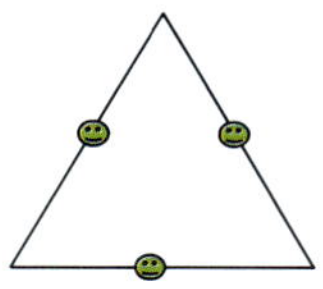

c.

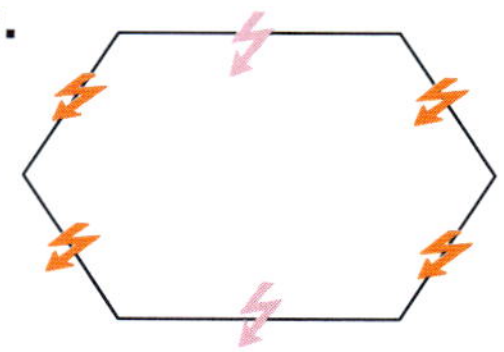

d.

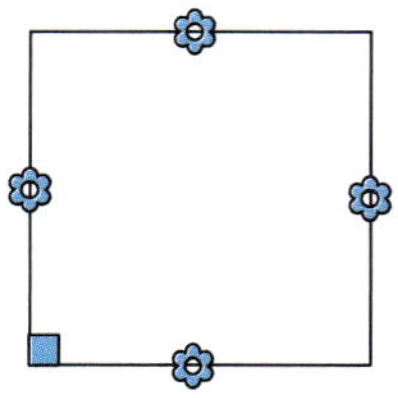

13 *Dans le triangle équilatéral*

Sur la figure ci-contre, le triangle SAC est un triangle équilatéral, inscrit dans un cercle ($\mathscr{C}$) de centre O.

Quelle est la mesure de l'angle $\widehat{AOC}$? Justifie ta réponse.

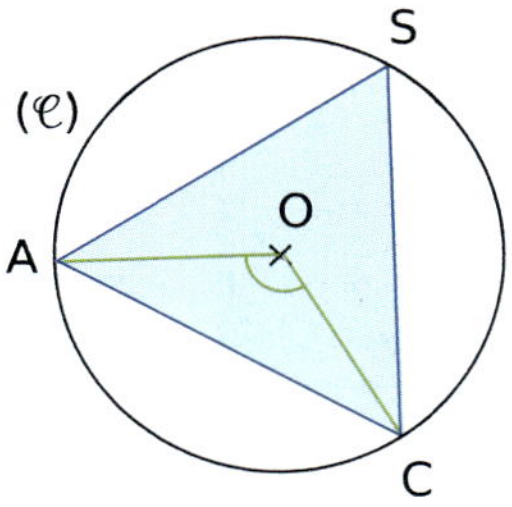

14 *À partir d'un hexagone*

HEXAGO est un hexagone régulier inscrit dans un cercle ($\mathscr{C}$) de centre C.

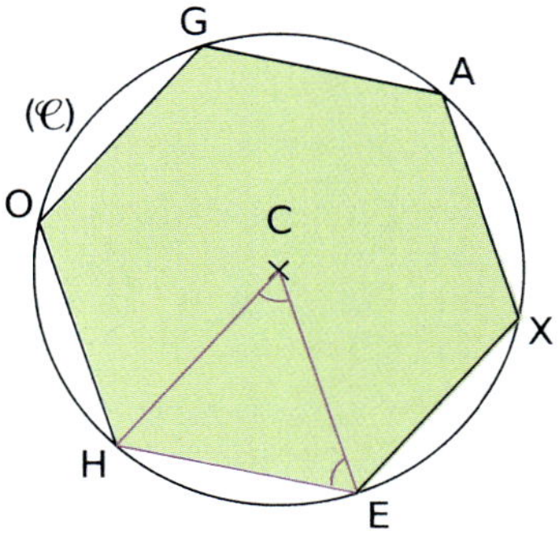

a. Quelle est la mesure de l'angle $\widehat{HCE}$? Justifie ta réponse.

b. Détermine la mesure de l'angle $\widehat{HEC}$. Justifie.

c. Déduis-en la nature du triangle HCE.

d. Cela justifie une méthode de construction de l'hexagone déjà vue, laquelle ?

e. Exprime le périmètre de l'hexagone régulier en fonction du rayon r du cercle.

15 *Un quadrilatère bien connu*

Trace deux droites (d) et (d') perpendiculaires en A.
Trace le cercle de centre A et de rayon 4 cm.
Il coupe (d) en B et C et (d') en D et E.

Explique pourquoi le quadrilatère BDCE est régulier.

16 La figure ci-dessous représente un octogone régulier AOUTIENS de centre C.

a. Quelle est la mesure de l'angle $\widehat{ACO}$? Justifie ta réponse.

b. Que peux-tu dire des droites (AC) et (CU) ? Justifie ta réponse.

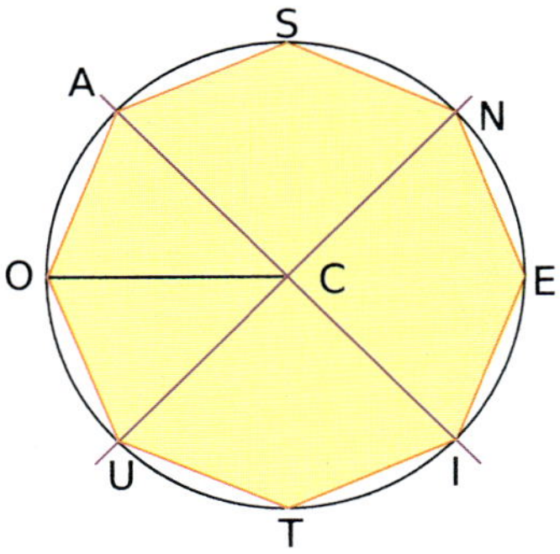

17 PENTA est un pentagone régulier de centre O tel que OA = 4 cm.

a. Calcule la mesure de l'angle $\widehat{POE}$.

b. Utilise cette mesure pour construire le pentagone à l'aide du rapporteur.

c. Quelle est la nature du triangle POE ?

d. Place O' le milieu du côté [PE]. Déduis-en la nature du triangle POO'.

e. Détermine la mesure de chacun des angles du triangle POO'.

f. Calcule la longueur PO' et déduis-en la longueur PE. Tu donneras pour chacune la valeur exacte puis la valeur arrondie au centième.

g. Détermine le périmètre du pentagone. Tu donneras la valeur exacte puis la valeur arrondie au centième.

h. Détermine la longueur OO'. Déduis-en l'aire du triangle POE puis l'aire du pentagone. Tu donneras pour chacune la valeur exacte puis la valeur arrondie au dixième.

18 La figure ci-dessous représente un décagone régulier RECUSATION inscrit dans un cercle ($\mathscr{C}$) de centre B.

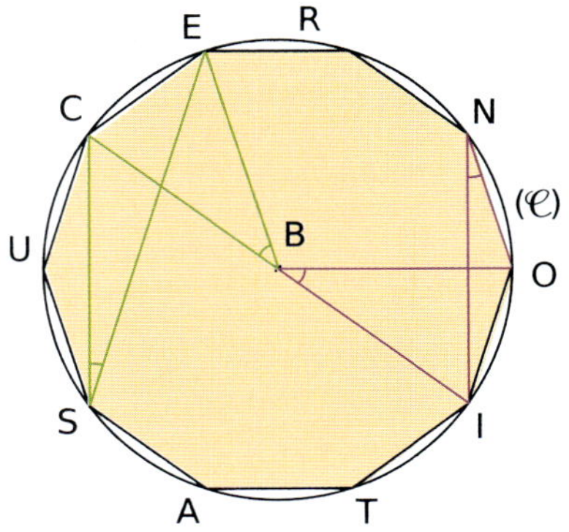

a. Quel est le nombre de côtés d'un décagone ?

b. Quelle est la mesure de l'angle au centre $\widehat{CBE}$? Justifie.

c. Quelle est la mesure de l'angle au centre $\widehat{OBI}$? Justifie.

d. Quelle est la mesure de l'angle $\widehat{CSE}$? Justifie.

e. Quelle est la mesure de l'angle $\widehat{ONI}$? Justifie.

f. Que remarques-tu ?

g. Que peux-tu en déduire au sujet de la réciproque de la propriété de deux angles inscrits qui interceptent le même arc de cercle ?

Exercices d'approfondissement

Angles inscrits

19 *Quelle nature ?*

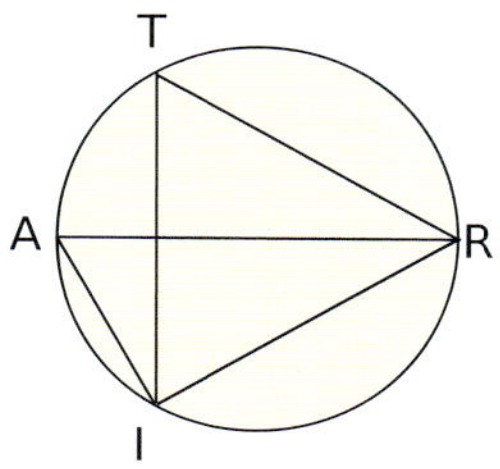

On a $\widehat{ITR} = 50°$ et $\widehat{ARI} = 40°$.

a. Quelle est la nature du triangle AIR ? Justifie ta réponse.

b. Que dire du segment [AR] pour le cercle ?

20 *Avec un diamètre*

P et Q sont deux points d'un cercle de centre I et de diamètre [AB] tels que $\widehat{AQP} = 35°$. On donne AB = 5 cm.

a. Fais une figure.

b. Détermine la mesure de l'angle $\widehat{ABP}$. Justifie.

c. Quelle est la nature du triangle APB ?

d. Calcule la longueur du segment [AP] arrondie au millimètre.

e. Détermine la mesure de l'angle $\widehat{PIB}$. Justifie.

21 *Cercle et parallèles*

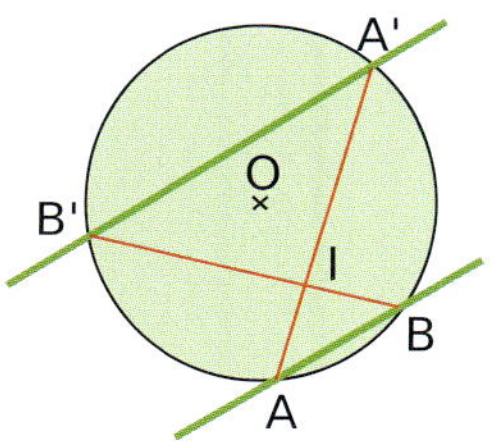

Deux droites parallèles coupent un cercle de centre O respectivement en A et B et en A' et B'. On appelle I le point d'intersection des droites (AA') et (BB').

a. À l'aide de considérations sur les angles, démontre que le triangle ABI est isocèle.

b. Démontre que la droite (IO) est perpendiculaire à la droite (AB).

22 *En face*

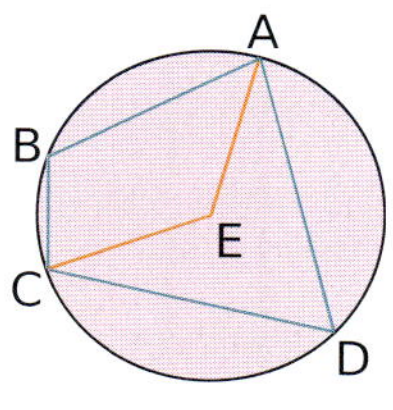

Les points A, B, C et D sont disposés sur un cercle de centre E comme l'indique la figure ci-contre.

a. Démontre que :

$\widehat{ABC} = 180° - \dfrac{\widehat{AEC}}{2}$.

b. Que peut-on dire alors des angles $\widehat{ABC}$ et $\widehat{ADC}$?

c. Quelle propriété possèdent quatre points cocycliques ?

23 *Cercle et parallèles (bis)*

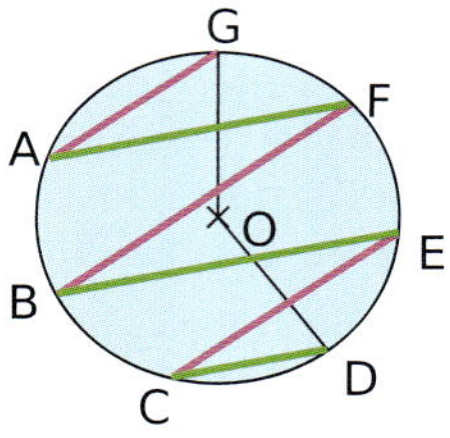

Les points A, B, C, D, E, F et G sont des points d'un cercle de centre O tels que les droites (AG), (BF) et (CE) sont parallèles entre elles et les droites (AF), (BE) et (CD) sont parallèles entre elles.

a. Sachant que $\widehat{GAF} = 25°$, détermine la mesure de l'angle $\widehat{GOD}$.

b. Exprime, en général, la mesure de l'angle $\widehat{GOD}$ en fonction de celle de l'angle $\widehat{GAF}$.

24 *Avec deux cercles*

($\mathscr{C}$) et ($\mathscr{C}$') sont deux cercles de centres O et O', sécants en A et B. D est un point du cercle ($\mathscr{C}$) distinct de A et B. La droite (DB) recoupe le cercle ($\mathscr{C}$') en E.

a. Trace une figure, éventuellement avec un logiciel de géométrie dynamique.

b. Démontre que (OO') est la médiatrice du segment [AB]. Déduis-en que $\widehat{AOO'} = \widehat{BOO'}$.

c. Démontre que $\widehat{ADE} = \widehat{AOO'}$.

d. De même, montre que $\widehat{DEA} = \widehat{AO'O}$.

e. Déduis-en que $\widehat{DAE} = \widehat{OAO'}$.

f. Que peux-tu dire du triangle DAE dans le cas particulier où le point O est sur le cercle ($\mathscr{C}$') et le point O' est sur le cercle ($\mathscr{C}$) ? Justifie ta réponse.

25 *Symétriques de l'orthocentre*

Soit TRI un triangle et ($\mathscr{C}$) son cercle circonscrit. On appelle J le point d'intersection de la hauteur issue de I et de (TR), et S le point d'intersection de la hauteur issue de R et de (TI). Soit H l'orthocentre du triangle TRI. La droite (RH) recoupe le cercle ($\mathscr{C}$) en A.

a. Trace une figure, éventuellement avec un logiciel de géométrie dynamique.

b. Que peux-tu dire des angles $\widehat{TRA}$ et $\widehat{TIA}$?

c. En comparant les angles des triangles TRS et TIJ, démontre que $\widehat{TIJ} = \widehat{TRS}$.

d. Déduis-en que A est le symétrique de H par rapport à la droite (TI).

e. En procédant de la même façon, que peut-on démontrer concernant les trois symétriques de l'orthocentre par rapport à chacun des côtés du triangle ?

Polygones réguliers

26 *Ils nous en font voir de toutes les couleurs*

Les figures ci-dessous sont un pentagone, un hexagone et un octogone réguliers.
Dans chaque cas, donne les mesures des angles en couleur.

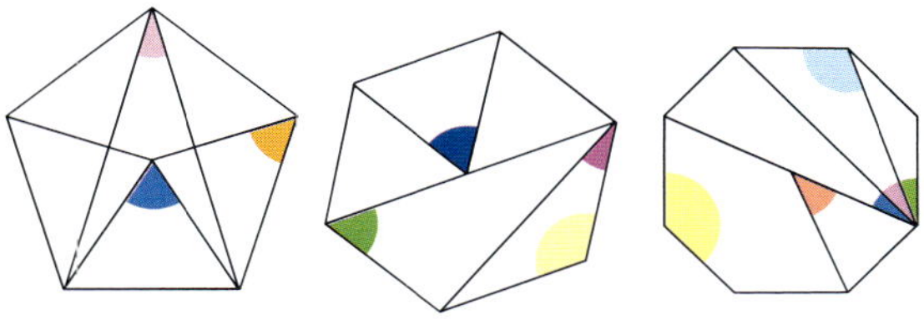

27 *Usinage*

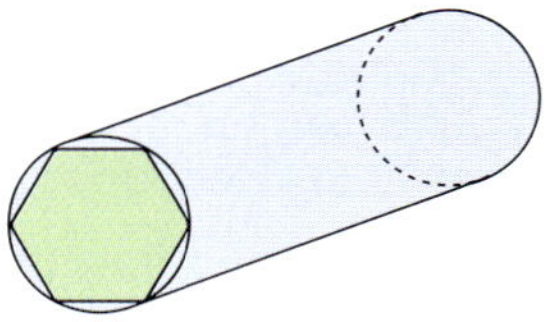

On souhaite obtenir une pièce métallique ayant la forme d'un prisme droit dont la base est un hexagone régulier.
On dispose d'un cylindre de métal dont la section est un disque de 5 cm de diamètre.
On appelle ABCDEF l'hexagone régulier inscrit dans ce disque et O son centre.

a. Représente le disque de base et l'hexagone ABCDEF en vraie grandeur.

b. Quelle est la nature du triangle ABO ?
Calcule l'aire de ce triangle arrondie au cm^2. (Tu pourras appeler H le pied de la hauteur issue de O.) Déduis-en la valeur de l'aire de l'hexagone ABCDEF arrondie au cm^2.

c. La hauteur du cylindre est de 20 cm. Calcule le volume du cylindre, puis le volume de la pièce dont la base est l'hexagone ABCDEF, arrondis au cm^3. Quel pourcentage de métal, arrondi au dixième, est perdu lors de l'usinage ?

28 *Aire d'un octogone*

Un octogone régulier ABCDEFGH inscrit dans un cercle de centre O a pour périmètre 24 cm.
On appelle P le pied de la hauteur issue de O dans le triangle AOB.

a. En considérant le triangle AOB, détermine la mesure exacte des angles $\widehat{AOP}$ et $\widehat{OAP}$. Quelles sont les mesures des angles de l'octogone ABCDEFGH ?

b. Prouve que la longueur OP exprimée en cm vaut $\dfrac{1,5}{\tan 22,5^\circ}$.

c. Calcule la valeur exacte de l'aire de l'octogone ABCDEFGH puis arrondis au cm^2.

29 *Pavages du plan*

On dit qu'un polygone permet de constituer un pavage du plan si on peut couvrir le plan complètement à l'aide de copies de ce polygone sans qu'il n'y ait de trou et sans que ces polygones ne se chevauchent.

a. Un carré permet-il de réaliser un pavage du plan ? Et un triangle équilatéral ?

b. On considère un hexagone régulier.

- Combien mesurent les angles d'un hexagone régulier ?
- Réalise un schéma qui montre qu'il est possible de paver le plan à l'aide d'hexagones réguliers identiques.
- Combien faudra-t-il en disposer autour d'un sommet du pavage ?

c. Explique alors pourquoi il n'est pas possible de constituer un pavage du plan à l'aide de pentagones réguliers.

d. On considère un polygone régulier à n côtés.

- Montre que la mesure en degrés de ses angles est $180^\circ - \dfrac{360^\circ}{n}$.
- Quelle condition la mesure des angles d'un polygone régulier doit-elle vérifier pour que l'on puisse réaliser un pavage du plan à l'aide de ce polygone ?
- Avec quels polygones réguliers est-il possible de paver le plan ?

30 *Tous ensemble*

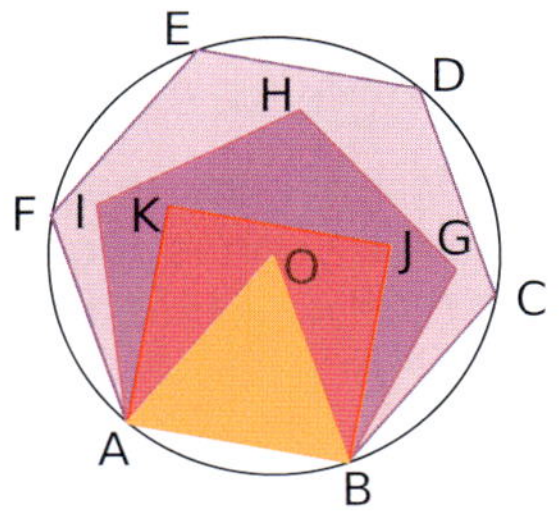

Dans la figure ci-contre, ABCDEF est un hexagone régulier, ABGHI est un pentagone régulier, ABJK est un carré et ABO un triangle équilatéral.

a. De quel polygone O est-il le centre ?

b. Calcule la mesure des angles $\widehat{OBJ}$, $\widehat{JBG}$ et $\widehat{GBC}$.

c. Réalise la figure avec AB = 6 cm.

d. Calcule les valeurs exactes des aires du triangle équilatéral, du carré et de l'hexagone.

e. Calcule les pourcentages de remplissage arrondis au dixième :

- du carré dans l'hexagone ;
- du triangle équilatéral dans le carré.

Travailler en groupe

1 Approximation de π

1re Partie : Travail préliminaire

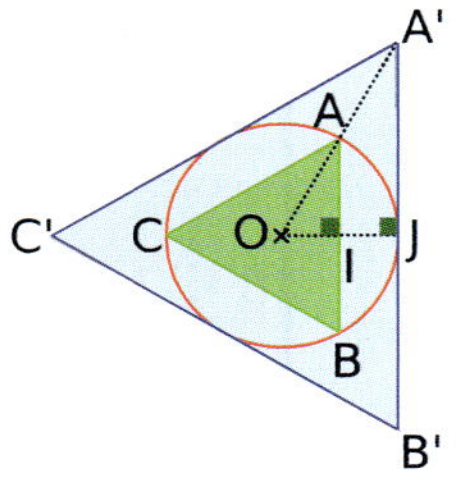

On considère un cercle de rayon 1 dm et de centre O, un triangle équilatéral ABC inscrit dans ce cercle et un triangle équilatéral A'B'C' exinscrit, comme sur la figure ci-contre. Les points I et J sont les pieds des hauteurs issues de O respectivement dans les triangles OAB et OA'B'.

a. Exprime, en décimètres, le périmètre du cercle en fonction de π.

b. Calcule les mesures de $\widehat{AOB}$ et $\widehat{A'OB'}$.

c. Calcule les valeurs exactes de AI et A'J.

d. Encadre le périmètre du cercle par les périmètres des triangles ABC et A'B'C' que tu auras préalablement calculés.

e. Déduis-en un encadrement de la valeur du nombre π.

2e Partie : Travail en groupe

f. En reproduisant la procédure de la partie précédente, chaque groupe doit trouver de nouveaux encadrements de π.
Chaque élève du groupe devra pour cela encadrer le périmètre du cercle précédent par les périmètres de deux polygones réguliers de son choix.

g. Mettez en commun les résultats trouvés à l'aide d'un tableau. Quels sont les polygones qui donnent la meilleure approximation ?

3e Partie : Utilisation d'un tableur

h. On encadre maintenant le cercle initial par deux polygones réguliers à n sommets ABCD et A'B'C'D'. Calculez les mesures des angles $\widehat{AOB}$ et $\widehat{A'OB'}$ en fonction de n.

i. En s'inspirant de la méthode utilisée dans les parties précédentes, montrez que :

$$AB = 2 \times \sin\left(\frac{\widehat{AOB}}{2}\right) \text{ et } A'B' = 2 \times \tan\left(\frac{\widehat{AOB}}{2}\right).$$

j. Déduisez-en un encadrement de la valeur de π en fonction de n.

k. À l'aide d'un tableur, donnez une succession d'encadrements de π et une valeur approchée à 10^{-5} près.
<u>Remarque</u> : *les tableurs utilisent des mesures d'angles en radians. Pour convertir la mesure d'un angle en radians, utiliser la fonction « RADIANS(...) » en indiquant dans la parenthèse la mesure en degrés.*

2 Pavages

1re Partie : Pavage simple

a. Chaque groupe dessine un quadrilatère quelconque convexe puis chaque élève du groupe le reproduit à l'identique et le colorie en rouge.

b. Chaque élève dessine ensuite l'image de ce quadrilatère par une symétrie de centre un des milieux des côtés du quadrilatère puis la colorie en vert.

c. Découpez puis agencez tous les quadrilatères ainsi construits, de manière à paver une surface.

2e Partie : Pavage semi-régulier

d. Chaque élève du groupe construit au moins un triangle équilatéral, un carré, un hexagone régulier et un octogone régulier, tous de côté 4 cm et les découpe.

e. En mettant en commun tous les polygones construits par les élèves du groupe, recherchez tous les pavages réguliers possibles, c'est-à-dire en n'utilisant qu'un seul type de polygone pour un même pavage.

f. Recherchez maintenant tous les pavages semi-réguliers possibles, c'est-à-dire en s'autorisant à utiliser plusieurs types de polygones réguliers pour un même pavage.

g. Recherchez sur internet le nombre de pavages semi-réguliers possibles.

3e Partie : Pavage du Caire

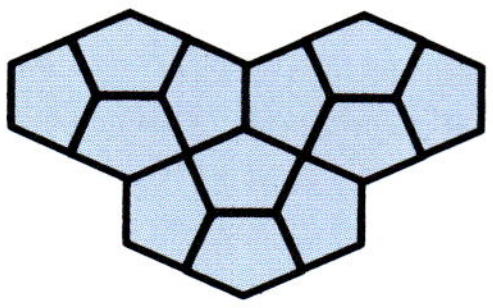

h. Chaque groupe construit un pentagone du Caire ABCDE en suivant le programme de tracé suivant.

- Tracer un segment [AB] de longueur 5 cm et sa médiatrice (uv) ;
- I étant le milieu de [AB], tracer les deux bissectrices des angles $\widehat{AIu}$ et $\widehat{BIu}$;
- le cercle de centre B passant par A coupe la bissectrice de l'angle $\widehat{BIu}$ en C, et par symétrie, le cercle de centre A passant par B rencontre l'autre bissectrice en E ;
- la perpendiculaire en C à (BC) coupe la médiatrice en D.

i. Chaque élève reproduit le pentagone individuellement puis le colorie à sa guise.

j. Découpez et agencez tous les pentagones des élèves de la classe pour paver une surface.

Se tester avec le QCM !

		R1	R2	R3	R4
1	M, N et P sont sur le cercle de centre O. Les angles inscrits sont... 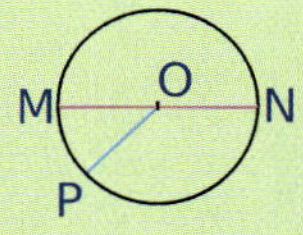	$\widehat{PMN}$	$\widehat{MOP}$	$\widehat{PMO}$	$\widehat{MPN}$
2	Dans la figure précédente, les angles au centre sont...	$\widehat{MOP}$	$\widehat{MON}$	$\widehat{MPO}$	$\widehat{PMO}$
3	A, B et M sont sur le cercle de centre O. 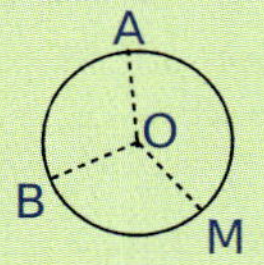	$\widehat{AMB} = \widehat{AOB}$	$2\widehat{AMB} = \widehat{AOB}$	$\widehat{AMB} = 2\widehat{AOB}$	$\widehat{MOA} = \widehat{AOB}$
4	A, B, C, D et E sont sur le cercle de centre O. 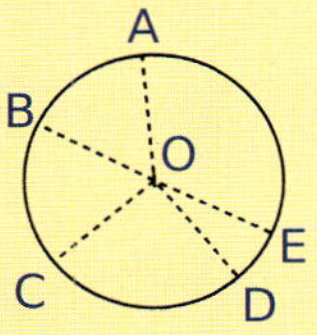	$\widehat{ADC} = \widehat{ABC}$	$\widehat{ADC} = 2\widehat{AOC}$	$\widehat{ADC} = \widehat{AEC}$	$\widehat{ADC} = \widehat{AOC}$
5	Sur la figure précédente, les angles inscrits dans le cercle qui interceptent l'arc $\overset{\frown}{AC}$ sont...	$\widehat{AOC}$	$\widehat{ADC}$	$\widehat{ABC}$	$\widehat{ACE}$
6	[AB] est un côté d'un octogone régulier de centre O donc...	$\widehat{AOB} = 22{,}5°$	$\widehat{AOB} = 60°$	$\widehat{AOB} = 45°$	OAB est isocèle en O
7	ABCDEF est un hexagone régulier de centre O donc...	$\widehat{EOC} = 60°$	$\widehat{EOC} = 120°$	$\widehat{EDC} = 60°$	$\widehat{EDC} = 120°$
8	ABCDEF est un hexagone régulier donc...	$\widehat{EFB} = 60°$	$\widehat{EFB} = 90°$	$\widehat{EFB} = 100°$	$\widehat{EFB} = 120°$

Récréation mathématique

Construction d'un pentagone régulier selon Dürer

Albrecht Dürer a énoncé une construction approchée d'un pentagone régulier à l'aide de cinq cercles de même rayon.

a. *Construction à la règle non graduée et au compas*

- Trace un segment [AB]. Trace le cercle ($\mathscr{C}$) de centre A passant par B et le cercle ($\mathscr{C}$') de centre B passant par A. Ces deux cercles se coupent en F et G, trace le segment [FG].
- Trace le cercle de centre G passant par A, il recoupe ($\mathscr{C}$) en I, ($\mathscr{C}$') en J et le segment [FG] en K.
La droite (JK) coupe ($\mathscr{C}$) en E à l'extérieur de ($\mathscr{C}$'). La droite (IK) coupe ($\mathscr{C}$') en C à l'extérieur de ($\mathscr{C}$).
- Trace le cercle de centre E passant par A et le cercle de centre C passant par B. Ils se coupent en D en dehors du quadrilatère ABCE. Trace en couleur le pentagone ABCDE. Semble-t-il régulier ? Justifie.

b. Réalise la construction précédente à l'aide d'un logiciel de géométrie en faisant apparaître les mesures permettant de savoir si le pentagone ABCDE est régulier. Que penses-tu de la construction ?

c. Recherche qui était Albrecht Dürer.

Correction des exercices "À toi de jouer"

Chapitre N1 Nombres entiers et rationnels

1 *Établir la liste des diviseurs*

60 = 1 × 60 ; 60 = 2 × 30 ; 60 = 3 × 20 ;
60 = 4 × 15 ; 60 = 5 × 12 ; 60 = 6 × 10.
Donc les diviseurs de 60 sont : 1, 2, 3, 4, 5, 6, 10, 12, 15, 20, 30 et 60.

43 est un nombre premier.
Donc les diviseurs de 43 sont 1 et 43.

36 = 1 × 36 ; 36 = 2 × 18 ; 36 = 3 × 12 ;
36 = 4 × 9 ; 36 = 6 × 6.
Donc les diviseurs de 36 sont : 1, 2, 3, 4, 6, 9, 12, 18 et 36.

2 *Démontrer*

n est un entier pair donc il peut s'écrire sous la forme $2 \times p$ où p est un entier.

m est un entier pair donc il peut s'écrire sous la forme $2 \times p'$ où p' est un entier.

Alors $n \times m = 2 \times p \times 2 \times p' = 4 \times p \times p'$.
Le produit $n \times m$ s'écrit sous la forme : $n \times m = 4 \times k$ où k est un entier. Le produit de deux entiers pairs est donc un multiple de 4.

3 *Effectuer des divisions euclidiennes*

345	74
49	4

donc 345 = 74 × 4 + 49.

6 675	89
445	75
0	

donc 6 675 = 89 × 75.

4 *Quotient et reste d'une division euclidienne*

Le reste de la division euclidienne de 325 par 52 doit être inférieur à 52.
Dans l'égalité 325 = 5 × 52 + 65, 65 ne peut donc être le reste de la division euclidienne de 325 par 52.
325 = 5 × 52 + 65 = 5 × 52 + (52 + 13).
Donc 325 = 6 × 52 + 13 et le quotient de la division euclidienne de 325 par 52 est 6 et le reste est 13.

5 *Recherche de diviseur commun et de PGCD*

64 ÷ 16 = 4 et 160 ÷ 16 = 10 donc 16 est un diviseur commun à 64 et 160.

Pour que 16 soit le PGCD de 64 et 160, il ne doit pas exister de diviseur commun plus grand.

Les seuls diviseurs de 64 plus grands que 16 sont 32 et 64. Or 160 = 32 × 5 donc 32 est aussi un diviseur de 160. Donc 16 n'est pas le PGCD de 64 et 160.

6 *PGCD de deux entiers*

Les diviseurs de 35 sont : 1, 5, (7) et 35.

Les diviseurs de 91 sont : 1, (7), 13, 91.

Donc le plus grand nombre entier divisant à la fois 35 et 91 est 7.

7 *PGCD par la méthode des soustractions successives*

PGCD (198 ; 54)
= PGCD (198 − 54 ; 54)
= PGCD (144 ; 54)
= PGCD (144 − 54 ; 54)
= PGCD (90 ; 54)
= PGCD (90 − 54 ; 54)
= PGCD (36 ; 54)
= PGCD (36 ; 54 − 36)
= PGCD (36 ; 18)

Or 18 est un diviseur de 36.

Donc
PGCD (198 ; 54) = 18.

8 *PGCD par la méthode des divisions successives*

On effectue la division euclidienne de 1 789 par 1 492
1 789 = 1 492 × 1 + 297.

Donc PGCD (1 789 ; 1 492) = PGCD (1 492 ; 297).

On effectue la division euclidienne de 1 492 par 297.

1 492 = 297 × 5 + 7.

Donc PGCD (1 492 ; 297) = PGCD (297 ; 7).

On effectue la division euclidienne de 297 par 7.

297 = 7 × 42 + 3.

Donc PGCD (297 ; 7) = PGCD (7 ; 3).

On effectue la division euclidienne de 7 par 3.

7 = 3 × 2 + 1. Donc PGCD (7 ; 3) = PGCD (3 ; 1).

On effectue la division euclidienne de 3 par 1.

3 = 1 × 3 + 0. Donc PGCD (3 ; 1) = 1.

Donc PGCD (1 789 ; 1 492) = 1.

La somme des quotients vaut :
1 + 5 + 42 + 2 + 3 = 53.

En utilisant la méthode des soustractions successives, on aurait donc écrit 53 lignes.

9 *Démontrer que deux entiers sont premiers entre eux*

625 = 481 × 1 + 144.
Donc PGCD (481 ; 625) = PGCD (481 ; 144).

481 = 144 × 3 + 49.
Donc PGCD (481 ; 144) = PGCD (144 ; 49).

144 = 49 × 2 + 46.
Donc PGCD (144 ; 49) = PGCD (49 ; 46).

49 = 46 × 1 + 3.
Donc PGCD (49 ; 46) = PGCD (46 ; 3).

46 = 3 × 15 + 1.
Donc PGCD (46 ; 3) = PGCD (3 ; 1) = 1.

Donc PGCD (481 ; 625) = PGCD (3 ; 1) = 1.

481 et 625 sont donc premiers entre eux.

10 *Démontrer que deux entiers ne sont pas premiers entre eux*

3 + 6 + 0 = 9 donc 360 est divisible par 3.

7 + 4 + 1 = 12 donc 741 est divisible par 3.

360 et 741 ont un diviseur commun autre que 1 qui est 3. Donc 360 et 741 ne sont pas premiers entre eux.

11 *Fraction irréductible ?*

456 et 568 sont pairs donc divisibles par 2.

Donc $\frac{456}{568}$ n'est pas irréductible.

12 *Rendre des fractions irréductibles*

$\frac{48}{60} = \frac{6 \times 8}{6 \times 10} = \frac{8}{10} = \frac{2 \times 4}{2 \times 5} = \frac{4}{5}$.

On calcule le PGCD de 276 et 161 par la méthode des divisions successives :

$276 = 161 \times 1 + 115$.
Donc PGCD (276 ; 161) = PGCD (161 ; 115).

$161 = 115 \times 1 + 46$.
Donc PGCD (161 ; 115) = PGCD (115 ; 46).

$115 = 46 \times 2 + 23$.
Donc PGCD (115 ; 46) = PGCD (46 ; 23).

$46 = 23 \times 2 + 0$.
Donc PGCD (46 ; 23) = 23.

Le PGCD de 276 et 161 est donc 23.

On simplifie la fraction par le PGCD 23.

Donc $\frac{276}{161} = \frac{12 \times 23}{7 \times 23} = \frac{12}{7}$.

Chapitre N2
Calcul littéral

1 *Développer et réduire*

$A = (x + 6)^2 = x^2 + 2 \times x \times 6 + 6^2 = x^2 + 12x + 36$

$B = (x - y)^2 = x^2 - 2 \times x \times y + y^2 = x^2 - 2xy + y^2$

$C = (3a + 1)^2 = (3a)^2 + 2 \times 3a \times 1 + 1^2$
$C = 9a^2 + 6a + 1$

$D = (6x - 5)^2 = (6x)^2 - 2 \times 6x \times 5 + 5^2$
$D = 36x^2 - 60x + 25$

$E = (z + 3)(z - 3) = z^2 - 3^2 = z^2 - 9$

$F = (4x + 7y)(4x - 7y) = (4x)^2 - (7y)^2 = 16x^2 - 49y^2$

2 *En utilisant les identités remarquables*

$101^2 = (100 + 1)^2$
$= 100^2 + 2 \times 100 \times 1 + 1^2$
$= 10\,000 + 200 + 1$
$= 10\,201$

$99^2 = (100 - 1)^2$
$= 100^2 - 2 \times 100 \times 1 + 1^2$
$= 10\,000 - 200 + 1$
$= 9\,801$

101×99
$= (100 + 1)(100 - 1)$
$= 100^2 - 1^2$
$= 10\,000 - 1$
$= 9\,999$

3 *Compléter des expressions*

$A = (x + 5)^2 = \mathbf{x^2} + 2 \times x \times 5 + 25$

$B = (2x - 9)^2 = 4x^2 - 2 \times 2x \times 9 + 81$

$C = (3x + 8)(3x - 8) = 9x^2 - 64$

$D = (5x - 4)^2 = 25x^2 - 2 \times 5x \times 4 + 16$

4 *Écrire sous forme factorisée*

$F = 4x + 28 = \underline{4} \times x + \underline{4} \times 7 = 4(x + 7)$

$G = \frac{2}{3}x + \frac{14}{3} = \frac{2}{3} \times x + \frac{2}{3} \times 7 = \frac{2}{3}(x + 7)$

$H = 0{,}5x + 3{,}5 = \underline{0{,}5} \times x + \underline{0{,}5} \times 7 = 0{,}5(x + 7)$

$I = -5x - 35 = \underline{-5} \times x + \underline{-5} \times 7 = -5(x + 7)$

5 *Factoriser au maximum*

$J = 10x - 8 = \underline{2} \times 5x - \underline{2} \times 4 = 2(5x - 4)$

$K = 6y^5 - 8y^2 = \underline{2 \times y^2} \times 3 \times y^3 - \underline{2 \times y^2} \times 4$
$K = 2y^2(3y^3 - 4)$

$L = 3x^2 + 4x = \underline{x} \times 3x + \underline{x} \times 4 = x(3x + 4)$

$M = \underline{(x + 2)}(x - 4) + \underline{(x + 2)}(x - 5)$
$M = (x + 2)[(x - 4) + (x - 5)]$
$M = (x + 2)(x - 4 + x - 5)$
$M = (x + 2)(2x - 9)$

6 *Factoriser en utilisant une identité remarquable*

$D = 16x^2 + 24x + 9 = (4x)^2 + 2 \times 4x \times 3 + 3^2$
$D = (4x + 3)^2$

$E = 49x^2 - 70x + 25 = (7x)^2 - 2 \times 7x \times 5 + 5^2$
$E = (7x - 5)^2$

$F = x^2 - 81 = x^2 - 9^2 = (x - 9)(x + 9)$

7 *Résoudre des équations produit*

a. $(x - 4)(x + 9) = 0$

Si un produit est nul alors l'un de ses facteurs au moins est nul. On en déduit que :

$x - 4 = 0$ ou $(x + 9) = 0$

$x = 4$ $\quad x = -9$

Les solutions de l'équation sont donc -9 et 4.

b. $(4x - 1)(9x - 2) = 0$

Si un produit est nul alors l'un de ses facteurs au moins est nul. On en déduit que :

$4x - 1 = 0$ ou $9x - 2 = 0$

$x = \frac{1}{4}$ $\quad x = \frac{2}{9}$

Les solutions de l'équation sont donc $\frac{2}{9}$ et $\frac{1}{4}$.

c. $(3x + 2)^2 = 0$ soit $(3x + 2) \times (3x + 2) = 0$
Si un produit est nul alors l'un de ses facteurs au moins est nul. On en déduit que :

$3x + 2 = 0$ ou $3x + 2 = 0$

c'est-à-dire $x = \frac{-2}{3}$.

La solution de l'équation est donc $\frac{-2}{3}$.

8 *Mettre en équation un problème*

L'aire d'un parallélogramme de côté $4x - 5$ et de hauteur 7 est $(4x - 5) \times 7$.

L'aire d'un rectangle de longueur $3x + 1$ et de largeur $4x - 5$ est $(3x + 1) \times (4x - 5)$.

Dire que les deux aires sont égales signifie que :

$(4x - 5) \times 7 = (3x + 1) \times (4x - 5)$

$(4x - 5) \times 7 - (3x + 1) \times (4x - 5) = 0$

On factorise par $(4x - 5)$:

$(4x - 5)[7 - (3x + 1)] = 0$

$(4x - 5)(7 - 3x - 1) = 0$

Correction des exercices "À toi de jouer"

$(4x - 5)(6 - 3x) = 0$.

Si un produit est nul alors l'un de ses facteurs au moins est nul. On en déduit que :

$4x - 5 = 0$ ou $6 - 3x = 0$

$x = \frac{5}{4}$ $\qquad x = 2$

Les solutions de l'équation sont donc $\frac{5}{4}$ et 2.

Or, si $x = \frac{5}{4}$, la base du parallélogramme vaut 0.

La seule solution possible est donc $x = 2$. Le parallélogramme aura donc pour hauteur 7 et pour base $4 \times 2 - 5 = 3$. Le rectangle aura pour largeur 3 et pour longueur $3 \times 2 + 1 = 7$.

Chapitre N3 Racines carrées

1 *Recopier et compléter*

$\sqrt{0} = 0$

$\sqrt{81} = 9$

$\sqrt{7{,}3^2} = 7{,}3$

$\sqrt{16} = 4$

$\sqrt{\left(\frac{2}{3}\right)^2} = \frac{2}{3}$

$\sqrt{\pi} \times \sqrt{\pi} = \pi$

$\sqrt{\frac{1}{3}} \times \frac{1}{3} = \frac{1}{3}$

2 *Calculer et donner le résultat sous forme d'un nombre décimal*

$A = \sqrt{4} = 2$

$B = \sqrt{25} = 5$

$C = (-\sqrt{4{,}9})^2$

$C = (-\sqrt{4{,}9}) \times (-\sqrt{4{,}9})$

$C = 4{,}9$

$D = \sqrt{(-7)^2}$

$D = \sqrt{(-7) \times (-7)}$

$D = \sqrt{49}$

$D = 7$

$E = \left(\frac{1}{\sqrt{5}}\right)^2$

$E = \frac{1^2}{(\sqrt{5})^2}$

$E = \frac{1}{5} = 0{,}2$

3 *À l'aide de la calculatrice, donner l'écriture décimale exacte ou approchée à 0,001 près*

$F = \sqrt{3} \approx 1{,}732$

$G = \frac{\sqrt{529}}{23} = \frac{23}{23} = 1$

$H = 5\sqrt{0{,}81} = 4{,}5$

$I = \sqrt{3 + \frac{2}{3}} \approx 1{,}915$

$J = \frac{\sqrt{3} - 1}{1 + \sqrt{5}}$

$J \approx 0{,}226$

4 *Dresser la liste des douze premiers carrés parfaits*

$0^2 = 0$; $1^2 = 1$; $2^2 = 4$; $3^2 = 9$; $4^2 = 16$; $5^2 = 25$; $6^2 = 36$; $7^2 = 49$; $8^2 = 64$; $9^2 = 81$; $10^2 = 100$; $11^2 = 121$.

5 *Écrire sous la forme $a\sqrt{b}$*

$F = \sqrt{63} = \sqrt{9 \times 7} = \sqrt{9} \times \sqrt{7} = 3\sqrt{7}$

$G = \sqrt{147} = \sqrt{49 \times 3} = \sqrt{49} \times \sqrt{3} = 7\sqrt{3}$

$H = 3\sqrt{700} = 3\sqrt{100 \times 7} = 3\sqrt{100} \times \sqrt{7} = 3 \times 10\sqrt{7}$

$H = 30\sqrt{7}$

$I = \frac{\sqrt{175}}{5} = \frac{\sqrt{25 \times 7}}{5} = \frac{\sqrt{25} \times \sqrt{7}}{5} = \frac{5 \times \sqrt{7}}{5} = \sqrt{7}$

6 *Simplifier des écritures fractionnaires*

$D = \frac{\sqrt{28}}{\sqrt{7}} = \frac{\sqrt{7 \times 4}}{\sqrt{7}} = \frac{\sqrt{7} \times \sqrt{4}}{\sqrt{7}} = \sqrt{4} = 2$

$F = \sqrt{\frac{15}{45}} = \frac{\sqrt{5 \times 3}}{\sqrt{5 \times 3 \times 3}} = \frac{\sqrt{5} \times \sqrt{3}}{\sqrt{5} \times \sqrt{3} \times \sqrt{3}} = \frac{\sqrt{3}}{\sqrt{3} \times \sqrt{3}} = \frac{\sqrt{3}}{3}$

7 *Réduire des sommes*

$C = 3\sqrt{7} + 2\sqrt{7} - \sqrt{7} = 3\sqrt{7} + 2\sqrt{7} - 1\sqrt{7} = (3 + 2 - 1)\sqrt{7}$

$C = 4\sqrt{7}$

$D = 11\sqrt{5} - 25\sqrt{5} + 14\sqrt{5} = (11 - 25 + 14)\sqrt{5} = 0\sqrt{5}$

$D = 0$

8 *Écrire sous la forme $a\sqrt{b}$*

$E = \sqrt{12} + 5\sqrt{27} - \sqrt{3}$

$E = \sqrt{4 \times 3} + 5\sqrt{9 \times 3} - 1\sqrt{3}$

$E = 2\sqrt{3} + 5 \times 3\sqrt{3} - 1\sqrt{3}$

$E = (2 + 15 - 1)\sqrt{3}$

$E = 16\sqrt{3}$

$F = \sqrt{180} + 3\sqrt{20} - 7\sqrt{125}$

$F = \sqrt{36 \times 5} + 3\sqrt{4 \times 5} - 7\sqrt{25 \times 5}$

$F = 6\sqrt{5} + 3 \times 2\sqrt{5} - 7 \times 5\sqrt{5}$

$F = (6 + 6 - 35)\sqrt{5}$

$F = -23\sqrt{5}$

9 *Résoudre des équations*

$x^2 = 121$. Or $121 > 0$ donc l'équation admet deux solutions : $-\sqrt{121}$ et $\sqrt{121}$ soit -11 et 11.

$x^2 = 18$. Or $18 > 0$ donc l'équation admet deux solutions : $-\sqrt{18} = -3\sqrt{2}$ et $\sqrt{18} = 3\sqrt{2}$.

$4x^2 = 9$ soit $x^2 = \frac{9}{4}$. Or $\frac{9}{4} > 0$ donc l'équation admet deux solutions : $-\sqrt{\frac{9}{4}}$ et $\sqrt{\frac{9}{4}}$ soit $\frac{-3}{2}$ et $\frac{3}{2}$.

$x^2 + 9 = 5$ soit $x^2 = 5 - 9$ soit $x^2 = -4$. Or $-4 < 0$ donc l'équation n'admet pas de solution.

10 *Résoudre une équation (bis)*

$(x + 2)^2 = 1$ signifie que :

- soit $x + 2 = -1$, c'est-à-dire $x = -1 - 2 = -3$;
- soit $x + 2 = 1$, c'est-à-dire $x = 1 - 2 = -1$.

Les solutions de cette équation sont donc -3 et -1.

Chapitre N4 Systèmes d'équations

1 *Tester des valeurs dans un système d'équations*

Pour $x = -5$ et $y = 1{,}5$:

- $4 \times (-5) - 3 \times 1{,}5 = -20 - 4{,}5 = -24{,}5$.
  La première égalité est donc vérifiée.
- $3 \times (-5) + 7 \times 1{,}5 = -15 + 10{,}5 = -4{,}5$.
  La seconde égalité est donc vérifiée.

Le couple $(-5 ; 1{,}5)$ est solution du système.

Pour $x = 1$ et $y = 9{,}5$:

- $4 \times 1 - 3 \times 9{,}5 = 4 - 28{,}5 = -24{,}5$
  La première égalité est donc vérifiée.
- $3 \times 1 + 7 \times 9{,}5 = 3 + 66{,}5 = 69{,}5$.
  La seconde égalité n'est pas vérifiée.

Le couple $(1 ; 9{,}5)$ n'est pas solution du système.

2 Résoudre un système par substitution

a. On exprime y en fonction de x dans la première égalité : $y = 17 - 5x$.

b. Remplaçons y par $17 - 5x$ dans la seconde égalité :

$-3x + 4(17 - 5x) = 22$

$-3x + 68 - 20x = 22$

$-23x = 22 - 68$

$-23x = -46$

$x = \dfrac{-46}{-23}$

$x = 2$

c. Reportons la valeur de x trouvée dans la première égalité : $5 \times 2 + y = 17$ soit $y = 17 - 10 = 7$.

d. On vérifie si le couple solution est le bon :
$-3 \times 2 + 4 \times 7 = -6 + 28 = 22$
$5 \times 2 + 7 = 10 + 7 = 17$

Le couple solution de ce système est (2 ; 7).

3 Résoudre un système par combinaisons

a. On multiplie la première équation par (– 4) et la deuxième équation par 3.

$$\begin{cases} -12x + 28y = -116 \\ 12x - 15y = -99 \end{cases}$$

b. On ajoute membre à membre les deux équations.

$(-12x + 12x) + (28y - 15y) = -116 - 99$

soit : $13y = -215$.

c. On calcule la valeur de y.

$y = -\dfrac{215}{13}$

d. On reporte la valeur de y dans la première égalité :

$3x - 7 \times \left(-\dfrac{215}{13}\right) = 29$

$3x + \dfrac{1\,505}{13} = 29$

$3x = 29 - \dfrac{1\,505}{13}$ soit $3x = -\dfrac{1\,128}{13}$

soit $x = -\dfrac{1\,128}{39} = -\dfrac{376}{13}$.

e. On vérifie que le couple est le bon.

Le couple $\left(-\dfrac{376}{13} ; -\dfrac{215}{13}\right)$ est la solution du système.

4 Résoudre un système par la méthode de son choix

La seconde égalité du système nous incite à utiliser la méthode par substitution.

a. On exprime x en fonction de y dans la seconde égalité : $x = -5{,}5 + 4y$.

b. On remplace x par $-5{,}5 + 4y$ dans la première égalité :

$-2(-5{,}5 + 4y) + 3y = 3{,}5$

$11 - 8y + 3y = 3{,}5$

$11 - 5y = 3{,}5$

$-5y = 3{,}5 - 11$

$-5y = -7{,}5$

$y = \dfrac{-7{,}5}{-5} = 1{,}5$.

c. On reporte la valeur de y dans la seconde égalité :
$x - 4 \times 1{,}5 = -5{,}5$ soit $x = -5{,}5 + 6 = 0{,}5$.

d. On vérifie que le couple solution est le bon.

La solution de ce système est le couple (0,5 ; 1,5).

5 Mise en équation et résolution d'un problème avec deux inconnues

a. Soit x le prix d'un croissant et y le prix d'un pain au chocolat.

b. La phrase « *Paul a acheté quatre croissants et trois pains au chocolat pour 5,65 €.* » se traduit par l'équation $4 \times x + 3 \times y = 5{,}65$.

c. La phrase « *Lina a acheté, dans cette même boulangerie, trois croissants et cinq pains au chocolat pour 6,85 €.* » se traduit par l'équation $3 \times x + 5 \times y = 6{,}85$.

d. On obtient donc le système de deux équations du premier degré à deux inconnues suivant :

$$\begin{cases} 4x + 3y = 5{,}65 \\ 3x + 5y = 6{,}85 \end{cases}.$$

e. On résout ce système par combinaisons en multipliant la première égalité par 3 et la seconde par (– 4). On obtient alors le système équivalent suivant :

$$\begin{cases} 12x + 9y = 16{,}95 \\ -12x - 20y = -27{,}4 \end{cases}.$$

f. On ajoute membre à membre les deux équations du système ainsi obtenu pour éliminer x.

$9y - 20y = 16{,}95 - 27{,}4$ soit $-11y = -10{,}45$

donc : $y = \dfrac{-10{,}45}{-11} = 0{,}95$.

g. On reporte la valeur de y dans la première égalité :

$4x + 3y = 5{,}65$

$4x + 3 \times 0{,}95 = 5{,}65$

$4x = 5{,}65 - 2{,}85$

$4x = 2{,}80$

$x = 0{,}70$

h. On vérifie que le couple solution est le bon.

Paul a acheté quatre croissants et trois pains au chocolat. Il doit payer :

$4 \times 0{,}70 + 3 \times 0{,}95 = 2{,}80 + 2{,}85 = 5{,}65$ soit 5,65 €.

Lina a acheté trois croissants et cinq pains au chocolat. Elle doit payer :

$3 \times 0{,}70 + 5 \times 0{,}95 = 2{,}10 + 4{,}75 = 6{,}85$ soit 6,85 €.

i. Le couple solution du système est (0,70 ; 0,95).

Un croissant coûte 70 centimes et un pain au chocolat 95 centimes.

Chapitre N5
Inégalités et inéquations

1 Tester si un nombre est solution d'une inéquation

Si $x = -2$:

- calculons le premier membre :
  $3 \times (-2) - 2 = -6 - 2 = -8$
- calculons le second membre :
  $5 \times (-2) - 3 = -10 - 3 = -13$

  $-8 > -13$ donc -2 n'est pas solution de cette inéquation.

Si $x = 0$:

- calculons le premier membre :
  $3 \times 0 - 2 = 0 - 2 = -2$
- calculons le second membre :
  $5 \times 0 - 3 = 0 - 3 = -3$

  $-2 > -3$ donc 0 n'est pas solution de cette inéquation.

Si $x = \frac{1}{2}$:

- calculons le premier membre :
  $3 \times \frac{1}{2} - 2 = 1{,}5 - 2 = -0{,}5$
- calculons le second membre :
  $5 \times \frac{1}{2} - 3 = 2{,}5 - 3 = -0{,}5$

  $-0{,}5 \leqslant -0{,}5$ donc $\frac{1}{2}$ est une solution de cette inéquation.

Si $x = 3$:

- calculons le premier membre :
  $3 \times 3 - 2 = 9 - 2 = 7$
- calculons le second membre :
  $5 \times 3 - 3 = 15 - 3 = 12$

  $7 \leqslant 12$ donc 3 est solution de cette inéquation.

2 Tester si un nombre est solution d'une inéquation (bis)

a. $7x + 3 > 2x - 2$

- Membre de gauche :
  $7 \times \left(-\frac{2}{3}\right) + 3 = \frac{-14}{3} + \frac{9}{3} = \frac{-5}{3}$
- Membre de droite :
  $2 \times \left(-\frac{2}{3}\right) - 2 = \frac{-4}{3} - \frac{6}{3} = \frac{-10}{3}$

$\frac{-5}{3} > \frac{-10}{3}$ donc $-\frac{2}{3}$ est solution de l'inéquation $7x + 3 > 2x - 2$.

b. $2x - 5 \geqslant x + 8$

- Membre de gauche :
  $2 \times \left(-\frac{2}{3}\right) - 5 = \frac{-4}{3} - \frac{15}{3} = \frac{-19}{3}$
- Membre de droite :
  $-\frac{2}{3} + 8 = \frac{-2}{3} + \frac{24}{3} = \frac{22}{3}$

  $\frac{-19}{3} \leqslant \frac{22}{3}$ donc $-\frac{2}{3}$ n'est pas une solution de l'inéquation $2x - 5 \geqslant x + 8$.

c. $x - 9 \leqslant -3x + 2$

- Membre de gauche :
  $-\frac{2}{3} - 9 = \frac{-2}{3} - \frac{27}{3} = \frac{-29}{3}$
- Membre de droite :
  $-3 \times \left(-\frac{2}{3}\right) + 2 = \frac{6}{3} + 2 = 2 + 2 = 4$

  $\frac{-29}{3} \leqslant 4$ donc $-\frac{2}{3}$ est une solution de l'inéquation $x - 9 \leqslant -3x + 2$.

d. $-2x + 3 < 9$

- Membre de gauche :
  $-2 \times \left(-\frac{2}{3}\right) + 3 = \frac{4}{3} + \frac{9}{3} = \frac{13}{3}$

$\frac{13}{3} < 9$ donc $-\frac{2}{3}$ est solution de l'inéquation $-2x + 3 < 9$.

3 Résoudre des inéquations

a. $7x + 3 > 2x - 2$

$7x - 2x > -2 - 3$ soit $5x > -5$ soit $x > \frac{-5}{5}$ soit $x > -1$.

Les solutions sont les nombres strictement supérieurs à -1.

b. $2x - 5 \geqslant 4x + 8$

$2x - 4x \geqslant 8 + 5$ soit $-2x \geqslant 13$ soit $x \leqslant \frac{-13}{2}$.

Les solutions sont les nombres inférieurs ou égaux à $-\frac{13}{2}$.

c. $-5x - 9 \leqslant -x + 2$

$-5x + x \leqslant 2 + 9$ soit $-4x \leqslant 11$ soit $x \geqslant \frac{-11}{4}$.

Les solutions sont les nombres supérieurs ou égaux à $-\frac{11}{4}$.

d. $-2x + 3 < -9$

$-2x < -9 - 3$ soit $-2x < -12$ soit $x > \frac{-12}{-2}$ soit $x > 6$.

Les solutions sont les nombres strictement supérieurs à 6.

4 Solutions sur une droite graduée

Les solutions de l'inéquation $x \geqslant -1$ sont représentées en rouge sur la droite graduée ci-dessous.

5 *Trouver une inéquation à partir de ces solutions*

La partie qui n'est pas hachurée sur la droite correspond aux nombres x tels que $x > 2$.

Une inéquation dont les solutions sont tous les nombres strictement supérieurs à 2 est, par exemple : $x - 7 > -5$.

Chapitre N6 Puissances et grandeurs

1 *Utiliser les formules sur les puissances*

$A = 3^4 = 3 \times 3 \times 3 \times 3 = 81$

$B = (-10)^5 = -100\,000$

$C = 2^{-5} = \dfrac{1}{2^5} = \dfrac{1}{32} = 0{,}03125$

2 *Utiliser les formules sur les puissances*

$D = \dfrac{7^5}{7^3} = 7^{5-3} = 7^2 = 7 \times 7 = 49$

$E = (5 \times 3)^2 = 15^2 = 15 \times 15 = 225$

$F = 2^7 \times 5^7 = 10\,000\,000$

3 *Utiliser les formules sur les puissances*

$J = 5^4 \times 7^4$
$J = (5 \times 7)^4$
$J = 35^4$

$K = \dfrac{2^{-5} \times 3^8}{(-3)^6 \times 2^{-7}}$
$K = \dfrac{2^{-5} \times 3^8}{3^6 \times 2^{-7}}$
$K = 2^{-5-(-7)} \times 3^{8-6}$
$K = 2^2 \times 3^2$
$K = (2 \times 3)^2$
$K = 6^2$

$L = (5^{-2})^3 \times \left(\dfrac{5}{3}\right)^4 \times 3^2$
$L = 5^{-6} \times \dfrac{5^4}{3^4} \times 3^2$
$L = \dfrac{5^{-6} \times 5^4 \times 3^2}{3^4}$
$L = 5^{-6+4} \times 3^{2-4}$
$L = 5^{-2} \times 3^{-2}$
$L = (5 \times 3)^{-2}$
$L = 15^{-2}$

$M = \dfrac{12^5}{3^2 \times 6^3}$
$M = \dfrac{(3 \times 2 \times 2)^5}{3^2 \times (3 \times 2)^3}$
$M = \dfrac{3^5 \times 2^5 \times 2^5}{3^2 \times 3^3 \times 2^3}$
$M = 3^{5-2-3} \times 2^{5+5-3}$
$M = 3^0 \times 2^7$
$M = 1 \times 2^7$
$M = 2^7$

4 *Utiliser les formules sur les puissances*

$A = 32{,}48 \times 10^6 = 32{,}48 \times 1\,000\,000 = 32\,480\,000$

$B = 0{,}78 \times 10^2 = 0{,}78 \times 100 = 78$

$C = 401 \times 10^{-2} = 401 \times 0{,}01 = 4{,}01$

$D = 94{,}6 \times 10^{-4} = 94{,}6 \times 0{,}000\,1 = 0{,}009\,46$

5 *Utiliser les formules sur les puissances*

$C = 10^6 \times 10^{-8} = 10^{6+(-8)} = 10^{6-8} = 10^{-2}$

$D = (10^{-1})^{-3} = 10^{(-1)\times(-3)} = 10^3$

$E = \dfrac{10^{-2}}{10^2} = 10^{-2-2} = 10^{-4}$

$F = 10^2 \times 10^{-3} \times 10 = 10^2 \times 10^{-3} \times 10^1 = 10^{2-3+1}$
$F = 10^0$

6 *Effectuer des changements d'unités sur des grandeurs produits ou quotients*

340 m/s signifie que l'on parcourt 340 m en 1 s.

Ainsi : $340 \text{ m/s} = \dfrac{340 \text{ m}}{1 \text{ s}}$.

$340 \text{ m} = 0{,}340 \text{ km}$ et $1 \text{ s} = \dfrac{1}{3\,600} \text{ h}$ donc :

$340 \text{ m/s} = \dfrac{0{,}340 \text{ km}}{\dfrac{1}{3\,600} \text{ h}} = 0{,}340 \times 3\,600 \text{ km/h}$

$= 1\,224 \text{ km/h}$

La vitesse de propagation du son dans l'air est donc de 1 224 km/h.

7 *Effectuer des changements d'unités sur des grandeurs produits ou quotients (bis)*

La masse volumique de l'air vaut $1{,}2 \text{ kg}\cdot\text{m}^{-3}$, ce qui signifie que 1 m^3 d'air a une masse de 1,2 kg.

Ainsi, $1{,}2 \text{ kg}\cdot\text{m}^{-3} = \dfrac{1{,}2 \text{ kg}}{1 \text{ m}^3}$.

$1{,}2 \text{ kg} = 1\,200 \text{ g}$ et $1 \text{ m}^3 = 1\,000\,000 \text{ cm}^3$ donc :

$1{,}2 \text{ kg}\cdot\text{m}^{-3} = \dfrac{1\,200 \text{ g}}{1\,000\,000 \text{ cm}^3} = 0{,}001\,2 \text{ g}\cdot\text{cm}^{-3}$

La masse volumique de l'air au niveau de la mer vaut donc $0{,}001\,2 \text{ g}\cdot\text{cm}^{-3}$.

8 *Effectuer des changements d'unités sur des grandeurs produits ou quotients (ter)*

20 000 tours/min signifie qu'en une minute, la partie rotative du moteur effectue 20 000 tours.

1 min = 60 s donc :

$20\,000 \text{ tours/min} = \dfrac{20\,000 \text{ tours}}{1 \text{ min}} = \dfrac{20\,000 \text{ tours}}{60 \text{ s}}$

$\approx 333 \text{ tours/s}$

Chapitre D1 Notion de fonction

1 *Calculer l'image d'un nombre par une fonction*

L'image de $-2{,}5$ par h s'écrit $h(-2{,}5)$ et vaut :

$h(-2{,}5) = 3 \times (-2{,}5) \times [5 \times (-2{,}5)^2 - 2]$
$= -7{,}5 \times (5 \times 6{,}25 - 2) = -7{,}5 \times (31{,}25 - 2)$
$= -7{,}5 \times 29{,}25 = -219{,}375$

L'image de 20 par h s'écrit $h(20)$ et vaut :

$h(20) = 3 \times 20 \times (5 \times 20^2 - 2)$
$= 60 \times (5 \times 400 - 2) = 60 \times 1\,998 = 119\,880$

L'image de 0 par h s'écrit $h(0)$ et vaut :

$h(0) = 3 \times (0) \times [5 \times 0^2 - 2] = 0$

2 *Calculer l'image d'un nombre par une fonction*

a. L'erreur consiste à penser que :
$l(-5) = l(-2) + l(7) = 12 + 15 = 27$.
Or, ceci serait vrai si l était une fonction linéaire. L'énoncé ne le précise pas.

On ne peut donc pas déterminer l'image de -5 par l.

b. $l(8) = 15$.

3 *Déterminer image et antécédent à partir d'un tableau de valeurs*

D'après le tableau de valeurs, on peut lire que l'image de − 10 est − 5 et que l'image de 2,5 est 8.

D'après le tableau de valeurs, on peut lire que l'antécédent de − 3 est 6 .

D'après le tableau de valeurs, on peut lire que les antécédents de 0 sont − 1 et 5 .

4 *Déterminer image et antécédent à partir d'une courbe*

a. Graphiquement, on lit que l'image de − 3 par f vaut approximativement − 0,4 d'où $f(-3) = -0{,}4$.

De même : $f(2) \simeq -0{,}8$.

b. Graphiquement, on lit que les antécédents de − 2 par f sont − 1 et 1 et que ceux de − 3,2 par f sont − 0,5 et 0,5.

5 *Déterminer image et antécédent à partir d'une courbe (bis)*

a. Graphiquement, on lit que l'image de 2 par g vaut approximativement − 1 d'où $g(2) = -1$.

De même : $g(-1) \simeq 3{,}5$.

b. Graphiquement, on lit que les antécédents de 0 par g sont 0,5 ; 4,5 et 6,5 ; celui de 2 par g est − 0,5.

Chapitre D2
Fonctions linéaires et affines

1 *Déterminer si une fonction est linéaire ou affine*

$f(x) = x^2 - 2$ est écrit sous sa forme développée et réduite. Ce n'est ni une fonction affine ni une fonction linéaire à cause du « x^2 » contenu dans l'expression développée.

$g(x) = 8 - 9x = -9x + 8$. $g(x)$ peut s'écrire sous la forme $ax + b$ avec $a = -9$ et $b = 8$. Il s'agit donc d'une fonction affine. Cette fonction n'est pas linéaire.

$h(x) = \frac{3}{5}x$. $h(x)$ peut s'écrire sous la forme ax avec $a = \frac{3}{5}$. Il s'agit donc d'une fonction linéaire. Elle est donc également affine.

$k(x) = (13 - 8x)^2 - 64x^2 = 169 - 208x + 64x^2 - 64x^2 = -208x + 169$.

$k(x)$ peut s'écrire sous la forme $ax + b$ avec $a = -208$ et $b = 169$. Il s'agit donc d'une fonction affine. Cette fonction n'est pas linéaire.

$l(x) = \frac{2}{x}$. $l(x)$ ne peut pas s'écrire sous la forme $ax + b$. Il ne s'agit donc ni d'une fonction affine ni d'une fonction linéaire.

2 *Calculer l'image d'un nombre par une fonction affine*

$h(-4) = -8 \times (-4) + 3 = 32 + 3 = 35$

L'image de − 4 par la fonction h est 35.

3 *Calculer l'antécédent d'un nombre par une fonction affine*

On cherche le nombre x qui a pour image − 6 par la fonction h. L'image de x est $h(x)$ donc on résout l'équation $h(x) = -6$, c'est-à-dire :

$-x + 3 = -6$, soit $-x = -6 - 3$, soit $-x = -9$, soit $x = 9$.

L'antécédent de − 6 par h est donc 9.

4 *Déterminer l'expression algébrique d'une fonction affine*

L'image de − 5 est égale à 12 signifie que $h(-5) = 12$. L'image de 4 est égale à − 7 signifie que $h(4) = -7$.

On sait que $a = \dfrac{h(x_2) - h(x_1)}{x_2 - x_1}$, soit ici :

$$a = \frac{h(-5) - h(4)}{-5 - 4} = \frac{12 - (-7)}{-5 - 4} = -\frac{19}{9}.$$

L'expression algébrique de la fonction est donc de la forme $h(x) = -\frac{19}{9}x + b$.

En prenant $x = 4$, on obtient : $h(4) = -\frac{19}{9} \times 4 + b$

$-7 = -\frac{76}{9} + b$ soit $-7 + \frac{76}{9} = b$

$b = -\frac{63}{9} + \frac{76}{9} = \frac{13}{9}$.

L'expression algébrique de la fonction h est donc : $h(x) = -\frac{19}{9}x + \frac{13}{9}$.

5 *Représenter graphiquement une fonction linéaire ou affine*

l est linéaire donc sa représentation graphique est une droite qui passe par l'origine du repère.

On calcule l'image d'un nombre.

➢ Pour $x = 4$, $l(4) = -0{,}5 \times 4 = -2$.

m est affine donc sa représentation graphique est une droite.

On calcule l'image de deux nombres.

➢ Pour $x = 4$, $m(4) = -0{,}5 \times 4 + 2 = 0$.

➢ Pour $x = 0$, $m(0) = -0{,}5 \times 0 + 2 = 2$.

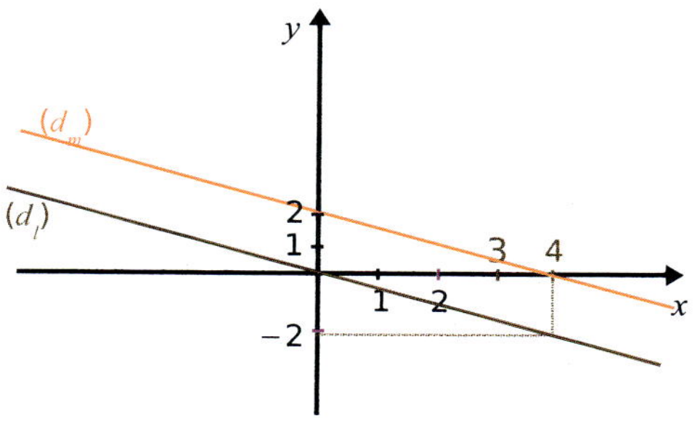

On constate que les deux droites sont parallèles (elles ont le même coefficient directeur − 0,5).

6 *Représenter graphiquement une fonction linéaire ou affine (bis)*

Pour tracer précisément la représentation graphique de cette fonction, il faut trouver un point aux coordonnées « simples » (entières par exemple).

Puisqu'il s'agit d'une fonction linéaire, il suffit donc de prendre une seule valeur et d'en calculer l'image.

Or $0{,}75 = \frac{3}{4}$.

Il faut donc choisir une valeur de x multiple de 4 et calculer son image.

Par exemple, en choisissant $x = 8$, on trouve que l'image de 8 vaut $8 \times \frac{3}{4} = 6$.

Il suffit donc de placer le point de coordonnées (8 ; 6).

Chapitre D3 Statistiques et probabilités

1 *Caractéristiques d'une série statistique*

La liste contient 21 valeurs.

On range ces distances par ordre croissant :
29 ; 53 ; 143 ; 154 ; 157 ; 158 ; 163 ; 165 ; 166 ; 168 ; 174 ; 182 ; 182 ; 195 ; 195 ; 195 ; 197 ; 210 ; 216 ; 222 ; 230.

La médiane sera donc la 11e valeur (10 + 1 + 10), soit ici 174 km. Cela signifie qu'il y a eu autant d'étapes du Tour de France 2008 qui comptaient plus de 174 km que d'étapes qui en comptaient moins.

La liste contient 21 valeurs.
25 % de 21 vaut 5,25 et 75 % de 21 vaut 15,75.

Le premier quartile sera donc la 6e valeur, soit Q_1 = 158 km. Cela signifie qu'au moins 25 % des étapes sont inférieures ou égales à 158 km.

Le troisième quartile sera donc la 16e valeur, soit Q_3 = 195 km. Cela signifie qu'au moins 75 % des étapes sont inférieures ou égales à 195 km.

L'étendue est la différence entre la plus longue étape (230 km) et la plus courte (29 km), soit : 230 – 29 = 201 km.

2 *Calcul de probabilité*

On peut résumer avec un arbre de probabilités :

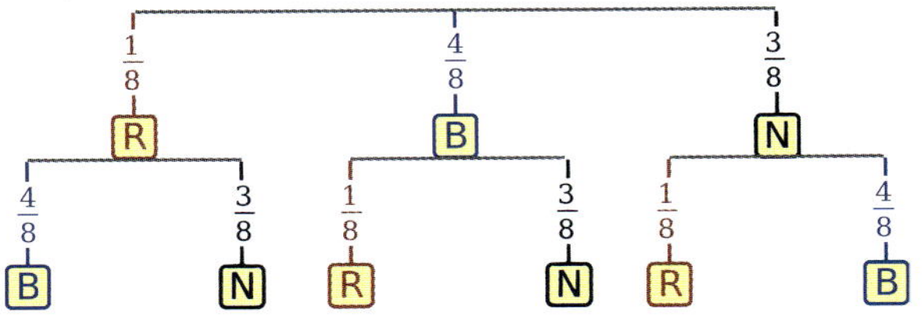

Au total, la probabilité de tirer deux boules de couleurs différentes vaut :

$$\frac{1}{8} \times \left(\frac{4}{8} + \frac{3}{8}\right) + \frac{4}{8} \times \left(\frac{1}{8} + \frac{3}{8}\right) + \frac{3}{8} \times \left(\frac{1}{8} + \frac{4}{8}\right)$$

$$= \frac{1}{8} \times \frac{7}{8} + \frac{4}{8} \times \frac{4}{8} + \frac{3}{8} \times \frac{5}{8} = \frac{7}{64} + \frac{16}{64} + \frac{15}{64}$$

$$= \frac{38}{64} = \frac{19}{32}.$$

Détails de la première branche de l'arbre

Le nombre total de boules est 8.

La probabilité de tirer la boule rouge au premier tirage est de $\frac{1}{8}$.

Si la boule rouge est tirée au premier tirage, alors il faut obtenir une boule bleue ou noire au second tirage.

La probabilité de tirer une boule bleue ou noire est de $\frac{4+3}{8} = \frac{7}{8}$.

Ainsi, la probabilité de tirer deux boules de couleurs différentes dont la première est rouge vaut :

$$\frac{1}{8} \times \frac{7}{8} = \frac{7}{64}.$$

Chapitre G1 Théorème de Thalès

1 *Calculer une longueur*

a. Les droites (SM) et (HT) sont sécantes en A.

Les droites (MT) et (SH) sont parallèles.

D'après le théorème de Thalès, on a :

$$\frac{AM}{AS} = \frac{AT}{AH} = \frac{MT}{SH}$$

$$\frac{AT}{AH} = \frac{MT}{SH} \text{ soit } \frac{3}{10} = \frac{x}{17{,}5}$$

soit $10 \times x = 3 \times 17{,}5$

$$x = \frac{3 \times 17{,}5}{10} = 5{,}25$$

b. Les droites (RK) et (OS) sont sécantes en C.

Les droites (RO) et (SK) sont parallèles.

D'après le théorème de Thalès, on a :

$$\frac{CR}{CK} = \frac{CO}{CS} = \frac{RO}{SK}$$

$$\frac{CR}{CK} = \frac{CO}{CS} \text{ soit } \frac{3}{7} = \frac{y}{10{,}5}$$

soit $7 \times y = 3 \times 10{,}5$

$$y = \frac{3 \times 10{,}5}{7} = 4{,}5$$

c. On ne peut pas calculer z car on ne sait pas si les droites (OH) et (IK) sont parallèles.

2 *Calculer une longueur (bis)*

Les droites (OE) et (TF) sont sécantes en D.

Les droites (OT) et (EF) sont parallèles.

D'après le théorème de Thalès, on a :

$\dfrac{DE}{DO} = \dfrac{DF}{DT} = \dfrac{EF}{OT}$,

soit $\dfrac{DE}{6} = \dfrac{1}{5} = \dfrac{EF}{8}$.

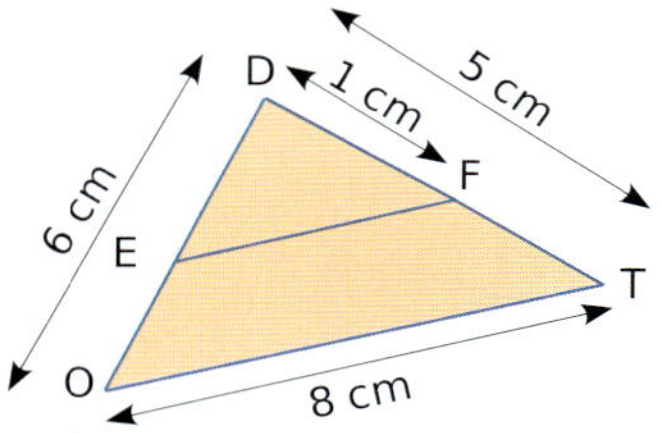

$5 \times DE = 1 \times 6$

$DE = \dfrac{1 \times 6}{5} = 1{,}2$ cm

$5 \times EF = 1 \times 8$

$EF = \dfrac{1 \times 8}{5} = 1{,}6$ cm

3 *Montrer que deux droites ne sont pas parallèles*

a. Les droites (DB) et (EC) sont sécantes en A.

D'une part, $\dfrac{AB}{AD} = \dfrac{3}{3+7} = \dfrac{3}{10}$.

D'autre part, $\dfrac{AC}{AE} = \dfrac{5}{5+9} = \dfrac{5}{14}$.

On constate que $\dfrac{AB}{AD} \neq \dfrac{AC}{AE}$. Or, si les droites étaient parallèles, d'après le théorème de Thalès, il y aurait égalité. Comme ce n'est pas le cas, les droites (BC) et (DE) ne sont pas parallèles.

b. Les droites (RV) et (SU) sont sécantes en T.

D'une part, $\dfrac{TR}{TV} = \dfrac{18}{3} = 6$.

D'autre part, $\dfrac{TS}{TU} = \dfrac{20}{8} = 2{,}5$.

On constate que $\dfrac{TR}{TV} \neq \dfrac{TS}{TU}$. Or, si les droites étaient parallèles, d'après le théorème de Thalès, il y aurait égalité. Comme ce n'est pas le cas, les droites (RS) et (UV) ne sont pas parallèles.

4 *Montrer que deux droites sont parallèles*

a. Les droites (MB) et (NC) sont sécantes en A.

D'une part, $\dfrac{AB}{AM} = \dfrac{3}{3+5} = \dfrac{3}{8} = 0{,}375$.

D'autre part, $\dfrac{AC}{AN} = \dfrac{6{,}75}{6{,}75 + 11{,}25} = \dfrac{6{,}75}{18} = 0{,}375$.

On constate que $\dfrac{AB}{AM} = \dfrac{AC}{AN}$. De plus les point A, B, M d'une part et les points A, C, N d'autre part sont alignés et dans le même ordre. Donc d'après la réciproque du théorème de Thalès, les droites (BC) et (MN) sont parallèles.

b. Les droites (LM) et (NT) sont sécantes en J.

D'une part, $\dfrac{JL}{JM} = \dfrac{3{,}15}{7} = 0{,}45$.

D'autre part, $\dfrac{JN}{JT} = \dfrac{9}{20} = 0{,}45$.

On constate que $\dfrac{JL}{JM} = \dfrac{JN}{JT}$. De plus, les points L, J, M d'une part et les points N, J, T d'autre part sont alignés et dans le même ordre. Donc, d'après la réciproque du théorème de Thalès, les droites (LN) et (TM) sont parallèles.

5 *Agrandir une figure*

On sait que JEDI est un agrandissement de TRAN de rapport $\dfrac{3}{2}$, donc $JE = \dfrac{3}{2} \times TR = \dfrac{3}{2} \times 5 = 7{,}5$ cm.

Les quatre côtés du losange JEDI mesurent donc 7,5 cm. Dans un agrandissement, les mesures des angles sont conservées, donc $\widehat{JED} = 30°$.

On trace un losange JEDI vérifiant les deux conditions : JE = 7,5 cm et $\widehat{JED} = 30°$.

Chapitre G2
Trigonométrie

1 *Écrire les relations liant angles et longueurs*

Le triangle ENT est rectangle en E donc :

$\cos \widehat{TNE} = \dfrac{\text{côté adjacent à } \widehat{TNE}}{\text{hypoténuse}} = \dfrac{NE}{NT}$;

$\sin \widehat{TNE} = \dfrac{\text{côté opposé à } \widehat{TNE}}{\text{hypoténuse}} = \dfrac{ET}{NT}$;

$\tan \widehat{TNE} = \dfrac{\text{côté opposé à } \widehat{TNE}}{\text{côté adjacent à } \widehat{TNE}} = \dfrac{ET}{NE}$.

2 *Écrire les relations liant angles et longueurs (bis)*

Le triangle NOE est rectangle en O donc :

$\dfrac{NO}{NE} = \dfrac{\text{côté adjacent à } \widehat{ONE}}{\text{hypoténuse}} = \cos \widehat{ONE}$

ou encore $\dfrac{NO}{NE} = \dfrac{\text{côté opposé à } \widehat{NEO}}{\text{hypoténuse}} = \sin \widehat{NEO}$

$\dfrac{OE}{ON} = \dfrac{\text{côté opposé à } \widehat{EON}}{\text{côté adjacent à } \widehat{EON}} = \tan \widehat{ENO}$

$\dfrac{EO}{EN} = \dfrac{\text{côté adjacent à } \widehat{NEO}}{\text{hypoténuse}} = \cos \widehat{NEO}$

ou encore $\dfrac{EO}{EN} = \dfrac{\text{côté opposé à } \widehat{ONE}}{\text{hypoténuse}} = \sin \widehat{ONE}$

$\dfrac{ON}{OE} = \dfrac{\text{côté opposé à } \widehat{NEO}}{\text{côté adjacent à } \widehat{NEO}} = \tan \widehat{NEO}$

3 *Écrire les relations liant angles et longueurs (ter)*

a. H est le pied de la hauteur issue de A.

D'une part, dans le triangle ACH rectangle en H :

$\cos \widehat{ACB} = \dfrac{\text{côté adjacent à } \widehat{ACB}}{\text{hypoténuse}} = \dfrac{CH}{CA}$;

$\sin \widehat{ACB} = \dfrac{\text{côté opposé à } \widehat{ACB}}{\text{hypoténuse}} = \dfrac{AH}{CA}$;

$\tan \widehat{ACB} = \dfrac{\text{côté opposé à } \widehat{ACB}}{\text{côté adjacent à } \widehat{ACB}} = \dfrac{AH}{CH}$.

D'autre part, dans le triangle ABC rectangle en A :

$\cos \widehat{ACB} = \dfrac{\text{côté adjacent à } \widehat{ACB}}{\text{hypoténuse}} = \dfrac{CA}{CB}$;

$\sin \widehat{ACB} = \dfrac{\text{côté opposé à } \widehat{ACB}}{\text{hypoténuse}} = \dfrac{AB}{CB}$;

$\tan \widehat{ACB} = \dfrac{\text{côté opposé à } \widehat{ACB}}{\text{côté adjacent à } \widehat{ACB}} = \dfrac{AB}{CA}$.

b. D'une part, dans le triangle ABH rectangle en H :

$\cos \widehat{ABC} = \frac{\text{côté adjacent à } \widehat{ABC}}{\text{hypoténuse}} = \frac{BH}{BA}$;

$\sin \widehat{ABC} = \frac{\text{côté opposé à } \widehat{ABC}}{\text{hypoténuse}} = \frac{AH}{BA}$;

$\tan \widehat{ABC} = \frac{\text{côté opposé à } \widehat{ABC}}{\text{côté adjacent à } \widehat{ABC}} = \frac{AH}{BH}$.

D'autre part, dans le triangle ABC rectangle en A :

$\cos \widehat{ABC} = \frac{\text{côté adjacent à } \widehat{ABC}}{\text{hypoténuse}} = \frac{BA}{CB}$;

$\sin \widehat{ABC} = \frac{\text{côté opposé à } \widehat{ABC}}{\text{hypoténuse}} = \frac{CA}{CB}$;

$\tan \widehat{ABC} = \frac{\text{côté opposé à } \widehat{ABC}}{\text{côté adjacent à } \widehat{ABC}} = \frac{CA}{BA}$.

4 Calculer des longueurs

Dans le triangle NIV rectangle en N :

- [VN] est le côté opposé à l'angle $\widehat{VIN}$;
- [NI] est le côté adjacent à l'angle $\widehat{VIN}$.

On utilise donc la tangente de l'angle $\widehat{VIN}$ car les deux côtés apparaissent dans la formule :

$\tan \widehat{VIN} = \frac{\text{côté opposé à } \widehat{VIN}}{\text{côté adjacent à } \widehat{VIN}}$

$\tan \widehat{VIN} = \frac{VN}{NI}$ soit $NI = \frac{VN}{\tan \widehat{VIN}}$

$NI = \frac{4}{\tan 12°}$

$NI \approx 18{,}82$ m (valeur arrondie au centimètre).

5 Calculer des longueurs (bis)

Dans le triangle AUE rectangle en U :

- [AE] est l'hypoténuse ;
- [UE] est le côté opposé à l'angle $\widehat{EAU}$.

On utilise donc le sinus de l'angle $\widehat{EAU}$ car les deux côtés apparaissent dans la formule :

$\sin \widehat{EAU} = \frac{\text{côté opposé à } \widehat{EAU}}{\text{hypoténuse}} = \frac{EU}{EA}$

$EU = EA \times \sin \widehat{EAU}$

$EU = 10 \times \sin 19°$

$EU \approx 3{,}3$ cm (valeur arrondie au millimètre).

6 Calculer des longueurs (ter)

Dans le triangle VLR rectangle en V :

- [LR] est l'hypoténuse ;
- [VR] est le côté adjacent à l'angle $\widehat{VRL}$.

On utilise donc le cosinus de l'angle $\widehat{VRL}$ car les deux côtés apparaissent dans la formule :

$\cos \widehat{VRL} = \frac{\text{côté adjacent à } \widehat{VRL}}{\text{hypoténuse}}$

$\cos \widehat{VRL} = \frac{RV}{RL}$

$RV = RL \times \cos \widehat{VRL}$

$RV = 8{,}7 \times \cos 72°$

$RV \approx 2{,}7$ cm (valeur arrondie au millimètre).

7 Calculer la mesure d'un angle

Dans le triangle EXO rectangle en X :

- [OE] est l'hypoténuse ;
- [EX] est le côté opposé à l'angle $\widehat{EOX}$.

On utilise donc le sinus de l'angle $\widehat{EOX}$ car les deux côtés apparaissent dans la formule :

$\sin \widehat{EOX} = \frac{\text{côté opposé à } \widehat{EOX}}{\text{hypoténuse}}$

$\sin \widehat{EOX} = \frac{EX}{EO} = \frac{3}{7}$

$\widehat{EOX} \approx 25°$ (arrondi au degré).

Dans un triangle rectangle, les deux angles aigus sont complémentaires, donc :

$\widehat{XEO} = 90° - \widehat{EOX} \approx 90° - 25° \approx 65°$ (arrondi au degré).

8 Calculer la mesure d'un angle (bis)

Dans le triangle JUS rectangle en U :

a. [US] est le côté opposé à l'angle $\widehat{UJS}$;

b. [JU] est le côté adjacent à l'angle $\widehat{UJS}$.

On utilise donc la tangente de l'angle $\widehat{UJS}$ car les deux côtés apparaissent dans la formule :

$\tan \widehat{UJS} = \frac{\text{côté opposé à } \widehat{UJS}}{\text{côté adjacent à } \widehat{UJS}}$

$\tan \widehat{UJS} = \frac{US}{JU} = \frac{4{,}8}{6{,}4}$

$\widehat{UJS} \approx 37°$ (arrondi au degré).

9 Utiliser les formules de trigonométrie

On sait que $\cos^2 \hat{B} + \sin^2 \hat{B} = 1$ donc :

$\cos^2 \hat{B} = 1 - \sin^2 \hat{B} = 1 - \left(\frac{5}{13}\right)^2 = 1 - \frac{25}{169}$

$\cos^2 \hat{B} = \frac{169}{169} - \frac{25}{169} = \frac{144}{169}$

Le cosinus d'un angle aigu est positif, donc :

$\cos \hat{B} = \sqrt{\frac{144}{169}} = \frac{12}{13}$;

$\tan \hat{B} = \frac{\sin \hat{B}}{\cos \hat{B}} = \frac{\frac{5}{13}}{\frac{12}{13}} = \frac{5}{13} \times \frac{13}{12} = \frac{5}{12}$.

Chapitre G3
Géométrie dans l'espace

1 *Déterminer la section d'une sphère par un plan*

a. La section d'une sphère par un plan est **un cercle**.

b. On appelle C le centre de la sphère, A le centre de la section et B un point de la section.

Dans le triangle ABC rectangle en A, d'après le théorème de Pythagore :

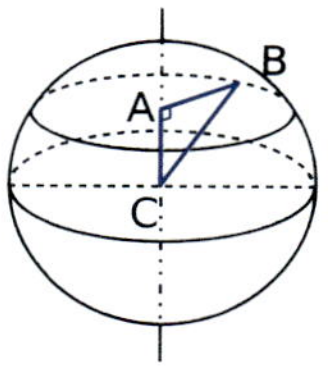

$BC^2 = AB^2 + AC^2$

$7^2 = AB^2 + 5^2$

$AB^2 = 49 - 25$

$AB^2 = 24$

$AB = \sqrt{24} \approx 4{,}9$ cm.

On trace un cercle de rayon 4,9 cm.

2 *Déterminer la section d'une sphère par un plan (bis)*

a.

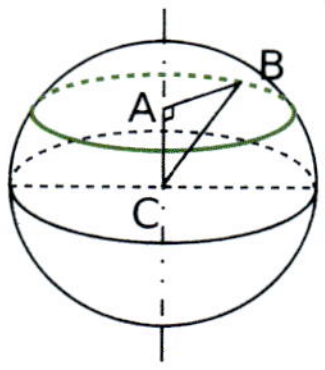

b. Dans le triangle ABC rectangle en A, d'après le théorème de Pythagore :

$BC^2 = AB^2 + AC^2$

$13^2 = AB^2 + 12^2$

$AB^2 = 169 - 144$

$AB^2 = 25$

$AB = \sqrt{25} = 5$

Le rayon de la section vaut 5 cm.

3 *Déterminer la section d'un parallélépipède rectangle par un plan parallèle à une arête*

a. La face ABFE est un rectangle de dimensions AB = 5 cm et EA = 8 cm.

La section AFGD est un rectangle de dimensions AD = 6 cm et AF qui est la longueur de la diagonale du rectangle ABFE. (Il suffit donc d'utiliser le compas pour reporter la longueur obtenue dans la première figure.)

b. La section AFGD est parallèle à l'arête [EH] donc AFGD est un rectangle de dimensions AD = 6 cm et AF.

La face ABFE du pavé droit est un rectangle donc le triangle AFE est rectangle en E.

D'après le théorème de Pythagore :

$AF^2 = AE^2 + EF^2$ soit

$AF^2 = 8^2 + 5^2 = 81 + 25 = 106$. D'où $AF = \sqrt{106}$.

Les dimensions du rectangle AFGD sont 6 cm et $\sqrt{106}$ cm.

L'aire du rectangle AFGD est :

$AF \times AG = \sqrt{106} \times 6 \approx 61{,}8$ cm² (arrondi au dixième).

4 *Déterminer la section d'un parallélépipède rectangle par un plan parallèle à une face*

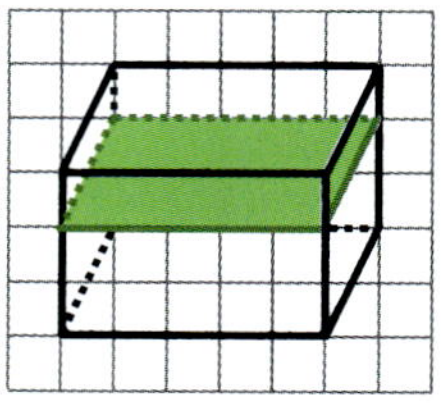

5 *Déterminer la section d'un parallélépipède rectangle par un plan parallèle à une face*

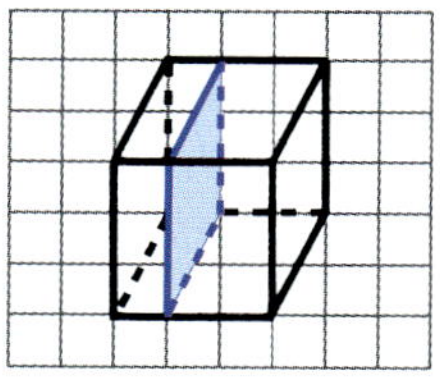

6 *Déterminer la section d'un cylindre de révolution par un plan parallèle à sa base*

La largeur de la section est 8 cm, donc DC = 8 cm.

Dans le triangle ACD isocèle en A, la hauteur issue de A et la médiane issue de A sont confondues. Donc [AB] est une médiane, d'où B est le milieu de [DC]. On en déduit que BC = 4 cm.

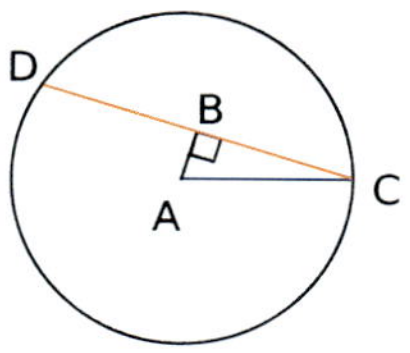

La distance entre l'axe et la section est 3 cm, donc AB = 3 cm.

Dans le triangle ABC rectangle en B, d'après le théorème de Pythagore :

$AC^2 = AB^2 + BC^2$ soit $AC^2 = 3^2 + 4^2$.

$AC^2 = 9 + 16 = 25$ soit $AC = \sqrt{25} = 5$.

Le rayon de la base de ce cylindre est 5 cm.

7 *Déterminer la section d'un cône par un plan parallèle à sa base*

Le coefficient de réduction est $\frac{3}{4}$.

Le volume est donc multiplié par $\left(\frac{3}{4}\right)^3 = \frac{27}{64}$.

$12{,}8 \times \frac{27}{64} = 5{,}4$.

Le volume de jus de fruit est donc de 5,4 cL.

8 *Calculer une aire*

$A = 4 \times \pi \times R^2 = 4 \times \pi \times 6{,}2^2$

$A = 153{,}76\pi$ cm² valeur exacte

$A \approx 483$ cm² valeur arrondie au cm².

9 *Calculer un volume*

$V = \frac{4}{3} \times \pi \times R^3 = \frac{4}{3} \times \pi \times 9^3$

$V = 972\pi$ cm³ valeur exacte

$V \approx 3\,053{,}628$ cm³, soit 3 054 628 mm³ valeur arrondie au mm³.

10 *Agrandir ou réduire : effet sur les aires et les volumes*

Le coefficient de réduction est $\frac{1}{2}$.

Les aires sont donc multipliées par $\left(\frac{1}{2}\right)^2 = \frac{1}{4}$.

La surface de papier n'est donc pas deux fois plus petite mais quatre fois plus petite.

Les volumes sont donc multipliés par $\left(\frac{1}{2}\right)^3 = \frac{1}{8}$.

Le volume de l'objet obtenu n'est donc pas deux fois plus petit mais huit fois plus petit.

Chapitre G4 Angles et polygones

1 *Utiliser les angles inscrits dans un cercle*

Les angles $\widehat{ASO}$ et $\widehat{ATO}$ sont inscrits dans le cercle. Ils interceptent tous les deux l'arc $\overset{\frown}{AO}$.

Donc ils ont la même mesure.

2 *Utiliser les angles inscrits dans un cercle (bis)*

Les angles $\widehat{LAS}$ et $\widehat{LES}$ sont inscrits dans le cercle. L'angle $\widehat{LAS}$ intercepte l'arc $\overset{\frown}{AS}$ qui ne contient pas A et qui contient E.

L'angle $\widehat{LES}$ intercepte l'arc $\overset{\frown}{AS}$ qui ne contient pas E.

Ils n'interceptent pas le même arc, ils n'ont donc pas la même mesure.

3 *Utiliser les angles au centre d'un cercle*

Dans le cercle, l'angle inscrit $\widehat{OLE}$ et l'angle au centre $\widehat{ODE}$ interceptent le même arc $\overset{\frown}{OE}$.

Donc l'angle au centre $\widehat{ODE}$ mesure le double de l'angle inscrit $\widehat{OLE}$.

$\widehat{OLE} = \frac{\widehat{ODE}}{2} = \frac{122°}{2} = 61°$. L'angle $\widehat{OLE}$ mesure 61°.

4 *Construire un polygone régulier*

Un triangle est régulier s'il a tous ses côtés de même longueur, c'est-à-dire s'il est équilatéral et s'il a tous ses angles de même mesure, c'est-à-dire s'il est équilatéral.

Le triangle régulier est donc le triangle équilatéral.

Un quadrilatère est régulier s'il a tous ses côtés de même longueur, c'est-à-dire s'il est un losange et s'il a tous ses angles de même mesure, c'est-à-dire s'il est un rectangle. Le quadrilatère demandé doit donc être à la fois un losange et un rectangle.

Le quadrilatère régulier est donc le carré.

5 *Construire un polygone régulier (bis)*

Un triangle équilatéral a trois côtés égaux. Les angles au centre déterminés par deux sommets consécutifs du triangle sont tous égaux à 120° (360 ÷ 3 = 120).

Pour construire la figure demandée, on trace le cercle et l'un de ses rayons [OA].

On trace un autre rayon [OB] tel que $\widehat{AOB} = 120°$.

On trace un dernier rayon [OC] tel que $\widehat{BOC} = 120°$ et A distinct de C.

Il suffit ensuite de tracer le triangle ABC.

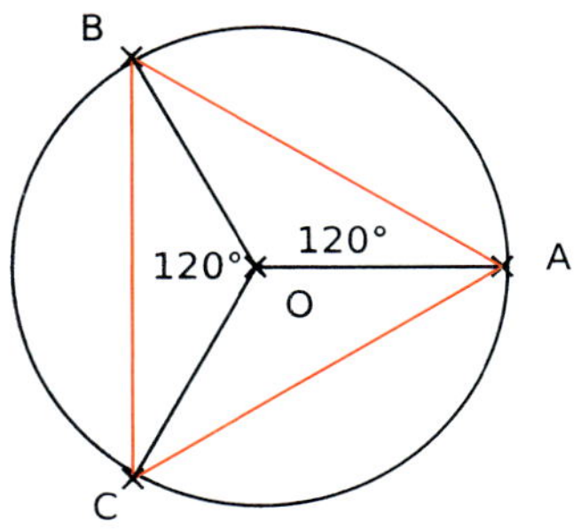

L'essentiel des propriétés utiles aux démonstrations

Démontrer qu'un point est le milieu d'un segment

P 1 Si un point est sur un segment et à égale distance de ses extrémités alors ce point est le milieu du segment.	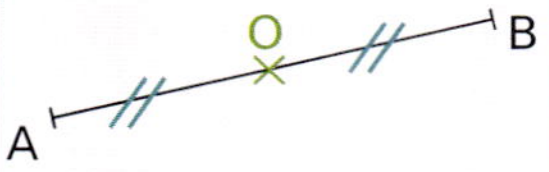	O appartient à [AB] et OA = OB donc O est le milieu de [AB].
P 2 Si un quadrilatère est un parallélogramme alors ses diagonales se coupent en leur milieu. (C'est aussi vrai pour les losanges, rectangles et carrés qui sont des parallélogrammes particuliers.)	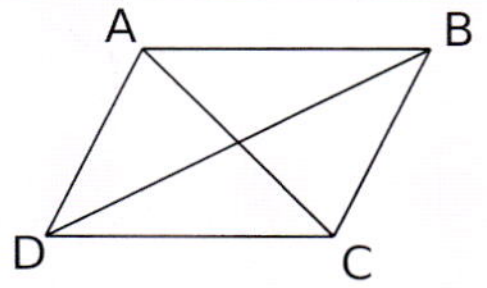	ABCD est un parallélogramme donc ses diagonales [AC] et [BD] se coupent en leur milieu.
P 3 Si A et A' sont symétriques par rapport à un point O alors O est le milieu du segment [AA'].	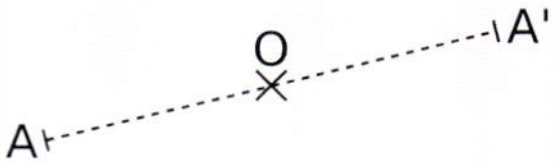	A et A' sont symétriques par rapport au point O donc le point O est le milieu de [AA'].
P 4 Si une droite est la médiatrice d'un segment alors elle coupe ce segment en son milieu.	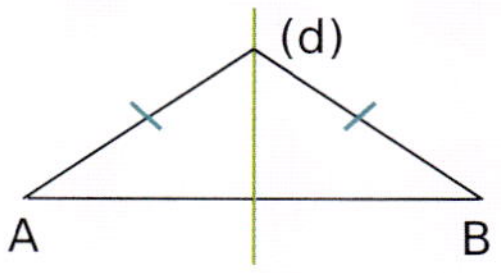	(d) est la médiatrice du segment [AB] donc (d) coupe le segment [AB] en son milieu.
P 5 Si un triangle est rectangle alors son cercle circonscrit a pour centre le milieu de son hypoténuse.	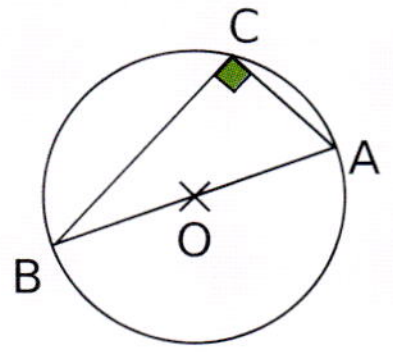	ABC est un triangle rectangle d'hypoténuse [AB] donc le centre de son cercle circonscrit est le milieu de [AB].
P 6 Si, dans un triangle, une droite passe par le milieu d'un côté et est parallèle à un deuxième côté alors elle passe par le milieu du troisième côté.	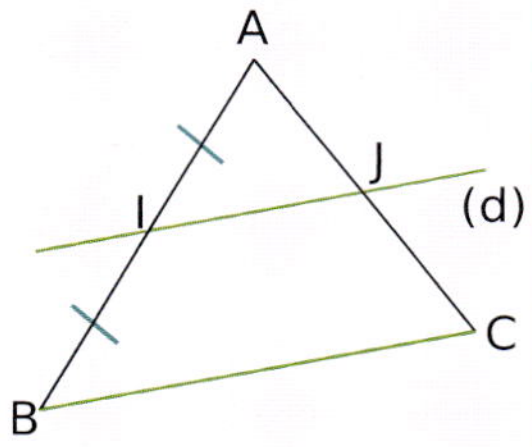	Dans le triangle ABC, I est le milieu de [AB] et la parallèle (d) à (BC) coupe [AC] en J donc J est le milieu de [AC].

Démontrer que deux droites sont parallèles

P 7 Si deux droites sont parallèles à une même troisième droite alors elles sont parallèles entre elles.	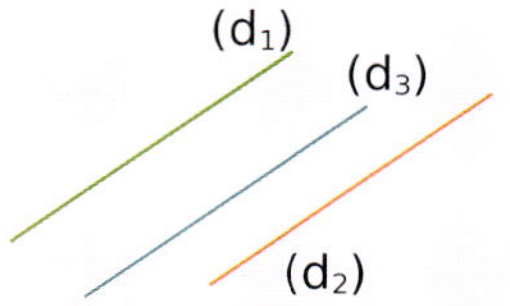	(d_1) // (d_2) et (d_2) // (d_3) donc (d_1) // (d_3).
P 8 Si deux droites sont perpendiculaires à une même troisième droite alors elles sont parallèles entre elles.	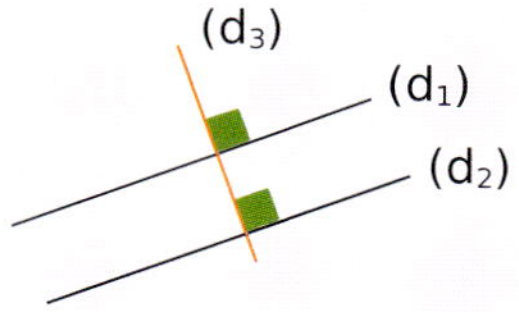	$(d_1) \perp (d_3)$ et $(d_2) \perp (d_3)$ donc (d_1) // (d_2).
P 9 Si un quadrilatère est un parallélogramme alors ses côtés opposés sont parallèles. (C'est aussi vrai pour les losanges, rectangles et carrés qui sont des parallélogrammes particuliers.)	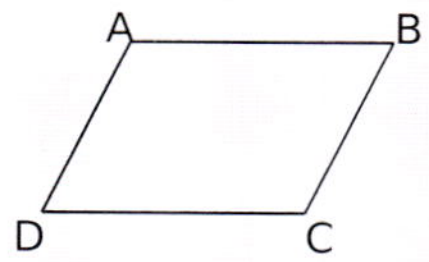	ABCD est un parallélogramme donc (AB) // (CD) et (AD) // (BC).

P 10 Si deux droites coupées par une sécante forment des angles alternes-internes de même mesure alors ces droites sont parallèles.	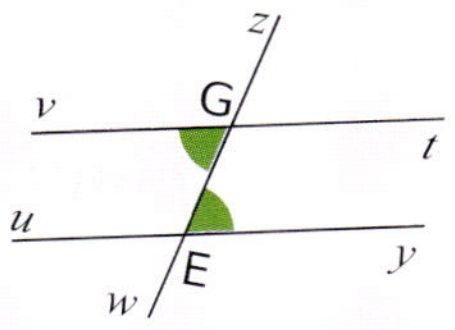	Les droites (vt) et (uy) sont coupées par la sécante (zw), $\widehat{vGw}$ et $\widehat{zEy}$ sont alternes-internes et de même mesure donc (vt) // (uy).
P 11 Si deux droites coupées par une sécante forment des angles correspondants de même mesure alors ces droites sont parallèles.	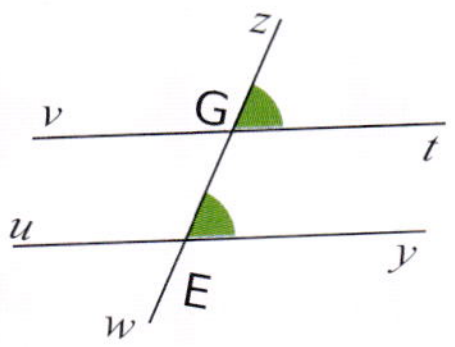	Les droites (vt) et (uy) sont coupées par la sécante (zw), $\widehat{zGt}$ et $\widehat{zEy}$ sont correspondants et de même mesure donc (vt) // (uy).
P 12 Si, dans un triangle, une droite passe par les milieux de deux côtés alors elle est parallèle au troisième côté.	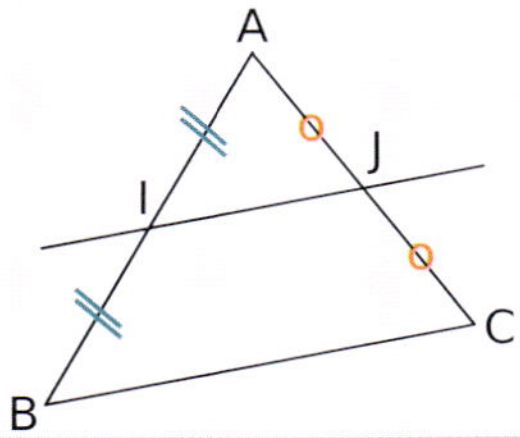	Dans le triangle ABC, I est le milieu de [AB] et J est le milieu de [AC] donc (IJ) est parallèle à (BC).
P 13 Si deux droites sont symétriques par rapport à un point alors elles sont parallèles.	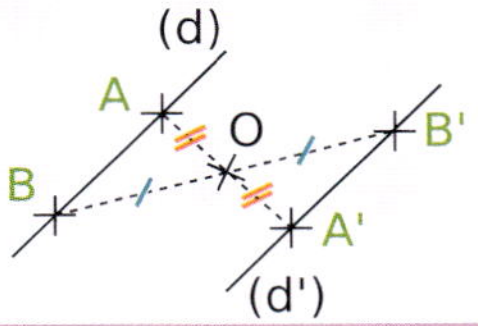	Les droites (d) et (d') sont symétriques par rapport au point O donc (d) // (d').
P 14 <u>Réciproque du théorème de Thalès</u> : Soient (d) et (d') deux droites sécantes en A. B et M sont deux points de (d) distincts de A. C et N sont deux points de (d') distincts de A. Si les points A, B, M d'une part et les points A, C, N d'autre part sont alignés dans le même ordre et si $\frac{AM}{AB} = \frac{AN}{AC}$, alors les droites (BC) et (MN) sont parallèles.	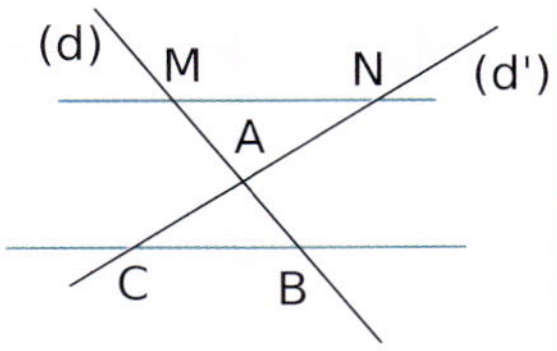	Les points M, A, B d'une part et les points N, A, C d'autre part sont alignés dans le même ordre. Si, de plus, $\frac{AM}{AB} = \frac{AN}{AC}$, alors, d'après la réciproque du théorème de Thalès, les droites (MN) et (BC) sont parallèles.

Démontrer que deux droites sont perpendiculaires

P 15 Si deux droites sont parallèles et si une troisième droite est perpendiculaire à l'une alors elle est perpendiculaire à l'autre.	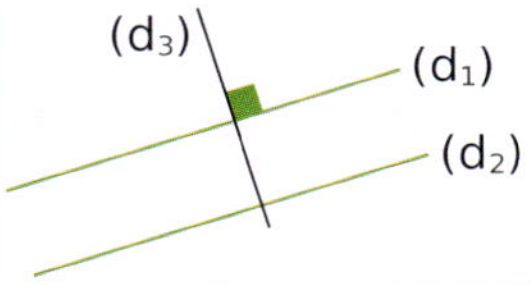	$(d_1) \perp (d_3)$ et (d_1) // (d_2) donc $(d_2) \perp (d_3)$.
P 16 Si un quadrilatère est un losange alors ses diagonales sont perpendiculaires. (C'est aussi vrai pour le carré qui est un losange particulier.)	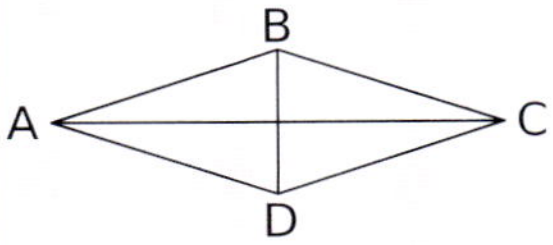	ABCD est un losange donc $(AC) \perp (BD)$.
P 17 Si un quadrilatère est un rectangle alors ses côtés consécutifs sont perpendiculaires. (C'est aussi vrai pour le carré qui est un rectangle particulier.)		ABCD est un rectangle donc $(AB) \perp (BC)$, $(BC) \perp (CD)$, $(CD) \perp (AD)$ et $(AD) \perp (AB)$.

P 18 Si une droite est la médiatrice d'un segment alors elle est perpendiculaire à ce segment.	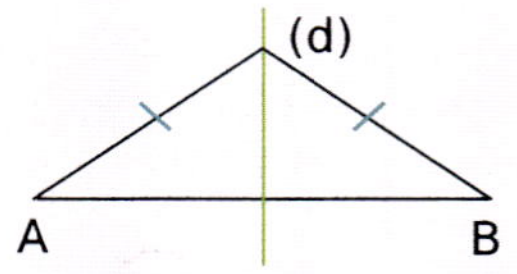	(d) est la médiatrice du segment [AB] donc (d) est perpendiculaire à [AB].
P 19 Si une droite est tangente à un cercle en un point alors elle est perpendiculaire au rayon de ce cercle qui a pour extrémité ce point.	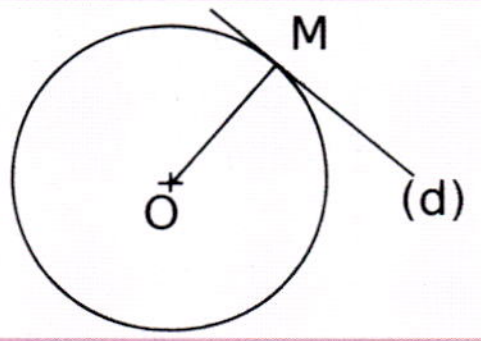	(d) est tangente en M au cercle de centre O donc (d) est perpendiculaire à [OM].

Démontrer qu'un triangle est rectangle

P 20 <u>Réciproque du théorème de Pythagore</u> : Si, dans un triangle, le carré de la longueur du plus grand côté est égal à la somme des carrés des longueurs des deux autres côtés alors le triangle est rectangle et il admet ce plus grand côté pour hypoténuse.	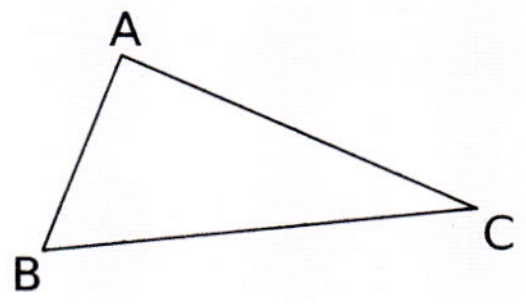	Dans le triangle ABC, $BC^2 = AB^2 + AC^2$ donc le triangle ABC est rectangle en A.
P 21 Si, dans un triangle, la longueur de la médiane relative à un côté est égale à la moitié de la longueur de ce côté alors ce triangle est rectangle et il admet ce côté pour hypoténuse.	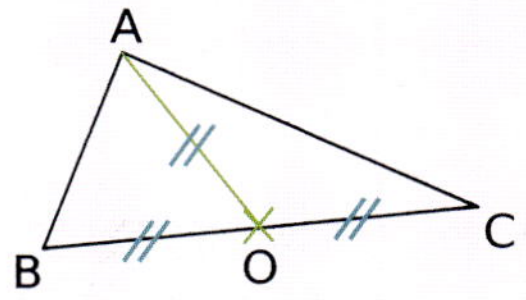	Dans le triangle ABC, O est le milieu de [BC] et $OA = \frac{BC}{2}$ donc le triangle ABC est rectangle en A.
P 22 Si un triangle est inscrit dans un cercle de diamètre l'un de ses côtés alors il est rectangle et il admet ce diamètre pour hypoténuse.	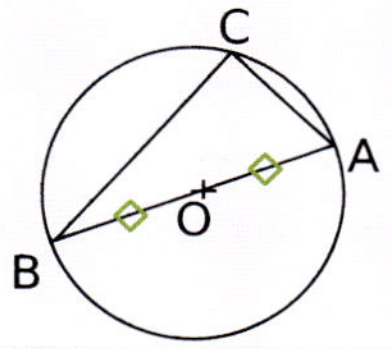	C appartient au cercle de diamètre [AB] donc ABC est un triangle rectangle en C.

Démontrer qu'un quadrilatère est un parallélogramme

P 23 Si un quadrilatère a ses côtés opposés parallèles deux à deux alors c'est un parallélogramme.	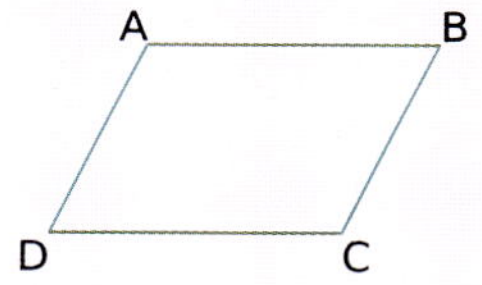	Dans le quadrilatère ABCD, (AB) // (CD) et (AD) // (BC) donc ABCD est un parallélogramme.
P 24 Si un quadrilatère a ses diagonales qui se coupent en leur milieu alors c'est un parallélogramme.	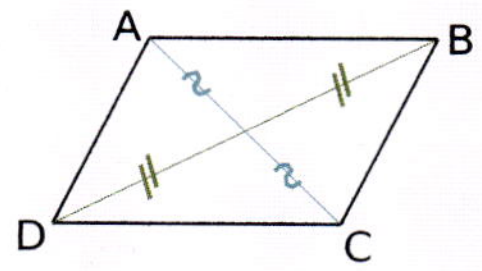	Dans le quadrilatère ABCD, les diagonales [AC] et [BD] se coupent en leur milieu. Donc ABCD est un parallélogramme.
P 25 Si un quadrilatère non croisé a deux côtés opposés parallèles et de même longueur alors c'est un parallélogramme.	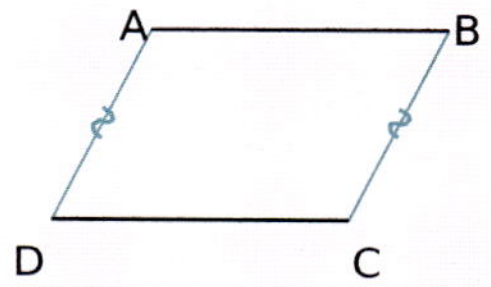	Dans le quadrilatère non croisé ABCD, (AD) // (BC) et AD = BC donc ABCD est un parallélogramme.

P 26 Si un quadrilatère non croisé a ses côtés opposés de la même longueur deux à deux alors c'est un parallélogramme.	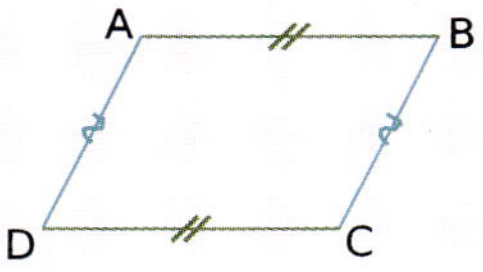	Dans le quadrilatère non croisé ABCD, AB = CD et AD = BC donc ABCD est un parallélogramme.
P 27 Si un quadrilatère non croisé a ses angles opposés de la même mesure alors c'est un parallélogramme.	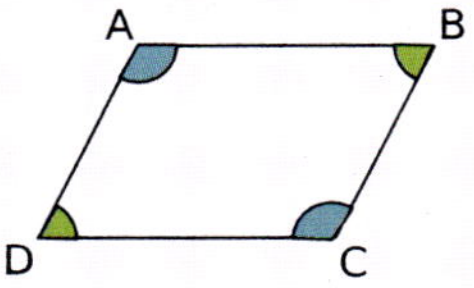	Dans le quadrilatère non croisé ABCD, $\widehat{A} = \widehat{C}$ et $\widehat{B} = \widehat{D}$ donc ABCD est un parallélogramme.
P 28 Si un quadrilatère non croisé a un centre de symétrie alors c'est un parallélogramme.	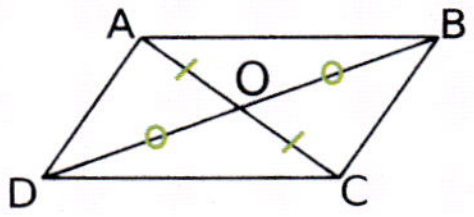	O est centre de symétrie du quadrilatère ABCD donc ABCD est un parallélogramme.

Démontrer qu'un quadrilatère est un losange

P 29 Si un quadrilatère a ses quatre côtés de la même longueur alors c'est un losange.	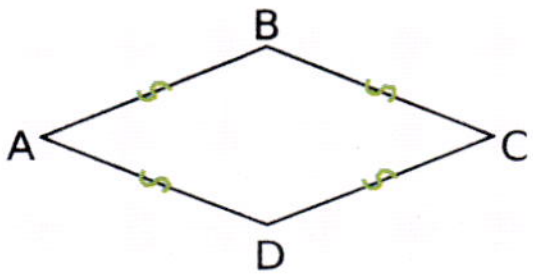	Dans le quadrilatère ABCD AB = BC = CD = DA donc ABCD est un losange.
P 30 Si un parallélogramme a ses diagonales perpendiculaires alors c'est un losange.	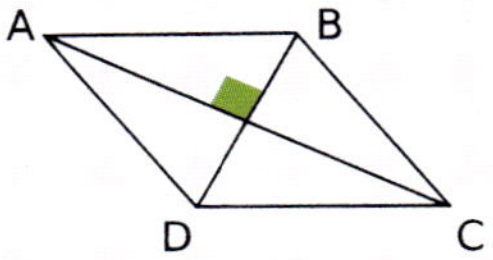	ABCD est un parallélogramme et (AC) ⊥ (BD) donc ABCD est un losange.
P 31 Si un parallélogramme a deux côtés consécutifs de la même longueur alors c'est un losange.	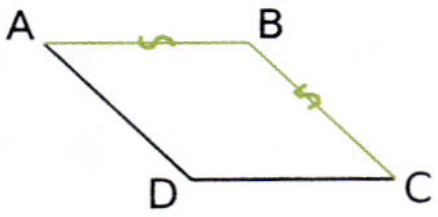	ABCD est un parallélogramme et AB = BC donc ABCD est un losange.

Démontrer qu'un quadrilatère est un rectangle

P 32 Si un quadrilatère possède trois angles droits alors c'est un rectangle.	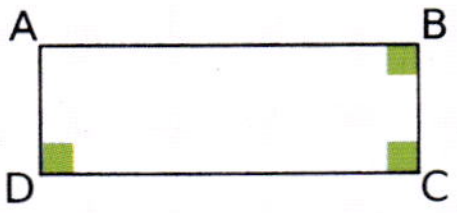	ABCD possède trois angles droits donc ABCD est un rectangle.
P 33 Si un parallélogramme a ses diagonales de la même longueur alors c'est un rectangle.	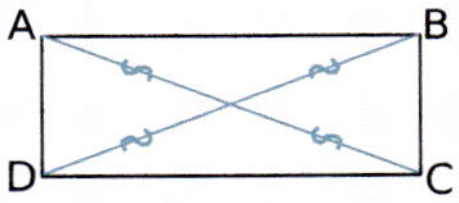	ABCD est un parallélogramme et AC = BD donc ABCD est un rectangle.
P 34 Si un parallélogramme possède un angle droit alors c'est un rectangle.	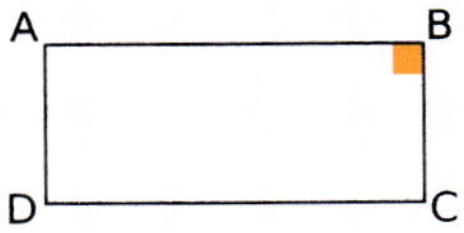	ABCD est un parallélogramme et (AB) ⊥ (BC) donc ABCD est un rectangle.

L'essentiel des propriétés utiles aux démonstrations

Démontrer qu'un quadrilatère est un carré

P 35 Si un quadrilatère vérifie à la fois les propriétés du losange et du rectangle alors c'est un carré.	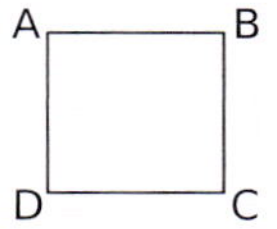

Déterminer la mesure d'un segment

P 36 Si un triangle est isocèle alors il a deux côtés de la même longueur.	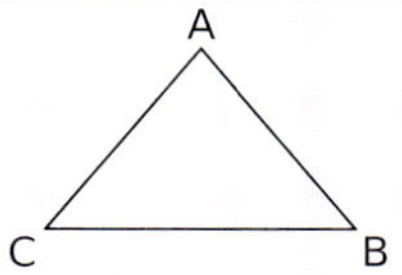	ABC est isocèle en A donc AB = AC.
P 37 Si un triangle est équilatéral alors il a tous ses côtés de la même longueur.	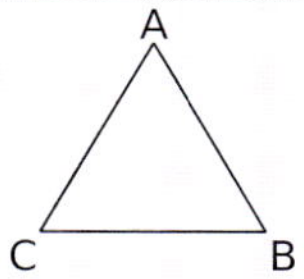	ABC est équilatéral donc AB = AC = BC.
P 38 Si un quadrilatère est un parallélogramme alors ses côtés opposés ont la même longueur. (C'est également vrai pour les rectangles, les losanges et les carrés qui sont des parallélogrammes particuliers.)	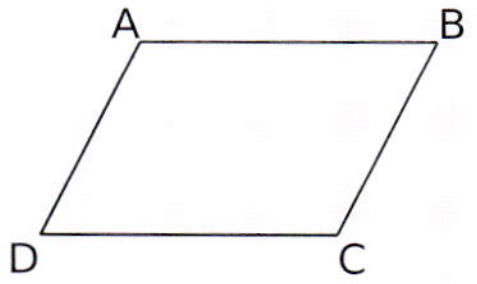	ABCD est un parallélogramme donc AB = CD et AD = BC.
P 39 Si un quadrilatère est un losange alors tous ses côtés sont de la même longueur. (C'est également vrai pour les carrés qui sont des losanges particuliers.)	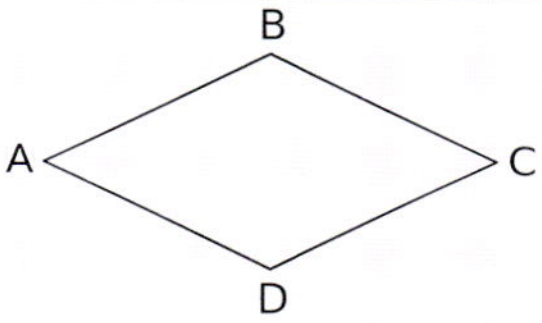	ABCD est un losange donc AB = BC = CD = DA.
P 40 Si un quadrilatère est un rectangle alors ses diagonales ont la même longueur. (C'est également vrai pour les carrés qui sont des rectangles particuliers.)	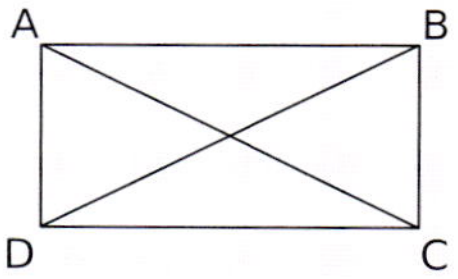	ABCD est un rectangle donc AC = BD.
P 41 Si deux points appartiennent à un cercle alors ils sont équidistants du centre de ce cercle.	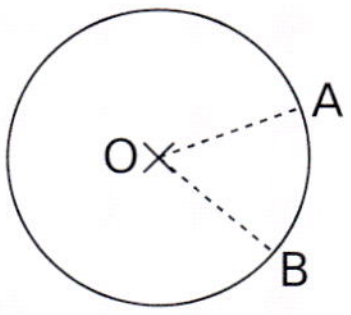	A et B appartiennent au cercle de centre O donc OA = OB.
P 42 Si un point appartient à la médiatrice d'un segment alors il est équidistant des extrémités de ce segment.	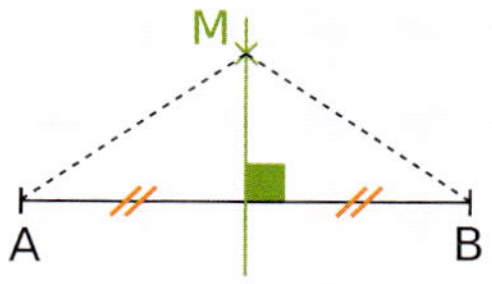	M appartient à la médiatrice de [AB] donc MA = MB.
P 43 Si un point appartient à la bissectrice d'un angle alors il est situé à la même distance des côtés de cet angle.	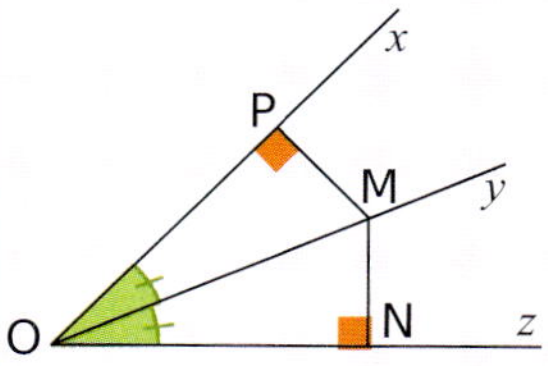	M appartient à la bissectrice de l'angle $\widehat{xOz}$ donc MN = MP.

L'essentiel des propriétés utiles aux démonstrations

P 44 Si deux segments sont symétriques par rapport à une droite alors ils ont la même longueur.	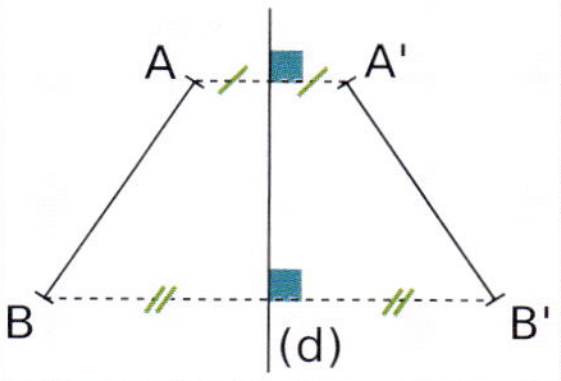	Les segments [AB] et [A'B'] sont symétriques par rapport à l'axe (d) donc AB = A'B'.
P 45 Si un cercle est l'image d'un autre cercle par une symétrie axiale ou centrale alors ils ont le même rayon.	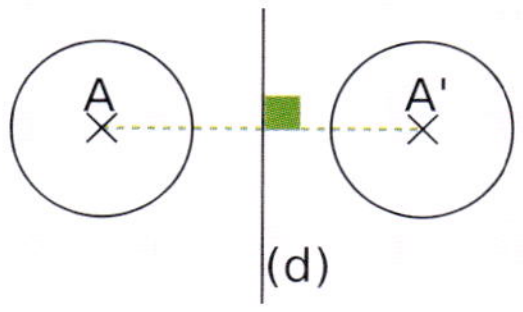	Les cercles de centres A et A' sont symétriques par rapport à (d) donc ils ont le même rayon.
P 46 Si deux segments sont symétriques par rapport à un point alors ils ont la même longueur.	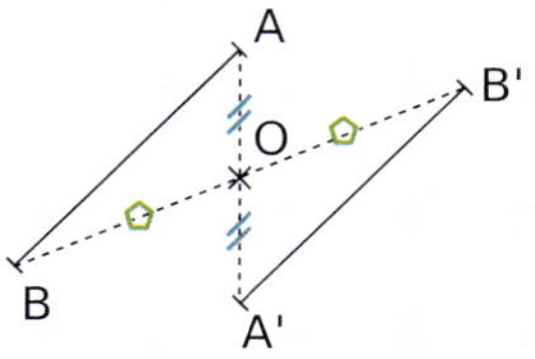	Les segments [AB] et [A'B'] sont symétriques par rapport au point O donc AB = A'B'.
P 47 Si, dans un triangle, un segment joint les milieux de deux côtés alors sa longueur est égale à la moitié de celle du troisième côté.	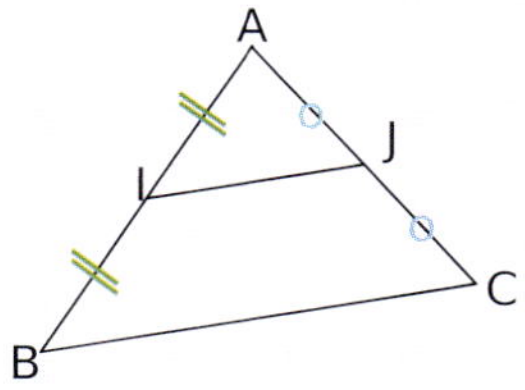	Dans le triangle ABC, I est le milieu de [AB] et J est le milieu de [AC] donc $IJ = \frac{BC}{2}$.
P 48 <u>Théorème de Thalès</u> : Soient deux droites (d) et (d') sécantes en A. B et M sont deux points de (d) distincts de A. C et N sont deux points de (d') distincts de A. Si les droites (BC) et (MN) sont parallèles alors $\frac{AM}{AB} = \frac{AN}{AC} = \frac{MN}{BC}$.	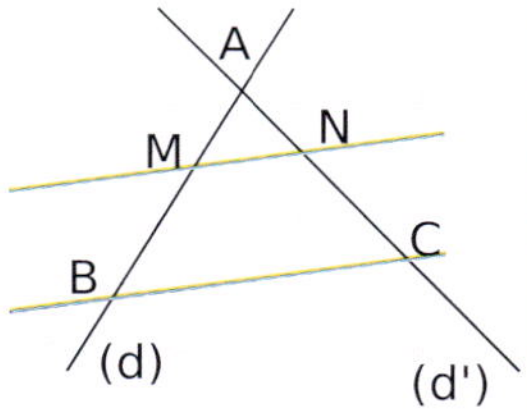	Les droites (BM) et (CN) sont sécantes en A. (MN) est parallèle à (BC). Donc $\frac{AM}{AB} = \frac{AN}{AC} = \frac{MN}{BC}$.
P 49 <u>Théorème de Pythagore</u> : Si un triangle est rectangle alors le carré de la longueur de l'hypoténuse est égal à la somme des carrés des longueurs des deux autres côtés.	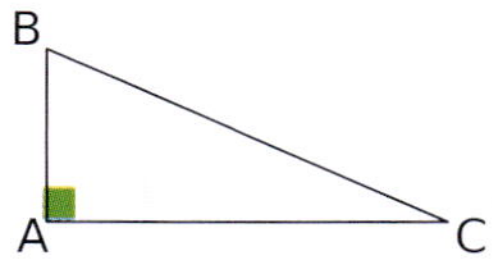	ABC est un triangle rectangle en A donc $BC^2 = AB^2 + AC^2$.
P 50 Si un triangle est rectangle alors la longueur de la médiane issue de l'angle droit a pour longueur la moitié de la longueur de l'hypoténuse.	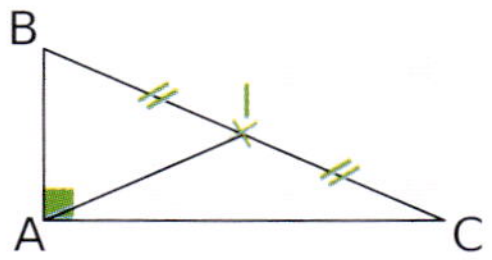	ABC est un triangle rectangle en A et I est le milieu de [BC] donc $AI = \frac{BC}{2}$.

L'essentiel des propriétés utiles aux démonstrations

Déterminer la mesure d'un angle

P 51 Si deux angles sont symétriques par rapport à une droite alors ils ont la même mesure.	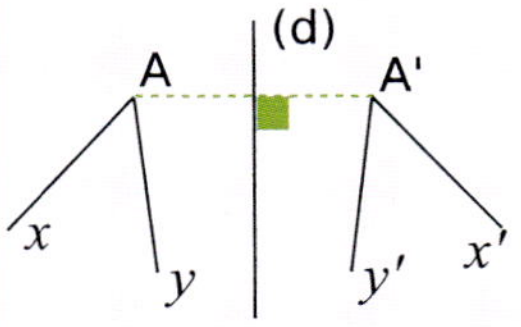	$\widehat{xAy}$ et $\widehat{x'A'y'}$ sont symétriques par rapport à l'axe (d) donc $\widehat{xAy} = \widehat{x'A'y'}$.
P 52 Si deux angles sont symétriques par rapport à un point alors ils ont la même mesure.	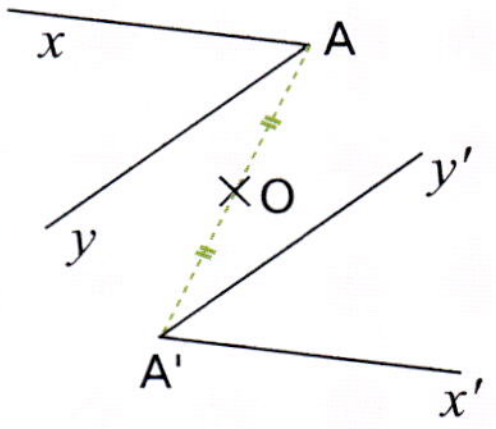	$\widehat{xAy}$ et $\widehat{x'A'y'}$ sont symétriques par rapport au point O donc $\widehat{xAy} = \widehat{x'A'y'}$.
P 53 Si un quadrilatère est un parallélogramme alors ses angles opposés ont la même mesure. (C'est également vrai pour les losanges, les rectangles et les carrés qui sont des parallélogrammes particuliers.)	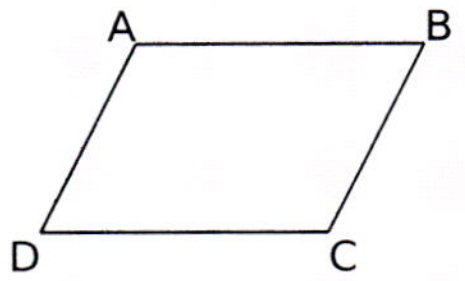	ABCD est un parallélogramme donc $\widehat{ABC} = \widehat{CDA}$ et $\widehat{DAB} = \widehat{BCD}$.
P 54 Dans un triangle, la somme des mesures des angles est égale à 180°.	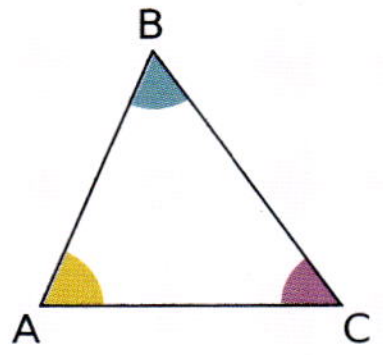	Dans le triangle ABC, $\widehat{BAC} + \widehat{ABC} + \widehat{ACB} = 180°$.
P 55 Si un quadrilatère est un parallélogramme alors deux de ses angles consécutifs sont supplémentaires.	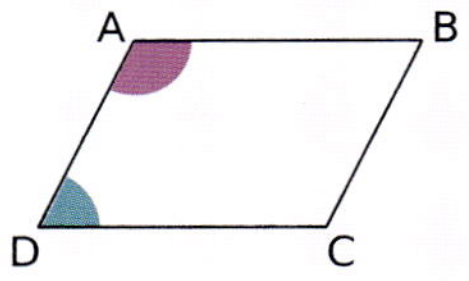	ABCD est un parallélogramme donc $\widehat{CDA} + \widehat{DAB} = 180°$.
P 56 Si un triangle est rectangle alors ses angles aigus sont complémentaires.	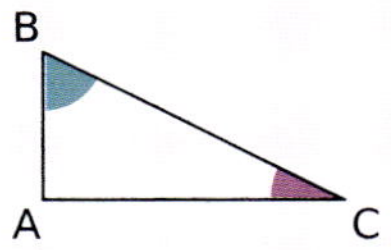	ABC est un triangle rectangle en A donc $\widehat{ABC} + \widehat{ACB} = 90°$.
P 57 Si un triangle est isocèle alors ses angles à la base ont la même mesure.	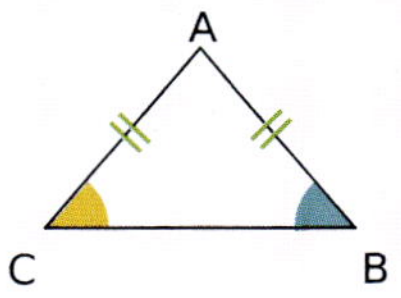	ABC est un triangle isocèle en A donc $\widehat{ABC} = \widehat{ACB}$.
P 58 Si un triangle est équilatéral alors ses angles mesurent 60°.	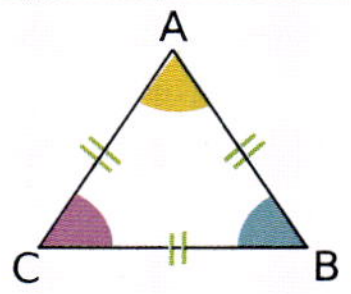	ABC est un triangle équilatéral donc $\widehat{A} = \widehat{B} = \widehat{C} = 60°$.
P 59 Si deux angles sont opposés par le sommet alors ils ont la même mesure.	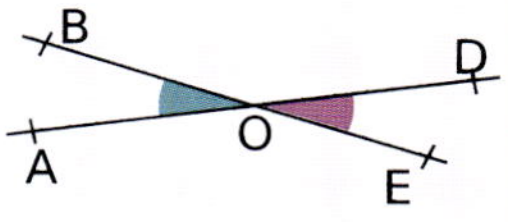	Les angles $\widehat{AOB}$ et $\widehat{DOE}$ sont opposés par le sommet donc $\widehat{AOB} = \widehat{DOE}$.

P 60 Si deux droites parallèles sont coupées par une sécante alors les angles alternes-internes qu'elles forment sont de même mesure.	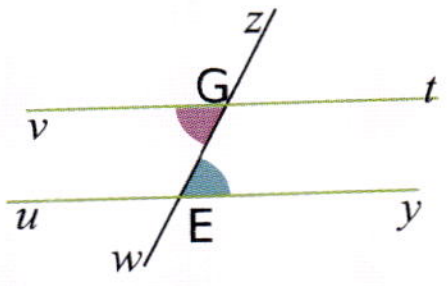	Les angles alternes-internes sont déterminés par les droites (vt) et (uy) qui sont parallèles et la sécante (zw) donc $\widehat{vGw} = \widehat{zEy}$.
P 61 Si deux droites parallèles sont coupées par une sécante alors les angles correspondants qu'elles forment sont de même mesure.	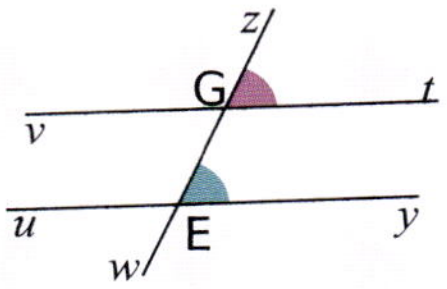	Les angles correspondants sont déterminés par les droites (vt) et (uy) qui sont parallèles et la sécante (zw) donc $\widehat{zGt} = \widehat{zEy}$.
P 62 Si une droite est la bissectrice d'un angle alors elle partage l'angle en deux angles adjacents de même mesure.	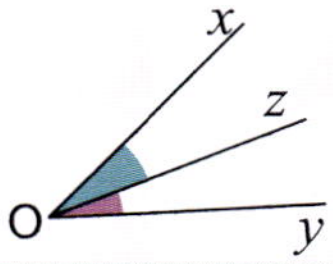	La droite (Oz) est la bissectrice de l'angle $\widehat{xOy}$ donc $\widehat{xOz} = \widehat{zOy}$.
P 63 Si deux angles sont inscrits dans un même cercle et s'ils interceptent le même arc de cercle alors ils ont la même mesure.	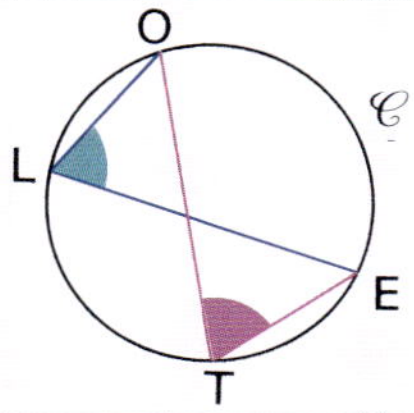	Les angles $\widehat{OTE}$ et $\widehat{OLE}$ sont inscrits dans le cercle $\mathscr{C}$. Ils interceptent tous les deux l'arc $\overset{\frown}{OE}$. Donc ils ont la même mesure.
P 64 Si un angle inscrit dans un cercle et un angle au centre interceptent le même arc de cercle, alors l'angle au centre mesure le double de l'angle inscrit.	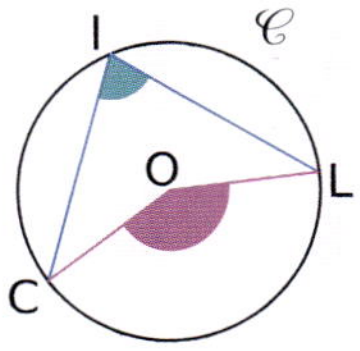	Dans le cercle $\mathscr{C}$, l'angle inscrit $\widehat{CIL}$ et l'angle au centre $\widehat{COL}$ interceptent le même arc $\overset{\frown}{CL}$. Donc l'angle au centre $\widehat{COL}$ mesure le double de l'angle inscrit $\widehat{CIL}$. $\widehat{COL} = 2 \times \widehat{CIL}$.

Démontrer avec les droites remarquables du triangle

P 65 Si deux points sont symétriques par rapport à une droite alors cette droite est la médiatrice du segment ayant pour extrémités ces deux points.	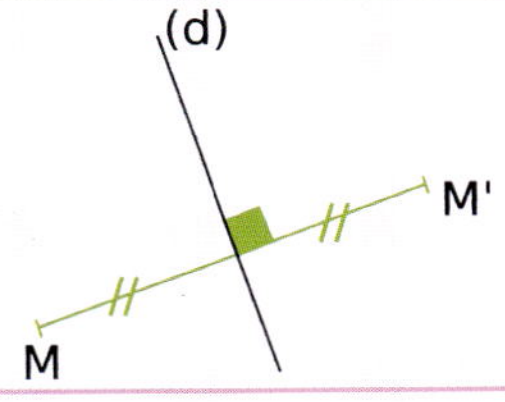	M' est le symétrique de M par rapport à la droite (d) donc (d) est la médiatrice du segment [MM'].
P 66 Si un point est équidistant des extrémités d'un segment alors il est situé sur la médiatrice de ce segment.	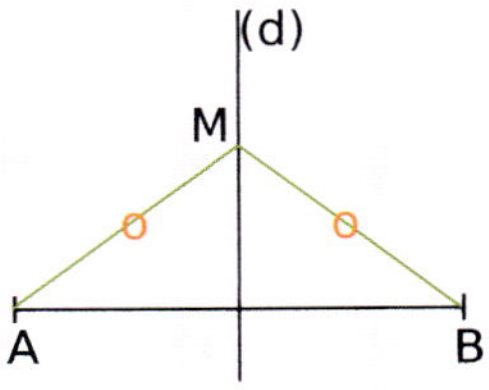	MA = MB donc M appartient à la médiatrice du segment [AB].

L'essentiel des propriétés utiles aux démonstrations

P 67 Si, dans un triangle, une droite passe par un sommet et est perpendiculaire au côté opposé alors c'est une hauteur du triangle.	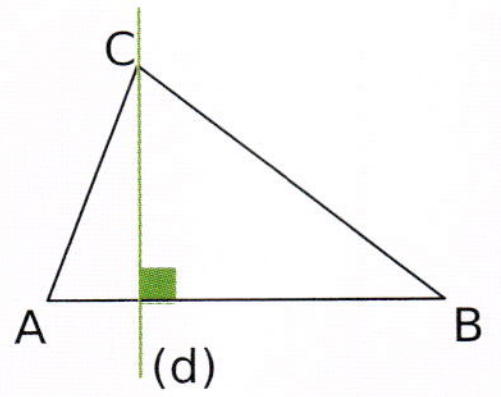	Dans le triangle ABC, (d) passe par le sommet C et est perpendiculaire au côté opposé [AB] donc (d) est une hauteur du triangle ABC.
P 68 Si, dans un triangle, une droite passe par un sommet et par le milieu du côté opposé alors c'est une médiane du triangle.	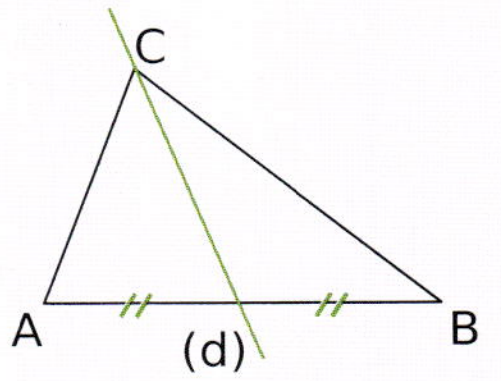	Dans le triangle ABC, (d) passe par le sommet C et par le milieu du côté opposé [AB] donc (d) est une médiane du triangle ABC.
P 69 Si une droite partage un angle en deux angles égaux alors cette droite est la bissectrice de l'angle.	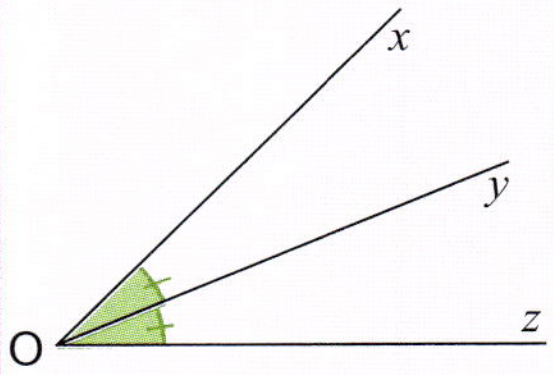	$\widehat{xOy} = \widehat{yOz}$ donc (Oy) est la bissectrice de l'angle $\widehat{xOz}$.
P 70 Si un point est situé à la même distance des côtés d'un angle alors il appartient à la bissectrice de cet angle.	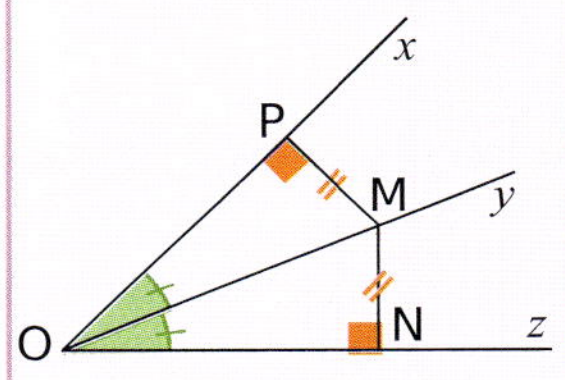	MP = MN donc M appartient à la bissectrice de l'angle $\widehat{xOz}$.

A

Adjacent (côté)

Dans un triangle rectangle, le côté adjacent à un angle aigu est le côté de cet angle qui n'est pas l'hypoténuse.

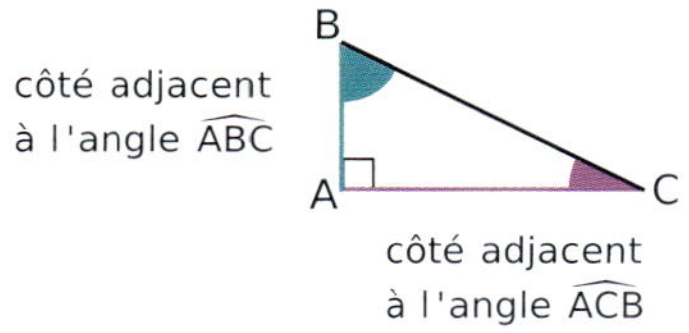

Adjacents (angles)

Deux angles adjacents sont deux angles qui ont leur sommet en commun, un côté commun et qui sont situés de part et d'autre de ce côté commun.

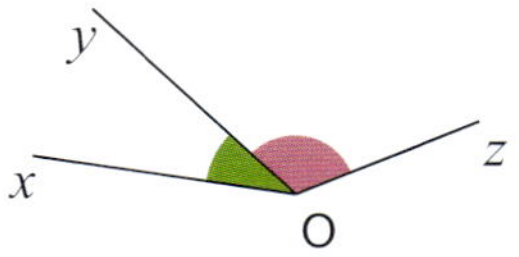

Affine (fonction)

Voir la définition de Fonction affine.

Agrandissement

La figure (F') est un agrandissement de la figure (F) si :

- (F) et (F') ont la même forme (Les angles sont les mêmes.) ;
- les longueurs des côtés de (F') sont proportionnelles à celles de (F) :
longueur de (F') $=$ $k \times$ longueur de (F) correspondante où $k > 1$.

Dans un agrandissement la perpendicularité et le parallélisme sont conservés.

Figure (F) Figure (F')

Angles alternes-internes

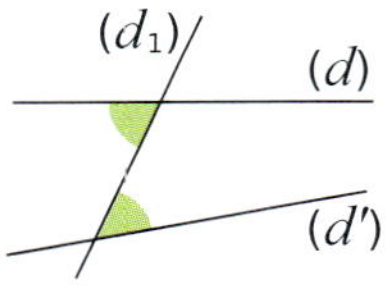

Les angles verts sont alternes-internes.
Ils sont déterminés par les droites (d), (d') et la sécante (d_1).

Angle au centre

Un angle au centre a pour sommet le centre d'un cercle et ses côtés coupent le cercle en deux points distincts.

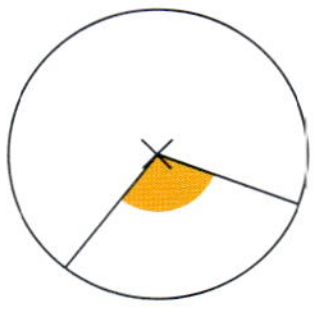

Angles correspondants

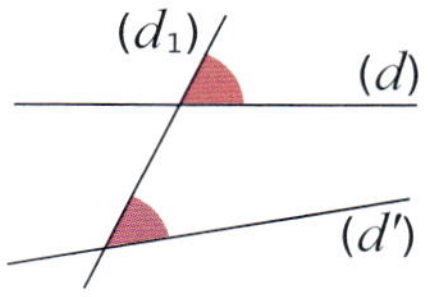

Les angles roses sont correspondants.
Ils sont déterminés par les droites (d), (d') et la sécante (d_1).

Angle inscrit

Un angle inscrit a pour sommet un point d'un cercle et ses côtés coupent le cercle en deux points distincts.

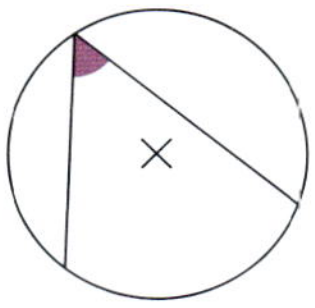

Arc de cercle (intercepté)

Dans un cercle, l'arc intercepté par un angle est la portion de cercle située à l'intérieur des deux côtés de l'angle.

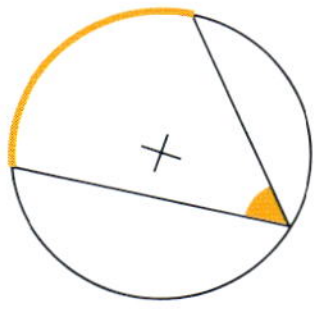

B

Bissectrice

La bissectrice d'un angle est la demi-droite qui partage cet angle en deux angles adjacents de même mesure.

C'est l'axe de symétrie de l'angle.

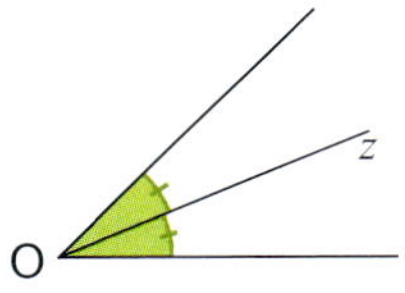

Boule

La boule de centre O et de rayon r cm est formée de tous les points de l'espace dont la distance au point O est inférieure ou égale à r cm.

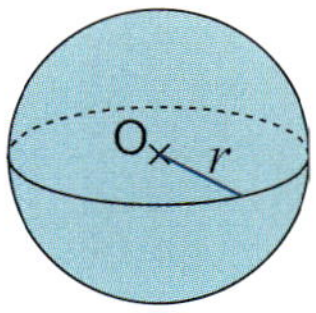

C

Caractère (valeur)

Dans une étude statistique, les valeurs d'un caractère sont les réponses possibles à une question.
Si ces réponses sont des nombres alors le caractère est dit quantitatif ; si ces réponses sont des mots alors le caractère est qualitatif.

Carré parfait

Un carré parfait est un nombre entier qui est le carré d'un autre nombre entier.

Centre de gravité

Dans un triangle, le centre de gravité est le point d'intersection des médianes.

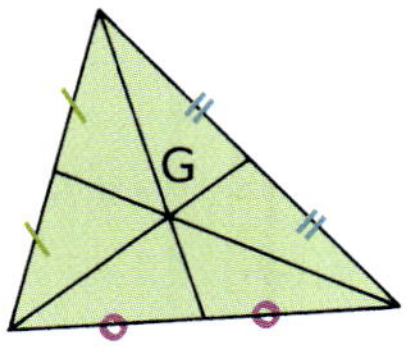

Cercle circonscrit

Le cercle circonscrit à un triangle est le cercle qui passe par les trois sommets de ce triangle. Son centre est le point de concours des médiatrices du triangle.

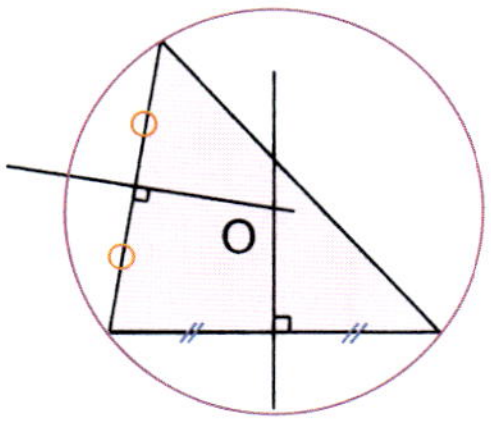

Cercle inscrit

Le cercle inscrit à un triangle est le cercle tangent à l'intérieur aux trois côtés de ce triangle.

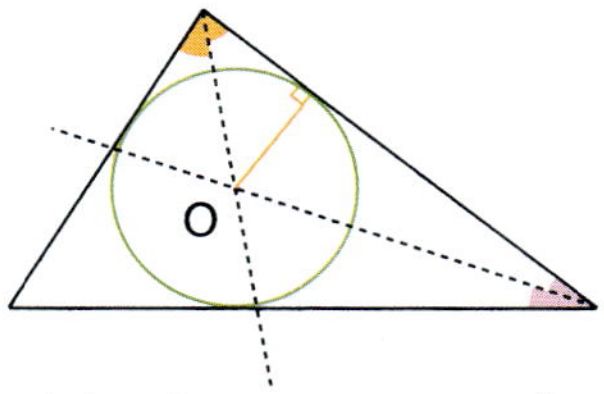

Son centre est le point de concours des bissectrices de ce triangle.

Cocycliques (points)

Des points sont dits cocycliques quand ils appartiennent à un même cercle.

Concourantes (droites)

Des droites concourantes sont des droites qui se coupent en un même point.

Conjecture

Émettre une conjecture, c'est résumer dans un énoncé court et précis une idée que l'on pense être vraie mais qui n'a pas encore été démontrée.

Après démonstration, la conjecture devient propriété.

Contre-exemple

Un contre-exemple est un exemple qui vérifie les données d'une conjecture mais pas sa conclusion.

L'existence d'un contre-exemple pour une conjecture prouve que celle-ci est fausse.

Cosinus d'un angle aigu

Dans un triangle rectangle, le cosinus d'un angle aigu est le quotient de la longueur du côté adjacent à cet angle par la longueur de l'hypoténuse.

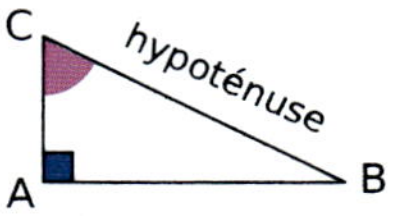

$$\text{cosinus } \widehat{ACB} = \frac{\text{côté adjacent à l'angle } \widehat{ACB}}{\text{hypoténuse}}$$

Couple solution

Un couple solution est un ensemble de deux nombres qui rend vraies simultanément les deux équations d'un système à deux inconnues.

D

Développer

Développer une expression, c'est transformer un produit en une somme algébrique.

Différence

Une différence est le résultat d'une soustraction.

Distance à zéro

La distance à zéro d'un nombre relatif est le nombre sans son signe.

Distance d'un point à une droite

Soient une droite (d) et un point A n'appartenant pas à (d). La distance du point A à la droite (d) est égale à AH où H désigne le pied de la perpendiculaire à (d) passant par A.

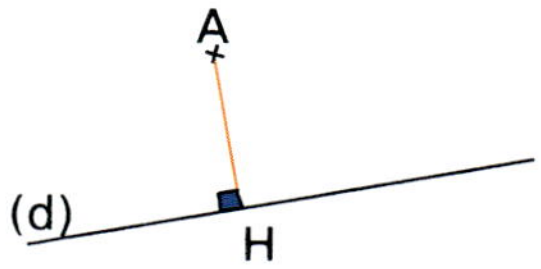

Distributivité

Les formules sont les suivantes.

- Pour la distributivité simple :
  $k \times (a + b) = k \times a + k \times b$

  $k \times (a - b) = k \times a - k \times b$
- Pour la double distributivité :
  $(a + b)(c + d) = ac + ad + bc + bd$

Diviseur

Soient a et b deux nombres entiers non nuls. On dit que b est un diviseur de a si le reste de la division euclidienne de a par b est nul.

Diviseur commun

Un diviseur commun à plusieurs nombres entiers est un nombre qui divise chacun des nombres.

Division euclidienne

Effectuer la division euclidienne de deux nombres entiers, c'est trouver deux nombres entiers (le quotient et le reste) tels que :

- dividende = diviseur × quotient + reste ;
- reste < diviseur.

Donnée

On appelle donnée toute information fournie dans l'énoncé de l'exercice (texte, codage de la figure, etc).

E

Écriture scientifique d'un nombre

L'écriture scientifique d'un nombre décimal est de la forme $a \times 10^n$ où la distance à zéro de a est un nombre décimal compris entre 1 et 10 (10 exclu) et n un nombre entier relatif.

Effectif du caractère

L'effectif associé à une valeur du caractère est le nombre d'individus de la population étudiée qui correspondent à cette valeur.

Effectif total

L'effectif total est le nombre total d'individus de la population étudiée lors d'une enquête statistique.

Encadrement

Réaliser l'encadrement d'un nombre x, c'est trouver deux nombres a et b tels que $a \leqslant x \leqslant b$. (On peut aussi utiliser le symbole « $<$ » pour l'écrire.)

L'amplitude de l'encadrement est $b - a$.

Entier naturel (resp. relatif)

Un nombre entier relatif (resp. naturel) est un nombre (resp. nombre positif) qui peut s'écrire sans partie décimale.

Équation

Une équation est une égalité dans laquelle se trouve(nt) un (ou plusieurs) nombre(s) inconnu(s).

Équation (résoudre une)

Résoudre une équation, c'est chercher toutes les valeurs possibles du (ou des) nombre(s) inconnu(s) qui rend(ent) l'égalité vraie.

Étendue

L'étendue d'une série statistique est la différence entre la plus grande valeur et la plus petite valeur prises par le caractère de la série.

Exposant

Pour tout nombre a non nul et tout nombre entier relatif n, l'exposant de a^n est n.

F

Factoriser

Factoriser une expression, c'est transformer une somme algébrique en un produit.

Fréquence

La fréquence d'une valeur d'un caractère est le quotient de l'effectif de cette valeur par l'effectif total :

$$\text{fréquence} = \frac{\text{effectif de la valeur}}{\text{effectif total de la série}}.$$

Fonction

Une fonction est un processus qui transforme un nombre en un autre nombre à l'aide d'opérations successives.

Fonction affine

Une fonction affine est une fonction qui, à un nombre x, associe le nombre $ax + b$ (a et b sont des nombres fixés).

Fonction linéaire

Une fonction linéaire est une fonction qui, à un nombre x, associe le nombre ax (a est un nombre fixé).

L'essentiel des notions

G

Grand cercle

Dans une sphère (ou une boule), un grand cercle est un cercle qui a pour centre le centre de la sphère (ou de la boule).
(Son diamètre est celui de la sphère.)

Grandeur produit

Une grandeur produit est une grandeur résultant du produit de deux grandeurs.

Grandeur quotient

Une grandeur quotient est une grandeur résultant du quotient de deux grandeurs distinctes.

H

Hauteur d'un triangle

Dans un triangle, une hauteur est une droite qui passe par un sommet du triangle et qui est perpendiculaire au côté opposé à ce sommet.

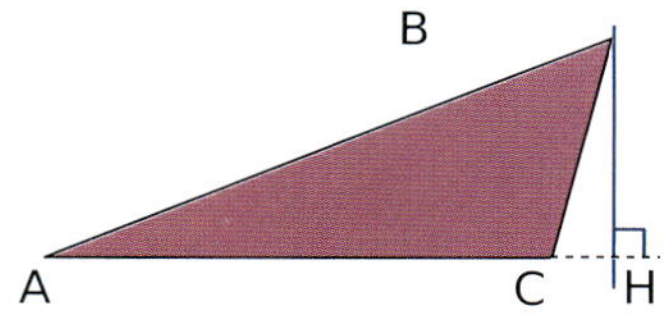

Hauteur (d'une pyramide, d'un cône)

La hauteur d'une pyramide ou d'un cône est le segment issu de son sommet et perpendiculaire au plan de la base.

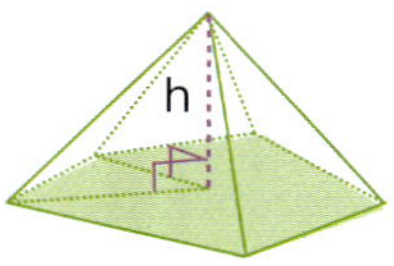

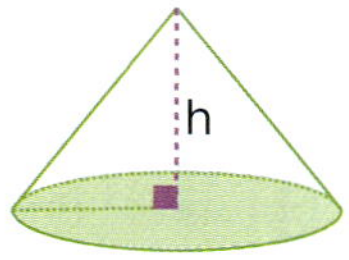

Hypoténuse

Dans un triangle rectangle, l'hypoténuse est le côté opposé à l'angle droit. C'est aussi le plus grand côté.

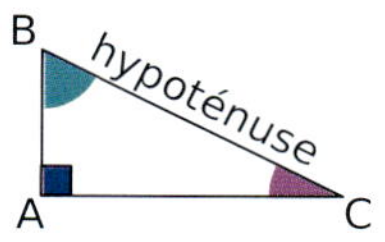

I

Identités remarquables

Pour a et b deux nombres relatifs :

- $(a+b)^2 = a^2 + 2ab + b^2$
- $(a-b)^2 = a^2 - 2ab + b^2$
- $(a-b)(a+b) = a^2 - b^2$

Image

L'image d'un nombre est le nombre résultat de la transformation par une fonction.

Inégalité

Une inégalité est une relation d'ordre entre deux grandeurs.
Par exemple : $a > b$ ou $a \leqslant b$.

Inéquation

Une inéquation est une inégalité dans laquelle se trouve(nt) un (ou plusieurs) nombre(s) inconnu(s).

Inéquation (résoudre une)

Résoudre une inéquation, c'est chercher toutes les valeurs de l'inconnue pour lesquelles l'inégalité est vraie.

Inverse

L'inverse d'un nombre relatif a ($a \neq 0$) est le nombre qui, multiplié par a, donne 1.

<u>Notation</u> : Il se note $\frac{1}{a}$ ou a^{-1}.

Irréductible (fraction)

Une fraction irréductible est une fraction que l'on ne peut plus simplifier.

L

Littéral (calcul)

Le calcul littéral est le calcul où des nombres inconnus ont été remplacés par des lettres.

Linéaire (fonction)

Voir la définition de fonction linéaire.

M

Médiane (dans un triangle)

Dans un triangle, une médiane est une droite qui passe par un sommet du triangle et par le milieu du côté opposé à ce sommet.

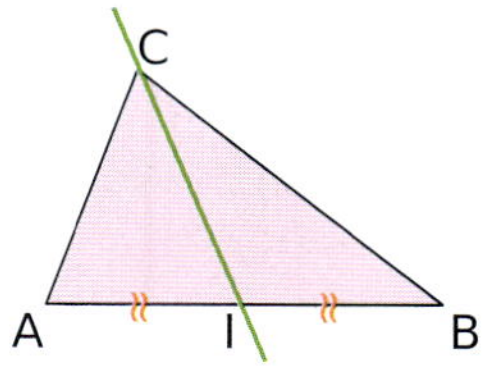

Médiane (d'une série statistique)

Une médiane d'une série statistique ordonnée est une valeur qui partage la série en deux groupes de même effectif.

Médiatrice

La médiatrice d'un segment est la droite qui coupe ce segment perpendiculairement en son milieu.

La médiatrice d'un segment est un axe de symétrie de ce segment.

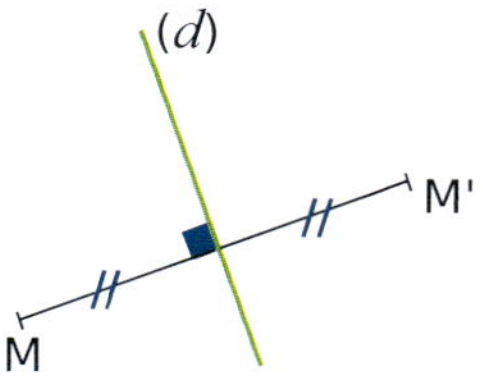

Mouvement uniforme

Un mouvement est dit uniforme lorsque la distance parcourue est proportionnelle à la durée du trajet.

Le déplacement est effectué à allure constante.

Moyenne

Pour calculer la moyenne d'une série statistique :

- on additionne toutes les valeurs du caractère de la série ;
- on divise la somme obtenue par le nombre de valeurs de la série.

Moyenne pondérée

Pour calculer la moyenne pondérée d'une série statistique :

- on additionne les produits des effectifs par les valeurs associées du caractère ;
- on divise la somme obtenue par l'effectif total de la série.

Multiple

Soient a et b deux nombres entiers non nuls. On dit que b est un multiple de a si b est dans la table de a.

O

Opposé

L'opposé d'un nombre relatif est le nombre qui a la même distance à zéro que ce nombre et qui est de signe contraire.

La somme d'un nombre et de son opposé est égale à 0.

Opposés par le sommet (angles)

Deux angles opposés par le sommet sont deux angles qui ont un sommet commun et qui ont leurs côtés dans le prolongement l'un de l'autre.

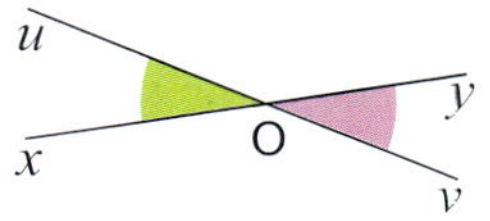

Opposé (côté)

Dans un triangle rectangle, le côté opposé à un angle aigu est le côté qui n'est pas un côté de cet angle.

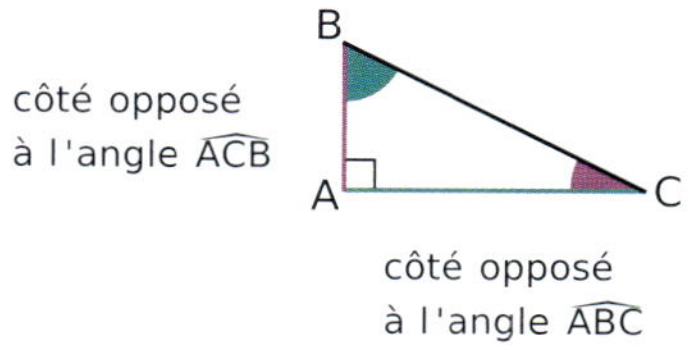

Orthocentre

Dans un triangle, l'orthocentre est le point de concours des hauteurs.

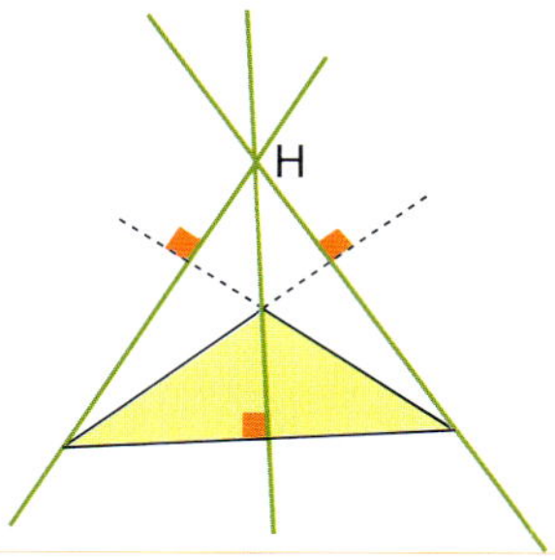

P

Pied (de la hauteur)

Dans un triangle, on appelle pied de la hauteur relative à un côté, le point d'intersection de cette hauteur avec ce côté.

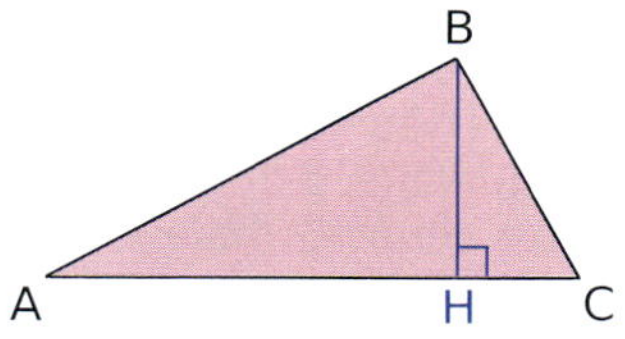

PGCD

Le PGCD de deux (ou plusieurs) nombres entiers est le plus grand diviseur commun à ces deux nombres.

Polygone

Un polygone est une figure fermée à plusieurs côtés.

Polygone régulier

Un polygone régulier est un polygone dont tous les côtés ont la même longueur et tous les angles ont la même mesure.

Premier (nombre)

Un nombre premier est un nombre entier qui n'a que deux diviseurs distincts (1 et lui-même).

Premiers entre eux (nombres)

Deux nombres entiers sont premiers entre eux quand leur PGCD vaut 1.

Produit

Un produit est le résultat d'une multiplication.

Propriété

Une propriété est une règle connue (démontrée ou admise) présentée souvent sous la forme « Si... alors... . ».

Puissance

Pour tout nombre relatif a et tout nombre entier n positif non nul, on définit les puissances de a par :

$$a^n = \underbrace{a \times a \times \ldots \times a}_{n \text{ facteurs}}.$$

Pour tout nombre relatif a, $a^1 = a$.
Pour tout nombre relatif a non nul et tout nombre entier n positif non nul,

$$a^{-n} = \frac{1}{a^n} \quad \text{et} \quad a^0 = 1.$$

Q

Quartiles

Le premier quartile d'une série statistique est la plus petite valeur Q_1 telle qu'au moins 25 % des valeurs sont inférieures ou égales à Q_1.
Le troisième quartile d'une série statistique est la plus petite valeur Q_3 telle qu'au moins 75 % des valeurs sont inférieures ou égales à Q_3.

Quotient

Le quotient d'un nombre a par un nombre b non nul est le nombre qu'il faut multiplier par b pour obtenir a. On le note : $a \div b$ ou $\frac{a}{b}$.

R

Racine carrée

La racine carrée d'un nombre positif a est le nombre positif qui, élevé au carré (multiplié par lui-même), donne a.

Rationnel (nombre)

Un nombre rationnel est un nombre qui peut s'écrire sous la forme d'une fraction de deux nombres entiers.

Réduction

La figure (F') est une réduction de la figure (F) si :

• (F) et (F') ont la même forme (les angles sont les mêmes) ;

• les longueurs des côtés de (F') sont proportionnelles à celles de (F) :
longueur de (F') = $k \times$ longueur correspondante de (F) où $k < 1$.

Dans une réduction la perpendicularité et le parallélisme sont conservés.

Figure (F) Figure (F')

Repère

Un repère est formé de deux axes sécants (l'axe des abscisses et l'axe des ordonnées). Le point d'intersection des axes est l'origine du repère.

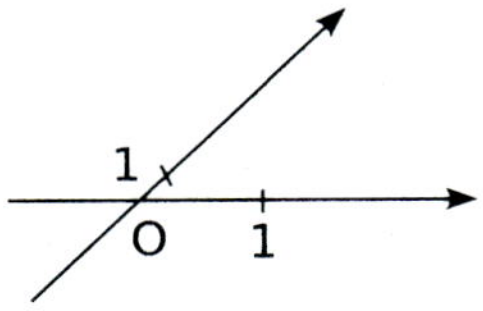

Repère orthogonal

Un repère orthogonal est un repère dont les axes sont perpendiculaires.

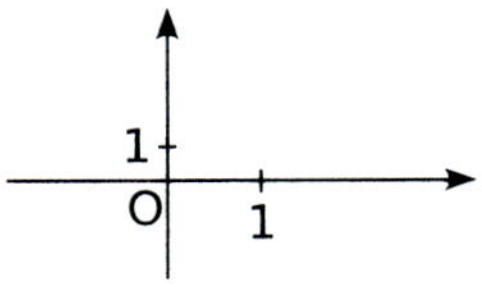

Repère orthonormé ou orthonormal

Un repère orthonormé est un repère dont les axes sont perpendiculaires et ont la même unité.

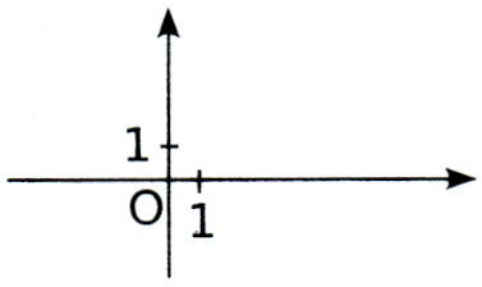

S

Section

Une section est la figure géométrique obtenue lorsqu'on coupe un solide par un plan.

Simplifier une fraction

Simplifier une fraction, c'est trouver une fraction égale de telle sorte que le numérateur et le dénominateur soient des nombres entiers plus petits.

Sinus

Dans un triangle rectangle, le sinus d'un angle aigu est le quotient de la longueur du côté opposé à cet angle par la longueur de l'hypoténuse.

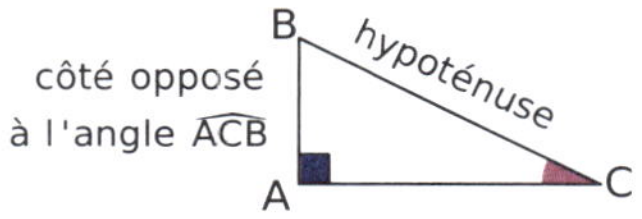

$$\text{sinus } \widehat{ACB} = \frac{\text{côté opposé à l'angle } \widehat{ACB}}{\text{hypoténuse}}$$

Solution

La (ou les) solution(s) d'une équation sont la (ou les) valeur(s) qui rend(ent) l'égalité vraie.

Les solutions d'une inéquation sont les valeurs qui rendent l'inégalité vraie.

Somme

Une somme est le résultat d'une addition.

Sphère

La sphère de centre O et de rayon r est formée de tous les points de l'espace situés à r cm du point O.

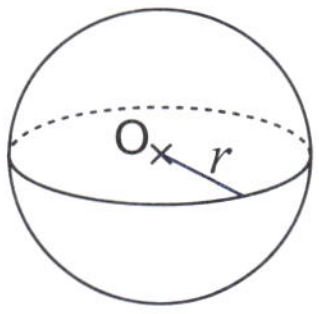

Symétrie axiale

Le point A′ est l'image du point A par la symétrie axiale d'axe (d) si (d) est la médiatrice du segment [AA′].

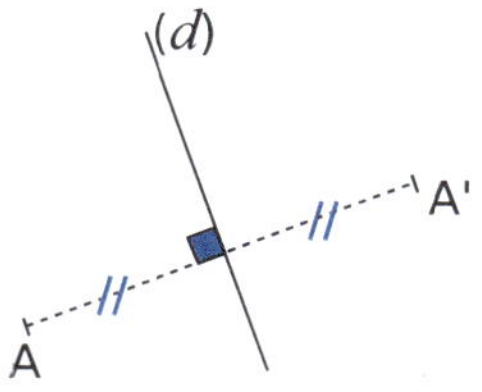

Symétrie centrale

Le point A′ est l'image du point A par la symétrie centrale de centre O si O est le milieu de [AA′].

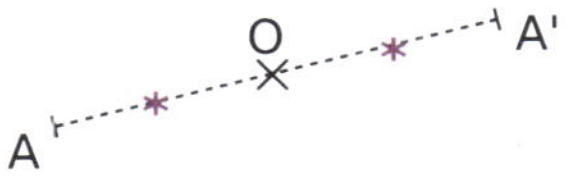

Système d'équations

Un système de deux équations à deux inconnues est formé par deux équations qui comportent deux inconnues.

Système d'équations (résoudre)

Résoudre un système de deux équations à deux inconnues, c'est trouver toutes les solutions communes à ces deux équations.

T

Tangente

Dans un triangle rectangle, la tangente d'un angle aigu est le quotient de la longueur du côté opposé à cet angle par la longueur du côté adjacent à cet angle.

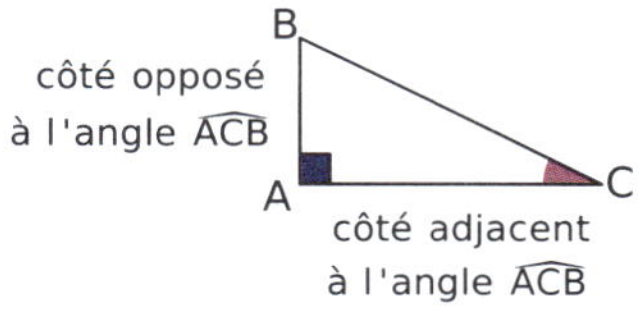

$$\text{tangente } \widehat{ACB} = \frac{\text{côté opposé à l'angle } \widehat{ACB}}{\text{côté adjacent à l'angle } \widehat{ACB}}$$

Tangente (à un cercle)

La tangente à un cercle ($\mathscr{C}$) de centre O en un point A de ce cercle est la droite passant par A et perpendiculaire au rayon [OA].

Elle a un unique point d'intersection avec le cercle.

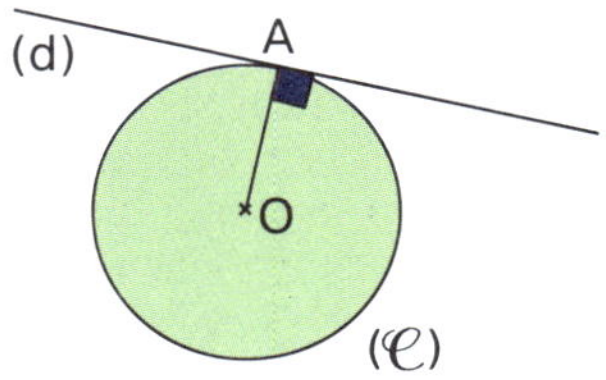

Trapèze

Un trapèze est un quadrilatère qui a deux côtés opposés parallèles.

V

Vitesse moyenne

La vitesse moyenne est le quotient de la distance par le temps :

$$\text{vitesse} = \frac{\text{distance}}{\text{temps}}.$$

Périmètres $\mathcal{P}$ et aires $\mathcal{A}$

Exemples de conversion : 25,4 cm² = 2 540 mm² ; 50π m² = 0,005π hm² (ou ha) ≈ 0,016 ha.

Triangle	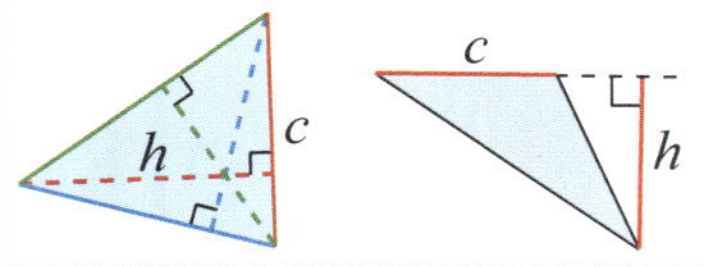	$\mathcal{A} = \dfrac{c \times h}{2}$	**Triangle rectangle**	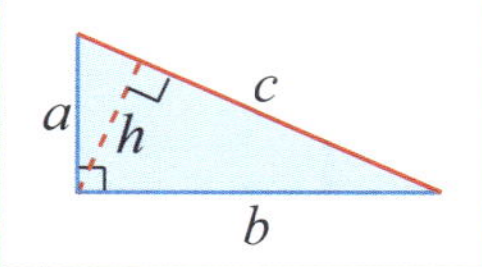	$\mathcal{A} = \dfrac{a \times b}{2} = \dfrac{c \times h}{2}$
Rectangle	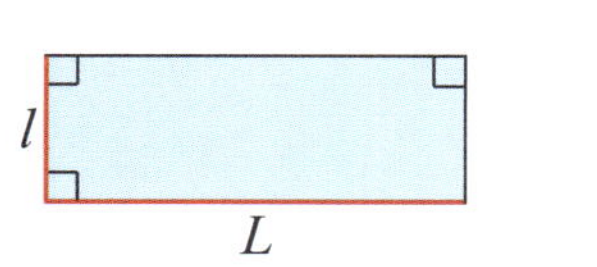	$\mathcal{A} = L \times l$ $\mathcal{P} = 2L + 2l$ ou $\mathcal{P} = 2(L + l)$	**Carré**	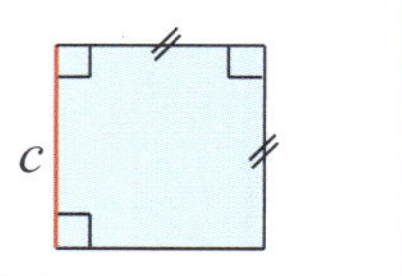	$\mathcal{A} = c \times c = c^2$ $\mathcal{P} = 4 \times c = 4c$
Losange	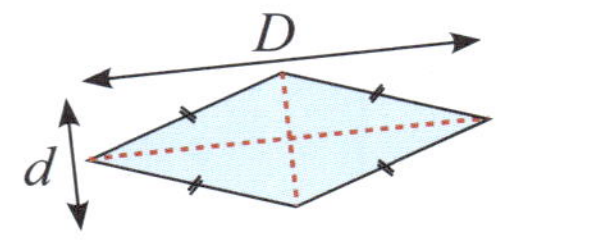	$\mathcal{A} = \dfrac{D \times d}{2}$	**Parallélo-gramme**	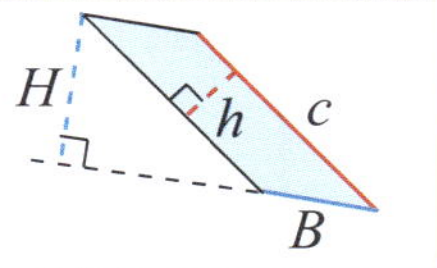	$\mathcal{A} = B \times H = c \times h$
Trapèze	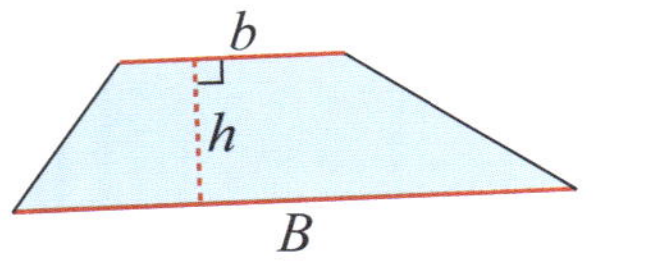	$\mathcal{A} = \dfrac{B + b}{2} \times h$	**Disque**	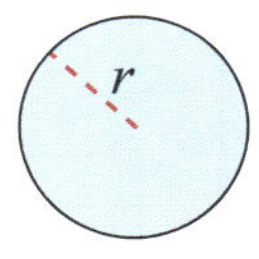	$\mathcal{A} = \pi \times r \times r = \pi r^2$ $\mathcal{P} = 2 \times \pi \times r = 2\pi r$ ou $\mathcal{P} = \pi \times$ diamètre

Volumes $\mathcal{V}$, aires latérales $\mathcal{A}_L$ et patrons

Exemples de conversion : 1 dm³ = 1 L ; 1 L = 1 000 mL ; 2 534 cm³ = 2,534 dm³ ou L.

	Solide en perspective	Patron	Formules
Prisme droit	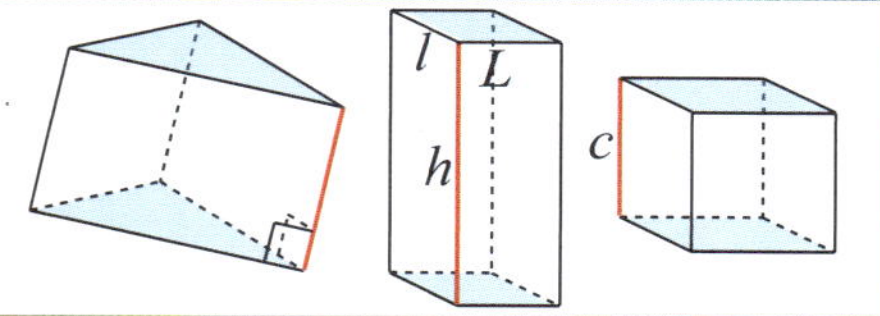	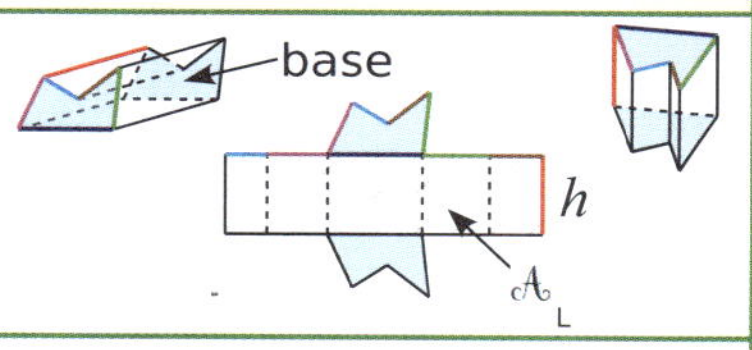	$\mathcal{V}$ = Aire base $\times h$ $\mathcal{V}_{\text{cube}} = c \times c \times c = c^3$ $\mathcal{V}_{\text{pavé droit}} = L \times l \times h$ $\mathcal{A}_L$ = Périmètre base $\times h$
Cylindre de révolution	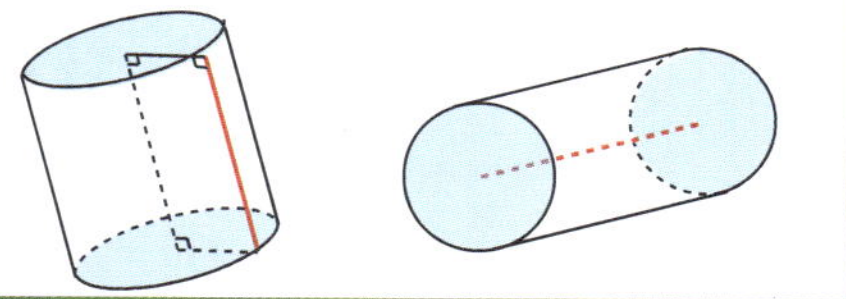	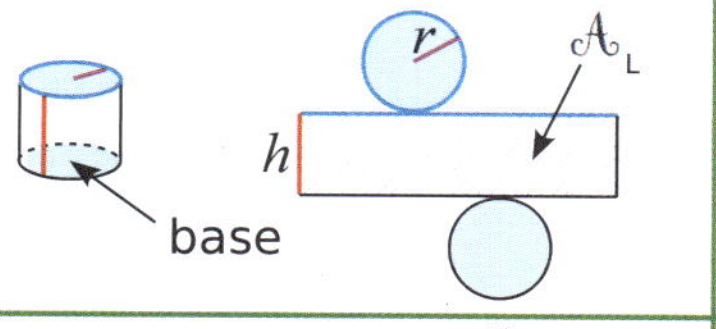	$\mathcal{V}$ = Aire base $\times h$ $\mathcal{V} = \pi r^2 \times h$ $\mathcal{A}_L$ = Périmètre base $\times h$ $\mathcal{A}_L = 2\pi r \times h$
Pyramide	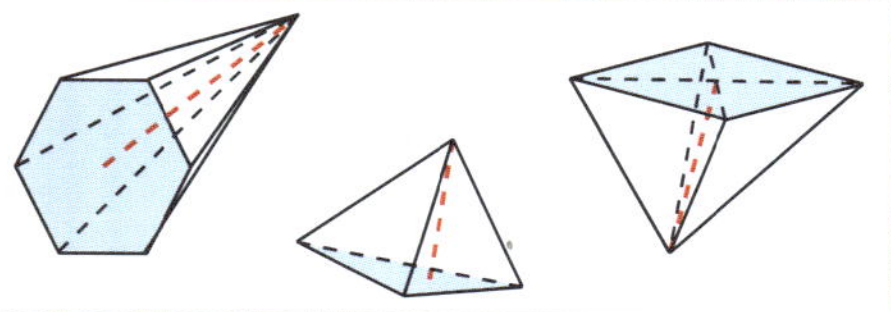	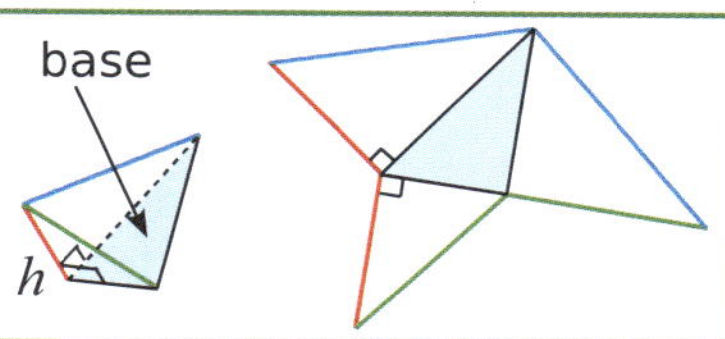	$\mathcal{V} = \dfrac{\text{Aire base} \times h}{3}$
Cône de révolution	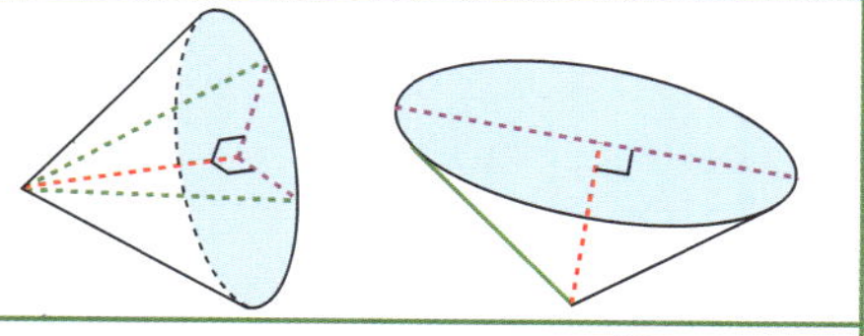	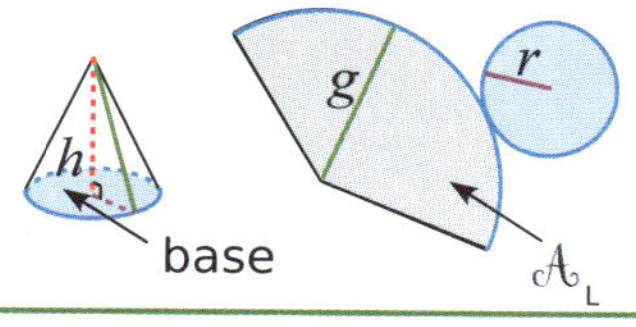	$\mathcal{V} = \dfrac{\text{Aire base} \times h}{3}$ $\mathcal{V} = \dfrac{\pi r^2 \times h}{3}$ $\mathcal{A}_L = \pi \times r \times g$
Boule		**Formules pour une boule délimitée par une sphère de rayon r** Volume : $\mathcal{V} = \dfrac{4}{3}\pi r^3$	Aire : $\mathcal{A} = 4\pi r^2$